教育部高等学校
材料科学与工程教学指导委员会规划教材

丛书主编 黄伯云

新材料概论

第二版

主 编 郑子樵
副主编 封孝信 方鹏飞
主 审 潘 峰

Introduction to New Materials

中南大學出版社
www.csupress.com.c

内 容 简 介

本书为教育部高等学校材料科学与工程教学指导委员会规划教材，根据教育部高等学校材料科学与工程教学指导委员会本课程“教学基本要求”编写。

对材料类专业及其他相关专业的学生，掌握各类材料，特别是新材料的相关知识，对于拓展其知识结构，提高综合科学素质是十分必要的。本教材正是为满足上述教学改革和人才培养需要而编写的。全书共分 12 章，第 1 章为材料概论，简要介绍了材料的特征和分类，材料结构与性能的基本知识，材料的发展简史，阐述了新材料的基本特点和对人类社会发展的科技推动作用，同时还简要介绍了材料科学与工程的内涵和基本要素。其余 11 章分别从概念、性能特点、应用和发展等方面分类介绍了高性能结构材料、先进复合材料、电性材料、磁性材料、光学功能材料、信息功能材料、新能源材料、智能材料、生物医用材料、纳米材料、生态环境材料。

本书具有内容新颖，涵盖面广，通俗易懂，可读性强等特点。可作为材料科学与工程专业导论课程的选用教材，也可作为非材料专业大学通识教育基础课程的参考教材，还适合从事与材料相关的科研人员、管理人员以及生产技术人员阅读参考。

教育部高等学校材料科学与工程教学指导委员会规划教材

编 审 委 员 会

主 任

黄伯云（教育部高等学校材料科学与工程教学指导委员会主任委员、中国工程院院士、中南大学教授、博士生导师）

副主任

姜茂发（分指委*主任委员、东北大学教授、博士生导师）
吕　庆（分指委副主任委员、河北理工大学教授、博士生导师）
张新明（分指委副主任委员、中南大学教授、博士生导师）
陈延峰（材物与材化分指委**副主任委员、南京大学教授、博士生导师）
李越生（材物与材化分指委副主任委员、复旦大学教授、博士生导师）
汪明朴（教育部高等学校材料科学与工程教学指导委员会秘书长、中南大学教授、博士生导师）

委 员

（以姓氏笔画为序）

于旭光（分指委委员、石家庄铁道学院教授）
韦　春（桂林工学院教授、博士生导师）
王　敏（分指委委员、上海交通大学教授、博士生导师）
介万奇（分指委委员、西北工业大学教授、博士生导师）
水中和（武汉理工大学教授、博士生导师）
孙　军（分指委委员、西安交通大学教授、博士生导师）
刘　庆（重庆大学教授、博士生导师）
刘心宇（分指委委员、桂林电子科技大学教授、博士生导师）
刘　颖（分指委委员、北京理工大学教授、博士生导师）
朱　敏（分指委委员、华南理工大学教授、博士生导师）

注：*　分指委：全称教育部高等学校金属材料工程与冶金工程专业教学指导分委员会；
　　**　材物与材化分指委：全称教育部高等学校材料物理与材料化学专业教学指导分委员会。

总 序

材料是国民经济、社会进步和国家安全的物质基础与先导，材料技术已成为现代工业、国防和高技术发展的共性基础技术，是当前最重要、发展最快的科学技术领域之一。发展材料技术将促进包括新材料产业在内的我国高新技术产业的形成和发展，同时又将带动传统产业和支柱产业的改造和产品的升级换代。“十五”期间，我国材料领域在光电子材料、特种功能材料和高性能结构材料等方面取得了较大的突破，在一些重点方向迈入了国际先进行列。依据国家“十一五”规划，材料领域将立足国家重大需求，自主创新、提高核心竞争力、增强材料领域持续创新能力将成为战略重心。纳米材料与器件、信息功能材料与器件、高新能源转换与储能材料、生物医用与仿生材料、环境友好材料、重大工程及装备用关键材料、基础材料高性能化与绿色制备技术、材料设计与先进制备技术将成为材料领域研究与发展的主导方向。不难看出，这些主导方向体现了材料学科一个重要发展趋势，即材料学科正在由单纯的材料科学与工程向与众多高新科学技术领域交叉融合的方向发展。材料领域科学技术的快速进步，对担负材料科学与工程高等教育和科学研究双重任务的高等学校提出了严峻的挑战，为迎接这一挑战，高等学校不但要担负起材料科学与工程前沿领域的科学研究、知识创新任务，而且要担负起培养能适应材料科学与工程领域高速发展需求的、具有新知识结构的创新型高素质人才的重任。

为适应材料领域高等教育的新形势，2006—2010 年教育部高等学校材料科学与工程教学指导委员会积极组织了材料类高等学校教材的建设规划工作，成立了规划教材编审委员会，编审委员会由相关学科的分教学指导委员会主任委员、委员以及全国 30 余所有影响力和代表性的高校材料学院院长组成。编审委员会分别于 2006 年 10 月和 2007 年 5 月在湖南张家界和中南大学召开了教材建设研讨会和教材提纲审定会。经教学指导委员会和编审委员会推荐和遴选，逾百名来自全国几十所高校的具有丰富教学与科研经验的专家、学者参加了这套教材的编写工作。历经几年的努力，这套教材终于与读者见面了，它凝结了全体编写者与组织者的心血，充分体现了广大编写者对教育部“质量工程”精神的深刻体会，对当代材料领域知识结构的牢固掌握和对高等教育规律的熟练把握，是我国材料领域高等教育工作者集体智慧的结晶。

这套教材基本涵盖了金属材料工程专业的主要课程，同时还包含了材料物理专业和材料化学专业部分专业基础课程，以及金属、无机非金属和高分子三大类材料学科的实验课程。整体看来，这套教材具有如下特色：①根据教育部高等学校教学指导委员会相关课程的“教学大纲”及“基本要求”编写；②统一规划，结构严谨，整套教材具有完整性、系统性，基础课与专业课之间的内容有机衔接；③注重基础，强调实践，体现了科学性、实用性；④编委会及作者由材料领域的院士、知名教授及专家组成，确保了教材的高质量及权威性；⑤注重创新，反映了材料科学领域的新知识、新技术、新工艺、新方法；⑥深入浅出，说理透彻，便于老师教学及学生自学。

教材的生命力在于质量，而提高质量是永恒的主题。希望教材的编审委员会及出版社能做到与时俱进，根据高等教育改革和发展的形势及材料专业技术发展的趋势，不断对教材进行修订、改进、完善，精益求精，使之更好地适应高等教育人才培养的需要，也希望他们能够一如既往地依靠业内专家，与科研、教学、产业第一线人员紧密结合，加强合作，不断开拓，出版更多的精品教材，为高等教育提供优质的教学资源和服务。

衷心希望这套教材能在我国材料高等教育中充分发挥它的作用，也期待着在这套教材的哺育下，新一代材料学子能茁壮成长，脱颖而出。

黄伯云

前　言

材料是人类赖以生存和发展的物质基础，是高新技术发展和社会现代化的先导，是一个国家科学技术和工业水平的反映和标志。新材料及新材料技术对人类的生活水平、国家安全及经济实力起着关键性的作用。新材料的出现和使用往往给技术进步、新产业的形成乃至整个经济和社会的发展带来重大影响。因此，20 世纪 80 年代以高技术群为代表的新技术革命，将新材料、信息技术和生物技术并列为新技术革命的重要标志。

所谓新材料，是指那些正在发展，且具有优异性能和应用前景的一类材料，而传统材料是指那些已经成熟且在工业中大批量生产和大量应用的材料，如普通的钢铁、水泥、塑料等。传统材料是发展新材料和高技术的基础，而新材料又往往能推动传统材料的升级改造和进一步发展。新材料和传统材料之间并无明显的界限，传统材料通过采用新技术，提高技术含量，提高性能，大幅度增加附加值后可以成为新材料；新材料在经过长期生产与应用之后也就成为传统材料。

按照高校本科专业设置和培养目标调整与改革要求，对于材料类专业的学生，在掌握一些特定传统材料的扎实专业知识的同时，也要熟悉其他各类材料特别是新材料，从而掌握比较全面的材料科学和工程方面的综合知识，提高学生的综合科学素质。

对于非材料类专业的理工科学生，甚至人文社科类专业的学生，对材料科学与工程学科有一些基本的认识，了解新材料的分类、特性、应用和发展方面的一些基本知识，对于拓宽其知识结构，提高人文素质和科学素质也是必要的。

为满足上述大学本科教学要求，教育部高等学校材料科学与工程教学指导委员会组织相关高校的教师，在多次研讨的基础上编写了这本《新材料概论》。本书可以作为材料科学与工程专业的导论课程以及非材料类专业大学通识教育基础课的教材或参考用书，也可供相关专业的科研人员和管理人员阅读，以便于他们了解材料，尤其是新材料的基本知识。

本书共分12章。参加本书编写工作的有中南大学郑子樵(第1章、第2章2.1~2.2节、第9章),河北理工大学封孝信(第2章2.3节)、桑晓明(第2章2.4节)、郑占申(第4章)、许莹(第5章)、廉志红(第6章),武汉大学方鹏飞(第7章、第10章),石家庄铁道学院丁占来(第3章)、孙秀果(第11章),桂林工学院龙飞(第8章8.1节)、吴一(第8章8.2节)、叶乃清(第8章8.3~8.5节)、王林江(第8章8.6节、第12章)。全书由郑子樵任主编,清华大学潘峰任主审。

本书内容新颖、涵盖面广、信息量大、通俗易懂、可读性强。但由于新材料种类繁多,发展日新月异,难以收罗殆尽,并且一种新材料可能同时具有多种功能,可以从不同角度进行分类和叙述。限于篇幅和编者水平,本书在章节安排和内容取舍以及文字表述等方面可能有不妥甚至错误之处,敬请各位读者批评指正。同时对本书编写过程中所参考和引用文献资料的作者致以诚挚的谢意。

编者

目 录

第1章 材料概论

1.1 材料及其分类

材料是人类赖以生存和发展的物质基础。20 世纪 70 年代人们把信息、材料和能源誉为当代文明的三大支柱。20 世纪 80 年代以高技术群为代表的新技术革命，又把新材料、信息技术和生物技术并列为新技术革命的重要标志。这主要是因为材料与国民经济建设、国防建设和人民生活密切相关。

材料是人类用于制造物品、器件、构件、机器或其他产品的那些物质。材料是物质，但不是所有物质都可以称为材料。如燃料和化学原料、工业化学品、食物和药物，一般都不算是材料。但是这个定义并不是十分严格的，如炸药、固体火箭推进剂，一般称之为"含能材料"，因为它属于火炮或火箭的组成部分。

材料除了具有重要性和普遍性以外，还具有多样性。由于多种多样，分类方法也就没有一个统一标准。从材料来源来分，材料可分为天然材料和人造材料两大类。天然材料指天然存在的未加工的材料，如石料、木材、骨头、橡胶等。人造材料是指人类以天然物质为原料通过物理、化工方法合成制造的材料，如钢铁材料、陶瓷材料、合成纤维、复合材料等(见图 1－1)。从物理化学属性来分，可分为金属材料、无机非金属材料、有机高分子材料和复合材料。由金属元素或以金属元素为主形成的具有金属特征的材料统称为金属材料，它包括纯金属及其合金、金属间化合物以及金属基复合材料等。工业上把金属及其合金分成黑色金属和有色金属两大部分；黑色金属包括铁、铬、锰及其合金，作为工业材料使用的主要指铁及铁基合金(钢、铸铁和铁合金)；有色金属指黑色金属以外的所有金属及其合金。

新型金属材料除黑色金属、有色金属外，还包括特种金属材料，即那些具有不同用途的结构和功能金属材料。其中有急冷形成的非晶态、准晶、微晶、纳米晶等金属材料和用于隐身、抗氢、超导、形状记忆、耐磨、减振阻尼等的金属材料。

以某些元素的氧化物、碳化物、氮化物、卤素化合物以及硅酸盐、铝酸盐、磷酸盐、硼酸盐等物质组成的材料称为无机非金属材料。无机非金属材料是 20 世纪 40 年代以后，随着现代科学技术的发展从传统的硅酸盐材料演变而来的。

无机非金属材料就其组成物质的形态、性质可分为单晶体(各种宝石、工业用矿物晶体、人工合成晶体等)、多晶体(陶瓷、水泥、废渣、烧结矿等)以及非晶质体(玻璃)等三类物质状态。实际上许多已开发使用的材料属于复杂的物质状态和复杂体系，其组成既可以有晶体，同时也可有非晶体存在。

- 材料
  - 金属材料
    - 黑色金属
      - 铸铁（含碳量>2.11%）
      - 钢（含碳量0.04%~2.11%）
        - 碳素钢
        - 合金钢
      - 工业纯铁（含碳量<0.04%）
    - 有色金属
      - 重金属　铜、铅、锌、镍等
      - 轻金属　铝、镁、钛等
      - 贵金属　金、银、铂等
      - 稀有金属　钨、钼、钽、铌、铀、钛、钍、铍、铟、锗及稀土金属等
  - 无机非金属材料
    - 硅酸盐材料
      - 水泥
      - 玻璃
      - 陶瓷
      - 耐火材料
      - 搪瓷材料
    - 新型无机非金属材料（特种陶瓷或称先进陶瓷）
  - 高分子材料
    - 合成塑料
      - 热塑性塑料
      - 热固性塑料
    - 橡　胶
      - 天然橡胶
      - 合成橡胶
    - 纤　维
      - 天然纤维
      - 合成纤维
        - 人造纤维
        - 化学纤维
    - 涂　料
      - 合成树脂涂料
      - 油脂、天然树脂涂料
    - 黏合剂
  - 复合材料
    - 树脂基复合材料
    - 金属基复合材料
    - 陶瓷基复合材料
    - 炭-炭复合材料

图1-1　材料的分类

陶瓷就化学组成而言是一种或多种金属与一种非金属元素（通常为氧）组成的化合

物，其中较大的氧原子为陶瓷的基质，较小的金属(或半金属如硅)原子处于氧原子之间的空隙中，氧原子同金属原子化合时形成很强的离子键，同时存在着一定成分的共价键，但离子键是主要的，这些化学键的特点是键能、键强高。离子键、金属键性强的材料常呈结晶态，而某些共价键性强的材料容易形成无定形或玻璃质。

高分子材料又称聚合物材料，主要指以高分子化合物为基础制得的材料，它是由许多分子量特别大的大分子所组成，每个大分子由大量结构相同的单元(键节)相互连接而成。与聚合物有关的元素并不多，有C、N、Si、F、Cl、Br、I和At等。大部分情况下，碳元素形成大分子的主键，大分子内的原子之间由很强的共价键结合，而分子之间的结合力为范德华力(物理键)，作用力不大，但由于大分子键很长，分子间接触面较大，特别当分子键交缠时，分子与分子之间的结合力不容忽视，它对材料的强度作用很大。

高分子材料种类多样，分类繁杂，通常根据工程中的力学性能和状态分为三类：塑料、橡胶和合成纤维。塑料是以合成树脂或化学改性的天然高分子为主要成分，加入(或不加入)填料、增强剂和其他添加剂，在一定温度和压力下成型的高分子材料。橡胶，主要指经过硫化处理、弹性优良的高分子材料，有天然橡胶和合成像胶之分。合成纤维是指强度很高的单体聚合而成的、呈纤维状的高分子材料，分天然纤维和化学纤维两种。

复合材料是一个比较宽泛的概念，一般认为，复合材料是由两种或两种以上化学本质不同的材料组合在一起，使之互补性能优势，从而制成的一类新型材料。一种组成为基体，起黏结作用，另一种或几种为增强体或功能组元，起增加强度或功能的作用。

从材料的用途来分，可分为信息材料、航空航天材料、核材料、建筑材料、能源材料、生物材料等。更常见的两种分类方法则是结构材料与功能材料，传统材料与新型材料。结构材料是以力学性能为基础，用于制造受力构件的材料；功能材料则主要是利用物质的独特物理、化学性质或生物功能等而形成的一类材料。当然，结构材料对物理或化学性能也会有一定要求，如光泽、热导率、抗辐照、抗腐蚀、抗氧化等，而功能材料在很多情况下也会有一定的力学性能要求。一种材料往往既是结构材料又是功能材料，如铁、铜、铝等。传统材料是指那些已经成熟且在工业中批量生产并大量应用的材料，如钢铁、水泥、塑料等。这类材料由于产量大、产值高、涉及面广，又是很多支柱产业的基础，所以又称为基础材料。新材料(也称先进材料)是指那些正在发展，且具有优异性能和应用前景的一类材料。新材料与传统材料之间并没有明显的界限，传统材料通过采用新技术，提高技术含量，提高性能，大幅度增加附加值后可以成为新材料；新材料在经过长期生产与应用之后也就成为传统材料。传统材料是发展新材料和高技术的基础，而新材料又往往能推动传统材料的进一步发展。

新材料一般具有以下特点：

(1)具有一些优异性能或特定功能。如超高强度、超高硬度、超塑性等力学性能，超导性、磁致伸缩、能量转换、形状记忆等特殊物理或化学性能。

(2)新材料的发展与材料科学理论的关系比传统材料更为密切。相对传统材料而言，它的制备更多的是在理论指导下进行的。

(3)新材料的制备和生产往往与新技术、新工艺紧密相关。如用机械合金化技术制备纳米晶材料、非晶态合金材料，用溅射技术、激光技术或离子注入技术制备具有特殊性质的薄膜材料等。

(4)更新换代快，式样多变。如手机电池所采用的能源材料，在比较短的时间内便经历了 Ni－Cd、Ni－H、锂离子材料的变化。

(5)新材料大多是知识密集、技术密集、附加值高的高技术材料，而传统材料通常为资源性或劳动集约型材料。

1.2　材料的结构与性能

1.2.1　材料结构的基本知识

无论金属材料、高分子材料还是无机非金属材料，其宏观性能都是由其化学组成和内部组织结构决定的。只有从不同的微观层次上正确地了解材料的组成和组织结构特征与性能间的关系，才能有目的、有选择地使用材料和开发人们需要的各种新材料。

1.2.1.1　组元、相和组织

组元(或称组分)是组成材料最基本、独立的物质。组元可以是纯元素，也可以是稳定的化合物。金属材料的组元多为纯元素(如普通碳钢的组元是 Fe 与 C)，陶瓷材料的组元多为化合物(如 $Y_2O_3-ZrO_2$陶瓷的组元是 Y_2O_3和 ZrO_2)。高分子材料是以高分子化合物为主要组分的材料。

材料中具有同一化学成分并且结构和性质相同的均匀连续部分称为相。相与相之间有明显的界面，在界面上，从宏观上看，性质的改变是突变的。但有界面分开的不一定都是两相，若材料是由成分、结构均相同的同种晶粒构成的，尽管各晶粒之间有界面隔开，但它们仍属于同一种相。固态材料可以是单相，也可以由多相组成。

材料内部的微观形貌称为材料的组织。组织是与“相”有密切联系的概念。它实际上是指由各个晶粒或各种相所形成的图案。在不同条件下，各个相的晶粒大小、形态及分布会有所不同，从而材料内部会呈现不同的显微组织。

材料组织一般分为微观组织与宏观组织，微观组织是借助光学显微镜、电子显微镜等才观察到的组织，也称显微组织。宏观组织是用肉眼可以观察到的粗大组织，有时是指用放大倍数为 20～100 倍以下的放大镜可以观察到的组织。

1.2.1.2　材料中的化学键合

在材料的组元中，各个原子通过化学键结合在一起组成固体材料。各类材料结构和特性的差异本质上是由不同的元素以不同的键合方式造成的。

1. 金属键

金属原子形成金属晶体时，每个原子都贡献出它们的价电子为整个原子集体所共有，贡献出价电子的原子成为正离子，与公有化的自由电子间产生静电作用而结合起来，这种结合方式称为金属键，这种键具有无方向性的球对称性质。金属的高电导率和高热导率都是金属中自由电子运动的结果。此外，自由电子能够吸收所有波长的能量，从而也解释了金属对光的非透明性。而这一吸收能量的辐射，又同样解释了金属表面的高反射性。

2. 离子键

离子键是由释放出最外层电子而变成带正电荷的阳离子与接受其放出的电子而变成带负电荷的阴离子之间通过库仑引力所形成的一种键合。离子键常发生在正电性元素（位于周期表左侧的金属）和负电性元素（位于周期表右侧的非金属）之间。NaCl 和 MgO 是典型的离子键化合物。图 1-2 表示带正电的钠离子和带负电的氯离子通过静电引力作用相互吸引形成的 NaCl 晶体，每个 Na 原子将一个价电子转移给每个 Cl 原子而分别成为阳离子和阴离子。晶体中离子的电子云密度分布是对称的，通常不应产生变形。因此离子键具有饱和性和无定向性的特点。离子键的键能最高，结合力很大，外层电子被牢固地束缚在离子的外围，因而以离子键结合的材料的性能表现为硬度高、强度人、热膨胀系数小，在常温卜导电性差。

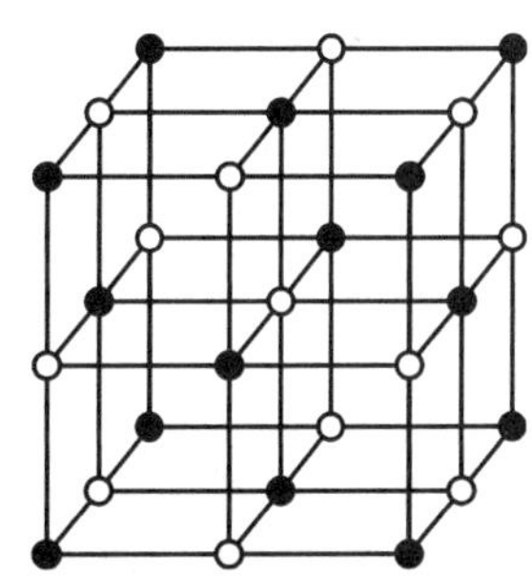

图 1-2　NaCl 晶体的晶胞

（实心点代表 Na^+，空心点代表 Cl^-）

3. 共价键

共价键是由于相邻原子间通过共用其外壳层价电子而形成的化学键。在这种情况下，由两个原子各提供一个电子形成共用电子对，利用共用电子对来达到稳定的电子结构。所有的非金属原子，除了惰性气体外，一般都倾向于形成共价键。图 1-3 为 SiO_2 中硅和氧原子间共价键的示意图。每个硅原子是以自旋相反的电子对，分别与 4 个最近邻的氧原子键合。共价键形成时，由于能量上的原因，总是选择在合适的方向上成键，这就是共价键具有方向性的原因。此外，由于共价键来源于电子共享，因此，原子形成共价键的数目必然要受到其电子结构的限制，即与它共价结合的原子数最多只能有 $8-N$，N 表示这个原子最外层的电子数，这就是共价键具有饱和性的原因。由于共价键的上述本质，使得典型的共价键晶体总是具有很高的熔点和硬度，但延展性和导电性都很差。

4. 氢键

氢键是氢原子在分子中与一个原子 A 键合时，还能形成与另一个原子 B 的附加键，是一类结合力比较弱的键。氢键是一种极性分子键，存在于 H_2O、HF、NH_3 和许多高分子化合物（包括蛋白质）中。氢键的产生主要是由于氢原子核外只有一个电子，当这个电子与电负性高的 A 原子中的电子形成共价键时，共有电子对（电荷中心）向 A 原子强烈偏离，这样氢原子几乎变成一个半径很小的带正电荷的核，因此这个氢原子还可以被另一个分子中高电负性的 B 原子吸引形成附加键。

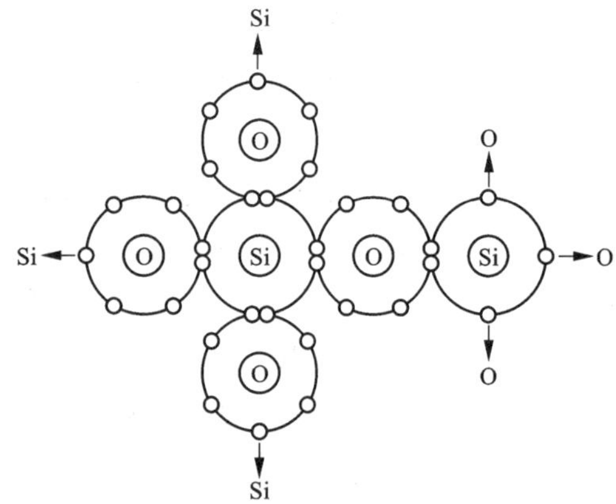

图 1-3　SiO_2 中硅和氧原子间共价键的示意图

5. 范德华键

原子中的电子分布于原子核的周围，并处于不断运动的状态。虽然从统计的角度来说，原子中电子的空间分布对原子核是对称的，但某一瞬间，整个原子正负电荷中心可能不重合，从而形成小的偶极子。当原子互相靠近时，这些小的偶极子之间的相互作用所造成的引力，就是范德华力。原子或分子依靠范德华力结合在一起的键合称范德华键。这类键一般很弱，只有不存在其他键时，它才显示出来。例如，在具有稳定结构的原子之间，以及许多有机分子之间，都存在范德华键。范德华键在聚合物的分子之间作用比较明显，它是长链高分子化合物内聚力的根源。

1.2.1.3　晶体结构和空间点阵

所谓晶体是指原子或原子团、离子或分子在三维空间按一定规律呈周期性地排列构成的物质，而晶体结构是指晶体中，原子（离子或分子）在三维空间的排列方式。

为了研究方便，通常把空间排列的原子（离子或分子）抽象成几何上的点，然后用直线把它们连接起来，就构成了一个有规则的几何格架，即所谓的空间点阵。由于晶体中原子排列的周期性，可以从点阵中选取一个能够完全反映晶格特征的最小几何单元，称为晶胞，晶胞在空间的重复堆垛就构成了晶格。可以用晶胞棱边长度 a、b、c 及棱边之间的夹角 α、β、γ 来描述晶胞的大小和形状。1948 年布拉菲利用数学分析方法证明空间点阵只有 14 种，分属 7 个不同的晶系，见图 1-4 和表 1-1。

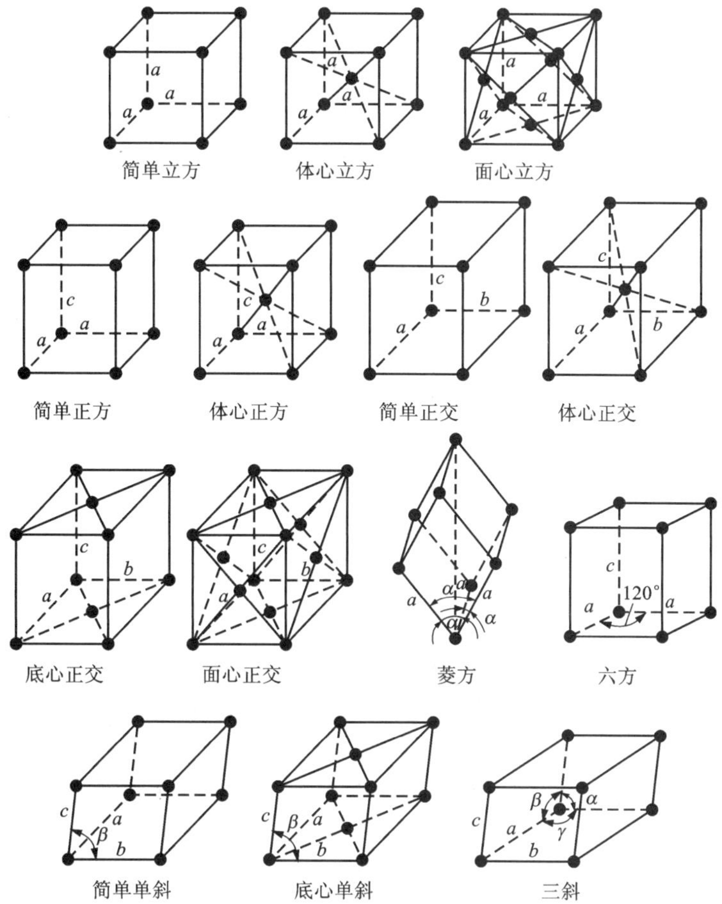

图1-4　布拉菲点阵示意图

表1-1　晶体的对称性及7种晶系和14种布拉菲点阵

晶　　系	布拉菲点阵和符号	晶胞参数关系
立方晶系	简单(P)	$a=b=c,\alpha=\beta=\gamma=90°$
	体心(I)	
	面心(F)	
六方晶体	简单(P)	$a=b\neq c,\alpha=\beta=90°,\gamma=120°$
正方晶系(四方)	简单(P)	$a=b\neq c,\alpha=\beta=\gamma=90°$
	体心(I)	
菱方晶系(三方)	简单(R)	$a=b=c,\alpha=\beta=\gamma\neq 90°$

续表 1－1

晶　　系	布拉菲点阵和符号	晶胞参数关系
正交晶系（斜方）	简单（P）	$a\neq b\neq c, \alpha=\beta=\gamma=90°$
	体心（I）	
	底心（C）	
单斜晶系	面心（F）	$a\neq b\neq c, \alpha=\gamma=90°\neq\beta$
	简单（P）	
三斜晶系	底心（C）	$a\neq b\neq c, \alpha\neq\beta\neq\gamma\neq90°$
	简单（P）	

1.2.1.4　非晶、准晶结构

1. 非晶态结构

固态物质除了上面讨论的各类晶体之外，还有一大类称为非晶体。从内部原子（或离子、分子）排列的特征来看，晶体结构的基本特征是原子在三维空间呈周期性排列，即存在长程有序，而非晶体中的原子排列却没有长程有序的特点。

非晶态物质包括氧化物及非氧化物玻璃、非晶态金属和合金（金属玻璃）、非晶态半导体、干凝胶、非晶态聚合物、非晶态电介质、无定型碳等。这里简单介绍非晶态金属和合金（金属玻璃）的结构和基本特征。

随机密堆模型及其后对该模型的一些发展与修正，能较好地用于非晶态金属结构的描述，并与实验结果符合较好。这一模型在开始提出时是假定金属玻璃中的原子与半径相等、不可压缩的硬球类似，即原子之间的相互作用势能 $U(r)$ 当 $r\geqslant r_0$（r_0是原子半径）时为零，而当 $r<r_0$时 $U(r)\to\infty$，而且原子的密排使它们之间不能再容纳任何其他原子。根据随机密堆模型计算得到的径向分布函数、密度、平均最近邻原子数等许多金属玻璃结构性质与实际测定结果是基本一致的。说明随机密堆模型与金属玻璃的实际结构是基本相符的。当然，定量的比较表明这一模型与实验结果相比还存在一些差异，同时，这一模型也没有给出不同组元原子分布的具体信息。所以已经有一些工作对随机密堆模型进行了修正与改进。例如对金属一类金属型非晶合金构造了由两种半径不同的硬球组成的随机密堆模型，并且假定类金属原子位于金属原子之间的间隙中，此外还对硬球原子之间的相互作用势能引入软球模型进行修正，即假定原子在相互作用时的行为并不完全像刚性硬球。经过这些修正与改进后，根据模型计算的结果与实验测定结果更加接近。

根据随机密堆模型，非晶态合金中的原子排列主要构成了五种有一定形状的多面体（称为 Bernal 多面体），它们如图 1－5 所示。这些多面体的形状相对于正多面体有一定程度的畸变，它们的每个面都是三角形，同时各种多面体在金属玻璃中占的比例大体上是一定的，其中四面体占总体积的48.4%，因而是金属玻璃中的主要结构单元。针对金属—类金属型玻璃的特点改进后的随机密堆模型也表明，类金属原子一般位于由金属原子组成的较大多面体[例如图1-5(c)、(d)、(e)所示的多面体]的间隙之中，即金属原子是以类金属原子为近邻的，这也进一步证明了非晶合金中原子的排列确实存在化学短程序。

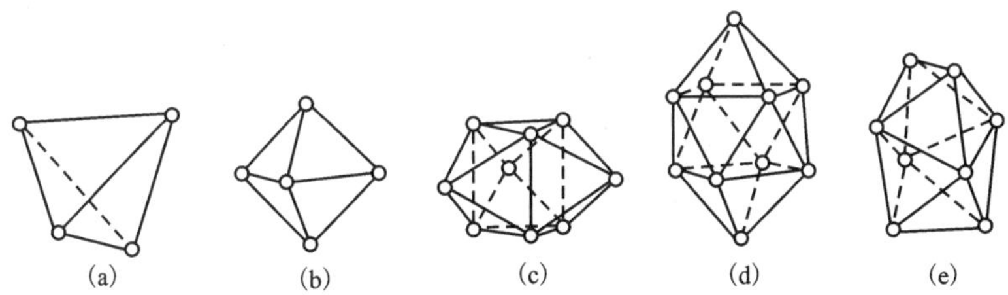

图1-5 金属玻璃随机密堆模型中的五种多面体单元

(a)四面体；(b)八面体；(c)覆盖有三个半八面体的三角棱柱；
(d)覆盖有两个半八面体的阿基米德反棱柱；(e)四方十二面体

由于非晶合金在成分、结构上都与一般晶态合金有较大的差异，所以金属玻璃在许多方面表现了与晶态合金不同的独特性能。如在低于临界转变温度时还具有超导性能、优异的磁学性能，具有很高的强度、硬度、耐磨性能和韧性等，因而在很多新材料的应用领域，如光通信材料、激光材料、新型太阳能电池、高效磁性材料、输电和输能材料等都有广泛的应用开发前景。

根据合金成分的不同可以把金属玻璃主要分成以下几类：

(1)过渡族金属元素或贵金属元素和类金属元素组成的非晶合金。这类非晶合金含有较多价格低廉的类金属元素，并且具有很好的性能，是研究得较多的一类非晶合金，其中的$Fe_{40}Ni_{40}P_{14}B_6$、$Fe_{80}B_{20}$、$F_{80}P_{16}C_3B_1$等合金已经投入实际应用。

(2)元素周期表中位于各周期后部的过渡族金属元素(如Fe、Co、Ni、Pd等)或Cu和位于各周期前部的过渡族金属元素(如Ti、Zr、Nb、Ta等)组成的非晶合金。

(3)以元素周期表中ⅡA族金属元素(Mg、Ca、Sr)为基体、B族金属元素(Al、Zn、Ga)为溶质的非晶合金。

(4)元素周期表中ⅡA族金属元素与位于各周期前部的过渡族金属元素形成的非晶合金。

(5)锕系金属元素与位于周期表中各周期前部的过渡族金属元素形成的非晶合金。

(6)铝基非晶合金。二元铝基合金一般不容易形成非晶合金，但是如果在这些二元合金中加入类金属元素B、Si或金属元素Ge(Al-Ge合金除外)，组成三元合金或者由

Al 与位于周期表中各周期前部或后部的过渡族金属元素组成三元合金，则这些三元合金一般都可以形成非晶合金，例如 Al－M－Si（M＝Cr、Mo、Mn、Fe、Co 或 Ni），Al－Fe－B、Al－Co－B、Al－M－Ge（M＝V、Cr、Mo、Mn、Fe、Co 或 Ni）、Al－A－M（A＝Fe、Co、Ni、Cu，M＝Ti、Zr、V、Hf、Nb、Ta、Cr、Mo 或 W）都可以形成金属玻璃。

除了上述几种非晶合金外，Rb、Cs 等碱金属和 O［（13～20）at%］组成的合金，Fe－B－O，Fe－B－N 等合金也可以形成非晶合金。在各种金属玻璃中，应用较多，最重要的是金属与类金属组成的非晶合金和过渡族金属之间组成的非晶合金。

2. 准晶结构

1984 年美国的谢克特曼（Shechtman）等在快速凝固的 Al－Mn、Al－Cr、Al－Fe 合金中观察到一种新的结构，这种结构的电子衍射谱既具有五次旋转对称性，又是由明锐的衍射斑点组成的，因此这种结构既不属于晶态金属又不属于非晶态金属，Shechtman 等观察到的这种新结构的其他衍射谱还具有二次及三次旋转对称性，即这种未知结构具有与二十面体结构相同的对称性或具有 $m\bar{3}\bar{5}$ 点群对称性。这种新结构称为准晶体（quasicrystal），可见固态金属在结构上除了晶态和非晶态以外还存在介于它们之间的准晶态。

（1）准晶体的结构模型

根据准晶中原子排列的准周期性的不同，可以把准晶大体上分成两类，一类是具有三维准周期性结构的准晶，例如发现最早的具有二十面体对称性的准晶（icosahedral quasicrystal phase，简称为 IQP）。另一类准晶是原子的排列在两维方向上具有准周期性，而在第三维方向上原子的排列具有周期性，例如具有十面体对称性的准晶（decagonal quasicrystal phase，简称为 DQP），具有八次对称、十二次对称的准晶等都属于这一类。准晶的这些对称性都是与平移对称性或周期性不相容的，正因为如此，在准晶中才会出现原子的准周期排列。从总体上看，准晶并不具有周期性或平移对称性，准晶具有的准周期性从根本上说是与准晶具有与周期性结构不相容的对称性（例如五次对称性等）有关。与晶体或非晶体的结构类似，准晶的原子或原子团之间的间距应该尽可能小，以便使整个结构有较低的能量。

对准晶结构提出的理论模型主要是拼砌模型。拼砌模型的基本思想是认为准晶中的原子排列虽然不具有周期性，因而不可能有晶胞，但是它们仍然是由一定的结构单元以一定的方式连接而组成的，这些结构单元就像砖块一样拼砌后既使整个结构具有准晶的对称性又要填满整个空间。根据结构单元和拼砌方式的不同，拼砌模型可以分成准晶玻璃模型、完整准晶等。

准晶玻璃模型认为，准晶与具有一定结构的晶体类似，是由一种具有准晶对称性的结构单元组成的，对于 IQP，它的结构单元就应该具有二十面体所具有的对称性。但是这种结构单元不可能填满整个空间，所以当各个结构单元按照原子之间键合取向有序的要求连接时，它们之间必然要有不少无序的原子填满间隙，称为准晶玻璃模型。例如，Al－Mn 合金中的 IQP 是由一系列取向相同、互不重叠、棱棱相连或顶点与顶点相连的二十面体结构单元非周期地连接构成的，二十面体之间的间隙中有许多无序分布的原子。在各个二十面体中，Mn 原子位于其中心，12 个 Al 原子位于各个顶点上，图1－6 示意地表示了这种结构单元。Mn 与 Al 原子之间的有序键合使各个二十面体取向相同。根据这一模型计算出的电子衍射谱与实验结果是定性一致的。但是，在这类模型中对于各结构单元之间的原子位置很难作出确切的描述。

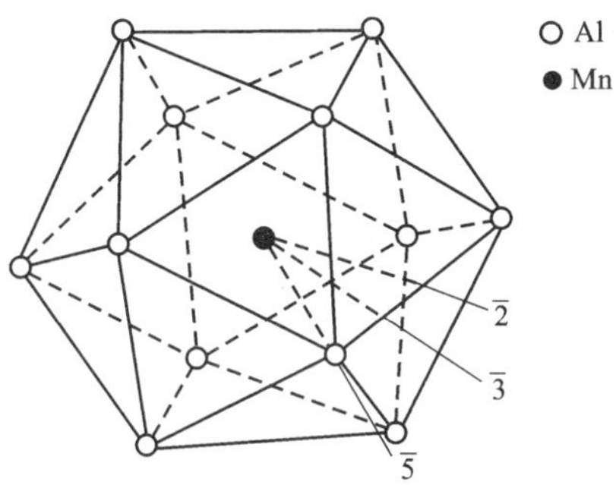

图1－6　Al－Mn 合金中 IQP 的二十面体结构单元示意图

完整准晶模型认为，准晶有两种基本结构单元，当这两种结构单元以一定的方式连接时可以填满整个空间，因而不存在无序排列的原子。从数学上可证明，用两种形状不同的四边形按照一定的连接规则可以填满二维空间。图 1－7 表示了二维拼砌模型，其中图 1－7(a)表示了从一个菱形分割而成的两个四边形结构单元，图 1－7(b)表示了用这两种四边形拼砌成的二维图形，这种图形上的各个格点的排列不具有任何周期性，并且处处具有晶体所不允许有的五次旋转对称性，这说明图 1－7(b)所示的图形尽管没有周期性却是长程有序的。进一步推广到三维空间，用两种菱面体结构单元按照一定的规则连接时也可得到类似于在二维空间得到的结果。已经得到广泛承认的一种完整准模型就是认为 IQP 是由两种菱面体结构单元按照一定的规则堆垛而成的，图 1－8 是这两种菱面体结构单元的示意图，其中一种是比较长而尖的菱面体，另一种是比较扁而短的菱面体。根据这种模型也可以计算到与实验结果相符较好的衍射花样。例如，在 Al－Mn 合金中，Mn 原子主要位于菱面体的顶点上，而 Al 原子位于菱面体的表面和尖棱面体的三次对称轴上(见图 1－8)或棱上。

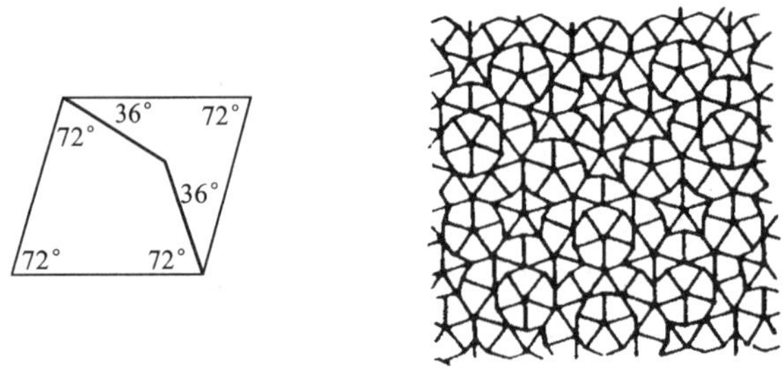

(a)　　(b)

图 1－7　彭罗斯二维拼砌模型

(a)两种四边形结构单元；(b)用(a)四边形拼砌的平面图形

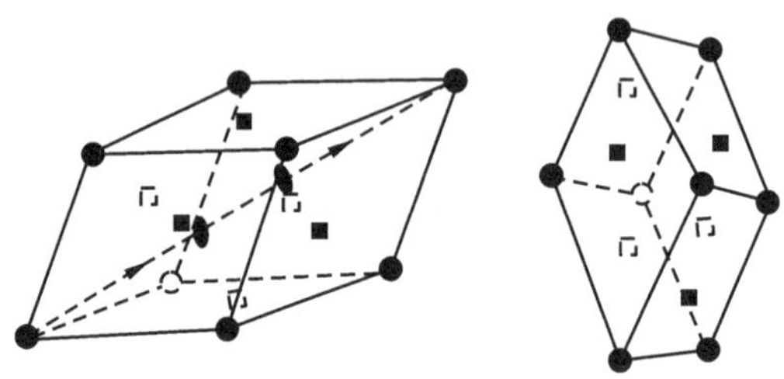

(a)　　(b)

图 1－8　三维 IQP 拼砌模型中的菱面体结构单元

(a)尖菱面体；(b)扁菱面体

(图中圆点为 Al－Mn 合金中 Mn 原子的位置，其他符号表示 Al 原子的位置)

(2)准晶体的特性

在准晶的物理性能中，密度与结构的关系十分密切。准晶的密度比经过退火后得到的相同成分的晶态相的密度约低 2%。这进一步证明准晶中原子排列的有序度没有晶态合金那么高，同时也表明在准晶中原子的排列，仍然是比较密集的。

实验结果表明 IQP 的熔点比相同成分的晶态合金的熔点要低。这说明与成分相同的晶态合金相比，准晶是一种亚稳结构。

对 Al－Mn 合金中 IQP 的比热测定结果表明，准晶的定压比热比相应的晶态相约大 13%。

准晶与非晶合金类似，一般有很高的电阻率和很小的温度系数，这可能与它们的原子排列都不具有长程平移对称性因而不存在周期势场有关。

对 $Al_{86}Mn_{14}$准晶的磁学性质的研究表明，准晶合金具有局域磁矩，在 Al－Mn 合金中这种局域磁矩随 Mn 含量增加而增强，当准晶转变为晶态合金后，这种局域磁矩就会相应消失。

和晶态合金相比，准晶合金具有很高的硬度，另一方面，准晶与非晶不同，有很强的脆性，准晶的脆性可能与其结构有关，是内在或固有的。由于准晶合金的硬度很高，所以如果用较软而韧的晶态相作为合金的基体相，而准晶作为弥散的第二相，这样的合金仍然有可能具有很好的综合力学性能并作为结构材料使用。

非晶、准晶合金的制备方法类似，快速凝固技术是主要制备方法，例如熔体旋转法、激光束表面熔化法、电子束表面熔化法等。除此以外，还有离子注入法、离子束混合法、蒸发沉积法、电镀沉积法等。

1.2.1.5 材料的结构

1. 金属材料的结构

金属材料一般都是晶体，在常温下纯金属的晶体结构大部分属于面心立方结构，体心立方结构和密排六方结构，如图 1－9，图 1－10，图 1－11 所示。温度变化时同一种金属可能会发生晶体结构转变。在常温下的镍、铝、铜、铅、银、金和 910 ℃ ~1400 ℃之间的铁等属于面心立方结构；在常温下的铁、钼、钨、铌等属于体心立方结构；而在常温下的钛、镁、锌等属于密排六方结构。

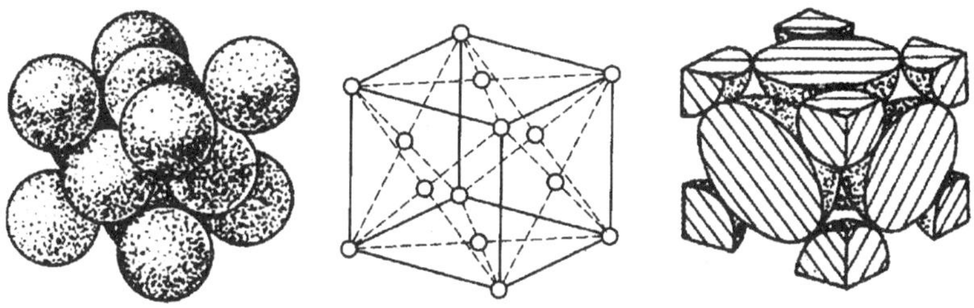

(a) (b) (c)

图 1－9 面心立方结构

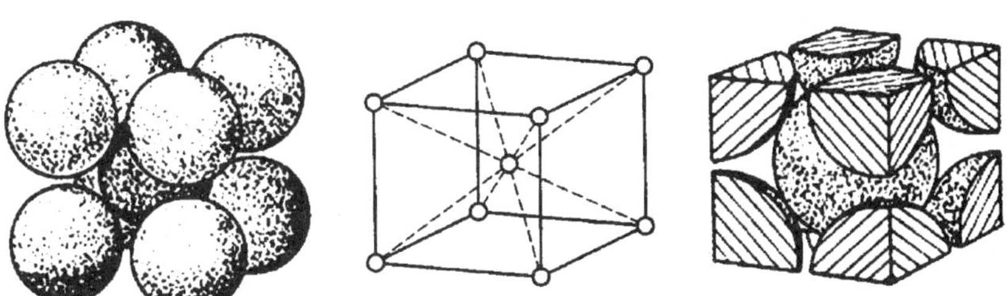

(a) (b) (c)

图 1－10 体心立方结构

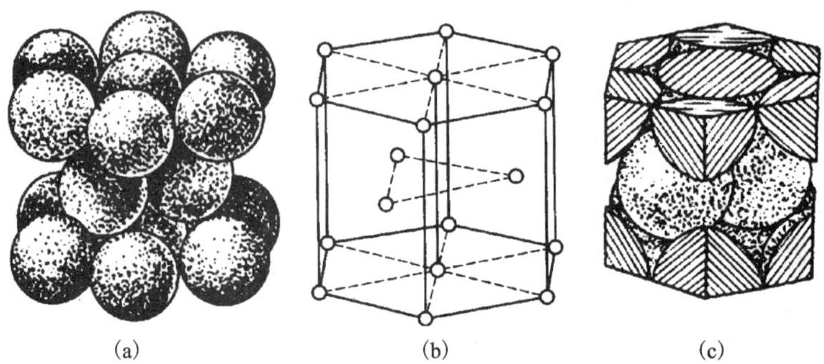

图1-11 密排六方结构

当金属和其他一种或多种元素通过化学键合形成合金时，一定成分的合金可以由若干不同的相组成，从结构上可以将合金中的相分为固溶体和化合物。固溶体是一种元素进入到另一种元素的晶格结构中的结晶固相，其中组元含量多的称为溶剂，含量少的组元称为溶质。固溶体的晶体结构保持溶剂的晶格类型，按照溶质原子在溶剂点阵中所占的位置不同可以分为置换式固溶体和间隙式固溶体。如图1-12所示。不少金属元素彼此之间以及金属元素和非金属元素之间都能形成置换式固溶体或间隙式固溶体。由于固溶体的一个重要特点是保持溶剂的晶体结构，所以其晶体结构一般比较简单，如面心立方、体心立方和密排六方结构。

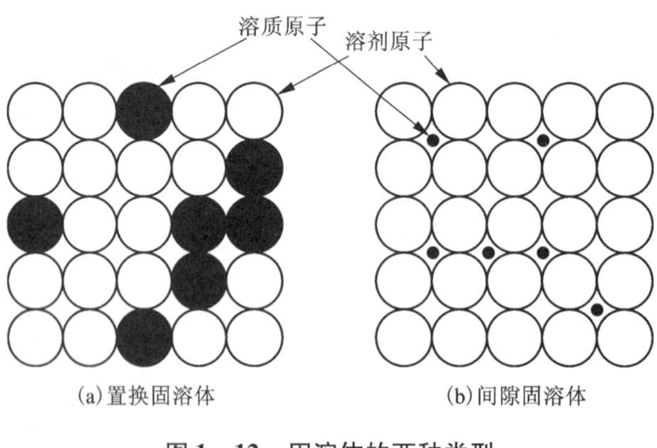

图1-12 固溶体的两种类型

(a)置换式固溶体；(b)间隙式固溶体

合金中的另一种相是金属间化合物，金属与金属或金属与非金属(N、C、H、B、Si)之间形成的化合物总称为金属间化合物，也称中间相。金属间化合物的晶体结构不同于构成它的纯组元，键合方式也有不同类型，可能有离子键、共价键，但大多数仍属于金属键。金属间化合物可以有确定化学计量比，能用化学分子式表示，也可以形成以化合物为溶剂的固溶体。金属间化合物分为正常价化合物、电子化合物和间隙化合物。由于金属间化合物的晶体结构一般都比较复杂（见图1－13），键合方式中含有较多的离子键和共价键成分，因此金属间化合物表现出熔点高、硬度高、脆性大等特点。在合金中是以强化相的形式存在的，当金属间化合物以细小的颗粒弥散分布在固溶体基体上时，将使合金的强度、硬度和耐磨性明显提高。

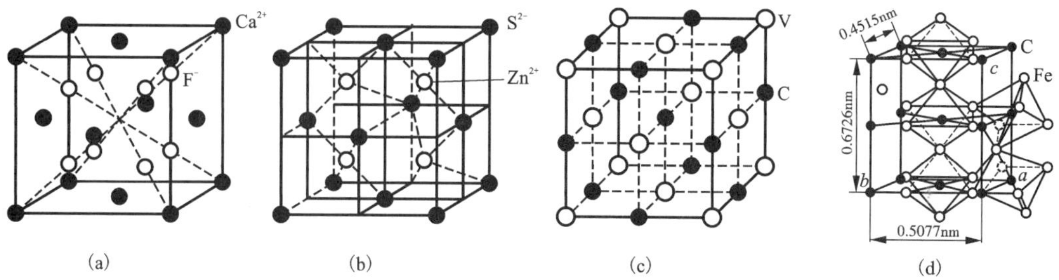

图1－13 几种金属间化合物的晶胞

(a) CaF_2 结构；(b) 闪锌矿结构；(c) VC 结构；(d) Fe_3C 结构

2. 无机非金属材料的结构

无机非金属材料中的相组成较为复杂，其典型组织由晶体相、玻璃相和气相组成。其中晶体相是主要的组成相，其结构、数量、形态和分布，决定无机非金属材料的主要性能和应用，常见的晶体相结构有氧化物结构、非氧化物结构和硅酸盐结构。

(1) 氧化物结构

氧化物是大多数陶瓷材料的主要组成和晶体相，其结合键以离子键为主，有时也有共价键。最主要的氧化物晶体相有 AO、AO_2、A_2O_3、ABO_3、AB_2O_4（A、B 为阳离了）型等。它们在结构上的共同特点是较大的氧离子进行紧密排列，较小的金属阳离子主要位于四面体间隙或八面体间隙。如 Al_2O_3 结构中 O^{2-} 离子占据面心立方晶格结点位置，而 Al^{3+} 填充于 2/3 的八面体间隙。几种典型氧化物的结构如图1－14所示。

(2) 非氧化合物结构

非氧化合物是指金属碳化物、氮化物、硅化物和硼化物等，主要由强大的离子键结合，也有一定成分的金属键和共价键。金属碳化物的结构有两类，一类是间隙相，碳原子位于面心立方或六方金属晶格的八面体间隙之中，如 TiC、ZrC、HfC、VC、NbC 和 TaC 等。另一类是复杂碳化物，由碳原子或碳原子链与金属构成各种复杂的结构，如斜方结构的 Fe_3C、Mn_3C、Co_3C、Ni_3C 等，立方结构的 $Cr_{23}C_6$、$Mn_{23}C_6$，六方结构的 WC、MoC 和 Cr_7C_3、Mn_7C_3 等。氮化物的结合键与碳化物相似，但金属性弱一些，并有一定程度的离

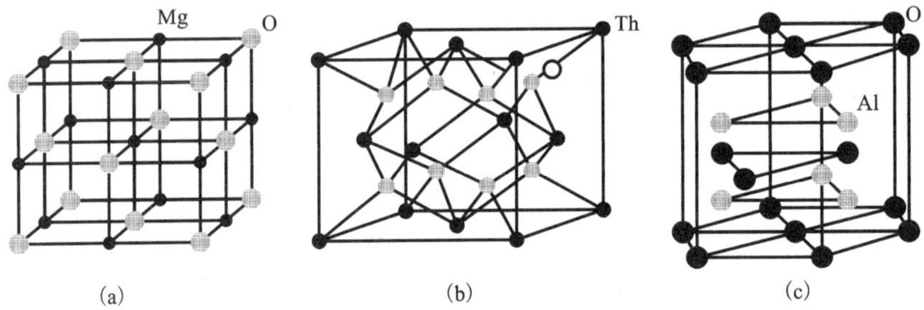

图 1－14 几种典型氧化物的结构

(a) MgO；(b) ThO_2；(c) Al_2O_3

子键。BN 具有立方结构，与石墨类似，Si_3N_4 和 AlN 为六方晶系。硼化物和硅化物的结构比较相近，硼原子间、硅原子间都有较强的共价键结合，能连接成链、网和骨架，构成独立结构单元，而金属原子位于单元之间。一些非氧化合物的结构如图 1－15 所示。

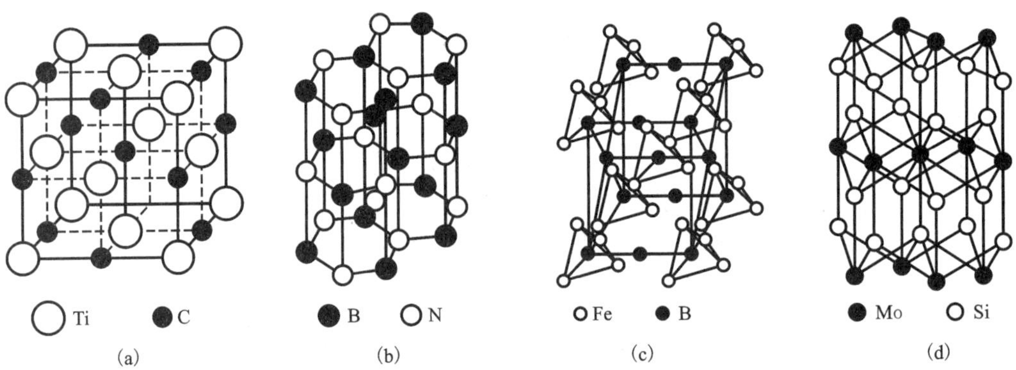

图 1－15 几种非氧化合物的结构

(a)碳化物；(b)氮化物；(c)硼化物；(d)硅化物

(3)硅酸盐结构

硅酸盐的结合键为离子键和共价键的混合键，其结构特征是 Si^{4+} 离子总是位于由 4 个 O^{2-} 离子组成的四面体中心，构成硅酸盐的基本单元 $[SiO_4]^{4-}$ 四面体。在硅氧四面体之间由通过共顶点的氧以不同形式相互连接，形成岛状、链状、层状、立体网络状等不同结构的硅酸盐。图 1－16 为部分硅酸盐结构示意图，其中图(a)为硅氧四面体 $[SiO_4]^{4-}$ 基本单元。由于 $[SiO_4]^{4-}$ 是离子化状态，可以同其他金属离子结合形成不同的结构。如作为耐火材料的 Mg_2SiO_4 是由 SiO_4^{4-} 与 Mg^{2+} 的离子键形成的。

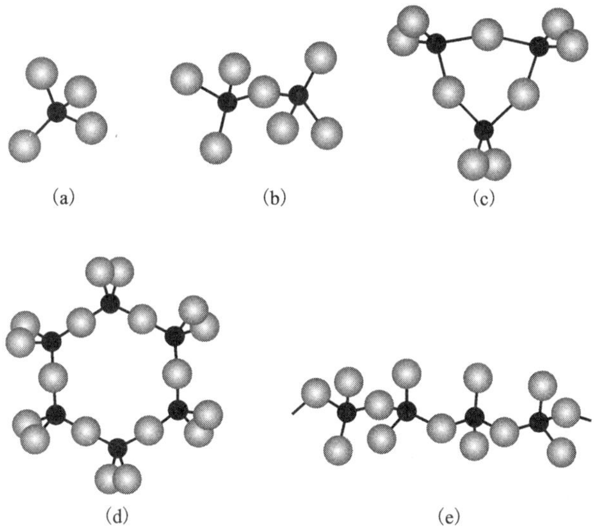

图 1－16　部分硅酸盐结构示意图

(a)$[SiO_4]^{4-}$；(b)$[Si_2O_7]^{6-}$；(c)$[Si_3O_9]^{6-}$；(d)$[Si_6O_{18}]^{12-}$；(e)$[SiO_3]^{2n-}$

3. 高分子材料的结构

高分子化合物是由大量重复的结构单元连接而成的，高分子材料的结构包括高分子链的结构和聚集态结构。

(1)高分子链结构

高分子链可以呈不同的几何形状，一般可分为以下 3 种类型：

1)线型分子链。由许多链节组成的长链，链节之间以共价键结合，其直径小于 1 nm，而长度可达几百甚至几千纳米，像一根长线，通常呈卷曲线团线状，如图 1－17(a)所示。

2)支链型分子链。在主链上还以共价键连接着相当数量长短不同的支链，其形状呈树枝状，见图 1－17(b)。由于支链的存在，分子链之间不易形成规则排列，难于完全结晶为晶体。

3)体型分子链。在分子链之间，许多链节以共价键相互横向连接，形成的三维网状大分子，也称网型分子链，见图 1－17(c)。

分子链的形状对聚合物的性能有显著的影响。线型和支链型分子链构成的聚合物的性能特点是弹性高、塑性好、硬度低，可以通过加热和冷却的方法使其重新软化(或熔化)和硬化(或固化)，故又称为热塑性聚合物，例如涤纶、尼龙、生橡胶等。体型分子链构成的聚合物，由于网状分子链的形成，使聚合物分子之间不易相互流动，从而提高了聚合物的强度、耐热性和化学稳定性。所以体型分子链构成的聚合物具有较高的强度和热固性，即加热加压成型固化后，不能再加热熔化或软化，故又称为热固性聚合物，例如酚醛塑料、环氧树脂、硫化橡胶等。

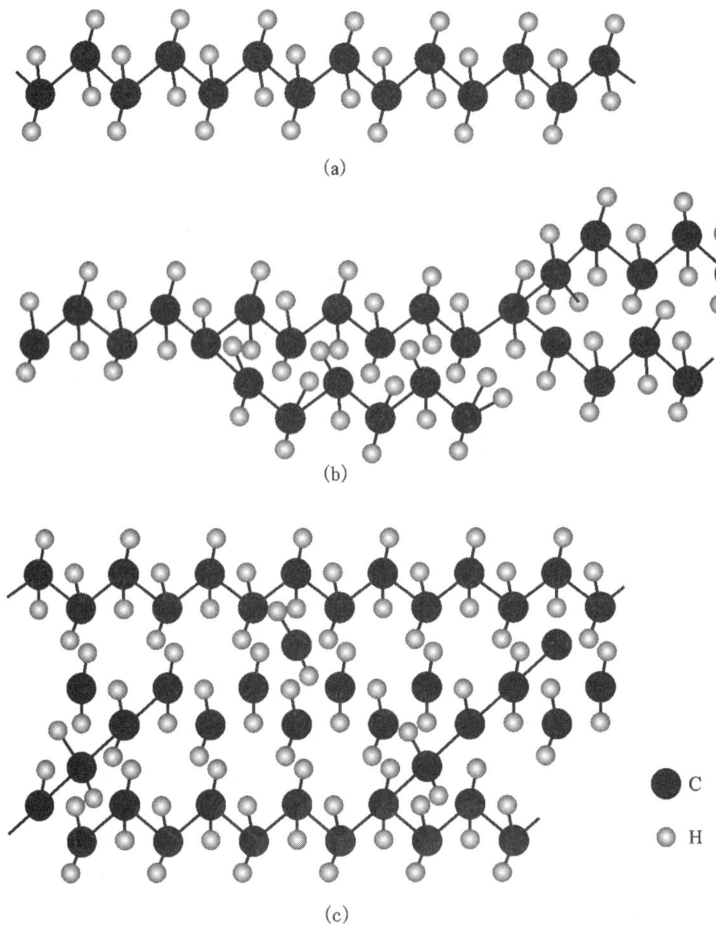

图 1－17　高分子链形状示意图

(a)线型分子链；(b)支链型分子链；(c)体型分子链

(2)高分子链的构型

高分子链的构型是指高分子链中原子或原子团在空间的排列方式。高分子通常含有不同的取代基。由于取代基所处位置的不同使高分子形成不同的立体构型。例如乙烯类高分子链，若用 R 代表取代基，通常有以下 3 种立体构型：

1)全同立构：取代基 R 全部位于主链的一侧，见图 1－18(a)。

2)无规立构：取代基 R 在主链两侧作无规律地分布，见图 1－18(b)。

3)间同立构：取代基 R 相间分布在主链两侧，见图 1－18(c)。

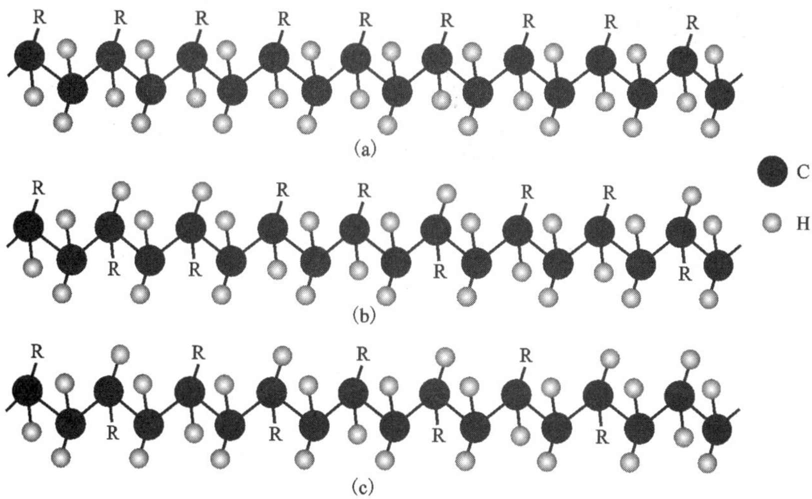

图 1－18　乙烯类高聚物的构型示意图

(a)全同立构；(b)无规立构；(c)间同立构

高分子链的构型不同，其性能亦不同。例如，全同立构聚苯乙烯的结构比较规整，能结晶，熔点约为 240 ℃；而无规立构的聚苯乙烯的结构不规整，不能结晶，软化温度约为 80 ℃。

(3)高分子的聚集态结构

高分子材料的聚集态结构是指其内部高分子链之间的几何排列和堆砌结构，也称为超分子结构。高分子化合物的聚集态结构可分为晶态(分子链在空间规则排列)、部分晶态(分子链在空间部分规则排列)和非晶态(分子链在空间无规则排列，亦称玻璃态)3 类(见图 1－19)。通常线型分子链构成的聚合物在一定条件下可以形成晶态或部分晶态，而体型分子链构成的聚合物为非晶态。

高分子材料的性能与其聚集态的结构有密切的关系。晶态聚合物由于分子链规则排列而紧密，分子间吸引力大，分子链运动困难，故其熔点、相对密度、强度、刚度、耐热性和抗熔性等性能好；非晶态聚合物由于分子链无规则排列，分子链的活动能力大，故其弹性、韧性和延伸率等性能好；部分晶态聚合物的性能介于上述二者之间。

4. 复合材料的结构模式

复合材料可以是一个连续相与一个分散相的复合，也可以是两个或多个连续相与一个或多个分散相的复合。以金属材料、无机非金属材料、高分子材料为基的复合材料

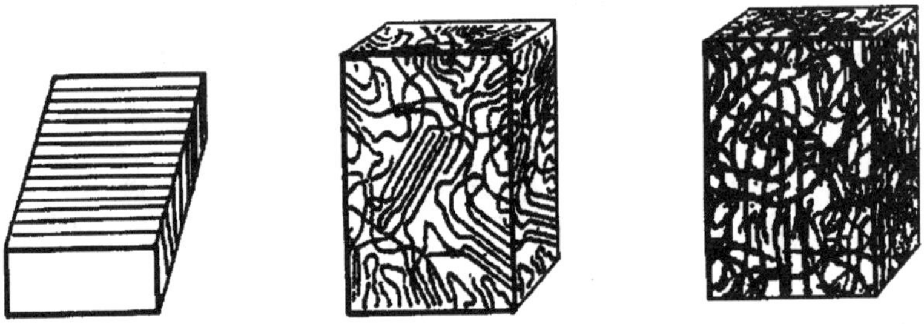

图1－19　高分子的聚集态结构示意图

(a)晶态；(b)部分晶态；(c)非晶态

中，分散相(增强介质)可以是零维、一维、二维或三维的各类材料。图1－20示意地给出了三种最普通的分散相的排列方式。在纤维增强的复合材料中，纤维可以是如图1－20中所示的混乱状态，也可以是沿某个方向整齐排列的状态。

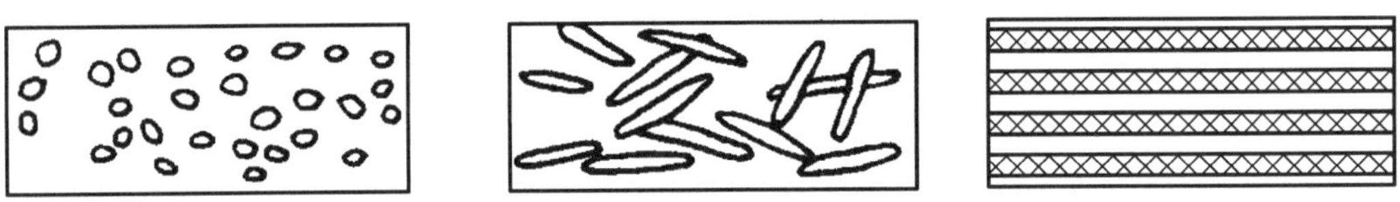

图1－20　各种类型的复合材料中分散相的排列

1.2.2　材料的性能

材料作为有用的物质，其有用之处就是因为它具有某种性能。材料的性能，包括力学性能、物理性能和化学性能等，它是材料微观结构特征的宏观反映，同时也是随外界条件而改变的。在不同的外界条件下，相同的材料也会有不同的性能。

1.2.2.1　力学性能

材料的力学性能是指材料受外力作用时的变形行为及抵抗变形和破坏的能力。材料的力学性能通常包括弹性、刚度、强度、硬度、塑性、韧性等。

1. 弹性与刚度

材料受载荷作用时产生变形，当载荷去除后变形消失而恢复至原来形状的能力，称为弹性。在弹性极限范围内，载荷与变形量成正比关系，其比例常数称为弹性模量。刚度是指构(零)件产生单位弹性变形所需载荷的大小，数值上等于构(零)件承载截面积与制造该构件的材料的弹性模量的乘积。对于截面积一定的构件来说，其刚度取决于材料的弹性模量。

2. 强度

材料在载荷作用下抵抗塑性变形或破坏的最大能力称为强度。根据拉伸、压缩、弯曲、蠕变、疲劳等试验方法的不同，可以得到多种评判材料强度的指标，以下仅介绍几种典型强度指标。

(1)屈服强度　很多材料在载荷作用下，除发生可恢复的弹性变形之外，还会发生不可恢复的残余变形，卸载后的残余变形称为塑性变形。屈服强度就是指材料在常温和载荷作用下，刚发生塑性变形所对应的应力(σ_s或$\sigma_{0.2}$)，反映其抵抗塑性变形的能力。

(2)抗拉强度　使材料在常温下发生断裂的最大拉应力，称为抗拉强度(σ_b)。它表示材料抵抗拉伸断裂的能力。

此外，常温下强度指标还有抗压强度σ_{bc}、抗弯强度σ_{bb}和剪切强度τ_c等。

(3)蠕变强度　很多材料在高温下使用时，在恒定的应力作用下，随着时间的增加，材料会缓慢地发生塑性变形，这种现象称为材料的蠕变。材料在高温和载荷长时间作用下，抵抗塑性变形(即蠕变)的抗力指标称为蠕变强度。一般用给定温度下，使试样产生规定蠕变速度对应的应力值表示。

(4)持久强度　对某些高温零件，如锅炉中的过热蒸气管，对蠕变变形要求并不严格，但必须保证在使用期间不发生破坏。这时，我们更看重材料在一定温度和规定时间内对断裂的最大抵抗能力，也就是持久强度，一般用给定温度和规定时间内发生断裂的应力表示。

(5)疲劳强度　工程上许多零件如转动轴、连杆、弹簧在工作过程中承受大小(和方向)发生周期性重复变化的载荷(即交变载荷)作用，在零件内部产生周期重复变化的应力(即交变应力)。这种交变应力使材料产生裂纹，裂纹逐渐发展而突然断裂，这种现象称材料的疲劳。

材料经无限多次(或规定次数)重复交变载荷作用而不至于引起疲劳破坏的最大应力，称为材料的疲劳极限(或疲劳强度)。用符号σ_{-1}表示。

3. 塑性

材料在载荷作用下产生塑性变形而不被破坏的能力，称为塑性。材料的塑性指标一般用拉伸试验时材料的延伸率和断面收缩率来评价。延伸率(δ)是指试样断裂时的相对伸长，断面收缩率(ψ)是指试样断裂时横截面的相对收缩率。

4. 硬度

材料抵抗其他物体压入时所引起的塑性变形的能力称为硬度，是衡量材料软硬程度的一种性能指标。硬度实际上不是一个单纯的物理量，它是体现材料弹性、塑性、强度和韧性以及形变强化等一系列不同物理量组合的一种综合指标。硬度有许多测量方法，其表示方法和数值也各不相同。

5. 断裂韧性

韧性是断裂过程的能量参量，是材料强度和塑性的综合表现，通常以裂纹萌生和扩展的能量消耗或裂纹扩展抗力来标示材料的韧性。断裂韧性常用材料裂纹尖端应力场强度因子的临界值来表征。材料的内部总会存在各种缺陷构成的微裂纹，在外力作用下，这些微裂纹的扩展导致材料断裂。设外加应力为 σ，裂纹尺寸为 a，则裂纹尖端应力场强度因子 K_{I}与 σ，a 之间存在如下关系：$K_{\mathrm{I}} = y\sigma\sqrt{a}$，$y$ 是与裂纹形状等因素有关的量。当应力逐渐加大或裂纹逐渐扩展时，K_{I}也随之逐渐加大，当 K_{I}达到临界值时，裂纹将产生突然的失稳扩展，这个应力场强度因子 K_{I}的临界值就是材料的断裂韧性，它反映了材料抵抗裂纹失稳扩展的能力。

1.2.2.2　物理性能

有多种评价材料物理性能的指标，以下仅介绍其中的几种：

1. 密度

材料的密度是指 1 cm^3体积的材料所具有的质量。密度是选用材料的依据之一，例如制造飞机、汽车、火箭、卫星等为了减轻自重，节省燃料，常选用密度较小的材料。

2. 热膨胀系数

热胀冷缩是物体的一种普遍现象。当温度变化 1 K 时，材料单位长度的变化值称线膨胀系数，而材料单位体积的变化量称体膨胀系数。

从原子尺度看，热膨胀与原子(或分子)的振动有关，而这种振动又与原子间的化学键合作用有关。共价键的陶瓷材料和金属材料相比，具有低的膨胀系数，而离子键结合的陶瓷材料则膨胀系数较高。共价键合的三维网络状高分子化合物的膨胀系数一般较低，而长链高分子化合物由于其分子间是弱键合，膨胀系数较高。

3. 热导率

代表材料导热能力的常数，称热导率或导热系数。用单位时间内在 1 K 温差的 1 cm^3正方体的一个面向其所对的另一个面流过的热量来表示。一般金属材料是热的良导体，普通陶瓷材料与大部分高分子材料的热导率很小。在不同场合对材料导热性能的要求是不同的，例如，对于电脑，一般要求其中材料的导热率越高越好。而对于保温材料，又希望导热率尽可能小。

4. 导电性能

材料导电性的量度为电阻率或电导率，电阻率的倒数为电导率。由欧姆定律可知，电阻率表示单位长度、单位体积的电阻。显然，电阻率越小，导电性能越好。电导率的大小取决于产生电流的载流子数目、每个载流子的电荷量及其迁移率。产生电流的载流子有电子、空穴、正离子和负离子。根据电阻率的大小可将材料分为超导体、导体、半导体和绝缘体。一般金属材料是导体，一部分陶瓷材料和少数高分子材料是半导体，普通陶瓷材料和大部分高分子材料是绝缘体。

5. 磁性

材料在磁场的作用下都会表现出一定的磁化特性。将某种材料置于外加磁场 H 中，材料被磁化，其磁化强度 M 与外加磁场强度 H 的关系可写成 $M=\chi H$，其中 χ 称为磁化率。可根据磁化率的大小和符号将材料分为抗磁性材料、顺磁性材料和铁磁性材料。磁化率 $\chi<0$，这种材料称为抗磁性材料；$\chi>0$，但数值很小($10^{-6}\sim10^{-3}$数量级)，即呈现微弱磁性，这种磁性称顺磁性；铁磁性材料是指 $\chi>0$，且数值很大($10^{1}\sim10^{6}$数量级)的一类材料。

1.2.2.3 化学性能

材料总是在一定的环境介质中工作的，这些介质常常会与材料发生化学反应，影响材料性能的发挥。例如，随处可见的生锈现象，不仅浪费了大量金属资源，更能导致各种灾难性的事故。材料抵抗各种介质的化学作用而反映出来的性能称为化学性能，包括溶蚀性、耐腐蚀性、抗氧化性等。其中，材料抵抗酸、碱、盐、水、空气及各种溶液、润滑油等介质腐蚀的能力，称为耐蚀性。材料在高温下防止与周围的氧作用而不被损坏的能力，称为抗氧化性。

1.3 材料是人类文明的基石

1.3.1 材料发展简史

1.3.1.1 材料发展古代史

人类发展的历史证明，材料是社会进步的物质基础，是人类进步程度的主要标志。纵观人类发现材料和利用材料的历史，每一种重要材料的发现和广泛利用，都会把人类支配和改造自然的能力提高到一个新水平，给社会生产力和人类生活水平带来巨大的变化，把人类的物质文明和精神文明向前推进一步。正因为如此，人们曾经以不同特征的材料划分人类社会的不同历史时期，如石器时代、青铜器时代、铁器时代等。

早在一百万年以前，人类为了生存、抵御猛兽袭击和猎取食物开始用石头做工具，如石刀、石铲、石斧、石球等，使人类进入旧石器时代。这段时期，大约一直延续到1万年前。1998年，中国安徽繁昌县人字洞发现了众多的石制品和骨制品，据初步测定，估计距今为200万~240万年，是目前欧亚大陆发现最早的文化遗迹；1954年，山西襄汾县发掘的26400年前的丁村遗址，发现了一大批人工打制的200~1500 g的石球。

大约一万年以前，人类开始了新石器时代，它的主要标志是出现经过加工的刀口锋利的石器及陶器，并伴随着人类开始应用砖瓦等建筑材料以及出现了纺织品、丝织品。1954—1957年间在我国西安市半坡村，对公元前4800年—公元前4300年新石器时代遗址考古时，发现了240件石球和227件陶制弹丸。人工打制的石球，光滑、缺棱少角，飞行时阻力小、速度快、命中率高，用其狩猎，打得又快又准。在新石器时代，人类开始用皮毛遮身。8000年前中国就开始用蚕丝做衣服，4500年前印度人开始种植棉花，这些都标志着人类使用材料促进文明进步。在新石器时代，人类已发明了用黏土成型，再火烧固化而成为陶器。陶器的出现，不但用于器皿，而且成为装饰品，对人类精神文明起了很大促进作用。在新石器时代，先民们用石头做建筑材料，用土制作砖瓦，并学会了使用植物枯杆作增强材料，掺入黏土中，用太阳晒干制砖，以后又学会了火烧制砖。在随后的人类社会进程中，先民们利用石头和砖瓦，创造了辉煌的历史，如被誉为古代世界七大奇迹的埃及金字塔、巴比伦空中花园、古希腊奥林匹亚的宙斯神庙、埃及亚历山大城的灯塔、小亚细亚埃弗兹城的月亮女神庙和摩索拉斯陵墓、地中海罗得岛上的太阳神巨像。尽管它们中的绝大部分已淹没在浩瀚的历史长河中，但金字塔、狮身人面像几千年来傲视人间，吸引了无数考古学家和一批又一批游览者，令人折服。

在人类历史上，有过一个辉煌灿烂的青铜器时代。这是人类较大量利用金属的开始，也是人类文明发展的重要里程碑。早在公元前8000年的新石器时代，先民们已发现并利用天然铜块制作铜兵器和铜工具。到公元前5000年已逐渐学会用铜矿石炼铜。考古发现，中国湖北大冶铜绿山古铜矿遗址早在3600年前的殷商时期就开始开采铜矿石，从矿区四周40万t炼铜废渣推算，中国古代先民们在此取走了10万t铜。随着时间的推移，先民们发现，在铜中加入部分锡，可使原来较软的铜制品变得更坚韧、更耐磨。青铜——铜锡合金，这是最原始的合金。世界各地开始青铜器时代的时间各不相同，希腊在公元前3000年前，埃及在公元前2500年前，巴比伦在公元前19世纪中叶，印度大约在公元前3000年已广泛使用青铜器。中国在公元前2700年已经使用青铜器了，到商周进入了鼎盛时期，并将青铜器的冶炼和铸造技术推向了世界的顶峰。在中国大地上，留下了先民们一批精妙绝伦、震撼世界的青铜器杰作，如：高133 cm、重832.84 kg的商代文丁时期的司马戊方鼎；秦始皇陵墓陪葬坑新近出土的212 kg的秦王鼎；铜剑和由8马2车2俑组成的质量达1061 kg的铜马车。湖北江陵望山一号楚墓出土的越王勾践用剑、徐州狮子山楚王陵出土的铜戟。这些剑、戟铸造精美，虽深埋地下2000余年，但仍寒光闪闪、锋利如初，十几层厚的纸被其轻轻一划，竟一裂为二。四川广汉三星堆出土的世界上年代最久远、树枝最高最大、形象神奇多彩、高约4 m的青铜神树，高2.6 m的青铜立人、青铜人头像和青铜面具等，更令世人惊叹。湖北随州市曾侯乙墓出土的计64件、2500余kg的古代乐器——铜编钟（见图1-21），其音域之宽广堪与现代乐器媲美。1999年7月1日香港回归的庆典上，用其演奏的《交响乐1997》，更是海内外轰动。

公元前13—14世纪前，人类已开始用铁，3000年前铁工具比青铜工具更为普遍，人类开始进入了铁器时代。中国最早出土的人工冶铁制品约在公元前9世纪。我国在甘肃灵台的一座春秋早期墓葬中出土的一把铜柄铁剑，再加上干将莫邪铸剑的传说和湖北大冶铜绿山古铜矿遗址一处战国时期矿井内发现的宽40 cm、长60 cm，质量32 kg的铁斧以及铁锤、铁砧、铁锄等，可以认为中国也是较早掌握炼铁术的国家之一，且很长一段时间里都处于世界冶金技术的前列。如用生铁退火而制成韧性铸铁及以生铁炼钢技术的

图1-21　战国编钟

发明，促进了中国生产力的大发展，对战国和秦汉农业、水利和军事的发展起到很大作用。这些技术于公元6—7世纪传入朝鲜半岛、日本和北欧，推动了整个世纪文明的进步。建于宋代嘉祐六年(1061年)的湖北当阳玉泉寺山门外的砖身铁塔，高17.9 m，由质量为38300 kg的44块铸件组成，其拼装得天衣无缝、浑然一体，充分反映我国古代铸造技术之高超。

1.3.1.2　材料发展近代史

随着世界文明的进步，18世纪发明了蒸汽机，19世纪发明了电动机，对金属材料提出了更高要求，同时对钢铁冶金技术产生了更大的推动作用。1854年和1864年先后发明了转炉和平炉炼钢，使世界钢产量有一个飞速发展。如1850年世界钢产量为6万t，1890年达2800万t，大大促进了机械制造、铁道交通及纺织工业的发展。随之电炉冶炼开始，不同类型的特殊钢相继问世，如1887年高锰钢、1900年18-4-1(W18Cr4V)高速钢、1903年硅钢及1910年奥氏体镍铬(Cr18Ni8)不锈钢等。在非铁金属冶金及应用方面，19世纪80年代发电机的发明，使电解法提纯铜的工业技术得到了实现，开创了电冶金新领域。同时，熔盐电解法将氧化铝加入熔融冰晶石，电解得到廉价的铝，使铝成为仅次于铁的第二大金属。20世纪40年代，用镁作还原剂从四氯化钛制得纯钛，真空熔炼加工等技术逐渐成熟，铁及钛合金的广泛应用得到实现，同时其他非铁金属也陆续实现了工业化，从而使金属材料在整个20世纪占据了材料的主导地位。

随着有机化学的发展，19世纪末叶西方科学家仿制中国丝绸发明了人造丝，这是人类改造自然材料的又一里程碑。20世纪初，人工合成有机高分子材料相继问世，如1909年的酚醛树脂、1920年的聚苯乙烯、1931年的聚氯乙烯及1941年的尼龙等。这些材料以其性能优异、资源丰富、建设投资少，收效快而得到迅速发展。目前世界三大有机合成材料(树脂、纤维和橡胶)年产量逾亿吨。而且有机材料的性能不断提高，附加值大幅度增加，特别是特种聚合物正向功能材料各个领域进军，显示其巨大的潜力。

水泥是无机材料中使用量最大，对人类生活影响显著的建筑材料和工程材料，在水的作用下，它可与砂、石等材料形成坚硬的石状体(混凝土)，是人工的石头。早在2000多年前，希腊和古罗马人就将石灰和火山灰的混合物作建筑材料，这是最早应用的水泥。今日，水泥已发展成庞大的家族，是建房修桥筑路等领域的基础材料，有石材不可替代的优越性。

玻璃的制造已有5000年历史，18世纪瑞士人发明了搅拌法生产光学玻璃，并开始用纯碱作主要原料，此时日用玻璃和技术玻璃发展迅速。19世纪中叶，发生炉煤气及蓄热窖池炉的出现使玻璃生产连续化，20世纪以来，平板玻璃及各种特种玻璃不断问世，各种生产工艺不断更新，自动化程度大大提高。

陶瓷本来用作建筑材料、容器或装饰品等。由于其资源丰富、密度小、高模量、高硬度、耐腐蚀、膨胀系数小、耐高温、耐磨等特点，到了20世纪中叶，通过合成及其他制备方法生产了各种类型的先进陶瓷(如Si_3N_4、SiC、ZrO_2等)，成为近几十年材料中非常活跃的研究领域。但由于其脆性问题难以解决，且价格过高，作为结构材料尚未得到如钢铁或高分子材料一样的广泛应用。

复合材料是20世纪后期发展的另一类材料。众所周知，天然材料很多是复合材料，如木材、皮革、竹子等。事实上，人类很早就制造复合材料，如泥巴中混入碎麻或麦秆用以建造房屋，钢筋水泥是脆性材料和韧性材料的复合。近几十年来，利用树脂的易成型和金属韧性好，无机非金属的高模量、高强度、耐高温，做成了树脂基复合材料或金属基复合材料，前者已得到广泛应用，后者因其制作困难、价格高而受到一定限制。为了改善陶瓷的性能，也制成陶瓷基复合材料。炭是使用温度最高的材料(可达2500 ℃)，为了克服热震性能差，并提高其力学性能而制出的炭－炭复合材料已广泛用于军工，并扩展到民用。

除了结构材料之外，功能材料自古就受到重视，早在战国时代中国已利用天然磁铁矿来制造司南，到宋代用钢针磁化制出了罗盘，为航海的发展提供了关键技术。

1.3.2 新材料是社会现代化的先导

从现代科学技术史中可以看到，每一项重大的技术突破与创新在很大程度上都依赖于相应的新材料的发展。新材料的研制、开发与应用不仅构成对高技术发展的推动力，而且也成为衡量一个国家科学技术水平高低的标志。从这个意义上讲，新材料是技术革命与创新的基石，是社会现代化的先导。现代高技术对新材料的依赖性使世界上主要的发达国家和发展中国家都将新材料列为高技术优先发展的领域和关键技术的组成部分进行规划和安排，采取各种措施，力争抢占新材料技术的“制高点”。

信息、生物工程、新能源、激光、海洋开发和空间技术作为促进生产、振兴经济、增强综合国力的高技术群和知识密集型产业，如果没有相应的新材料做基础，其提高、进步与发展是不可能的。反过来，这些高技术领域的进展也给相应新材料的发展注入了强劲动力。下面以三个例子说明新材料的发展在20世纪对人类社会现代化的巨大推动作用。

1. 信息时代与信息材料

半导体材料、磁性材料、激光材料与光纤维材料的出现，加速了现代文明的发展，使人类进入了信息时代。信息革命，是人类科学技术史上的一次重大飞跃，它对人类社会产生的深远影响，甚至超过了 19 世纪的工业革命。从 20 世纪上半叶的体积大、音质差的矿石收音机、电子管收音机到现在小巧玲珑、音质极佳的“MP3”；从电报、无线电码到现在的寻呼机、手机等移动通讯工具；从 1946 年占地面积 100 m^2 而运算速度只有 5000 次/s 的世界上第一台电子管计算机，到现在运算速度达每秒数亿次的笔记本电脑，信息革命迅速改变着人类的生活。计算机从一种单纯的快速计算工具发展成为能够高速处理一切数字、符号、文字、语音、图像的信息传递和综合处理工具。计算机与网络、通信的结合更是使得信息的传输发生了革命性的变化。国际互联网和信息高速公路使信息以空前的速度和广度在全世界传播，人类的信息资源得到了前所未有的充分利用，大大加速了社会发展的进程。

在信息技术领域中，获取并记录相关信息是信息处理的基本前提。传感器作为重要的信息获取工具是用敏感材料制造的。它是利用材料具有不同的物理、化学和生物效应，制成对光、声、电、力、磁、温度、湿度、气体等敏感的元件。敏感材料灵敏度和稳定性的不断提高是制造高可靠性传感器的关键。

信息获取后必须进行记录，在此基础上方能进行信息的传输与处理，这就需要发展容量大、密度高、速度快、成本低的信息存储材料。目前已出现的信息存储材料有磁存储材料、半导体存储材料、光存储材料等。光盘是一种新型存储器，其存储信息面密度是软盘的 500 ~ 800 倍，是硬盘的 50 倍。

当信息是以电子作为载体时，其传输媒体是金属导线或金属波导管。而当信息载体是光子时，就必须以新材料光导纤维为媒体。光导纤维材料的问世，使人类传递信息的数量与质量获得大幅度提升。据专家估算，同样 100 m 长的铜电缆和光缆，若传递信息的频带宽为 4 万 MHz，铜电缆需直径为 58 mm 的铜缆 656 股，总重量 219760 kg，电缆外部总直径 1458 mm，其价格为 131.2 万美元；光缆只要一根直径 8.7 mm 的光纤，其重量 6.6 kg，价格 680 美元。由此可见光导纤维这一新材料的出现与发展，给信息传输带来的革命性变化(见表 1 - 2)。

从三极电子管到晶体管，再到集成电路和大规模、超大规模集成电路(见图 1 - 22)，计算机领域每一次技术发展无不依赖于硅单晶生长技术和晶片加工技术的进步。目前，计算机的进一步发展受到芯片材料的制约，而砷化镓由于具有开关速度快、电子迁移率高和受激发光的特点，成为未来新一代高速芯片的优选材料。近年来又发展起来半导体超晶格材料，它具有可人工设计与控制的特性，受到世界各国的重视，可以毫不夸张地说，建立在半导体材料基础上的计算机技术使人类文明发生了质的飞跃。

表 1－2　光纤通信的发展历程

技术指标	第一代(短波长)	第二代(长波长)	第三代(长波长)	第四代(超长波长)
波长/μm	0.83	1.3	1.55	2～5
光纤	熔石英	熔石英	熔石英(＋铒)	氟化物玻璃
激光器	GaAlAs	InGaAsP	InGaAsP	GaInAsSb
探测器	Si	Ge，InGaAsP	InGaAsP	InAsGaSb
损耗/(dB·km^{-1})	2～3	0.5～1	<0.1	0.1～0.001
传输距离/km	约 10	约 30	约 400	>500

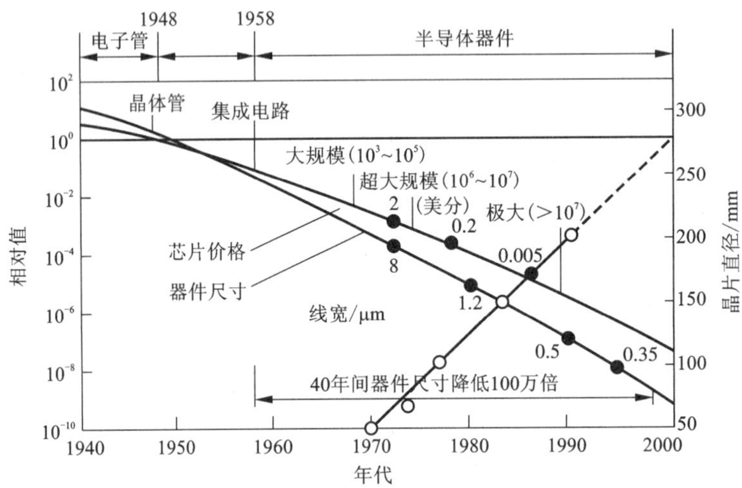

图 1－22　集成电路发展历程

2. 航空航天技术与新材料

从上可知，信息领域的每次技术发展和创新无不以新材料为基础，而在其他高技术领域也显示出同样的趋势。如航空航天技术的发展就是以新材料的发展为先导的。航空航天技术是亦军亦民、军民结合的高技术，是众多学科和技术的综合和集成，不仅对国民经济和其他相关产业发展具有牵引和辐射作用，同时，对保障国家安全和振奋国威有重要作用，是一个国家综合实力的象征。

各种先进飞机、运载火箭、导弹、卫星的研制成功和投入使用，高性能材料起了关键作用。高性能主要包括：轻质、高强、高模、高韧、耐高温、耐低温、抗氧化、耐腐蚀等。有资料显示，飞机性能的提高，材料所占比例达 2/3 左右。

对飞机、运载火箭、导弹、卫星等来说，减轻结构质量对提高飞行器的安全性、增加有效载荷和续航距离，降低燃料消耗和成本具有重要作用。飞行速度越高，减重的意义越大。卫星减重 1 kg，可减少发射推力 5 kN，所以卫星构件的重量是以“克克计较”的。导弹弹头结构质量的减轻，可以获得最大的技术经济效益。例如，对一枚小型化的洲际导弹弹头，减轻结构质量1 kg，在有效载荷不变的条件下，可增加射程15 km左右，可减轻导弹起飞质量约 50 kg，所以在保证弹头能可靠工作的条件下，应尽可能减轻结构质量。

铝(Al)是一种轻金属，密度为 2.7 g/cm^3，是铁(7.8 g/cm^3)的大约1/3。纯铝的拉伸强度虽然远低于钢，但20 世纪上半叶，材料科学家利用合金化和时效硬化等手段，把铝合金的强度提高到700 MPa，从而使铝合金的比强度(强度/密度)达到钢的比强度的4倍多。这就是说要达到同样的强度，铝合金的用量只需钢的1/4，这给铝合金作为航空航天用结构材料带来了极大的优势。在各种民用和军用飞机中，铝合金用量一般占结构重量的70%左右。

所谓合金强化，就是在 Al 中加入 Cu，Mn，Mg，Zn 等元素，以提高 Al 的强度。所谓时效硬化，就是把某些铝合金加热到一定温度使之处在均匀的单相状态，然后快速淬火，保持这种单相组织状态。此后再在室温或稍高一些的温度中将这种单相合金加热，随着时间的增加，合金中慢慢析出第二相，这些第二相质点弥散在基体中，使合金的强度大大增加。因此，叫做“时效”硬化。

正是由于20 世纪中叶以来，人们利用合金化、时效硬化和其他先进的制备加工和强韧化手段，开发了一系列高性能的先进铝合金，大大地扩充了铝的用途，如大型飞机、航天飞机、运载火箭、远程导弹、卫星、空间站等。可以说，没有先进铝合金为基础，就没有20 世纪的航空航天成就。

除了航空航天工业之外，20 世纪，铝给人们带来的应用可以说不胜枚举：铝大厦、铝快艇、铝火车、铝门窗、铝涂料(银粉)、铝细粉(火箭固体燃料)、铝箔(包装用)、铝家具、铝电缆(代替铜导线)、铝易拉罐等，极大地改变了社会经济生活。

航空发动机是飞机的“心脏”。自 1941 年喷气式飞机问世以来，航空发动机的性能不断提高，主要表现在推力的不断提高，这就要要求涡轮前温度要高，因为工作温度越高，热效率越高；进气流量的增加以及尾喷管出口速度提高。对材料的要求来说，条件最苛刻的是发动机的高压涡轮，包括涡轮叶片、导向叶片及涡轮盘。除要求耐高温以外，还要求高比强度和比刚度。

20 世纪高温叶片的研制和发展也是当代材料科学与工程的巨大成就之一。高温合金在先进航空发动机中占一半以上。随着材料性能不断改进，发动机性能不断提高。

3. 核技术与核材料

20 世纪最惊人的科技成就之一是人类实现了原子核内部巨大能量的释放，原子弹和氢弹的成功爆炸实验正是这一成就最突出和最震撼人心的表现。与此同时，20 世纪

50 年代以来大批核反应堆的建立，使人们实现了可控的核裂变反应，驾驭了核能这匹烈马，使之成为造福于人类的新能源。

核裂变反应就是^{235}U、^{239}Pu 等重同位素元素在被中子撞击时，它们的原子核发生裂变，分裂成 2 个较轻的碎块，并把多余的中子释放出来。与之相反，周期表前端的某些轻的同位素也不稳定，它们有倾向在高温下合并成较重的元素，也释放出中子来，这就是聚变反应。不管是裂变反应还是聚变反应，都要在反应的同时释放出大量的能量。

实现核爆炸或建立核反应堆的先决条件是有核材料。^{235}U，^{238}U，^{239}Pu，^{210}Po，^{9}Be，^{6}Li，^{7}Li，D(氘)，T(氚)，Gd，Zr，Hf，重水和石墨等，构成了核时代的重要材料。所以从材料的角度看来，核时代的崛起是人类历史上第一次对材料提出“核性能”的要求，也第一次给人类以机会，去大规模制备、加工和了解这些具有特种用途的新材料。原子能时代的到来，也使人们越来越深刻地认识到中子、离子、射线和材料的交互作用及这些特殊条件下材料的种种行为。

核材料除用于制造核武器之外，也能造福人类，如各种同位素的应用、核医学，等等。而作为能源建造的核动力反应堆开创了人类和平利用核材料和核能的重要新途径。

和核武器一样，核动力反应堆也是要持续的裂变反应，不过这样反应是可以控制的。任何一个反应堆，都由堆芯和辅助系统组成，它的堆芯都是用特定的燃料和结构材料组成的，涉及各种性能的材料，这里以一个例子说明材料的重要性。以我国大亚湾核电厂为例，它的核心是燃料棒和燃料组件。所谓燃料棒就是一根锆管，里面装上 UO_2燃料芯块。烧结成的 UO_2芯块直径为 8 mm，高约 10 mm。一根锆管约 4 m 长，里面装的都是这样的芯块。将一根根这样的锆管组合起来，就成为一个燃料组件，或叫元件盒。大亚湾 900 MW 的压水堆是用 157 个燃料组件以 17×17 的方阵由燃料棒和控制棒组成的，燃料棒数为 264 根，控制棒数为 53 根。

这些元件盒不仅每一根锆管是用锆合金制成的，而且它的塞头、格架也都是用的锆合金。锆管不仅尺寸精细、表面光洁度要求严格，更重要的是有苛刻的性能要求。一个以锆合金管为包套的燃料棒要耐腐蚀，要考虑管内芯块裂变气体的释放、芯块本身的辐射肿胀行为、芯块与包壳之间的相互作用性能、锆本身的抗辐射性能等一系列问题。还有，元件棒在堆内使用的时间很长，在其寿命期间的破坏率应尽可能低，目前只有万分之几。这一切苛刻的要求使材料学家几十年来不断地对锆合金进行研究和改进，至今，世界各核大国还在研制新型的锆合金。

原子能的发现和利用，无疑是 20 世纪人类文明的一个划时代的进步。物理学和化学的巨匠从科学原理上打开了这一创新的时代大门，而在这个时代取得的核成就中，可以说无一不是建立在材料基础上的。

1.3.3 新材料是实现人类社会可持续发展的重要保证

可持续发展的思想现在已经成为一种新的发展思想和战略。布伦特兰夫人在《我们共同的未来》中对可持续发展做出的经典表述为：“可持续发展是在满足当代人需要的同时，不损害后代人满足其自身需要的能力。”具体来说就是要建立节省资源的工业体系及实现清洁生产，提高能源利用效率及开发新能源与再生能源，改善生态环境和持续农业与林业生产，减少环境污染及降低温室效应与提高社会的可持续发展，包括控制生育与提高人口素质等。

长期从来，人类在材料的提取、制备、生产以及使用与废弃的过程中，消耗了大量的资源、能源，并排放出废气、废水和废渣，其结果是给环境带来的压力越来越大，对环境造成的污染越来越严重，甚至威胁到人类自身的生存环境。各种统计数字已经表明，传统材料及其制品的制造、使用和废弃过程是造成当今世界能源短缺、资源过度消耗和枯竭以及环境污染的重要原因之一。随着人类文明进程的不断发展，现实要求人类从节约资源和能源、保护环境以及社会可持续发展的角度出发，重新认识和评价过去研究、开发、生产和使用材料的活动，改变过去单纯追求材料性能和使用价值，不顾造成生存环境恶化的做法，环境协调性正成为研究开发新材料的指导思想。

社会经济可持续发展的需求要求人们及时对科学研究的价值和技术发展的方向进行调整和评价，而新材料的发展正是适应了可持续发展这一需求，它在现代社会各个领域的应用将极大地改变传统的经济增长方式和发展模式，成为可持续发展的重要保证。

新材料对于经济发展的促进作用不仅表现在自20世纪80年代以来，新材料在整个世界贸易中所占比例逐年递增，而且表现在新材料的广泛使用带动了与此相关的产业部门的快速增长。在美国，50%聚合物基复合材料用于航空航天产业，尤其是在大型商用运输机的制造上。如聚合物基复合材料在波音787飞机中所占结构重量已达到60%。新材料在相关产业部门的使用，大大降低了这些部门的生产成本，提高了劳动生产率和产品的质量与竞争力，对经济发展起着不可估量的作用。另一方面，新材料在社会生产各领域中的广泛应用大大节省了地球上十分有限的不可再生资源，延缓了其衰竭速度，降低了生产中的能量消耗，在最大限度范围内减少了环境的污染，维护了生态平衡，使人类和环境达到和谐，实现共同发展。为了解决金属资源的枯竭问题，人们发展了各种高分子材料、复合材料和先进陶瓷材料，它们中的许多材料像有机玻璃钢、纤维增强塑料、氮化硅陶瓷，其强度、耐高温和耐腐蚀性能已远超过金属材料，有些已用作飞机、火车、桥梁、发动机的关键部件。为了减少矿物燃料燃烧时所造成的环境污染和温室效应，人们将目光转向具有清洁、高热值的新能源载体——氢。为此，人们开发了镁系、稀土系、钛系、锆系等新型贮氢合金，用于氢的存贮、运输、提纯与精制。

经济的发展是可持续发展的条件，社会的发展是可持续发展的目的，而科学技术的进步是可持续发展的强劲推动力量。新材料作为科技革命与创新的基石，它的开发与应用顺理成章地成为可持续发展的前提保证。没有新材料的发展和在社会各个领域中的广泛应用而实现经济社会的可持续发展是不可想象的。

1.4 新材料技术发展的重点

材料科学技术为开发新材料、改进现有材料和合理使用材料服务。根据国际动向并结合国内具体情况，材料科学技术发展的重点有以下几个方面。

1.4.1 开发新材料，发展高技术产业

当今是高技术主宰着社会，一方面高技术促进社会的发展，又是国防安全的保证，另一方面高技术是传统产业改造升级和发展支柱产业不可或缺的组成部分，而新材料又是高技术的先导和基础，所以开发新材料必然受到高度重视。根据目前情况，新材料研究和开发的重点有以下几个方面。

1. 信息功能材料

人类已进入信息时代，为了实现装置的小型化、低功耗、多功能化和智能化，信息功能材料将受到更高的重视。信息功能材料，是指用于信息的产生、获取、存储、传输、转换、处理、显示所需材料，主要用于计算机、通讯和控制，这类材料要求高，发展快，种类繁多。

以集成电路所需材料为例，有人预测，到2010年集成电路的特征尺寸为0.07 μm。由于制作困难，加上发热过高以及量子效应等原因，这时硅晶片的直径将在450 mm以上，对硅单晶质量要求进一步提高。因此硅单晶的生长一直是研究的主题，因为晶体直径愈大，杂质的偏析愈严重，愈容易出现缺陷。化合物半导体材料也是现代信息技术基础材料之一，以其具有发光、迁移率高、宽禁带等特性而应用于微波通讯、光通讯、显示装置。特别是GaAs作为集成电路材料可用于高速信息传输，但要解决稳定性差、缺陷密度高、制造困难、价高等问题。

光电子材料在21世纪将得到更大发展。光子运动速度高，容量大，不受电磁干扰，无电阻热。光电子材料包括激光材料、非线性光学晶体、红外探测材料、显示材料、记录材料、敏感材料及光纤等。

2. 高性能结构材料

结构材料一般数量大，资源与能源消耗高，污染严重，关系到人类社会可持续发展。结构材料性能的提高，无疑会减缓上述压力，因性能的提高，使用寿命的延长，可减少材料的用量。特别对动力机械来说，工作温度愈高，效率也愈高，所以，高温材料的研究与开发一直受到重视。高比强度、高比刚度材料，对减轻航空航天飞行器的结构质量以便提高工作效能十分重要，汽车节油有37%靠材料的轻量化。耐磨、耐蚀、抗疲劳是延长使用寿命的关键，这意味着高性能结构材料的研究和开发将受到高度重视。从材料类型来说，金属材料在21世纪上半叶仍占主要地位。先进陶瓷材料要进一步提高韧性，

降低成本。有机材料以其再生资源的优势和优异性能，而且可实现分子设计而进一步得到发展。先进复合材料类型很多，有些已得到广泛应用，如炭纤维增强树脂基复合材料；有的因价格高，制作难度大而需进一步发展新工艺，如金属基复合材料。有些超高温材料，如炭/炭复合材料，必须解决抗氧化问题才能得到更大范围的应用。

3. 能源材料

能源的利用是人类进步的标志之一。目前化石燃料一是储量有限，二是污染严重，必须大力开发无污染、可再生能源。作为新能源基础的能源材料无疑将成为新材料发展的重点。太阳能虽然密度低，又受气候影响，但辐射于地表的能量，一万倍于人类开发的能源。因此，开发光电转换效率高而又价廉长寿命的材料是当务之急。海水中氢的同位素氚可谓取之不尽，用之不竭，被认为是人类的最终能源。科学家已采用多种方法(如等离子、激光)点火，实现可控热核聚变，预测 21 世纪内用聚变能发电可实现商业化，但必须研制出抗辐射、耐高温、耐氦脆的核能材料。除开发新能源以外，节能也十分重要，因此，开发节能材料有重要意义，如超导的利用。利用超导输电，可以减少线路损失；超导储电，效率可提高；超导电机及超导电池功率大、体积小，损耗低，十分诱人。超导材料技术一旦有所突破，应用前途无量。

4. 有机高分子材料

有机高分子材料以其可再生，资源丰富，又有优异性能，可实现分子设计，将会有很大发展前途。高分子聚合物不但是重要的结构材料，而且正在发展成为重要的功能材料，从半导体到超导体都有发展前途，作为电导体，其电导率可与铜相比。高分子材料也具有铁磁性，有机高分子非线性光学材料比无机非线性单晶效率高、响应快、损伤阀值高，很有发展前途。这些都是 21 世纪要开展研究与开发的重要领域。

5. 生物材料

随着生物技术的发展及人类寿命的延长与生活质量的提高，生物医用材料已成为人们非常关注的领域。人的器官更换、药物缓释及组织工程的发展将要求生物材料的功能进一步提高，并能达到自恢复、自修复或智能化。生物材料的更长远目标是使生物技术原理用于工业化生产，改变高温、高压及耗能高的生产方式，催化剂已迈出第一步。

6. 生态环境材料

在地球环境、资源、能源不断恶化的情况下，为确保人类社会可持续发展，必须大力研究和应用生态环境材料。环境材料是指在生产、使用、报废及回收处理再利用过程中，能节约资源和能源，保护生态环境和劳动者本身，易回收且再生循环利用率高的材料或材料制品。如陶瓷膜及高分子膜绿色净化材料、太阳能绿色能源材料、可降解高分子材料、石棉替代材料、无铅焊料、生物植酸盐处理取代磷化处理等。

7. 智能材料

智能材料是指自身兼有对环境的可感知、判断、得出结论并发出指令功能的新材料，这是将信息科学技术融合于材料性能和功能的一种材料新构思。智能材料系统能适时地感知与响应外界环境的变化，实现自检测、自诊断、自恢复或自修复等功能。如在结构材料中预埋一种断裂时产生声波的物质来检知裂纹，或通过某种物质在裂纹区应力作用下所产生的相变来自我抑制、修复裂纹，或利用材料中所含某种成分的自动析出来填充裂纹。智能系统还可使飞行器、潜艇、车体的外形随外界环境条件而自动改变，以减少阻力，既节省能耗、又提高安全度。

8. 纳米材料

当物质达到纳米尺度时，由于其尺寸效应、晶界效应和量子效应等，材料显示出许多奇特物理、化学性能，或其生物功能有明显改变，利用这一效应可大幅度提高结构材料的强度，改善其脆性。对功能材料来说，应用方面更广，高效率的催化作用，以及多变的光学性质、电学性质、磁学性质和热学性质等，将使目前的功能材料性能明显提高。这些改变将影响信息、能源、空间技术、海洋技术、生物医药和国防的各个方面，所以有人认为纳米技术可能导致下一代工业革命。因此，各国政府都非常重视纳米材料的研究和开发。目前，纳米科学技术仍处于基础研究阶段，特别是纳米电子学、纳米医学所需材料，尚处于探索阶段，但是纳米技术用于结构材料的改性及用作某些功能材料已显示出明显的优越性，有些已进入产业化。

1.4.2 材料设计

通过设计而得到所需要的材料性能是材料科学技术工作者的奋斗目标。随着有关学科的发展，设计材料愈来愈受到重视。材料设计的最终目标是根据需求，设计出合理成分，制订最佳生产流程，而后生产出符合要求的材料。材料设计根据研究对象的不同，可以在不同的层次下进行，即微观层次(原子－分子尺度)、显微结构层次(微米尺寸量级)和宏观层次。在不同层次下的材料设计应用了不同的原理并满足新材料研究开发、生产不同层次的要求。不同层次的材料设计可使工程材料的研制迈向一个新的阶段，可以大大减少“炒菜”式研究方法中的种种浪费，缩短发展新材料的进程，合理利用资源并实现材料开发和应用的可持续发展。应该指出，材料设计十分复杂，如模型的建立往往是基于平衡态，而实际材料多处于非平衡态，如凝固过程的偏析和相变等。材料的力学性质往往对结构十分敏感，因此，结构的任何微小变化、性能都会发生明显变化，何况有些性质，如脆性、裂纹的萌生与扩展等与结构的关系还很不清楚，因此，要想得到确切真实的结构绝非易事。

可以肯定，随着科学技术的进步，各学科的发展以及对材料的深入了解，计算机日益巨型化和智能化，一个更加科学化发展新材料的时期将会到来。为了实现材料设计，必须开展深入的基础研究，了解物质结构和性能的关系，建立完善的数据库与知识库，发展符合实际的物理模型，相图也是材料设计不可或缺的组成部分。实现材料设计的目标要求应用数学家、物理学家、材料科学家与工程技术等方面人员的密切合作。

1.4.3　材料制备新工艺与新技术的开发

任何一种新材料从发现到应用于实际，必须经过适当的制备工艺才能成为工程材料。高温超导自1986年发现以后到现在，已有20年的历史，但仍不能普遍应用于电力工业，主要是因为没有找到价廉而稳定的生产线材的工艺。C_{60}也是如此，尽管在发现之初认为它的用途十分广泛，但至今仍处于科研阶段而未获大规模应用。面对资源、能源和环境污染等问题，传统材料也需要不断改进生产工艺或流程，以提高产品质量、降低成本和减少污染，从而提高竞争能力。

快冷技术(即每秒冷却速度达$10^4 \sim 10^8$ K)的采用，为金属材料的发展开辟了一条新途径。首先是金属玻璃的形成，提高了金属强度、耐磨耐蚀性能和磁学性能。其次通过快冷可得到超细晶粒，成为改进性能的有效方法。第三是通过快冷发现了准晶，由此改变了晶体学的传统观念。所以材料制备方法的研究与开发成为材料科学技术的重点。

材料的现代制备工艺或技术往往与极端条件密切相连，如利用空间失重条件进行晶体生长，可得出无偏析或低偏析的材料；强磁场、强冲击波、超高压、超高真空以及强制快冷等都可能成为改进材料性能的有效手段。

1.4.4　材料的应用研究与开发

材料的广泛应用是材料科学技术发展的主要动力，实验研究出来的具有优异性能的新材料不等于具有实用价值，必须通过大量应用研究，才能发挥其应有的作用和价值。

材料的应用要考虑以下几个因素：一是材料的使用性能(performance)；二是使用寿命(durability)及可靠性(reliability)；三是环境适应性(environmental compliance)，包括生产过程与使用期间；四是价格(cost)。当然，对于不同的材料及不同使用对象，考虑的侧重点会不一样，有些量大面广的材料，价格低廉是主要的，因而生产要低成本，检验不十分复杂，如建材与包装材料。相反，有些关键技术所用关键材料，如航空航天及医用生物材料，一旦发生意外，则损失严重，因而必须高质量、安全可靠，加强检验，否则后果不堪设想。以航空发动机所用高温合金为例，作为涡轮叶片及涡轮盘材料，一旦在飞行过程中出现断裂，很可能造成机毁人亡，因而在要求长寿命(几万小时)的同时，对可靠性的要求特别严格。对医用生物材料来说，质量的重要性更是不言而喻的。

材料是否有竞争能力，除质量和质量稳定性以外，还有材料的生产成本和价格。价格的影响因素很多，其中产量是决定因素之一。因为高产量不但可以实现自动化，而且质量稳定，成品率大幅度提高，成本明显下降。因此扩大应用范围是促进生产量必由之路。

材料应用研究又是机械部件与电子元件失效分析的基础，失效分析的准确性与时效性代表一个国家的科学技术水平。通过材料应用研究也可以发现材料中规律性的东西，进而指导材料的改进和发展。

1.5 材料科学与工程的内涵和基本要素

1.5.1 材料科学与工程的内涵

“材料”是早已存在的名词，但材料科学和工程作为一个被公认的科学技术领域，大体始于20世纪60年代。材料科学与工程领域的形成是靠过去分立的学科分支，如金属材料、陶瓷材料、高分子材料等“聚变”而成的。

材料科学和工程学科有三个重要特征：一是多学科交叉，它是物理学、化学、冶金学、金属学、陶瓷、高分子化学及计算科学相互融合与交叉的结果，如生物医用材料要涉及医学、生物学及现代分子生物学等学科；二是一种与实际使用结合非常密切的科学，发展材料科学的目的在于开发新材料，提高材料的性能和质量，合理使用材料，同时降低材料成本和减少污染等；三是材料科学是一个正在发展中的科学，不像物理学、化学已经有一个很成熟的体系，材料科学随各有关学科的发展而不断得到充实和完善。

材料科学所包括的内容往往被理解为研究材料的组织、结构与性质的关系，提出有关的理论和描述，探索自然规律。这属于基础研究。实际上，材料是直接面向实际、为经济建设服务的，研究与发展材料的目的在于应用，而且必须通过合理的工艺流程才能制备出具有实用价值的材料来，通过批量生产才能成为工程材料。所以，在“材料科学”这个名词出现后不久，就提出了“材料科学与工程”。材料工程属于应用研究和开发的范畴，主要研究材料在制备过程中的工艺和工程技术问题，着重基础理论、基础知识运用于材料的研制、生产、改性和应用。由美国麻省理工学院的科学家们主编的《材料科学与工程百科全书》中对材料科学与工程下的定义为：材料科学与工程就是研究有关材料组成、结构、制备工艺流程与材料性能和用途的关系的知识的产生及其运用。

1.5.2 材料科学与工程的基本要素

由上述材料科学与工程的定义可知，材料科学与工程是研究材料组成、结构、生产过程、材料性能与使用效能以及它们之间的关系。因而把组成与结构（composition - structure）、合成与生产过程（synthesis - processing）、性质（properties）及使用效能（performance）称之为材料科学与工程的四个基本要素（basic elements）。把四要素联结在一起，便形成一个四面体（tetrahedron），如图1-23。

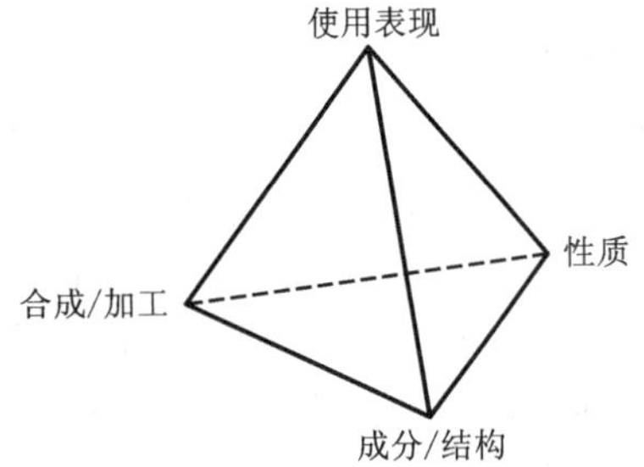

图1-23 材料科学与工程的四个要素

四个要素反映了材料科学与工程研究中的共性问题，尽管材料可以千差万别，但任何材料都脱离不了这四个基本要素。这四个基本要素应该说是几千年以来人类对材料科学认识过程的一个总结。抓住了这四个要素，就抓住了材料科学与工程研究的本质。

性质或性能作为材料科学与工程四个基本要素之一，是理所当然的。既然材料是人们用于制造有用物品、器件和各种构件或产品的物质，它的有用之处是因为材料具有其特定的性能。例如，金属材料具有刚性和强度，可以用作各种结构件；它也具有延性，可以加工成导电或受力用线材。陶瓷有很高的熔点、高的强度和化学惰性，可用作高温发动机部件和金属切削刀具等，因此性能往往是人们直接追求的第一目标。材料的性质也表示了其对外界刺激（如电场、磁场、温度场、力场等）的整体响应，材料的导电性、导热性、光学性能、磁化率、超导转变温度、力学性能等都是材料在相应外场作用下的响应，正是这种响应创造出了许多具有特殊性能的材料。

材料化学组成/成分对其性能有着重要的影响。由于分析化学的发展和分析仪器的进步，人们对化学成分影响材料性能的重要性认识越来越深刻。例如铁碳合金，其性能与含碳量密切相关。如果不含碳，就是纯铁。延性好，但强度很低，当碳含量不超过2.11%时，我们称之为钢，钢中含碳量增加，钢的强度、硬度直线上升，但塑性、韧性急剧下降，工艺性能也变差；含碳量超过2.11%后，工业上称为铸铁，铸铁虽然强度较低，但有良好的切削、消震性能，加上生产简便，成本低廉，因此也得到了广泛的应用。

同样，结构也是导致材料性能差异的重要因素。金刚石和石墨都是由碳元素构成的，然后两者内部结构不同，也就是碳原子的排列方式不同，造成了彼此性能上很大的差异。金刚石是自然界中最硬的一种物质，绝缘，透明，折射光的能力极强。石墨与金刚石正好相反，它是最软的物质之一，用指甲就能在它上面刻划，颜色深灰，导电，不透明，被做成铅笔芯和电极、电刷。

材料内部结构可分为不同层次，包括原子结构、原子的排列方式，以及显微组织和结构缺陷。20世纪中期材料的很大突破和日新月异的发展得益于对成分和结构的科学认识和控制。人们认识到，像金属、陶瓷、半导体这些材料都是原子排列的晶体，玻璃、高分子则是非晶体。材料内的晶体可以形成很多晶粒，而同样的材料，只要把它的晶粒或是“相”的形态和分布加以改变，就可以大大地改善它的性质。结构向更细致的层次深入，那就是材料中的晶粒边界、晶内的原子级缺陷（像杂质的位置、空位、位错等），还有电子学上的缺陷和能级，如半导体掺杂造成的电子和空穴的载流子。正是对这些“缺陷”的科学认识出现了有声有色的荧光材料、激光材料、半导体二极管、离子导体等。可以说，无论是金属、陶瓷、半导体、高分子还是复合材料，它们的发展无一不与成分和结构密切相关。只有理解和控制材料的结构，才能得到人们所追求的材料性能。

材料的制备/合成和加工不仅赋予材料一定的尺寸和形状，而且是控制材料成分和结构的必要手段。钢材可以通过退火、淬火、回火等热处理来改变它们内部的结构而达到预期的性能，冷轧硅钢片经过复杂的加工工序能使晶粒按一定取向排列而大大减少铁损。飞机发动机的叶片可以通过铸造时的凝固控制做成单晶体叶片，使之没有晶粒边界，大大提高它的使用温度和性能。一根光纤，不仅要拉成微米级的细丝，而且要控制光纤从内到外的折射率的分布，等等。有时候可以说没有一种合成加工上的新突破，就没有某一种新材料。例如，正是有了一种快速冷却的加工方法，才有了非晶态的金属合金，而在这之前人们不知道金属还可以做成非晶态。

使用效能通常指材料在最终使用过程中的行为和表现。材料在使用中所处的条件和使用环境是复杂的，因此材料在使用过程中的表现和行为才是对材料最有效的考验，也是衡量材料实用价值的依据。材料在使用环境下的表现和评价有时会对材料科学与工程产生非常大的知识性的贡献。如断裂韧性、塑/脆转变温度、辐照脆化等都是材料在使用过程中出现问题后给人们的一种知识反馈和科学总结。只要材料是为某种目的在某种特殊的环境下使用，这个要素将永远存在和发展下去。使用效能取决于材料基本性能。因此，建立使用效能与材料基本性能相关联的模型，了解失效模式，发展合理的仿真试验程序，开展可靠性、耐用性、预测寿命的研究，以最低代价延长使用期，对新材料研制、设计和工艺是至关重要的。

上述四个要素是基本的，缺一不可的。它们之间不能按重要性排出名次来，对材料科学与工程的发展来说，这四个要素必须是整体的。

参考文献

[1] 中国工程院，中国科学院《中国材料发展现状及迈入新世纪对策》咨询项目研究组. 材料科学与工程国际前沿. 济南：山东科学技术出版社，2002

[2] 李恒德，师昌绪主编. 中国材料发展现状及迈入新世纪对策. 济南：山东科学技术出版社，2003

[3] 冯瑞，师昌绪，刘治国主编. 材料科学导论. 北京：化学工业出版社，2002

[4] 郑子樵主编. 材料科学基础. 长沙：中南大学出版社，2005

[5] 涂铭旌编著. 材料创造发明学. 成都：四川大学出版社，2007

[6] 周达飞主编. 材料概论. 北京：化学工业出版社，2001

[7] 左铁镛主编. 新型材料——人类文明进步的阶梯. 北京：化学工业出版社，2002

[8] 谭毅，李敬锋主编. 新材料概论. 北京：冶金工业出版社，2004

[9] 李建保，周益泰主编. 新材料科学及其实用技术. 北京：清华大学出版社，2004

[10] 中国工程院，中国科学院《中国材料发展现状及迈入新世纪对策》咨询项目研究组. 航空航天材料咨询报告. 北京：国防工业出版社，1999

[11] 陈光，崔崇主编. 新材料概论. 北京：科学出版社，2003

[12] 曾光廷主编. 现代新型材料. 北京：中国轻工业出版社，2006

[13] 李俊寿主编. 新材料概论. 北京：国防工业出版社，2004

[14] 郑子樵，李红英主编. 稀土功能材料. 北京：化学工业出版社，2003

[15] 师昌绪. 21世纪初的材料科学技术. 中国科学院院刊, 2001(2): 93-100

[16] 师昌绪. 跨世纪材料科学技术的若干热点问题. 自然科学进展, 1999, 9(1): 2-13

[17] 师昌绪. 新材料的现状与展望. 自然杂志, 1996, 18(5): 249-260

[18] 国家高技术新材料领域专家委员会. 新材料研究发展预测及对策. 材料导报, 1999, 13(1): 1-5

[19] 王慧龙, 丁一刚, 郑家桑. 新材料与社会经济技术发展关系的哲学思考. 科学技术与辩证法, 2001, 18(2): 26-29

[20] 彭琰, 论新材料在当代社会发展中的作用. 自然科学史研究, 1998, 17(2): 101-110

[21] 王章忠. 新世纪新材料技术. 南京工程学院学报, 2002, 2(1): 45-48

[22] 曾汉民. 先进材料设计的若干前瞻性思考. 材料导报, 2002, 16(4): 1-7

[23] 巩曜平. 我国新材料产业"十一五"发展重点. 中国创业投资与高科技, 2006: 24-26

第2章　高性能结构材料

结构材料是以力学性能为基础，制造受力构件所用的材料。当然结构材料对物理或化学性能也有一定要求，如光泽、热导率、抗腐蚀性等。相对于功能材料而言，结构材料是需求量最大，应用面最广的基础材料，在航空航天、国防军工、机械制造、交通运输、建筑等各个行业领域应用十分广泛，在国民经济建设和人民日常生活中占有举足轻重的地位。同时，结构材料的生产本身又构成一个国家的支柱产业，其发展和应用水平在一定程度上体现该国的科学技术进步程度。

2.1　新型金属结构材料

金属材料是由金属元素或以金属元素为主形成的具有金属特性的材料，它包括纯金属和以纯金属为基的合金以及金属间化合物等。金属材料通常分为黑色金属和有色金属两大类，铁、锰、铬及其合金称为黑色金属，其中以铁为基础的合金，如钢和铸铁是最重要的黑色金属材料。黑色金属以外的其他金属称为有色金属，如铝、铜、钛及其合金等。按用途分类，金属材料可分为金属结构材料和金属功能材料。

金属材料是现代化工业的基础，各种机器、设备、交通运输工具、武器装备以及日常生活用品都离不开金属材料。

2.1.1　超级钢

2.1.1.1　超级钢的性能特点及关键技术

1. 超级钢的性能特点

钢铁是钢和铸铁的总称，它们是铁元素和碳元素(以及其他元素)形成的合金。通常把碳含量小于2.11%的合金称为钢，而把碳含量大于2.11%的合金称为铸铁。钢铁是一类量大面广的基础结构材料，在经济建设和社会发展中起着重要的作用。超级钢是20世纪90年代末为更好地利用钢铁材料在使用性能上的优势，并进一步改进传统钢铁材料在强度、寿命上的不足，减少材料消耗，降低能耗而研制的新一代钢铁材料。同传统钢铁材料相比，超级钢满足以下条件：①有更高的性能价格比；②良好的强韧性配合，在保持足够韧性的前提下，强度比相应的传统钢铁材料高1倍以上，或使用寿命提高1倍；③符合可持续发展方针，即尽量降低能源、资源消耗，便于回收利用。为此，超级钢具有以下3个主要特征：①超细晶粒组织；②高净洁度；③高均匀性。

2. 超级钢生产中的关键技术

(1) 高洁净度技术

各类高洁净钢是20世纪90年代的研究热点。洁净化的含义，一是最大限度地去除钢中S、P、O、N、H等杂质元素的含量；二是严格控制钢中夹杂物的数量、成分、尺寸、形态及分布。目前，工业生产中钢水的洁净度已从普通钢的S+P+O+H+N的总量$\leq 250\times10^{-6}$降低到经济洁净钢的S+P+O+H+N的总量$\leq 120\times10^{-6}$。国外一些先进钢厂对S、P、O、H、N的总量已控制在50×10^{-6}以下，达到超洁净钢的水平。由于强度翻番，材料在使用时承受了更高应力，裂纹形成和扩展敏感性增加，要求夹杂物尺寸减小。

(2) 高均匀性技术

高均匀性是指成分、组织和性能的高度均匀。要尽可能地减少钢在凝固过程中的偏析和争取获得全等轴的晶粒。

(3) 超细晶技术

金属材料的强化方式有固溶强化、析出强化、位错强化和晶粒细化强化等。在这些强化方式中，晶粒细化强化是唯一能够同时提高强度和韧性的有效方法。

研究表明，如果能够实现钢铁材料晶粒超细化，即从传统的几十微米细化到几微米，就不必使用合金元素，以简单的化学成分，也能够得到高强度、高韧性的材料。这样，在提高材料循环使用性、减轻环境负担的同时，通过轻量化和长寿命化，也能够为减少材料消耗量、减少总能源、资源消耗做出较大贡献。因此，超细晶理论和技术是发展超级钢的理论基础和关键技术。

钢铁材料的组织细化与控轧控冷技术的发展是密切相关的。现行控轧控冷工艺是将含铌、钛等微量元素的低碳钢，在奥氏体再结晶区逐级变形，通过反复再结晶细化奥氏体晶粒，随后控制冷却细化铁素体晶粒；或者在奥氏体未再结晶区轧制时，获得热变形奥氏体，增加晶内形变带等相变形核部位，再结合轧后控冷和快冷促使铁素体的晶粒细化。

20世纪80年代，日本等国学者发现了形变诱导铁素体相变的现象，并在实验室实现了将铁素体晶粒细化到2~3 μm，随后包括中国学者在内的一系列研究形成了“形变诱导（强化）铁素体相变”的理论和技术，使碳素钢和低碳微合金钢的铁素体尺寸细化到几个微米（见图2－1），实现了将这两类钢的强度翻番的目标。如我国研制的超细晶普碳钢Q235钢筋的最小晶粒尺

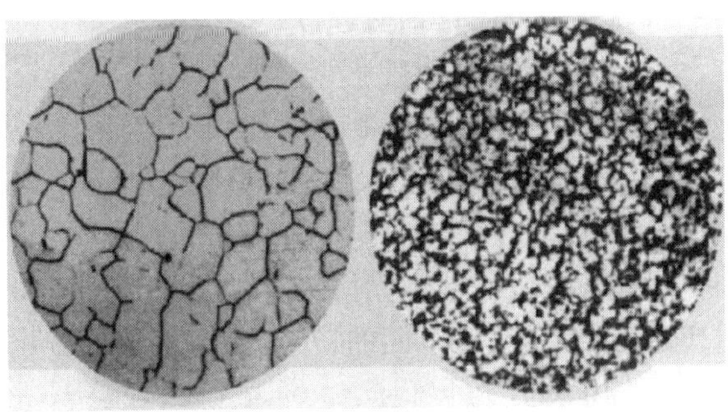

细晶钢　　超细晶钢

图2－1　细晶钢和超细晶钢的晶粒比较

寸可以达到4 μm以下，屈服强度可达460 MPa以上，而正常轧制的Q235钢的屈服强度为235 MPa。

除此之外，采用不同于普通塑性加工法的强应变加工，也可使金属材料的晶粒超细化到1 μm。目前有采用高压扭转法、等通道角挤压或等通道角压制法等特殊强应变加工法，来达到晶粒超细化的目的。但这些强应变加工法目前只适用于实验室条件，还不适合用于大型材料的连续生产。

目前有可能适用于大型材料轧制的强应变加工工艺是累积叠层轧合(accumulative roll-bonding：ARB)法。将轧制变形了50%的材料一分为二，叠合后返回到原来尺寸，再进行轧制，如此反复。为了得到一体化的整体材料，并使结合良好，需在叠合前对钢板表面进行脱脂、刷洗等表面处理。此外为了在实现良好结合的同时减小轧制负荷，叠层轧制常在加热到再结晶温度以下中温区域进行。

2.1.1.2 超级钢国内外研究现状

20世纪90年代中期，日本提出"超级钢"的概念，并于1997年4月，正式启动了STX—21(Structural Materials X for 21 Century)"超级钢材料计划"，目标是在十年内开发出强度相当于现有钢铁材料两倍的超级钢，用于道路、桥梁、高层建筑等基础设施用建材的更新换代。继日本之后，世界钢铁协会又组织35家北美、西欧钢厂和汽车厂开展"超级钢车身"项目研究。与此同时，韩国、美国、欧盟也相继组织力量研发新一代钢铁材料。1998年，我国启动了国家重大基础研究计划项目(973项目)，"新一代钢铁材料的重大基础研究"课题被列入首批启动项目。该课题的目标是在生产成本基本不增加的前提下将现有的碳素钢、低合金结构钢和合金结构钢的强度指标提高1倍，即分别达到400 MPa、800 MPa和1500 MPa，并满足韧度和各种使用性能的要求，追求超细晶技术、洁净化技术和均匀化技术的结合。目前我国开发的400 MPa、800 MPa级超级钢，已投入实际生产，并正在应用推广之中。

2.1.1.3 超级钢的应用

1. 应用于汽车制造业

超级钢首先在汽车制造业找到了市场，超级钢汽车零部件可以减轻车身自重、减少油耗。目前，我国宝钢、武钢、攀钢、本钢生产的超级钢板已供应一汽、东汽及其他汽车厂。上海宝钢生产的400 MPa级超级钢用于一汽集团卡车底盘发动机前置横梁，各项指标全部满足要求，且吨钢成本较原来可节省200～300元。卡车纵梁是关键承重件，500 MPa级超级钢在这方面的应用经济效益更加明显。目前我国采用超级钢生产的汽车梁已装在10多万辆卡车上。

2. 应用于建筑业

在建筑行业中，应用超级钢替代传统Ⅱ级钢筋具有良好前景，可以扭转我国混凝土用钢水平的落后局面。建设部新修订的混凝土结构设计规范已将屈服强度为400 MPa级的Ⅲ级螺纹钢筋作为主导受力钢筋。首钢生产的超级钢筋用于国家大剧院、北京西直门交通枢纽及朝阳中央商务区，并出口新加坡。低成本高强度的超级钢棒线材将为建筑业提供有力的支撑。

3. 应用于其他行业

超级钢在其他行业中也有广阔的应用前景。过去依靠添加微合金元素来改善性能的造船用钢、桥梁用钢、容器用钢等均可考虑通过细化晶粒来提高强度和改善韧性。这样，既可保证使用性能和工艺性能，又可降低成本。2005 年，宝钢梅山超级钢桥梁钢板、钢管研发成功，用壁厚 6 mm 的超级钢钢管替代壁厚 8 mm 的低合金钢管，抗撞击性能大大优于普通结构钢，直接应用于国家重点工程上海东海大桥，降低了大桥整体自重，经济社会效益相当可观。

2.1.2　先进铝合金

铝是重要的金属元素，纯铝的密度接近 2.7 g/cm^3，熔点为 660 ℃，具有质量轻，塑性好，易加工，耐腐蚀，无磁性，色泽美观，导电、导热性好等特点。纯铝虽然强度较低，但可以通过添加各种合金元素，提高其强度，制造出满足各种性能要求和用途的铝合金。铝及其合金在国民经济各部门，乃至人们的日常生活中获得了广泛应用，按合金成分与热处理方式，铝及铝合金材料可分为表 2－1 所示的类别。

表 2－1　铝及铝合金的分类

类　别	合金名称	合金主要成分(合金系)	热处理和性能特点
铸造铝合金材料	简单铝硅合金	Al－Si	不能热处理强化，力学性能较低，铸造性能好
	特殊铝硅合金	Al－Si－Mg	可热处理强化，力学性能较高，铸造性能良好
		Al－Si－Cu	
		Al－Si－Mg－Cu	
		Al－Si－Cu－Ni	
	铝铜铸造合金	Al－Cu	可热处理强化，耐热性好，铸造性和耐蚀性差
	铝镁铸造合金	Al－Mg	力学性能高，抗蚀性好
	铝锌铸造合金	Al－Zn	能自动淬火，宜于压铸
	铝稀土铸造合金	Al－RE	耐热性好，耐蚀性高

续表 2-1

<table>
<tr><th colspan="2">类　别</th><th>合金名称</th><th>合金主要成分(合金系)</th><th>热处理和性能特点</th></tr>
<tr><td rowspan="7">变形铝合金材料</td><td rowspan="3">不可热处理强化铝合金</td><td>工业纯铝</td><td>≥99.90% Al</td><td>塑性好,耐蚀,力学性能低</td></tr>
<tr><td rowspan="2">防锈铝</td><td>Al-Mn</td><td rowspan="2">力学性能较低,抗蚀性好,可焊,压力加工性能好</td></tr>
<tr><td>Al-Mg</td></tr>
<tr><td rowspan="4">可热处理强化铝合金</td><td>硬　铝</td><td>Al-Cu-Mg</td><td>力学性能高</td></tr>
<tr><td>超硬铝</td><td>Al-Zn-Mg-Cu</td><td>室温强度最高</td></tr>
<tr><td rowspan="2">锻　铝</td><td>Al-Mg-Si-Cu</td><td rowspan="2">锻造性能好,耐热性能好</td></tr>
<tr><td>Al-Cu-Mg-Fe-Ni</td></tr>
</table>

具有高比强度、高比模量、良好的断裂韧性及抗疲劳、耐腐蚀的先进铝合金是航空工业中的主要结构材料(见表2-2)。长期以来民用和军用飞机中，铝合金的用量一直占到70%~80%，如代表先进水平的B-777飞机中的铝合金用量为70%，A-380中为60%，C-17军用运输机中铝合金用量为70%，F-16战斗机中铝合金用量为64%。近来由于复合材料和钛合金用量的增加，最新设计的飞机中铝合金的用量相对有所减少，但高纯、高强、高韧、耐蚀的高性能铝合金用量却在增加。图2-2显示了波音777民航飞机上用的先进材料及其应用部位。

表2-2　部分航空航天用铝合金的特性和用途

合金	特　　性	产品和热处理状态	用　　途
2124	是2024合金高纯化的合金,强度、塑性和断裂韧性比2024合金的好,抗应力腐蚀(SCC)性能与2024合金的相似	T351、T851厚板	飞机结构件,机翼、机身、炮梁、机身蒙皮、中央翼蒙皮、进气道、蒙皮及整流罩
2524	强度及其他性能与2024-T3相当的情况下,合金的疲劳强度提高10%,断裂韧度提高20%	T3薄板	飞机蒙皮
7050	强度高,断裂韧性、抗应力腐蚀和抗剥落腐蚀性能好,淬火敏感性小,可制大型零部件	T7651、T7451厚板、T3511、T76511、T73511、T74511挤压件,T7452自由锻件,T76、T7652、T7452模锻件,T73线材、T76包铝薄板	飞机机身框架、机翼蒙皮,舱壁、桁条、加强筋,肋,托架,起落架支承部件,座椅导轨,铆钉
7150	强度高、抗剥落腐蚀良好,是7050的改良型合金,在T651状态下比7050的强度高10%~15%,断裂韧性高10%,抗疲劳性能好,两者的抗SCC性能相似	T651、T7751厚板、T6511、T76511挤压件,T77锻件	大型客机的上翼结构,机体板梁凸缘,上面外板主翼纵梁,机身加强件,龙骨架,座椅导轨

续表 2-2

合金	特　　性	产品和热处理状态	用　　途
7055	抗压和抗拉强度比 7150 的高 10%，断裂韧性、耐腐蚀性与 7150 的相似	T7751 厚板，T77511 挤压件，T77 锻件	大型飞机的上翼蒙皮，长桁，水平尾翼，龙骨梁，座轨，货运滑轨
7085	具有极好的淬透性，在断裂韧性相等的条件下，T7651 厚板的强度比 7050－T7451 厚板提高 15%	T7651 超厚板，T7452 模锻件	大型飞机的翼梁、梁肋、长桁

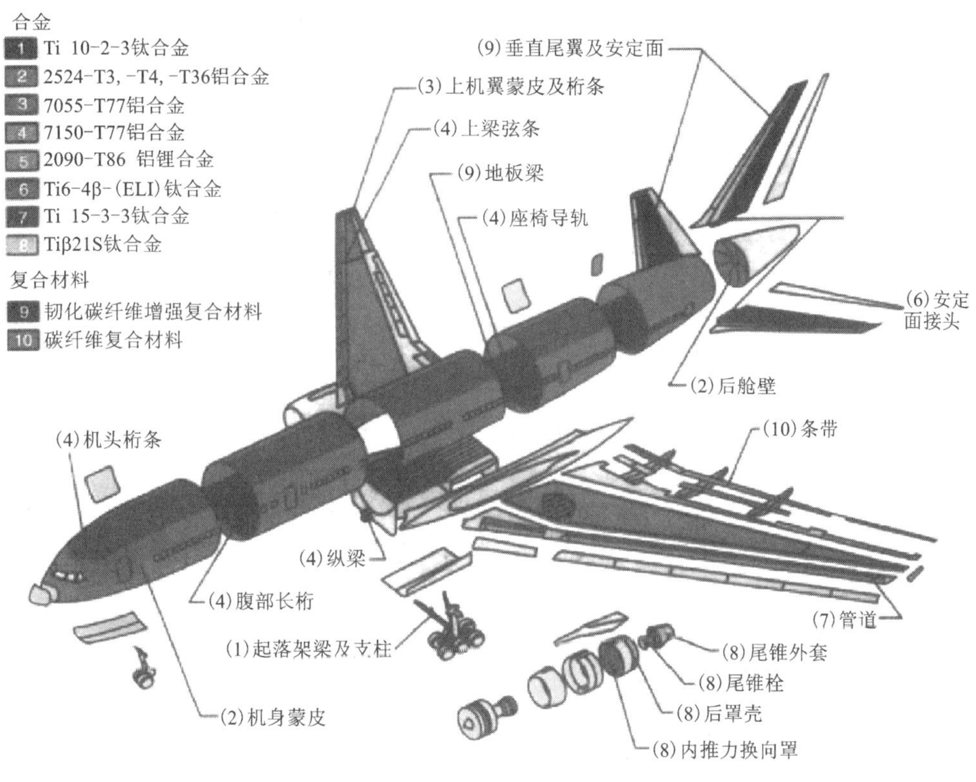

图 2－2　B－777 飞机上用的先进材料

对航天工业来说，铝合金是运载火箭的主体结构材料，主要应用于推进剂储箱、尾段、箱间段和级间段等方面。如美国 20 世纪 80 年代研制成功并装备部队的现役固体洲际导弹 MX 导弹的一/二级和二/三子级的级间段和末助推器（四子级）的壳体，以及弹头承载壳体等采用 2024 和 7075 等铝合金制造。我国的 CZ－3A 运载火箭箭体结构，所使用的铝合金包括 2A12，2A14，7A04 和 7A09 等合金。此外，CZ－2F 运载火箭仪器舱还选用了 1420 铝锂合金型材。我国发射成功的“神舟号”飞船由附加舱、轨道舱、返回舱和推进舱等 4 个舱段组成，其主要结构材料都是铝合金。国外的飞船所用的结构材料也主要是不同品种的铝合金。在今后的相当长时间内，铝合金仍然是运载火箭、宇宙飞船、空间站等航天器及导弹等武器系统的主体结构材料。

锂是最轻的金属元素，密度为 0.534 g/cm^3，将金属锂加入到铝中制备的铝锂合金作为一种低密度、高弹性模量、高比强度和高比刚度的新型铝合金，在航空航天领域显示了广阔的应用前景。近年来开发出的新型铝锂合金主要有高强可焊的 1460 和 2195 合金，低各向异性的 2099，2199 合金，高损伤容限的 2097，2197，2297，2397 合金，耐热的 2098，2198，2050 合金等。这些新出现的铝锂合金统称之为第三代铝锂合金。表2－3 给出了部分第三代铝锂合金的基本特征和应用。

表 2－3 部分第三代铝锂合金的基本特征和应用

合金牌号	密度/($g\cdot cm^{-3}$)	产品规格	屈服强度(长向)/MPa	其他特征	状态	应用
2195	2.71	厚板管材	580	高强、在低温高韧性、可焊接	T8	燃料储箱舱段
2098	2.70	中厚板薄板	530	高强、高韧性、抗疲劳	T8	军机机身
2198	2.70	中厚板薄板	510	高强、高韧性、耐损伤、抗疲劳	T8	机身蒙皮
2196	2.63	挤压件	530	低密度、高韧性	T8	机身加强筋板、地板梁、下翼桁条
2297/2397	2.65	厚板 38～152 mm	420	高耐损伤、抗疲劳、耐腐蚀	T8	机身框、翼梁、舱段隔板
2099	2.63	挤压件	505	高强、耐腐蚀、耐损伤	T8	机身结构、下翼桁条、火箭舱段
2199	2.64	薄板中厚板	480	低密度、高耐腐蚀、抗疲劳裂纹生长	T8	机身蒙皮、下翼蒙皮
2050	2.70	厚板 12～127 mm	520	高弹性模量、高耐腐蚀	T8	机身框梁、翼桁、筋板

俄罗斯早期研制的 1420 铝锂合金大量用于米格－29 歼击机，并将原来的铆接结构改为焊接结构，使飞机结构重量减轻 24%，此外，苏－27，苏－35 等战斗机及一些中远程导弹壳体，也采用了铝锂合金。英国和意大利研制的 EH101 直升机由于采用铝锂合金使飞机减重 200 kg。2195 铝锂合金已用于美国航天飞机的“超轻型”燃料贮箱，贮箱

长46.1 m，直径8.4 m(见图2-3)，使航天飞机减重达3400 kg。2197-T861代替原来由2124-T851制造的F16战机后机身隔框，减重5%，刚度提高7%，满足了8000h的使用寿命要求。此外，在B787及A380等新型民航飞机上也大量采用了第三代铝锂合金。由于采用铝锂合金，减轻了航空航天飞行器的重量，减少了燃油消耗，提高了飞机、导弹的技术性能。

图2-3 航天飞机及外挂燃料贮箱

2.1.3 先进钛合金

钛是20世纪50年代初走向工业化生产的一种重要金属，钛性质优良，储量丰富，是一种对社会经济和国防有重要战略意义的稀有金属。纯Ti有两种同素异构体，882.5 ℃以下为$\alpha-Ti$，密排六方结构，882.5 ℃以上为$\beta-Ti$，体心立方结构。根据退火状态的相组成，钛合金可划分为α型，$\alpha+\beta$型，β型钛合金。钛合金具有密度小、强度高、耐高温和抗腐蚀性好等优点，在航空航天和军事领域中获得了广泛的应用，包括军用和民用飞机、航空发动机、导弹、舰艇、核反应堆、轻型火炮等。美国在20世纪80年代以后设计的各种先进军用战斗机和轰炸机中，钛合金用量已经稳定在20%以上。如第三代战斗机F-15钛合金用量占27%，而第四代战斗机F-22钛合金用量占41%。

未来的航空航天飞行器及其推力系统，要求发展强度、弹性模量和工作温度更高，密度更小和价格更低的钛合金材料。因此，近年来所开发出的航空航天用新型钛合金主要有高强高韧钛合金、高温钛合金和阻燃钛合金。此外，生物医用钛合金的研究也较活跃。

1. 高强高韧钛合金

美国的Ti1023(Ti-10V-2Fe-3Al)钛合金是一种为适应损伤容限设计原则而研制的高结构效益、高可靠性和低制造成本的锻造钛合金。由表2-4可以看出，Ti1023合金的拉伸强度、断裂韧性和疲劳性能明显优于传统的Ti-6Al-4V合金，并与飞机结构中常用的30CrMnSiA高强度结构钢相当，这种合金具有优异的锻造性能，可提供各种近净型加工锻件。图2-4显示用Ti1023锻件制造的B777飞机起落架系统。另一种高强度β钛合金Ti153(Ti-15V-3Cr-3Al-3Sn)的冷加工性能比工业纯钛还好，可在固溶状态下进行各种复杂零件的冷成形，时效后的室温拉伸强度可达1000 MPa以上，该合金特别适宜制造火箭发动机推进剂贮箱和导管等部件。

另外，美国钛金属公司 Timet 分部研制成的一种新型抗氧化、超高强钛合金β21S(Ti－15Mo－3Al－2.7Nb－0.2Si)，在649 ℃具有良好的抗氧化性能，可在540 ℃下长期工作；冷、热加工性能优良，可制成厚度为0.064 mm 的箔材。已被美国国家宇航局(NASA)确定用作碳化硅/钛复合材料的基体材料，并将用于美国国家航空航天飞机(NASP)的机身和机翼壁板。日本钢管公司(NKK)研制成功的 SP－700(Ti－4.5Al－3V－2Mo－2Fe)钛合金，在770～800 ℃就呈现超塑性，延伸率高达2000%，可用超塑成型－扩散连接技术制造各种航空航天构件。

图 2－4　B777 飞机起落架系统

表 2－4　Ti1023 与 Ti－6Al－4V 和 30CrMnSiA 钢的力学性能对比

性　　能	Ti1023	Ti－6Al－4V	30CrMnSiA
密度/(10^3 kg·m^{-3})	4.65	4.51	7.75
室温拉伸强度/MPa	≥1105	≥895	≥1080
比强度/(MPa·cm^{-3})	≥238	≥198	≥139
300 ℃拉伸强度/MPa	1005	690	955
断裂韧性/(MPa·m$^{1/2}$)	≥60	～55	～80
疲劳极限/MPa			
$K_t=1, R=0.1, N=107$	735	539	—
$K_t=3, R=0.1, N=107$	341	258	329

注：K_t—缺口系数；R—缺口圆角半径；N—周次

2. 高温钛合金

高温钛合金是随着航空工业的发展而发展起来的，高温钛合金主要用作航空发动机的压气机盘和叶片，用它代替部分钢，可使发动机减重，提高推重比。其研制工作始于20世纪50年代初。世界上第一个研制成功的高温钛合金是 Ti－6Al－4V，使用温度为300～350 ℃。目前已成功地应用在军用和民用飞机发动机中的新型高温合金有：英国的IMI829、IMI834 合金；美国的 Ti1100 合金；俄罗斯的 BT18Y、BT36、BT37 合金等，使用温度也提高到了600 ℃。表 2－5列出了高温钛合金的使用温度及化学成分。

近几年国外把采用快速凝固/粉末冶金技术研制钛合金作为高温钛合金的发展方向，使钛合金的使用温度可提高到 650 ℃以上。

表 2－5　高温钛合金的使用温度及化学成分

国家	合　金	最高使用温度/℃	化学成分(质量分数)/%						
			Al	Sn	Zr	Mo	Nb	Si	其他
美国	Ti－64	300	6				4V		
	Ti－6246	450	6	2	4	6			
	Ti－6242	450	6	2	4	2			
	Ti－6242S	520	6	2	4	2		0.1	
	Ti－1100	600	6	2.7	4	0.4		0.45	
英国	IMI550	425	6	2		4		0.5	
	IMI679	450	2	11	5	1		0.2	
	IMI685	520	6		5	0.5		0.25	
	IMI829	580	5.5	3.5	3	0.3	1	0.3	
	IMI834	590	5.5	4	4	0.3	1	0.5	0.06C
俄罗斯	BT3－1	400～450	6.5			2.5	0.5Fe	0.3	1.5Cr
	BT8	500	6.5			3.5		0.2	
	BT9	500～550	6.5	2		3.5		0.3	
	BT18	500～600	8		8	0.6	1	0.22	0.15Fe
	BT18Y	550～600	6.5	25	4	0.7	1	0.25	
	BT25	500～550	6.8	2	1.7	2		0.2	0.7W
	BT25Y		6.5	2	4	4		0.2	1.0W
	BT36	600	6.2	2	3.6	0.7		0.15	5.0W

3. 阻燃钛合金

常规钛合金在特定的条件下有燃烧的倾向，这在很大程度上限制了其应用。针对这种情况，各国都展开了阻燃钛合金的研究并获得了成功应用。20 世纪 80 年代美国 P&W 和 Teledyne Wah Chang Albany 公司联合研制出对持续燃烧不敏感的钛合金 Alloy C(也称为Ti－1270)，该合金的名义成分为 50Ti－35V－15Cr(质量分数)。Alloy C 具有较高的强度，尤其是高温强度，并具有良好的室温和高温塑性、蠕变和疲劳性能，可制成板材、带材、棒材以及锻件等，已用于 F119 发动机。中国研制的 Ti－40 阻燃钛合金名义成分为 Ti－25V－15Cr－0.2Si，阻燃性能和美国的 Ti－1270 相当。BTT－1 和 BTT－3 是俄罗斯研制的阻燃钛合金，均为 Ti－Cu－Al 系合金(添加 Mo、V、Zr)，BTT－1 具有良好的热加工性能，可制成形状复杂的发动机零件，如压气机机匣和叶片，工作温度可达 450 ℃。BTT－3 合金的工艺塑性比 BTT－1 合金更好，阻燃能力也高于 BTT－1。表 2－6 为部分阻燃钛合金的性能。

表 2-6 部分阻燃钛合金的性能

合　　金	Alloy C	BTT-1	BTT-3
状态	—	棒(ϕ20 mm)	板(厚 2 mm)
密度/(10^3 kg·m^{-3})	5.33	4.88	5.04
弹性模量/GPa	115	120	115
拉伸强度/MPa	996(室温),800(538 ℃)	1150(室温),640(500 ℃)	600~750
屈服强度/MPa	900(室温),640(538 ℃)	1100(室温),300(500 ℃)	420~460
延伸率/%	17~21(室温),10(538 ℃)	4~8	10
断面收缩率/%	24(室温),20(538 ℃)	10	
低周疲劳($N=10^4$)/MPa	—	600(K_t=2.2)	300(K_t=2.6ym)
高周疲劳/MPa	400/(107 周)	480/2(107 周)	380/2(107 周)
100 h 持久强度/MPa	—	720(350 ℃),550(450 ℃),300(500 ℃)	320(350 ℃)
蠕变强度/MPa	345(538 ℃,0.1/100h)	370(450 ℃,0.2/100h)	—

2.1.4 高温合金

高温合金一般指在650 ℃以上使用并具有高强、耐蚀、耐冲刷、抗氧化、抗蠕变等性能的金属材料，这类材料主要包括 Fe 基、Ni 基和 Co 基合金，其中 Ni 基合金最重要，应用最广。镍基高温合金是从 20 世纪 30 年代开始发展起来的，我国从 20 世纪 60 年代开始研制镍基高温合金，经过40 多年的努力，国内研制成功的镍基高温合金已有 70 多种。

镍基高温合金是目前航空发动机和工业燃气轮机涡轮叶片、导向叶片、涡轮盘和机匣、燃烧室、加力燃烧室及尾喷口等部件的主要用材，在先进的飞机发动机中这种合金的重量占 50% 以上，使用温度在 650~1100 ℃范围内。随着要求长期服役的飞机发动机和满足高峰负荷发电要求的工业燃气轮机的出现，使用的材料要具有抗疲劳、抗热疲劳、热膨胀系数小，弹性模量高以及比重小等综合性能。图 2-5 为叶片材料在航空发动机上应用和发展的历史。

高温合金种类繁多，通常按生产工艺分为变形高温合金、粉末冶金高温合金、铸造高温合金，而铸造高温合金又经历了真空精密铸造合金、定向结晶合金和单晶合金等几个发展阶段。为使材料承受较高温度和具有较高强度，合金中往往加入数种甚至十几种合金元素，这些元素包括 Al、Ti、Cr、Co、Mo、W、Nb、Ta、Hf、Re、V、Mn、Si 及 C、B、Zr、稀土等，用于强化基体 γ 相和析出相 γ'(Ni_3Al)相。加入的固溶强化的难熔金属和铝、钛总量越多，使合金变形更加困难。粉末冶金高温合金，由于采用快速凝固雾化法先制成高温合金粉末，再制成块体材料，因此可生产高合金化，成分和组织均匀的新型高温合金，但对于涡轮盘之类的大型部件，需要大型锻压设备。从 20 世纪 60 年代初期

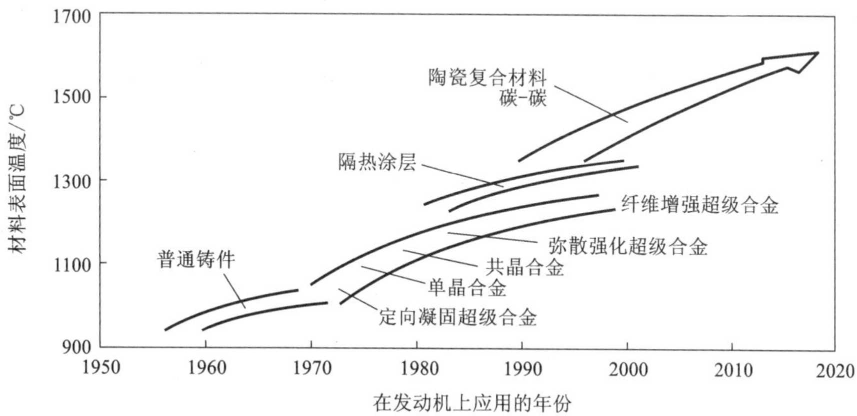

图 2－5　叶片材料发展历程

开始，铸造高温合金得到迅速发展，因为铸造高温合金基本上可不需变形加工。

铸造镍基高温合金在提高强度的同时塑性下降，蠕变断裂前延伸率低。这主要是由于蠕变裂纹沿晶界开始，基本上垂直于应力轴方向。定向凝固使合金获得结晶方向平行于零件的主应力轴的柱状晶，基本消除了垂直于应力轴的横向晶界，有利于提高蠕变寿命和塑性，改善零件的抗热冲击性能。定向凝固高温合金 PWA1422 不仅具有良好的中、高温蠕变断裂强度和塑性，而且具有比原合金约高 5 倍的热疲劳性能，在先进航空发动机上获得广泛应用。定向凝固技术是涡轮叶片合金发展过程中的一次重大变革。定向凝固高温合金的工作温度比普通铸造镍基高温合金提高了 50 ℃。

在定向凝固合金基础上发展出的完全消除晶界的单晶高温合金，具有更高抗热疲劳、机械疲劳、抗氧化及抗蠕变性能，提高合金的工作温度 50～100 ℃，是发动机叶片的最佳使用材料。20 世纪 70 年代末，由于合金化理论和热处理工艺的突破，单晶合金进入一个蓬勃发展的时期，相继出现耐温能力比第 1 代单晶合金分别大约高 30 ℃和 60 ℃的第 2 代单晶合金和第 3 代单晶合金。第 2 代单晶高温合金的代表有 PWA1484、CMSX－4 等，第 3 代单晶高温合金的代表有 CMSX－10、CMSX－11、ReneN6 等。近年来出现的第 4 代单晶合金 RR3010 的承温能力达到 1180 ℃，用在英国 RR 公司最新的 Trent 发动机上。新的单晶合金成分中 Re 的加入以及 Hf，Y，La，Ru 等元素的合理应用使合金的持久性能和抗环境性能有明显提高，应用前景更加美好。典型的新型单晶高温合金的成分见表 2－7。

目前几乎所有先进航空发动机都以采用单晶叶片为特色，正在研制中的推重比为 10 的发动机 F119（美），F120（美），GE（美），EJ2000（英、德、意、西），M88－2（法），P2000（俄）以及其他新型发动机都采用单晶高温合金制作涡轮叶片。

几种单晶合金的持久性能数据见表 2－8。

表 2-7　典型单晶高温合金的成分

	合金	国别	成分/%										
			Cr	Co	Mo	W	Ta	Re	Hf	Al	Ti	Ni	其他
第 1 代	PWA1480	美	10	5	–	4	12	–	–	5	1.5	余量	
第 2 代	PWA1480	美	5	10	2	6	9	3	0.1	5.6	–	余量	
	CMSX-4	美	6.5	9	0.6	6	6.5	3	0.1	5.6	1		
第 3 代	ReneN6	美	4.25 ~6	10 ~ 15	0.5 ~ 2	5 ~ 6.5	7 ~ 9.25	5 ~ 5.6	0.1 ~ 0.5	5 ~ 6.2	–	余量	0.02 ~ 0.07C 0.003 ~ 0.01B
	CMSX-10	美	1.8 ~4	1.5 ~9	0.25 ~2	3.5 ~ 7.5	7 ~ 10	5 ~ 7	0.1 ~ 0.15	5 ~ 7	0.1 ~ 1.2		0.02C
	TMS-75	日	3.0	12.0	2.0	6.0	6.0	5.0	0.1	6.0	–		
第 4 代	TMS-138 MC-NG	日 法	2.9 4	5.9 <0.2	3.0 5	5.9 1	5.6 5	5.0 4	0.1 0.1	6.0 6	– 0.5	余量	20Ru 4.0Ru
第 5 代	TMS-162	日	2.9	5.8	4.0	5.8	5.6	5.0	0.1	6.0	–	余量	6.0 Ru

表 2-8　几种单晶合金的持久性能数据

合　金	温度/℃	应力/MPa	寿命/h	延伸率/%
NASA R100	1040	137	1000	
CMSX-2	1040	137	444	
CMSX-4	1040	137	610	19.5
	1040	137	1027	
CMSX-4G	1040	137	861	
CMSX-4(无 Co)	1040	137	950	17.3
PWA1480	1040	137	370	
PWA1484	1040	137	750	
AM3	1050	140	282	10.2
SRR99	1040	137	472	
MC2	1040	137	896	5.8
MXON	1040	137	638	
TMS-26	1040	137	2000	
TMX-64	1040	137	7080	
DD3	1040	140	1000	
DD6	1100	140	142	14.2
CMSX-10	1100	137	220	
TMS-75	1100	137	224	
TMS-138	1100	137	399	
TMS-162	1100	137	959	

2.2 金属间化合物结构材料

2.2.1 金属间化合物的基本特性

2.2.1.1 什么是金属间化合物

顾名思义，金属间化合物是由两种或两种以上金属元素结合而成的化合物，不过现在所讲的金属间化合物范围往往不限于金属元素，一部分构成元素可以是非金属元素。因此金属间化合物除了金属－金属化合物外，还包括金属－非金属化合物，甚至包括除氧化物、溴化物等之外的化合物，如硅化物、硼化物、碳化物、氮化物等。有时金属间化合物和陶瓷之间没有明显的界限。按用途分为结构用金属间化合物和功能用金属间化合物。金属间化合物作为功能材料已经为人们所熟悉，如 Nb_3Al、Nb_3Ge 超导材料，$CrSi_2$、$FeSi_2$热电转换材料，$LaNi_5$储氢材料等，但是作为结构材料还未获得广泛应用。

有关金属间化合物的研究已有100多年的历史，发现金属间化合物在结构材料中的重要作用始于20世纪四五十年代，当时镍基高温合金成功地取代铁基高温合金应用在飞机发动机上。金属间化合物 Ni_3Al 作为镍基高温合金的主要强化相，它在镍基高温合金中的含量直接影响到合金的力学性能。但是，由于金属间化合物本身所具有的脆性，长期以来金属间化合物无法直接作为结构材料使用。1979年日本的青木与和泉通过添加微量的B使 Ni_3Al 的室温变形能力大幅度提高，经过20多年的研究开发，金属间化合物作为实用材料取得了很大进展。但是，室温延性欠缺和高温强度不足仍然是大多数金属间化合物需要克服的问题。

2.2.1.2 金属间化合物的成分设计和组织控制

对于高温环境下使用的结构用金属间化合物材料，必须具有相应的力学性能和抗高温氧化性能。力学性能主要包括高温强度、高温蠕变强度和室温延性。对于飞行体用材料，比重也是一个基本要求。由于金属间化合物的力学性能受成分、组织和环境的影响极大，通过适当的合金成分设计和微观组织调控可以满足其作为结构材料使用时的性能要求。

1. 主成分的选择

要想使金属间化合物有较高的塑性变形能力，同时又具有较高的高温强度，构成元素只能是那些显示较高金属性而且熔点高的元素，过渡族元素是首选元素。同时考虑到密度和高温抗氧化性的要求，Al、Si和B等也是金属间化合物的主要构成元素。因此，最有希望得到应用的金属间化合物都集中在铝化物和硅化物上，表2－9列出了几种典型的金属间化合物的各种特征。

添加适当的合金元素可以提高金属间化合物的力学性能和抗氧化性，为提高高温强度，难熔金属W、Mo、Ta、Nb和Hf等是重要的添加元素。同样，为了提高金属间化合物单相合金的延性，添加合金元素也是有效方法。合金元素的添加提高了合金中位错的滑移能力等内在特性，或者防止环境脆化等外在因素的干扰。

表 2－9　几种典型的金属间化合物的各种特性

化合物	晶体结构	密度/($g·cm^{-3}$)	熔点/℃	长　处	短　处
Ni_3Al	Ll_2	7.4	1397	加工性	熔点
NiAl	B_2	5.9	1638	抗氧化性	高温强度,延性
Fe_3Al	DO_3	6.7	550	价格,抗氧化性,抗硫化性	强度,热稳定性
FeAl	B_2	5.6	1330	价格,比重,抗氧化性	延性
Ti_3Al	DO_{19}	4.2	1140	密度	抗氧化性
TiAl	Ll_0	3.8	1480	比强度	抗氧化性
$TiAl_3$	DO_{22}	3.4	1342	密度,抗氧化性	延性
$MoSi_2$	$Cll_{11}b$	6.3	2020	熔点,抗氧化性	延性
Nb_3Al	A_{15}	7.3	1960	熔点	抗氧化性,延性
Ir_3Nb	Ll_2	18.8	2435	熔点	价格,抗氧化性

2. 组织控制

组织控制是通过改变成分、控制凝固过程、加工热处理、粉末冶金等手段改变材料的组织因素以提高其力学性能的方法。材料的组织因素包括相组成（体积百分数、稳定性）、晶粒形状和大小、界面、织构（晶向控制）和缺陷等。

几乎所有的金属间化合物都显示出很强的室温脆性倾向，采用具有良好塑性变形能力的相与之复合成多相合金的办法可以弥补金属间化合物的塑性变形能力不足。CoAl/Co、Ti_3Al/Ti、Nb_5Si_3/Nb、Ni_3Al/Mo 等合金都是成功的例子。

事实上并非只有和延性相复合才能改善金属间化合物的性能，将两种同样具有脆性的金属间化合物进行结合也可以达到改善室温脆性的目的。例如 TiAl 和 Ti_3Al 单相都比较脆，可是由它们组成的两相合金却具有比任何一个单相都高的延性和韧性，复相材料的性能不是构成相的简单加合。

金属间化合物复合材料化的基本目的有两个：一是提高延性或韧性；二是提高高温强度。为提高金属间化合物的延性和韧性，并且保持它的高温强度，常选用 Nb、Ta、Mo、W 等难熔金属。如 $MoSi_2$中加入 Nb、Mo 纤维可以改善 $MoSi_2$的韧性。不过由于这些难熔金属在高温下容易氧化，因此必须注意复合后材料抗氧化性降低的问题。对于那些添加了难熔金属后在高温下可能出现界面反应产生脆性的金属间化合物，需要寻找相匹配的复合金属或通过适当的前处理方法，例如在金属间化合物和金属纤维复合之前，先在纤维的表面进行涂层处理，以此来抑制纤维与基体的界面反应。另外，为了提高高温强度，复合高熔点化合物也是经常使用的方法。这些高熔化合物包括碳化物（TiC、ZrC、

HfC、TaC、SiC），氮化物（TiN、ZrN、AlN、Si_3N_4），硼化物（TiB_2）以及氧化物（ZrO_2、Al_2O_3、Y_2O_3）等。

2.2.2 典型的金属间化合物

2.2.2.1 Ni－Al系金属间化合物

1. Ni_3Al

Ni_3Al 的屈服强度在一定温度范围随着温度升高而增加，即强度与温度之间存在正比关系。此外，Ni_3Al 的屈服强度还在很大程度上受化学计量成分、添加元素及晶体取向的影响。图2－6显示了 Ni_3Al 多晶体强度随温度的变化情况。

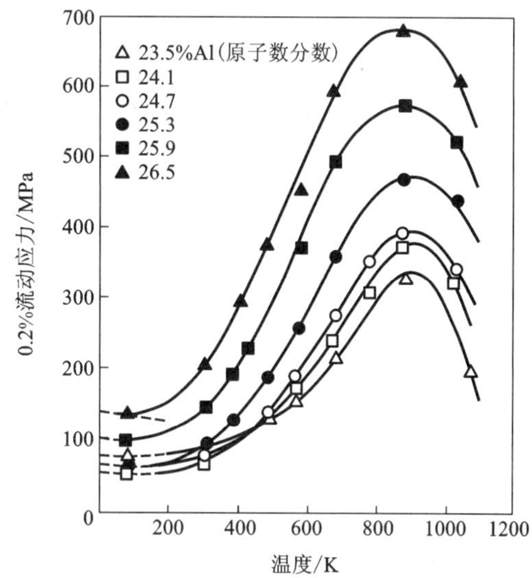

图2－6 Ni_3Al 屈服强度随温度的变化

硼（B）的微量添加有效地提高了 Ni_3Al 多晶体材料的延性，添加量为0.1%（质量分数）的硼使本来几乎不显示任何延性的 Ni_3Al（原子数分数24% Al）多晶体的拉伸延伸率提高到50%以上，但硼只对化学计量成分铝少的一侧有效，对铝多的一侧无效。硼在晶界上的偏析增加晶界结合强度或者是抑制了氢的环境脆化。但是，硼的添加对由氧而引起的高温环境脆化并没有效果。置换型元素中添加效果比较明显的有Fe、Mn、Zr、Be、Pd，如表2－10所示。延性提高的原因与晶界结合力的提高有关。

表2－10 添加元素对 Ni_3Al 多晶体材料延性的影响

添加元素	合金成分(原子分数)/%	拉伸延性/%	断裂方式
	Ni_3Al	1～3	沿晶
B	Ni－24Al－0.5B	35～54	穿晶
B,Fe	Ni－20Al－10Fe－0.2B	50	穿晶
Mn	Ni－16Al－9Mn	16	穿晶
Fe	Ni－10Al－15Fe	8	混合
Be	Ni－24Al－5.5Be	6	混合
Pd	Ni－23Al－2Pd	11	混合
Zr	Ni－22.65Al－0.26Zr	13	沿晶

2. NiAl

NiAl 单晶的强度可以相当于或超过镍基高温合金，加上 NiAl 的密度小，热传导率高(为镍基高温合金的 3 ~8 倍)等特点，NiAl 是非常有希望成为取代镍基高温合金的候选材料之一。美国通用电器公司成功地制作了 NiAl 发动机叶片。但是也应该看到，NiAl 虽在叶片使用温度下有足够的韧性，但在冲击载荷条件下的脆断则是另一个需要解决的问题。

固溶强化、析出强化、复合强化、再加上必要的单晶化被认为是提高 NiAl 强度的有效方法。ⅣB 和ⅤB 族元素如 Ti、Hf、Zr、V、Ta 有较好的固溶强化效果，如添加 0.2% Hf 可以使〈110〉单晶 NiAl 室温拉伸强度提高到 600 MPa 的水平。NiAl 也可以用非共格相如 Al_2O_3、TiB_2、HfC 等来强化。

NiAl 二元多晶合金的室温延性依赖于成分、织构、晶粒尺寸以及杂质含量等，一般不超过 2% 。和强度一样，NiAl 的延性也有强烈的位向依赖性。在 NiAl 中添加 Fe、Ga 和 Mo 等能改善〈110〉方向的室温延性，添加 Cr 和 Y 可以提高其高温抗腐蚀性。添加质量分数 0.25% 的 Fe 可以使〈110〉NiAl 的室温拉伸塑性变形从 1% 提高到 6% 。

2.2.2.2 Ti - Al 系金属间化合物

1. Ti_3Al

Ti_3Al 合金开发的目的是为了填补传统钛合金(使用温度：550 ~600 ℃)和镍基高温合金(使用温度：650 ~800 ℃)之间的空白。和其他类型的金属间化合物合金一样，如何提高 Ti_3Al 的室温延性是能否成功地开发使用该合金的关键。

为了改善 Ti_3Al 的变形，通过添加第三元素可以得到一定程度的改善，其中添加效果最好的元素为 Nb。Nb 添加的另外一个好处是提高 Ti_3Al 的抗氧化性。

2. TiAl

Al 含量较多的 TiAl 比 Ti_3Al 更难变形，为改善 TiAl 单相的延性，改变 Al 的含量将 TiAl 单相组织变为包含少量 Ti_3Al 的 TiAl/Ti_3Al 两相组织。这种两相组织比 TiAl 和 Ti_3Al 单相的任何一个都显示更高的延性或韧性。Al 含量的变化会出现三种重要的组织特征，45% Al 以下为全层状组织，晶粒粗大，51% Al 以上为 TiAl 单相组织，中等晶粒度，45% ~51% Al 之间为等轴 TiAl 晶粒和等轴 TiAl/Ti_3Al 层状晶粒的双相组织。双相组织延性最好，层状组织韧性最高。

合金元素明显改善 TiAl 的力学性能和其他性能。Cr 可以改善它的室温延性，Nb 和 Ta 可以提高高温强度以及改善抗氧化性和耐蚀性，W、Mo 提高高温强度，Fe 和 Si 改善铸造性，B 和 TiB_2 等则可以细化晶粒并防止晶粒粗化。

比较典型的 TiAl 合金中，至少包含一种延性化元素和一种抗氧化元素。其中最典型的合金是 Ti -48% Al -2% Cr -2% Nb(原子分数)，它的综合性能如表 2 -11 所示。

TiAl 合金被认为是目前金属间化合物中最有希望作为发动机叶片的材料，作为发动机燃气气缸的废气阀门以及增压器转子已经应用在轿车、轮船上。

表2-11　Ti-48%Al-2%Cr-2%Nb(原子分数)锻造材的力学性能

力　学　性　能	试验温度/℃	双相组织	全层状组织
伸长率/%	室温 760	3.1 50.0	0.4 2.8
屈服强度/MPa	室温 760	480 406	455 403
韧性/($MPa\cdot m^{1/2}$)	室温 760	14.3 19.2	28.3 -
10^7 应力循环次数的疲劳强度/MPa	760	172	207
10^5 MPa下的蠕变速率/h^{-1}	760	3.3×10^{-5}	4.0×10^{-7}
达到0.2%塑性应变的蠕变时间/h	760	25	800
100 h断裂的应力/MPa	538 650 760	580 480 230	525 510 370

3. Al_3Ti

Al_3Ti的主要构成元素为Al，密度低和抗氧化性好是它的主要优点。Al_3Ti能否成为实用的结构材料，主要取决于它的塑性变形能力。Al_3Ti本身具有复杂的晶体结构(DO_{22})，室温下塑性几乎为零。通过添加第三元素将Al_3Ti的晶体结构转变为对称性高的Ll_2结构可能提高变形能力，已经发现，添加约10%(原子分数)的Cr、Mn、Fe、Co、Ni、Cu、Pd、Ag、Ti等置换型元素能够成功地将晶体结构改变为Ll_2结构。即使改变了晶体结构，克服室温延性低仍然是$(Al、X)_3Ti$作为结构材料所面临的最大挑战。

与力学性能相反，在Al_3Ti中Al含量高，再加上合金元素Cr的添加等因素，以$(Al、Cr)_3Ti$为代表的材料具有良好的抗氧化性能，在1200 ℃以下时的抗氧化性能达到甚至超过了NiAl。

2.2.2.3　Fe-Al系金属间化合物

Fe_3Al和FeAl是Fe-Al系中重要的金属间化合物。Fe-Al系金属间化合物的优点是抗氧化性好、抗硫蚀性好、成本低，并且密度也相对较低。缺点是室温延性低，600 ℃以上强度急剧降低。相对而言，FeAl中Al含量较多，本质上比Fe_3Al更脆，因此面临更多的问题，但密度低是它的诱人之处。

Fe_3Al的高温强度可以通过添加第三元素来实现，添加元素有：Ti、Cr、Mn、Ni、Mo和Si，其中Ti和Si效果明显。

Fe_3Al的制造和加工相对来说比较容易，使用普通的铸造工艺就可以得到大铸锭，铸造后能顺利地进行二次加工，已成功地制成薄板材、棒材和管材等。Fe_3Al除了有良好的力学性能外，还具有良好的抗硫腐蚀性能，很有希望作为在含硫环境中使用的结构材料。

FeAl 的强度可以通过固溶强化和粒子强化来提高。在 FeAl 中固溶度大的元素（Cr、Ti、Mn、Co 等）固溶强化效果明显，特别是 Cr，在固溶强化的同时提高延性。

FeAl 由于延性低，比较难加工，普通铸造后的锭块在高温下也很难压制成功。采用热挤压方法可较为成功地加工 FeAl 并使之组织细化，得到致密材料。热等静压也是有效的加工方法。

FeAl 有较好的抗氧化性，1200 ℃下的抗氧化性能优于 304 不锈钢，并且随 Al 含量增加，氧化速率降低，形成的氧化物为 Al_2O_3。

通过对成分、组织性能的优化，可以得到具有良好塑性变形能力的 Fe－Al 系金属间化合物合金，加上密度低，抗氧化性和抗腐蚀性良好以及原料价格低廉等特点，Fe－Al 系金属间化合物的应用前景广阔，例如可以代替含有 Cr 等战略元素的不锈钢应用于高温腐蚀环境中。

2.2.2.4　高熔点金属间化合物

在含有高熔点金属元素的金属间化合物中，有希望作为超高温条件下使用的耐热结构材料大多局限于高熔点的硅化物和铝化物，如 W、Mo、Nb、Ta、Ti、V 和 Cr 的硅化物和铝化物。此外，白金族元素的金属间化合物近来也受到重视。$MoSi_2$，Nb_3Al 和 Ir_3Nb 是这些高熔点金属间化合物的典型代表。$MoSi_2$ 的主要优点是具有极良好的抗氧化性，抗氧化温度可以达到 1700 ℃。而 Nb_3Al 和 Ir_3Nb 分别为 A15 和 Ll_2 型立方结构，与固溶体基体 Nb、Ir 稳定共存，因为固溶体基体延性好，它们的两相合金的力学性能比较容易调整，也有望成为超高温条件下使用的候选材料。

2.2.3　金属间化合物的制备技术和应用前景

金属间化合物的制造方法大致分为铸造法和粉末冶金法两种。铸造法中又可分为一般的铸锭铸造和精密铸造。铸锭铸造方法和一般金属的铸造方法一样，铸造后的铸锭经过分割后进行锻造、轧制等塑性加工。与之相比，精密铸造直接成形，适用于复杂形状铸件的制造。定向凝固和单晶铸造是特殊的铸造方法，已经成功地制造出发动机叶片等部件。和熔解、铸造方法相比，粉末冶金的主要优点是：成分分布均匀、偏析小，容易得到微细组织，可按成品形状成形，加工量小，材料复合简单。缺点是：粉末制备带来成本提高，粉末容易吸入如氧等对力学性能有害的杂质。

要得到致密的金属间化合物材料，经常使用加压烧结和挤压成形等加压处理方法。常用的加压烧结法有热压法和热等静压法。烧结锻造也是加压烧结的一种方法，它是直接将金属间化合物放入金属罐中在高温条件下一边烧结一边锻造的一种方法，它具有烧结温度低，烧结时间短和容易得到微细晶粒（甚至纳米晶）等优点。

铸造法制备的锭坯，通过热锻造、轧制、挤压、拉拔以及恒温锻造、恒温轧制，超塑性加工等加工成最终的半成品或成品。金属间化合物属于难加工材料，塑性变形对温度、变形速率以及环境等都非常敏感。能够像延性金属材料那样在常温下进行塑性加工的金属间化合物并不多，绝大多数需要进行严密的温度、塑性变形速率以及环境气氛的控制。

金属间化合物和超耐热金属、高温结构陶瓷以及复合材料等被认为是有潜力在更高温度和更苛刻环境条件下使用的超耐热材料。另外，金属间化合物除了可以在超高温下应用外，利用它的一些特殊性能也可望在一般高温条件下应用，如可望在发电、汽车、航空宇宙、废弃物处理、石油精炼和军工等方面作为耐热耐腐蚀材料得到发展。目前，金属间化合物仍然存在成本偏高的问题。在大型发电设备上的应用存在较大问题，但是，像喷气式发动机、机动车、轮船发动机等体积相对较小的设备，尽管价格较高，但考虑到性能价格比，应用的可能性非常大。日本已经把 TiAl 合金应用在汽车发动机的废气阀门和增压器转子上，试车结果表明由于 TiAl 合金重量轻、反应快，明显地增加了发动机的动力。但目前能够实用化的还只有 Ni_3Al、TiAl、FeAl 等几种金属间化合物，而且要达到真正意义上的应用，除要继续努力提高金属间化合物的性能之外，还要完善制造技术，提高性能可靠性。

2.3 新型无机非金属结构材料

2.3.1 新型超高强水泥

凡磨细成粉末状，加入适量水后成为塑性浆体，既能在空气中硬化，又能在水中硬化，并能将砂、石等散粒或纤维材料牢固地胶结在一起的水硬性胶凝材料，通称为水泥。

水泥是最重要的建筑材料之一，由于其具有较丰富的原料资源、相对较低的生产成本和良好的胶凝性能，已成为人类社会最主要的、不可替代的建筑材料，广泛应用于建筑、交通、水利、国防及海洋开发等工程建设中，素有“建筑工业的粮食”之称。我国 2007 年的水泥产量已经超过了 13 亿 t，位居世界第一。国家工程建设处处离不开水泥，如三峡大坝、青藏铁路、南水北调、陆地及海洋石油开发、奥运工程、高速公路及铁路、城市建设、高层建筑，等等。水泥工业的发展对保证国家建设计划的顺利进行和人民生活水平的提高，具有十分重要的意义。

水泥因其成本低、使用方便、原料易得、耐久性较好等优点，成为目前人类社会应用最为广泛的人造材料。随着社会的发展，对水泥的性能提出了更高的要求。通常条件下，传统水泥的强度较低，尤其是抗折强度低，一般在 10 MPa 以下，很难超过 20 MPa，针对这一问题，水泥科学家作了大量研究工作，并取得了突破性进展，开发了两种超高强水泥，即 DSP 水泥和 MDF 水泥，使得水泥材料的性能产生了质的飞跃。

1. DSP 水泥

DSP(densified system containing homogeneously arranged ultrafine particles)，即含均匀分布超细颗粒的致密系统。该水泥是在 1981 年由丹麦 Aalborg Portland 试验室采用合理的材料颗粒级配、极低的水/胶比，并在超塑化剂的作用下首先开发成功的一种孔隙率很低的超高强水泥。

DSP 水泥的主要成分为硅酸盐水泥，并掺加一定量的硅灰和超塑化剂。掺入硅灰的主要作用有两个：一是有效地填充水泥粒子间的空隙，使体系呈非常密实的状态；二是与水泥水化产物 $Ca(OH)_2$发生火山灰反应，产生强度组分 C－S－H 凝胶。超塑化剂是一种有机高分子表面活性剂，对水泥粒子有极强的分散作用。加入超塑化剂，用少量水就能将 DSP 水泥拌制成和易性很好的浆体。水/胶比通常为 0.12～0.22。还可以在体系中加入体积分数为 3%～5% 的纤维，如炭纤维、钢纤维、SiC 纤维等，以改善 DSP 的断裂韧性。DSP 水泥硬化体的结构非常均匀、致密，基本不存在 0.1 μm 以上的孔。

DSP 水泥的抗压强度可达 200～300 MPa，纤维增韧条件下抗弯强度达 75 MPa 以上。与其他材料相比，尽管 DSP 水泥的抗压强度仅相当于优质钢材的 50%，但其强度/密度比高，优质 DSP 水泥的强度/密度比要高于钢材近 1 倍。DSP 混凝土的弹性模量为 $5\times(10^4\sim10^5)$ MPa，相当于普通混凝土的 1.5～2 倍。DSP 水泥在不掺增强材料的情况下表现出较高的脆性。DSP 材料抗冻性极好，其中的水在 －45～－35 ℃才开始结冰，在 －50 ℃时才有 60% 的水发生结冰。DSP 水泥硬化体的氯离子扩散系数比普通水泥小一个数量级。DSP 在 100% 相对湿度条件下的电阻是 10^4 Ω/m，比普通水泥大(2～3)个数量级，接近电绝缘体的阻抗。

用 DSP 可以制备具有不同塑性的混凝土，而且采用普通混凝土浇注技术即可处理。生产制品时，也可采用塑料或陶瓷加工技术，如挤压成型、碾压成型或热压成型等。DSP 水泥材料最先应用于各种侵蚀环境，如化学工业地面、停车场、阳台等。由于侵蚀介质在 DSP 材料中的扩散速度远远低于普通混凝土，因此耐久性明显提高。以后又在 DSP 材料中配入煅烧矾土骨料，制得高耐磨 DSP 材料，用于代替铸石、橡胶和钢材，制作各种耐磨衬里材料、管道或金属切削工具。如可以用 DSP 水泥制作水泥厂粉料气力输送系统的螺旋喂料器。通常这种喂料器由表面覆盖烧结碳化硅的钢制成，一般使用 250 h就被磨损。而用高耐磨 DSP 材料制得的喂料器使用寿命达 5 倍以上。DSP 材料中掺入各种掺合料或纤维，可制得一系列不同用途的高级材料，如加入 4% 长 6 mm 特制聚丙烯纤维，可用于恶劣环境下的海洋建筑物的补修材料。

2. MDF 水泥

MDF 水泥即无宏观缺陷水泥(macro－defect free cement)，是于 1982 年由英国帝国化学工业公司 J. D. Birchall 等人，首先研制成功的一种由水泥和高聚物复合并经特殊加工工艺制成的超高强水泥。

MDF 水泥的主要成分是水泥和水溶性聚合物。其中水泥是基材，可以用硅酸盐水泥，也可用铝酸盐水泥。水溶性聚合物包括聚丙基甲基纤维素、聚丙烯酰胺和聚乙烯醇等，可单独使用一种，也可多种复合使用。MDF 水泥的制备过程有三大关键：掺加水溶性聚合物、碾压式拌合和加压排气成型。掺加水溶性聚合物可同时减小水泥浆的屈服应力和颗粒间滑移的摩擦阻力，从而使水泥颗粒达到比较紧密的堆积。碾压式拌合和排除起泡，最终可使水泥浆体达到非常紧密的堆积。例如用普通方法拌合的水泥浆，固体粒子最大堆积度为0.56，若掺加水溶性聚合物并使用碾压式拌合，堆积度可达0.63，再排除起泡，则堆积度可达0.70。经过这样处理的拌合物硬化后不存在大于15 μm 的孔，故称为 MDF 水泥。

MDF 水泥和普通水泥主要性能的对比如表 2－12 所示。可见，MDF 水泥抗压强度和抗张强度分别为普通水泥的 2.5～7 倍和 4～15 倍，而气体渗透率仅为普通水泥 1/100，其综合性能已接近于陶瓷等烧结材料。

MDF 水泥除力学性能优异外，还有其他优异的功能特性。研究证明，MDF 水泥是良好的介电绝缘材料，因而是未来电子电路基板的很有吸引力的候选材料。此外，在低温工程、声学工程、医学等领域也有良好的潜在市场。

MDF 水泥由于所用水泥基材料不同、水溶性聚合物种类和数量不同以及所掺填充材料或纤维的种类和数量不同，可以形成许多品种。但至今尚未大量应用。近年来主要试验代替金属制管、柱、T 形梁、板等，这些型材的完整性能试验仍在进行之中。从 MDF 水泥的优越性能与性质以及潜在的广泛用途来看，至今仍被塑料、金属和陶瓷所垄断的某些常温应用领域，不久的将来可能要被 MDF 水泥所取代。

表 2－12　MDF 水泥与普通水泥主要性能对比

主要性能	普通水泥	MDF 水泥
抗折强度/MPa	10	40～150
弹性模量/GPa	20	35～50
抗压强度/MPa	40	100～300
破坏能/($J \cdot m^{-1}$)	20	40～200
电击穿/($kV \cdot mm^{-1}$)	0.1	6～13
气体渗透率/($mol \cdot m^{-1} \cdot s^{-1} \cdot Pa^{-1}$)	10～12	0.10～0.16

2.3.2　新型陶瓷材料

随着社会进步及科学技术的发展，对陶瓷材料的性能提出新的要求，新型陶瓷材料应运而生。新型陶瓷亦称特种陶瓷、精细陶瓷、先进陶瓷、高技术陶瓷、高性能陶瓷等，是指用于各种现代工业和尖端科学技术领域的陶瓷材料。根据其性能和用途，又可分为结构陶瓷和功能陶瓷。结构陶瓷是以强度、刚度、韧性、耐磨性、硬度、疲劳强度等力学性能为特征的材料，具有优良的力学性能（高强度、高硬度、耐磨损）、热学性能（抗热冲击、抗蠕变）和化学性能（抗氧化、抗腐蚀）。功能陶瓷则以声、光、电、磁、热等物理性能为特征，例如集成电路封装材料、敏感陶瓷（热敏、气敏、湿敏、压敏、色敏等），这是微电子、信息、自动控制和智能机械的基础，此外还有生物功能陶瓷等。

2.3.2.1　新型陶瓷材料的特性与应用

新型陶瓷材料还没有精确的定义，一般来说，新型陶瓷是“采用高度精选或合成的原料，具有能够精确控制的化学组成，按照便于控制的制造技术加工的、便于进行结构设计，并且有优异特性的陶瓷”。新型陶瓷和传统陶瓷尽管都是经过高温热处理而成的无机非金属材料，但两者存在较大的区别，如表2－13所示。

表2－13　新型陶瓷与传统陶瓷的主要区别

区别点	普通陶瓷	新型陶瓷
原料	天然矿物原料	人工精制化工原料和合成原料
成分	主要由黏土、长石、石英的产地决定	原料是纯化合物，由人工配比决定
成型	注浆、可塑法成型为主	模压、热压铸、轧膜、流延、等静压、注射成型为主
烧成	温度一般在1350 ℃以下，燃料以煤、油、气为主	结构陶瓷常需1600 ℃左右的高温烧结，功能陶瓷需精确控制烧成温度，燃料以电、气、油为主
加工	一般不需加工	常需切割、打孔、磨削、研磨和抛光
性能	以外观效果为主，较低力学性能和热性能	以内在质量为主，常呈现耐高温、耐腐蚀、耐磨和各种电、光、热、磁、声、敏感、生物性能
用途	炊、餐具，陈设品和墙地砖、卫生洁具	主要用于宇航、能源、冶金、机械、交通、家电等行业

新型陶瓷的性能特点：

（1）熔点高、密度小。

（2）化学稳定性好，抗腐蚀、抗氧化。

（3）高强度、高刚度、高硬度、耐磨损。

（4）具有一定的热强性（抗蠕变等）。

（5）绝缘性、压电性、半导体性、磁性等电磁特性。

（6）生物体适应性、催化剂等生物化学的功能。

（7）光学功能及其他一些特殊功能。

（8）韧性、塑性很小，塑性变形能力差，以发生脆性破坏。

（9）加工成型性能较差。

新型结构陶瓷的主要应用如表2－14所示。图2－7是一些用新型陶瓷制作的工业产品。

表 2-14 新型结构陶瓷的主要应用

性能应用	分类	名称	典型材料	主要用途
机械力学性能	高强高韧结构陶瓷	热机陶瓷	Si_3N_4、赛隆、SiC	汽车发动机、燃气轮机部件等
		高温、高强陶瓷	Al_2O_3、B_4C、ZrO_2、Si_3N_4、SiC	热交换器、高温高速轴承、火箭喷嘴等
	超硬结构陶瓷	工具陶瓷	$Al_2O_3+TiO_2$、$Al_2O_3+ZrO_2$、Si_3N_4、赛隆	切削工具、挖掘用钻头、剪刀等
		耐磨陶瓷	Al_2O_3、B_4C、ZrO_2、Si_3N_4、SiC	密封件、轴承、拉丝模、机械零件、喷砂嘴等
热性能	高温结构陶瓷	特种陶瓷	MgO、ThO_2、SiC	特种耐火材料
		绝热陶瓷	$K_2O\cdot nTiO_2$（纤维）、$CaO\cdot nTiO_2$（多孔体）、Al_2O_3	耐热绝缘体、不燃壁材等
		导热陶瓷	BeO、AlN、SiC	集成电路、绝缘散热基片等
		低膨胀陶瓷	Al_2O_3、TiO_2、MgO、SiO_2、Si_3N_4	热交换器、高温结构材料等

2.3.2.2 氮化硅陶瓷

图 2-7 一些用新型陶瓷制作的工业产品

氮化硅（Si_3N_4）陶瓷是高温结构陶瓷中最引人注目的一种材料。氮化硅陶瓷具有一系列的特性，即：

- 轻，密度 3.19 g/cm^3
- 硬，维氏硬度约为 19 GPa
- 高强度，弹性模量约为 300 GPa
- 高温蠕变小，特别加入适量 SiC 后，抗高温蠕变性显著提高
- 抗氧化性很好，可耐氧化到 1400 ℃，实际实用温度达 1200 ℃
- 抗腐蚀性好，能耐大多数酸的侵蚀，但不能耐浓 NaOH 和 HF 的侵蚀
- 摩擦系数小，仅 0.1，与加油的金属表面相似

由于氮化硅陶瓷的优异性能，它已在许多工业领域获得广泛的应用，并有许多潜在的用途。下面介绍几个氮化硅陶瓷具体应用的例子。

1. 发动机部件

氮化硅陶瓷近年来在日本生产的汽车上的应用已很普遍。表 2-15 列出了氮化硅陶瓷在发动机部件上的实用化情况。图 2-8 是一些实物照片。

表 2-15 氮化硅陶瓷作为发动机部件的应用实例

部件	制造日期	使用者	制造厂商
预热塞	1981 年 10 月	五十铃	京瓷
进气喷烧器	1983 年 10 月	五十铃	京瓷
热型火花塞	1983 年 4 月	五十铃	京瓷
预热塞	1983 年 5 月	三菱	京瓷
热型火花塞	1983 年 8 月	丰田	丰田
气门摇臂顶端	1984 年 11 月	三菱	日本碍子
涡轮增压转子	1985 年 10 月	日产尼桑	日本碍子
涡轮增压转子	1985 年 10 月	日产尼桑	日本特殊陶瓷
预热塞	1985 年 8 月	马自达	京瓷
气门摇臂顶端	1987 年	日产尼桑	日本特殊陶瓷
涡轮增压转子	1989 年	丰田	丰田
涡轮增压转子	1989 年 8 月	丰田	京瓷
气门摇臂顶端	1990 年 10 月	马自达	京瓷

2. 陶瓷轴承

图 2-9 是氮化硅陶瓷轴承实例。以提高机床主轴特别是 MC(machining center)主轴的旋转速度来达到生产率和加工精度是加工机械的发展方向。多少年来人们通过改善轴承形状，润滑法和轴承材料实现了主轴旋转的高速化。其中轴承材料的改善就是采用了陶瓷材料。现在，采用了陶瓷轴承的转动部件根据润滑形式不同，其 dN[轴径 d(mm) × 转数 N(r/min)]值可达(100 ~ 150)万。主轴高速化的趋势还将继续下去，不远的将来 dN 值可望达到(200 ~ 300)万。

图 2-8 汽车用氮化硅陶瓷

图 2-9 氮化硅陶瓷轴承

3. 陶瓷刀具

为了提高加工精度或提高机床的工作效率，节省能源，降低成本，新型刀具的研制一直受到工业的重视。刀具材料正在朝着高强度、高硬度、高韧性的方向发展。在国家“863”计划的支持下，我国研制出了一种高强度高韧性的氮化硅材料，并将其成功应用于切削刀具上。该种切削刀具耐崩刃性好，可用于广泛的粗加工切削；耐磨损性好，使用寿命长，能提高工效，节约能源，是一种有前途的新型产品。表 2 - 16 是有关的刀具性能比较。

表 2 - 16　刀具性能比较

刀具材料类别	切削 500 m 后刀片的磨损量 /mm	磨损 0.3 mm 时的切削路程 /m	寿命比较(以硬质合金为比较标准) /倍	允许最大进刀量 /($mm \cdot r^{-1}$)	最佳切削速度* /($m \cdot mm^{-1}$)
硬质合金刀具	>1.0	226	1		<20
氧化铝基刀具		3290	15	1 ~ 2	40 ~ 50
一般氮化硅刀具	0.28	8859	39	2.5	50 ~ 60
晶须增韧氮化硅刀具	<0.20	>10000	>40	7.0	50 ~ 80

注：* 被切削的工件材料为 2Cr19Ni9Ti 合金。

2.3.2.3　赛隆陶瓷

研究发现某些金属氧化物或氮化物可以进入 Si_3N_4 的晶格形成固溶体，由此形成了一个崭新的赛隆材料体系。该固溶体被称为“silicon aluminum oxynitride”，取其字头为“Sialon”，译音为“赛隆”或“塞龙”。赛隆陶瓷的化学式可表示为：$Si_{6-x}Al_xN_{8-x}O_x$，其中 x 为 Al 原子置换 Si 原子的数目。

赛隆陶瓷具有诸多优良性能，如常温和高温强度很大、常温和高温化学稳定性优异、耐磨性很高、热膨胀系数低、抗热冲击性好、抗氧化性强、密度不大等。由于赛隆陶瓷具有这么多的优异性能，其应用范围比氮化物更广，在军事工业、航空航天工业、机械工业和电子工业等方面，具有广泛的应用前景。

(1)用作热机材料：用于汽车发动机的针阀和挺杆垫片。用赛隆陶瓷做成的挺杆，运行 60000 km，仅磨损 0.75 μm。

(2)用作切削工具：赛隆陶瓷的红硬性比 Co - WC 合金和氧化铝高，当刀尖温度达到 1000 ℃时，仍可进行高速切削。

(3)用作轴承等滑动及磨损件：如车辆底盘上的定位销，常用的淬硬钢销可进行的操作次数为 7000 次，相当于一个工作日，而赛隆销操作次数可超过 500 万次，即使用寿命为 1 年，且无磨损痕迹。

(4)用作轧钢辊、有色合金冶炼成型材料：如挤压模内衬、连铸分流环、拉拔芯棒、热电偶保护套管、坩埚、晶体生长器具等。

(5)制作透明陶瓷：如高压钠灯灯管、高温红外测温仪窗口。

(6)用作生物陶瓷：如制作人工关节等。

2.3.2.4 碳化硅陶瓷

碳化硅陶瓷是以 SiC 为主要成分的陶瓷。SiC 陶瓷有很好的高温力学性能(高强度、抗蠕变、抗氧化)，温度到 1600 ℃时抗弯强度基本与室温相同，是高温燃气轮机重要的候选材料。它有很好的稳定性，耐各种酸碱腐蚀，抗氧化性优越，是极好的耐腐蚀材料。它还有高的硬度，莫氏硬度高达 9.2 ~ 9.5，仅次于金刚石、立方 BN 等高耐磨材料。

SiC 这一系列优异的性能，使其在众多的工业领域和高技术中得到了广泛的应用，如表 2 – 17 所示。

表 2 – 17 碳化硅陶瓷的应用

领　域	使用环境	用　途	主要优点
石油工业	高温、高液压、高磨损	喷嘴、轴承、密封、阀片	耐磨
化学工业	强酸、强碱	密封、轴承、泵零件、热交换器	耐磨、耐蚀、气密性
	高温氧化	气化管道、热电偶套管	耐高温腐蚀
汽车、飞机、火箭	发动机燃烧	燃烧器部件、涡轮增压器转子、火箭喷嘴	低摩擦、高强度、低惯性负荷、耐热冲击性
汽车、发动机	发动机油	阀系列元件	低摩擦、耐磨
机械、矿业	研磨	喷砂嘴、内衬、泵零件	耐磨
造纸工业	纸浆、废液	密封、套管、轴承、成型板	耐磨、耐蚀、低摩擦
热处理、钢铁工业	高温气体、金属液体	热电偶套管、辐射管、热交换器、燃烧元件、高炉衬料	耐热、耐腐蚀、气密性
核工业	含硼高温水	密封、轴套	耐辐射
微电子工业	大功率散热	封装材料、基片	高热导、高绝缘
激光	大功率、高温	反射屏	高刚度、稳定性
其他	加工成型	拉丝、成型模	耐磨、耐蚀

2.3.2.5 部分稳定化氧化锆陶瓷(PSZ)

纯 ZrO_2 有三种晶型，大约 2370 ~ 1170 ℃之间为正方相，1170 ℃以下转变为斜方相，2370 ℃ 以上转变为立方相。其转化关系为：

$$单斜\ ZrO_2 \xleftrightarrow{1170\ ℃} 正方\ ZrO_2 \xleftrightarrow{2370\ ℃} 立方\ ZrO_2 \xleftrightarrow{2715\ ℃} 熔体$$

纯 ZrO_2 在常温下以斜方相的形态存在。如果将 Y_2O_3、MgO、CaO、CeO_2 等氧化物作为稳定化剂固溶于 ZrO_2 晶体内，可以在常温下得到立方相和正方相。一般稳定化剂的量较多时得到的全是立方相 ZrO_2，被称为全稳定化氧化锆(fully stabilized zirconia，FSZ)。FSZ 作为耐火材料、传感器、固体电解质得到广泛的使用。稳定化剂的量较少时得到的是正方相或者立方相和正方相共存的复合体，被称为部分稳定化氧化锆(PSZ)。另外，一般习惯将全部由正方相的微细晶粒组成的 PSZ 陶瓷称为正方相氧化锆多晶体(tetragonal zirconia polycrystal，TZP)。

PSZ 陶瓷主要有 Y_2O_3－PSZ、MgO－PSZ、CaO－PSZ、CeO_2－PSZ 等系列。如 Y_2O_3－TZP(Y－TZP)陶瓷具有以下主要特点：①晶粒尺寸细，在一般烧结条件下也能得到亚微米级的晶粒；②强度和韧性在单相陶瓷材料中最高；③弹性系数和线膨胀系数都接近钢铁的值；④热导率很小；⑤属于密度较大的陶瓷；⑥硬度中等，但耐磨；⑦非磁性，常温不导电；⑧疏油性。

利用上述特点，TZP 陶瓷有以下的应用：①家庭、工业、医疗用的剪刀；②通信用光缆接口器；③拔丝模具、喷嘴、压辊等冶金工具；④陶瓷轴承；⑤球磨用的球；⑥生物医学材料，等等。

2.3.3　新型玻璃

玻璃是由熔融物冷却硬化而得的非晶态物质。传统玻璃，如平板玻璃和日用器皿玻璃都是以 Na_2O－CaO－SiO_2 系统为基础组分。随着社会和科学方面的需求，对玻璃提出了各种特殊的要求，如具有更好的光学、热学、化学、力学、电学及磁学等方面性能，以满足特别用途的需要，这些玻璃逐渐脱离了 Na_2O－CaO－SiO_2 玻璃范围，从而形成适应专业应用和满足特殊要求的新型玻璃。

2.3.3.1　新型玻璃的特点

近数十年来，新型玻璃的不断发展，使它在以下几个方面与传统的 Na_2O－CaO－SiO_2 玻璃有了明显差别。

1. 成分的变化

(1)从纯硅酸盐系统发展至以硅酸盐、硼酸盐及磷酸盐为主的玻璃系统，并进一步出现了锗酸盐、碲酸盐、铅酸盐、锑酸盐、砷酸盐、铋酸盐、铝酸盐及钡酸盐等新的非硅酸盐氧化物玻璃系统。

(2)从纯氧化物玻璃发展至卤化物、硫族化物和合金化合物等非氧化物玻璃。

(3)从上述不同类型玻璃混合而成的混合玻璃，例如，氧化物与卤化物的氧氟化物；氧化物与硫系化物混合的 As_2S_4－As_2Se_4－R_nO_m(其中 R_nO_m = Sb_2O_3、PbO、CuO、HgO

等)三元玻璃；硫系化物与卤化物混合的含氟碲酸盐玻璃，以及阴离子混合的氮氧化物玻璃。

(4)从纯无机化合物玻璃发展至复合玻璃。最近还通过加入丙烯酸酯类化合物形成新的有机－无机玻璃。

(5)从成分单纯的 Na_2O － CaO － SiO_2 系统发展至元素周期表中大部分元素为成分的多形式的特种玻璃。

2. 形状的变化

从传统的板状、块体发展至薄膜和纤维，即从三维发展到二维和一维。另外，还有空心和实心及各种粒径范围的玻璃微球。若把近年来研究的玻璃量子点效应也包括进去，那么特种玻璃材料已进入零维范畴的研究。

3. 玻璃态的变化

过去的观点认为玻璃是由单一均匀的玻璃态构成。随着特种玻璃的发展。首先出现了微分相的 Vycor 玻璃，继而出现乳浊玻璃、微晶玻璃和泡沫玻璃。为了减少玻璃表面反射，近年来研究成功了所谓空气薄膜玻璃。这些都说明玻璃材料已从传统的均一玻璃态发展到多种不互溶的玻璃态，发展到玻璃与可控大小的晶态或气态共存的新型玻璃。

复合材料的发展也制造和创新了若干以玻璃和其他材料复合的新材料，例如，金属玻璃(玻璃和金属的复合)、夹层玻璃(玻璃和树脂膜的复合)、玻璃纤维增强水泥(玻璃和水泥的复合)、玻璃钢(玻璃和塑料的复合)等，而微晶玻璃也可看作是玻璃和陶瓷的复合。

4. 玻璃功能的变化

玻璃已从单纯的透光材料和包装材料发展成具有光、电、磁和声等特性的材料。玻璃本身也从早期的单纯材料发展为元件(如透镜、激光器件、超声延迟线等)。随着智能玻璃(smart glass)的发展，近年来玻璃已跨进了器件的时代。由此，普通玻璃向特种玻璃的过渡可视为材料向元件再向器件的过渡。随着时间的变化和科学技术的进步，玻璃材料的含义及内容也必将不断丰富和发展，其重要的特征之一是材料与器件成为统一体。

此外，由于生物玻璃的研究成功，玻璃已从一种无生命的材料发展成为有机体的修补或替换材料，即在特定条件下可对身体器官如骨骼、牙齿等有机体进行修复或置换。

2.3.3.2 微晶玻璃

1. 概述

微晶玻璃是通过玻璃在加热过程中进行控制晶化而制得的一种含有大量微晶体的多晶固体材料。从其生产工艺来看，应该叫它玻璃，因为除去晶化热处理这道工序外，它和普通玻璃的制造方法完全相同；但从最后制得的产品来看，它是一种透明或不透明的多晶物质，在大多数情况下又非常像陶瓷。实际上，它是用玻璃工艺方法制得的陶瓷，所以又叫做玻璃陶瓷。

微晶玻璃的发现是玻璃材料发展史上的一个新的里程碑，它大大丰富了玻璃结构的研究内容，同时也开发了数以千计的微晶玻璃新材料，作为先进结构材料和高性能功能材料，在国防、运输、建筑、生产、科研及日常生活等领域内得到了广泛的应用。

2. 微晶玻璃的分类

微晶玻璃一问世，就以其组成广泛、品种繁多而著称，其分类方法也有所不同。通常的分类方法有如下几种：

(1)按外观分为透明微晶玻璃和不透明微晶玻璃；

(2)按微晶化原理分为光敏微晶玻璃和热敏微晶玻璃；

(3)按基础玻璃的组成分为硅酸盐系统、铝硅酸盐系统、硼硅酸盐系统、硼酸盐系统和磷酸盐系统；

(4)按所用原料分为技术微晶玻璃(用一般的玻璃原料)和矿渣微晶玻璃(用工业废渣等为原料)；

(5)按性能分为耐高温、耐腐蚀、耐热冲击、高强度、低膨胀、零膨胀、低介电损耗、易机械加工以及易化学蚀刻等微晶玻璃以及压电微晶玻璃、生物微晶玻璃等。

3. 微晶玻璃的特性

与其他材料相比，微晶玻璃的主要特性表现在以下几个方面：

(1)综合性能优异。微晶玻璃比一般陶瓷、玻璃具有更好的强度、硬度、耐磨性以及热学性能和电学性能等。

(2)尺寸稳定。通常陶瓷在干燥和烧成过程中会发生较大的体积收缩，从而容易产生变形，而微晶玻璃在生产过程中，尺寸变化较小，并且可加以控制。

(3)制备工艺简单。微晶玻璃的生产是以成熟的玻璃制造工艺为基础的，可以制备各种形状复杂的制品。

(4)性能可设计。晶体的类型、含量以及晶粒的尺寸有可能按需要产生出来，从而使微晶玻璃的性能可以通过组成和结构的控制来进行设计。

(5)可与金属或其他材料封接。由于它在熔融状态下能够“润湿”其他的材料，因此可用较简单的封接方法和金属等材料结合在一起。

(6)原料来源广泛。特别是生产矿渣微晶玻璃时可利用工业废料，有利于环境保护和可持续发展。

(7)可替代部分天然石材。烧结微晶玻璃装饰材料具有色泽柔和、结构致密、晶体均匀、纹理清晰及卓越的力学特性和优良的抗蚀性，且不吸水、抗冻性好和无放射性污染，利于生态环境的保护，是天然石材理想的替代产品。

4. 微晶玻璃的应用

微晶玻璃具有许多优良的性能，如密度小、质地致密、没有气孔、不透水、不透气、软化温度高、化学稳定性及热稳定性好、机械强度及硬度高、电学性能优良等，因此在许多领域得到广泛的应用，如表2－18所示。

表2－18　微晶玻璃的应用

主要使用性能	应　用　实　例
低膨胀性、耐高温、耐热冲击	天文反射望远镜、气体激光谐振器镜的支持棒、炊具、餐具、高温电光源用玻璃、实验用加热器具、高温热交换器、代石英玻璃
高强度	汽车、轮船、飞机、火箭、卫星等的结构材料，墙体材料，墙面材料，电热线保护管，小型绝缘子，电线管道衬垫，封接材料
高硬度、耐磨	轴承、气缸、活塞、纺织机导线杆、研磨设备内衬及研磨介质、切削刀具、离合器、地板楼梯踏板、导槽、料斗、流槽、水力旋流器锥体
易机械加工	可机械钻孔、切削，生产要求耐腐蚀、耐热冲击及加工精度高的部件，代不锈钢、塑料
耐腐蚀	化工管道，球磨机的球、衬垫，高纯化工产品生产设备
透明、耐高温、耐热冲击	高温观察窗、化学输送管道、阀、泵
低介电损耗	雷达罩、集成电路的基板、丝网印刷介电体
强介电性、透明	彩色电视材料、光变色元件、指标元件
感光显影	需要复杂加工的产品，如显示图像、印刷、刻花、彩蚀、打孔、印刷线路底板、仪器标尺、器皿玻璃装饰

2.4　新型高分子材料

高分子材料是以高分子化合物（亦称聚合物、高聚物、树脂）为主要组分的材料。所谓高分子化合物主要是指相对分子质量特别大的有机化合物，高分子化合物中分子所含的原子数可达数万，甚至数十万。而低分子化合物的相对分子质量一般不超过500。高分子化合物的相对分子质量虽然大，但其化学组成比较简单，通常由C、H、O、N、S等元素构成。

高分子材料包括塑料、橡胶、纤维、薄膜、胶粘剂和涂料等。其中，被称为现代高分子三大合成材料的塑料、合成纤维和合成橡胶已经成为国民经济建设与人民日常生活所必不可少的重要材料。尽管高分子材料因普遍具有许多金属和无机材料所无法取代的优点而获得迅速的发展，但目前业已大规模生产的还是只能在寻常条件下使用的高分子物质，即所谓的通用高分子，它们存在着机械强度和刚性差、耐热性低等缺点。现代工程技术的发展，以提高耐热性、耐环境性、化学稳定性和高温强度特性为目的高分子材料高性能化中，出现了许多性能优异的新型高分子材料。

2.4.1 特种工程塑料

特种工程塑料至今尚未有确切的定义，通常将具有优异的综合性能，如拉伸强度、刚性、压缩强度、冲击强度高，在热、冷条件下和化学介质中物理、电学性能保持稳定，可长期使用的一类高分子材料称为工程塑料。其基材多是分子主链除含有碳原子外，还含有氧、氮、硫等原子的杂链型分子结构的聚合物。而特种工程塑料是指综合性能更高，长期使用温度在 150 ℃以上，主要为满足国防军工和尖端技术的需要而发展起来的一类综合性能优异的结构型聚合物材料，又称高性能工程塑料或耐热工程塑料。特种工程塑料具有重量轻、强度高和耐热性好等优良特性。目前，开发成功并产业化的主要品种有：聚酰亚胺(PI)、聚酰胺酰亚胺(PAI)、聚醚酰亚胺(PEI)、聚芳酯(Upolymer)、聚苯硫醚(PPS)、聚砜(PSF)(包括聚芳砜、聚醚砜、聚苯砜)、聚醚醚酮(PEEK)、液晶聚合物等。

特种工程塑料的主要性能如表 2－19 所示。

表 2－19 特种工程塑料性能对比表*

性 能	单 位	聚苯硫醚(PPS)	聚酰亚胺(PI)	聚醚醚酮(PEEK)	聚砜(PSU)	聚醚砜(PES)	聚芳砜(PAS)	聚酰胺酰亚胺(PAI)
密度	$g \cdot cm^{-3}$	1.44	1.43	1.31	1.24	1.37	1.36	1.41
颜色		白色	灰栗色	浅茶色	琥珀色	半透明	琥珀色	黄褐色
吸水率 @23 ℃ 50RH	%	0.02	1.2	0.2	0.3	0.4	0.60	2.5
熔点	℃	280	~400	340	250	330	300	380
热性能								
玻璃化温度	℃	93	330	143	190	230	280	285
热导率 23 ℃	$W\cdot(k\cdot m)^{-1}$	0.3	0.35	0.25	0.26	0.18	0.3	0.26
线膨胀系数 23～100 ℃	$10^{-6}\cdot K^{-1}$	50	45	50	60	55	55	30
线膨胀系数 23～150 ℃	$10^{-6}\cdot K^{-1}$	50	50	50	56	55	55	30
线膨胀系数 >150 ℃	$10^{-6}\cdot K^{-1}$	50	55	110	60	59	55	30

续表 2-19

性 能	单 位	聚苯硫醚(PPS)	聚酰亚胺(PI)	聚醚醚酮(PEEK)	聚砜(PSU)	聚醚砜(PES)	聚芳砜(PAS)	聚酰胺酰亚胺(PAI)
热变形温度 1.8 MPa	℃	260	360	310	170	210	270	280
最高短期工作温度 2 hrs	℃	260	450	310	180	220	310	270
最高持续工作温度	℃	230	240	250	150	180	260	250
氧指数	%	57	47	35	30	38	44	45
UL 等级(1.5/3.0mm)		V-0	V-0	V-0	HB	V-0	V-0	V-0
力学性能								
屈服强度/断裂强度	MPa	75/-	-/86	110/-	80/-	90/-	90/-	120/-
断裂伸长率	%	4	7.5	20	10	6	13	10
弹性模量	MPa	3700	2200	4400	2700	2800	2500	4500
Charpy 无缺口冲击强度	$kJ \cdot m^{-2}$	25	不断	不断	不断	不断	不断	不断
Charpy 缺口冲击强度	$kJ \cdot m^{-2}$	3.5	3.5	3.5	4	6	10	10
球压硬度	MPa	190	170	230	155	150	-	200
电性能								
介电强度	$kV \cdot mm^{-1}$	24	22	24	30	16		24
体积电阻率	$\Omega \cdot cm$	10^{16}	10^{16}	10^{16}	10^{17}	10^{16}	10^{16}	10^{17}
体表电阻	Ω	10^{15}	10^{15}	10^{16}	10^{17}	10^{14}	10^{15}	10^{18}
介电常数		4.0	3.4	3.5	3.1	3.5	3.45	3.5
介电损耗 $\tan\delta$-100 Hz		0.001	0.002	0.001	0.002	0.002	0.001	0.026
介电损耗 $\tan\delta$-1 MHz		0.002	0.003	0.002	0.002	0.01	0.005	0.031

注：* 因特种工程塑料品种不同性能会略有差异。

1. 聚苯硫醚 polyphenylene sulfide(PPS)

PPS 是分子链含亚苯硫醚重复结构单元的聚合物，大分子主链结构单元为 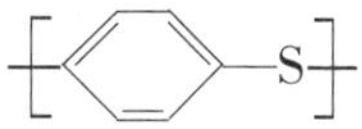，PPS 分子结构比较简单，大分子链有苯环和硫原子交替排列，大量的苯环赋予 PPS 以刚性，大量的硫醚键又提供柔顺性，分子结构对称，易于结晶。

(1)PPS 的性能

PPS 耐热性能优异：其熔点超过 280 ℃，热变形温度高达 260 ℃，长期使用温度为 220 ℃ ~240 ℃。在空气中于 700 ℃降解，在 1000 ℃惰性气体中仍保持 40% 的重量，短期耐热性和长期连续使用的热稳定性均优于目前所有的工程塑料。经特殊改性的品种，热变形温度可达 350 ℃以上。

PPS 自身具有阻燃性：PPS 阻燃性可达到 UL94V－0 级，氧指数(LOI)＞57%。聚苯硫醚自身的化学结构使其具有良好的难燃烧性能，无需加入阻燃剂。

机械性能：纯 PPS 的机械性能不高，尤其冲击强度比较低，用玻纤增强后会大幅度提高冲击强度和拉伸强度，拉伸强度＞170 MPa，弯曲强度＞220 MPa，缺口冲击强度＞3.5 kJ/m^2；PPS 刚性很高，在工程塑料中少见，纯 PPS 的弯曲模量可达 3.8GPa，无机填充改性后可达到 12.6 GPa，并具有优异的耐蠕变性和耐疲劳性。

耐化学药物性能优异：PPS 在 200 ℃以下，不溶于任何有机溶剂，可经受除了强氧化性酸之外的各种酸碱盐的侵蚀，在高温下，长期浸泡在化学药品中，仍保持较高的强度。耐蚀性能堪与聚四氟乙烯相伯仲，但其加工性能特别好，远胜于聚四氟乙烯。

尺寸稳定性好：成型收缩率很低，小于 0.0025%，吸水率小于 0.02%，线性热膨胀系数也小。在高温、高湿条件下仍表现出良好的尺寸稳定性。

电性能优：聚苯硫醚在高温、高湿、高频条件下仍具有优良的电性能，其体积电阻率为 $1\times10^{16}\ \Omega\cdot cm$，表面电阻率为 $1\times10^{15}\Omega$，介电强度＞18 kV/mm。

耐磨性突出：其 1000 转时的磨耗量仅为 0.04 g，通过填充氟树脂、MoS_2和炭纤维等润滑剂，可大幅度提高其耐磨性，摩擦系数在 0.01 ~0.02，可制作性能极其优异的无油润滑部件。

耐辐射：耐辐射达到 Gy 1×10^8，是其他工程塑料无法比拟的新材料，受大剂量辐射后，其性能基本不变。

共混改性和加工性能：PPS 树脂的熔体黏度低，流动性好，PPS 树脂与纤维和无机填料等的良好亲和性，可制成各种 PPS 合金，提高 PPS 的物理机械性能和耐热等级。用其制备的玻纤或无机填料增强注塑级粒料，具有极高抗伸缩性、抗冲击性、抗弯曲性及延展性。PPS 可进行涂层加工，可以做塑料、纤维、薄膜，可以用注射挤出模压、烧结压制等方法加工。

与金属和非金属粘接性能好：PPS 特别对玻璃、铝、钛、不锈钢等具有非常高的黏结强度，附着力达到1级。对玻璃的黏结性能好，极宜做化工设备的衬里。

(2)PPS的应用领域

PPS在电子电气、汽车、机械制品、精密仪器、石油化工和航天航空、宇航军工等许多部门都成为重要材料。

有将近40%~50%的PPS用于电子电气行业，包括汽车电气和家用电器的各种结构部件、线架、接插件、支持件、转筒、护罩和各种各样家用电器的零件、部件、封装件等，PPS薄膜用于绝缘、电容、磁性记录材料、柔性印刷电路基板等。

有20%左右的PPS用于机械的精密零件制造，有20%左右的PPS用于汽车制造业，特别运用于在高湿、强腐蚀的环境下的部件。如汽车的引擎盖、排气处理部件、点火零件、汽化泵、汽化器、配油器零件、散热器零件、座阀、连接器转动零件、车身外板等。

以PPS制成的涂料、纤维用于化工、制药、石油工业的防腐、涂层和部件，PPS可作防腐蚀内衬或作容器、管道、阀门、耐腐蚀泵体、搅拌器等。

PPS在航天、宇航、军工和核设施中作飞行器内装修和各种零部件，常规武器的零部件和核设施中各种结构、仪表等需要承受高能辐射线的220 ℃以下使用的各种部件。

PPS还用于纺织、印染、造纸、制革、医疗食品，作各种转动、耐腐蚀、耐磨、耐高温、润滑的零部件，在体育运动器材中，可作重要的结构材料，如球拍球杆等。

2. 聚酰亚胺 ployimide(PI)

PI是一类在大分子主链上具有酰亚胺环的芳杂环聚合物，大分子链中含有

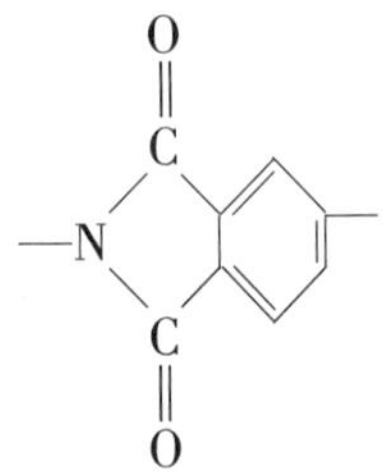

结构形式，分为热固性PI和热塑性PI两种。

(1)主要品种

聚酰亚胺品种较多，结构单元和合成方法不尽相同，有些合成方法尚未公布。

热固性聚酰亚胺的主要品种是聚均苯甲酰二苯醚酰亚胺(杜邦公司Vespel)，结构简式为：

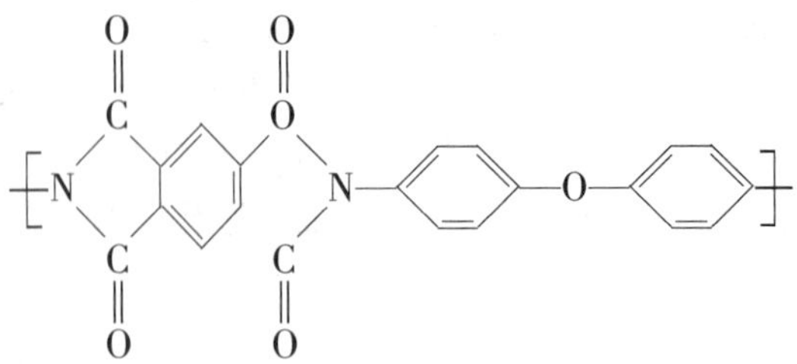

这种聚酰亚胺的大分子主链上不仅含有由氮原子组成的五元杂环，而且含有刚性很大的苯环，因而使它具有许多特殊的性能，如刚性大、机械强度高以及极为优异的耐热性。它的玻璃化温度为385 ℃。理论计算熔点为592 ℃。因它在熔融之初会发生分解，所以不能用熔融加工方法，而用接近于粉末冶金的方法加工。大致是将聚酰亚胺粉末加入模具中，在300 ℃ 常压烧结10 min，再加压维持数分钟，最后到真空炉中加热450 ℃处理5 min，获得的制品可用机械加工方法钻磨车切，制品连续使用温度可达315 ℃。

热塑性聚酰亚胺（日本三井 Aurum）的结构简式为：

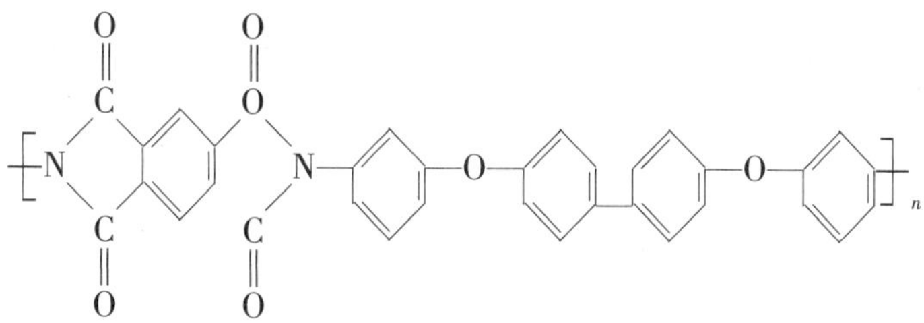

从分子结构看它与热固性聚酰亚胺有相似之处，都是环链聚合物，但热塑性聚酰亚胺主链上所含醚键的比例大大增加，这是目前可用注射成型的热塑性聚酰亚胺中玻璃化温度最高的一种，T_g 高达250 ℃，加工性能优良。

（2）PI的性能

热性能：聚酰亚胺是一种综合性能优异的特种工程塑料，由于分子中具有十分稳定的芳杂环结构，使其具有良好的耐热性，有的品种可长期承受290 ℃高温，短时间承受490 ℃高温，全芳香聚酰亚胺的热分解温度一般超过500 ℃。另外，PI可耐极低温，在 −269 ℃的液氮中不脆裂。

阻燃性：PI是自熄性聚合物，发烟率低。

机械性能：未增强的基体材料抗拉强度都在100 MPa左右，弹性模量通常为3～4 GPa，机械性能随温度升高变化很小，尺寸稳定性好，并具有良好的韧性和柔软性。

化学稳定性：一些PI品种不溶于有机溶剂，对稀酸稳定，一般的品种不大耐水解，但可以利用碱性水解回收二酐和二酸。

耐辐射性能：聚酰亚胺具有很高的耐辐照性能，其薄膜在 5×10^9 rad 快电子辐照后强度保持率为90%。

电性能：具有良好的介电性能，介电常数为3.4左右，引入氟，或将纳米粒子分散在PI中，介电常数可以降到2.5左右。介电损耗为 10^{-3}，介电强度可达30 kV/mm，体积电阻为 $10^{16}\ \Omega\cdot cm$ 以上，这些性能在宽广的温度范围和频率范围内仍能保持在较高的水平。

此外，聚酰亚胺无毒，可用来制造餐具和医用器具，并经得起数千次消毒。有一些聚酰亚胺还具有很好的生物相容性，例如，在血液相容性实验为非溶血性，体外细胞毒性实验为无毒。

(3) PI 的应用

聚酰亚胺是耐热性最好的聚合物之一，又具有很高的机械性能和优异的电性能、耐辐射耐磨性等性能，自问世以来获得迅速发展，广泛用于航空航天、电气电子、机车、汽车、精密机械和自动办公机械等领域。典型的应用范围如：①矿山、医药和纺织工业中要求无油润滑的轴辊、轴套、衬套等；②汽车工业中，靠近发动机的环管、尾气管、刹车片、轴承、活塞环、定时齿轮，压缩机、真空泵和发电机零件、扣件、花键接头和电子联络器等；③发电工业、核工业要求耐辐射的结构零件；④电子工业上做印刷线路板、绝缘材料、耐热性电缆、接线柱、插座；⑤机械工业上做耐高温自润滑轴承、压缩机叶片和活塞环、密封圈、设备隔热罩、止推垫圈、轴衬等；⑥轻工电器行业、精密机械行业，如复印机、打印机等；⑦在航空领域可做发动机供燃系统零件、喷气发动机元件，还可做汽车发动机部件、飞机泡沫保温材料（与聚氨酯 PU 相比具有阻燃、无毒的优点）。总之，凡是要求材料具有耐高温、耐热氧化、耐辐射、耐腐蚀、自润滑或绝缘（介电）性能，在苛刻环境中工作的零部件，都可以考虑使用这种材料。

3. 聚醚醚酮 polyetherether ketone (PEEK)

(1) 聚醚醚酮的分类

大分子主链的重复单元中，有醚键又有酮基的聚合物统称聚醚酮类高分子，其中主要是聚醚醚酮，这种高分子的重复单元，有两个醚键一个酮基，简写成 PEEK。依此类推，有两个酮基一个醚键的则叫聚醚醚酮，简写 PEKK；含有一个醚键和酮基的则叫聚醚酮，简写 PEK。

重复单元

PEEK

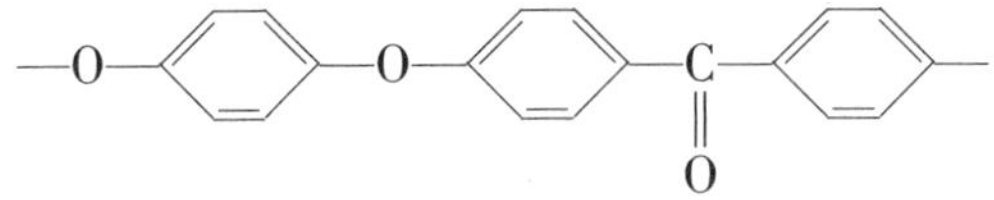

T_g: 143 ℃ ~145 ℃　　T_m: 334 ℃ ~335 ℃

PEK

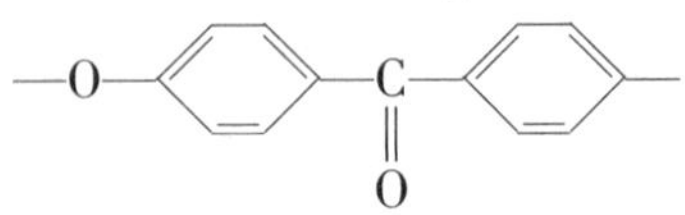

T_g: 162 ℃ ~167 ℃　　T_m: 360 ℃ ~373 ℃

PEKK

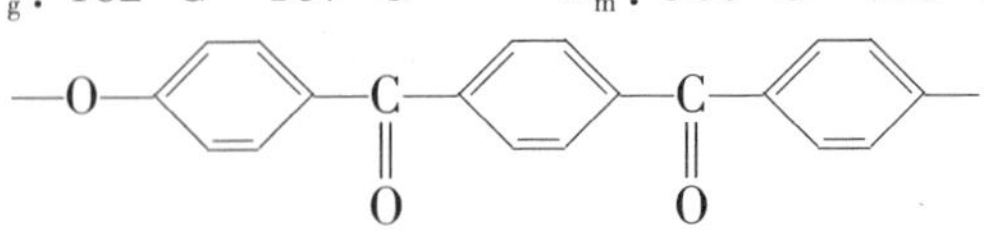

T_g: 156 ℃　　T_m: 343 ℃

PEKEKK 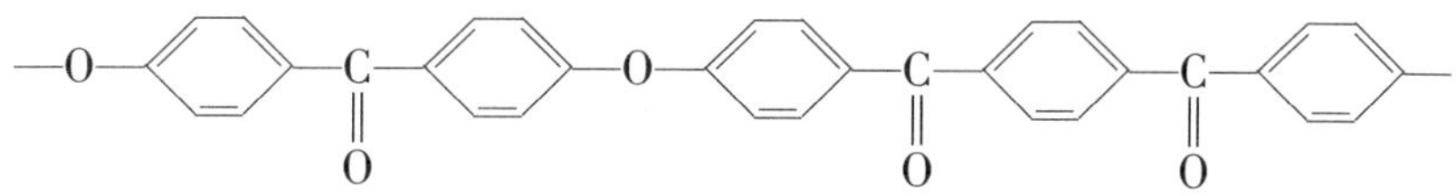

T_g: 173 ℃　　T_m: 371 ℃

(2)PEEK 的性能

耐高温性能：PEEK 是一种线型芳香族结晶型热塑性塑料，具有较高的玻璃化转变温度(T_g = 143 ℃)和熔点(T_m = 334 ℃)，其负载热变形温度高达 316 ℃，长期使用温度为 260 ℃，瞬时使用温度可达 300 ℃。

力学性能：PEEK 具有高强度、高模量、高断裂韧性以及优良的尺寸稳定性；PEEK 树脂在高温下能保持较高的强度，它在 200 ℃时的弯曲强度达 24 MPa 左右，在 250 ℃下弯曲强度和压缩强度仍有 12 ~ 13 MPa；PEEK 树脂的刚性较大，尺寸稳定性较好，线膨胀系数较小，对交变应力的优良耐疲劳性是所有塑料中最出众的，非常接近于金属铝材料。

自润滑性和耐磨性：PEEK 树脂具有突出的摩擦学特性，耐滑动磨损和微动磨损性能优异，尤其是能在 250 ℃下保持高的耐磨性和低的摩擦系数，特别是用炭纤维、石墨、PTFE 改性的滑动牌号的 PEEK 耐磨性非常优越。

耐化学药品性：PEEK 具有优异的耐化学药品性和耐热水性(200 ℃的蒸汽中可连续使用)，在通常的化学药品中，只有浓硫酸能溶解或者破坏它，它的耐腐蚀性与镍钢相近。

阻燃性：PEEK 具有自熄性，即使不加任何阻燃剂，可达到 UL 标准的 94V－0 级。

加工性：由于 PEEK 具有高温流动性好、而热分解温度又很高的特点，可采用多种加工方式，如注射成型、挤出成型、模压成型及熔融纺丝等。

耐辐射性：PEEK 抗辐射能力强，经得起 10^9 Rad 剂量的 β 和 γ 射线辐射。

电性能和绝缘性能：在高温、高压、高速、高湿等环境下仍然具有优异的绝缘性和稳定的电性能。

(3)PEEK 的应用

由于 PEEK 具有优良的综合性能，在许多特殊领域可以替代金属、陶瓷等传统材料。该塑料的耐高温、自润滑、耐磨损和抗疲劳等特性，使之成为当今最热门的高性能工程塑料之一，它主要应用于航空航天、汽车工业、电子电气和医疗器械等领域。

航空航天领域：PEEK 可加工成各种高精度的飞机零部件，由于其耐水解、耐腐蚀和阻燃性能好，可加工成飞机的内、外部件及火箭发动机的许多零部件。

汽车制造：利用其良好的耐摩擦性能和机械性能，可以替代金属作为制造发动机内罩的材料，用其制造的汽车轴承、垫片、密封件、离合器齿环等各种零部件，在汽车的传动、刹车和空调系统中也被广泛应用。

原子能领域：由于 PEEK 树脂具有耐高温性、耐辐射、且不容易水解，所以用其制作的电线电缆、线圈骨架等已成功应用于核电站。

工业领域：PEEK 由于具有良好机械性能、耐高温、耐磨耗，并能耐高压，常用来制造压缩机阀片、活塞环、密封件等。

医疗器械：PEEK 可在 134 ℃下经受 3000 次循环高压灭菌，这一特性能满足灭菌要求高、需反复使用的手术和牙科设备的制造，加上它的抗蠕变和耐水解性，用它可制造需高温蒸汽消毒的各种医疗器械。尤为重要的是 PEEK 无毒、质轻、耐腐蚀，是与人体骨骼最接近的材料，因此可采用 PEEK 代替金属制造人体骨骼。

绝缘材料；PEEK 因具有优良的电气性能，在高温、高湿等恶劣条件下，聚醚醚酮的绝缘性能仍能保持，是理想的电绝缘材料，特别是在半导体工业中得到广泛应用。

此外，对 PEEK 进行共混、填充、纤维复合等增强改性处理，可以得到性能更加优异的 PEEK 合金或 PEEK 复合材料。

4. 聚砜 polysulfone(PSU/PSF)

主链结构中含有二苯砜单元 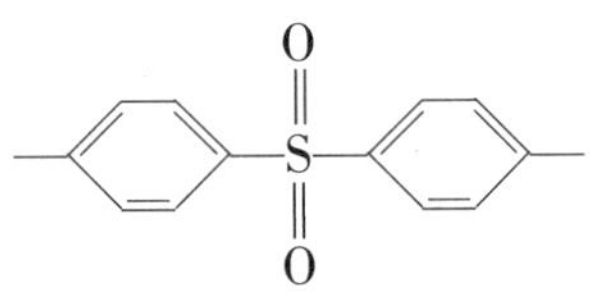 的这一类高分子统称为聚砜，按其结构分为三类：聚砜、聚醚砜、聚芳砜。

(1)聚砜分类

聚砜 普通双酚 A 型聚砜又叫老聚砜，简称 PSF 或 PSU，结构简式如下：

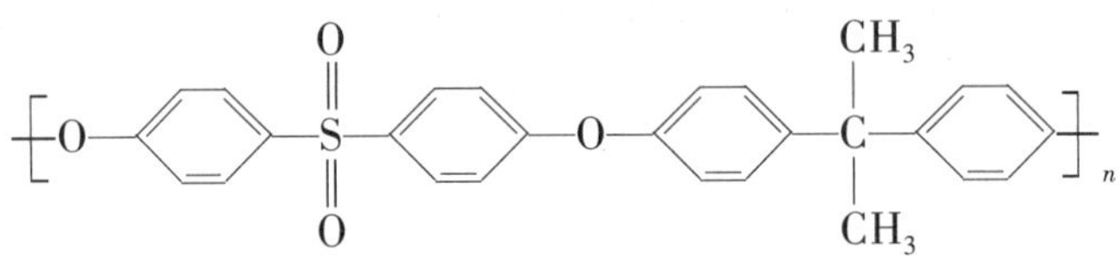

聚醚砜 亦称聚芳醚砜，简称 PES(Polyether sulfone)，结构简式如下：

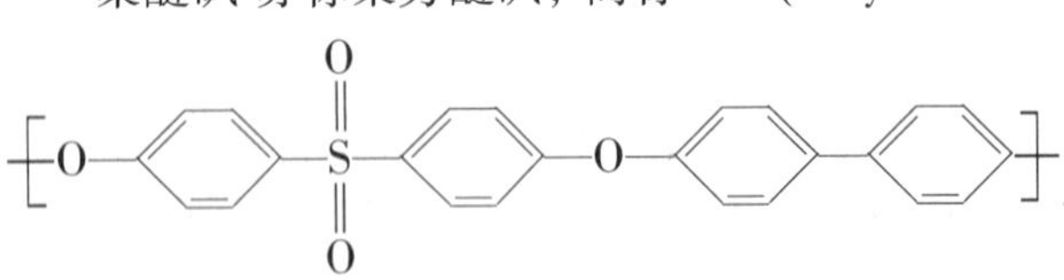 或 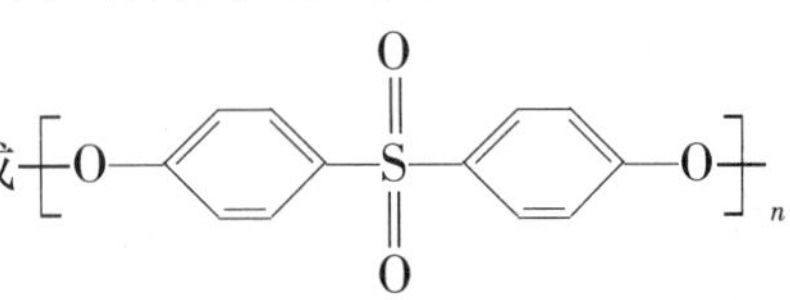

聚芳砜 非双酚 A 型聚芳砜 简称聚芳砜 PAS(Polyaryl sulfone)主链上不带醚键，结构简式为：

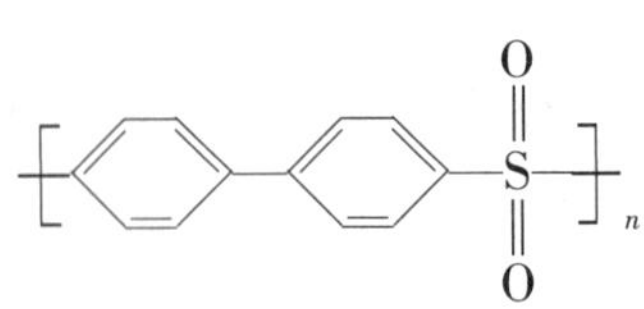

(2)聚砜性能

聚砜大分子主链上存在着大量高度共轭状态的芳香族苯环以及异丙撑基($\begin{array}{c}CH_3\\ |\\ -C-\\ |\\ CH_3\end{array}$)、醚基(—O—)和砜基($\begin{array}{c}O\\ \|\\ -S-\\ \|\\ O\end{array}$),其中醚基和异丙撑基使高聚物具有一定的柔性和熔融加工性,砜基使高聚物具有耐热性和耐氧化性,难以活动的苯环和砜基又使高聚物具有一定的刚性。PSF是略带琥珀色非晶型透明或半透明聚合物,力学性能优异,刚性大,耐磨、高强度,即使在高温下也保持优良的力学性能是其突出的优点,其使用范围为 -100 ℃ ~150 ℃,长期使用温度为160 ℃,短期使用温度为190 ℃,热稳定性高,耐水解,尺寸稳定性好,成型收缩率小,无毒,耐辐射,耐燃,有熄性。在宽广的温度和频率范围内有优良的电性能。化学稳定性好,除浓硝酸、浓硫酸、卤代烃外,能耐一般酸、碱、盐、在酮、酯中溶胀。耐紫外线和耐气候性较差,耐疲劳强度差是主要缺点。

聚醚砜(PES)的分子结构是由醚基、砜基和次苯基组成。醚基使之熔融体流动性能好,而砜基赋予其耐热性,其综合性能非常优异。PES为非结晶热塑性塑料,玻璃化转变温度高达230 ℃,是目前所有非结晶热塑性树脂中的最高者。其长期使用温度可达180 ℃,短期可达200 ~210 ℃,在温度急剧变化的环境中仍能保持性能稳定,PES的综合性能极佳,具有优良的尺寸稳定性、耐热水和蒸汽性、难燃、耐辐射等性能,且以高温刚性著称,在高温下的弹性模量几乎不变,PES与玻璃纤维、炭纤维的复合材料,具有密度小、强度高、难燃、发烟量小等特点。

室温下PAS呈琥珀色透明体,由于大分子链不含双酚A聚砜中的C—C键,其最大特点是耐热性、高温绝缘性、抗化学介质腐蚀性优异。

(3)聚砜的应用

PSF在电子电气工业上制作集成线路板、印刷线路板、线圈管架、接触器,在家用电器方面,用作各类设备的外壳、部件。还可以制造钟表外壳,内装饰材料,复印机、照相机、精密零部件。PSF在医学、医疗工业、食品工业中应用于特别的场合,如外科手术盘、医疗器械、心脏阀、起搏器、防毒面具、牙科材料、食品盛载容器、包装容器等。宇航员的面罩、宇航服等均由聚砜制造,因为它们抗辐射、耐离子辐射。

PES广泛用于飞机、宇航等领域。利用其耐锡焊性、尺寸稳定性、耐清洗剂等特点,作为绝缘材料用于电气电子工业。利用其抗蠕变性、尺寸稳定性、耐油性、耐热水和蒸汽性、韧性好的特点制作各种零部件应用于机械工业。

在电气电子工业领域,利用PAS优异的性能,制备符合军事规格的多线电路接头、集成电路载波体和集成电路插座。由于聚芳砜在 -240 ~260 ℃范围内,能保持良好的结构强度和电气性能，所以聚芳砜常用作高速喷气飞机中的耐高温、耐燃料油和润滑油的结构材料和耐高、低温电气绝缘体。由于其抗压模数在高温范围内变化很小，加入聚四氟乙烯和石墨等耐磨和减磨填料后，可用作耐高温、高负荷的轴承材料和耐磨、减磨结构件。此外还可用作耐高温薄膜电容器，与云母复合作高级绝缘体，也可用作涂料、黏合剂和耐高温织物。

2.4.2　高性能合成橡胶

高性能合成橡胶指具有特殊性能，可满足耐热、耐寒、耐油、耐溶剂、耐化学腐蚀、耐辐射等特殊使用要求的合成橡胶。它的含义是相对于通用合成橡胶的，但是随着合成橡胶的加工工业的发展，两者也没有明显的界限。例如氯丁橡胶、丁腈橡胶、丁基橡胶在最初被公认为高性能橡胶，而聚胺酯橡胶、醇烯橡胶性能和用途属于通用橡胶的范畴，但因为生产工艺和所用催化剂的特性，又被列入高性能橡胶的范畴。总之高性能橡胶和通用橡胶相比，除满足上述性能外还具有以下特征：产品种类与牌号多；生产厂家多而规模偏小；所用原料多样；生产过程复杂。

1．硅橡胶 silicone rubber(SIR)

硅橡胶是由环状的有机硅氧烷开环聚合或以不同的硅氧烷进行共聚制得的弹性共聚物。它与硅油、硅树脂、有机硅烷都属于有机硅产品。最通用的硅橡胶主要是由二甲基硅氧链节$\left[\begin{array}{c} CH_3 \\ | \\ -Si-O- \\ | \\ CH_3 \end{array}\right]$组成。

硅橡胶的基本结构单元(即主链)是由 Si—O 链节构成的，侧链则通过硅原子与其他各种有机基团相连。因此，在有机硅产品的结构中既含有“有机基团”，又含有“无机结构”，这种特殊的组成和分子结构使它集有机物的特性与无机物的功能于一身，具有耐高温又能耐低温，可在 $-100 \sim 300$ ℃范围使用；硅橡胶属于饱和型橡胶，无双键存在，不易被紫外光和臭氧所分解，所以具有优异的耐候性、耐臭氧性，自然环境下的使用寿命可达几十年；硅橡胶具有良好的电绝缘性能，其介电损耗、耐电压、耐电弧、耐电晕、体积电阻系数和表面电阻系数等均在绝缘材料中名列前茅，而且它们的电气性能受温度和频率的影响很小。因此，它们是一种稳定的电绝缘材料；硅橡胶是已知的最无活性的化合物中的一种，十分耐生物老化，与动物机体无排异反应，具有较好的抗凝血性能，无味无毒。硅橡胶的缺点是物理机械性能、耐磨性能和耐化学腐蚀性能差，而且生胶硫化特殊，因而加工比较难。

硅橡胶的主要用途：可以制造耐高温耐低温的密封件、薄膜、胶管、缓冲防震层等宇航工业中的部件；在电气工业上制作高绝缘性、耐高温的电线电缆的外层绝缘材料；

也可用于食品工业和医疗卫生方面的某些橡胶部件，如人造器官等。

2. 氟橡胶 fluororubber(FPM)

氟橡胶是由含氟烯烃类(如氟乙烯、氟氯乙烯)聚合或与其他单体聚合而成的弹性体共聚物。氟橡胶的品种很多，主要分为4大类：含氟烯烃类、亚硝基类、全氟醚类、氧化磷腈类。

氟橡胶分子中由于氟原子的存在赋予它优异的耐化学品特性及其热稳定性，最突出的特点是耐热、耐油、耐腐蚀。它的耐热性可与硅橡胶媲美，如氟橡胶可在石油或润滑油中于200 ℃ 下长期使用，在含芳烃15%的汽油中于205 ℃浸泡500 h，仍然具有良好的机械性能。此外氟橡胶对日光、臭氧及气候的作用也十分稳定，对各种有机溶剂及腐蚀性介质的抗耐性均优于其他橡胶。

长期以来氟橡胶一直是现代航空、导弹、火箭、宇宙航行等尖端科学技术部门不可缺少的材料。在民用领域主要用来制作特种胶管、垫片、密封圈、耐腐蚀服装等。氟橡胶的缺点是弹性差、加工性能差。

3. 聚丙烯酸酯橡胶 polyacrylate rubber

聚丙烯酸酯橡胶是丙烯酸酯的均聚物或由丙烯酸烷基酯单体与其他不饱和单体共聚而得的一种弹性体。最主要的品种是丙烯酸酯-2-氯乙烯醚橡胶(ACM)。

聚丙烯酸酯橡胶结构的饱和性以及带有极性酯基侧链决定了它的主要性能，ACM具有优异的耐热和耐油性，可以在200 ℃下的矿物油中浸泡10昼夜而性能基本不变；耐油性优于丁腈橡胶，略低于氟橡胶，但价格远远低于氟橡胶。耐老化、耐臭氧、耐紫外光、气密性较好。聚丙烯酸酯橡胶的缺点：耐寒性、加工性、耐水性差。

聚丙烯酸酯橡胶的用途：比较适合于制作耐热、耐油的橡胶部件，主要用于汽车的各种密封件，如变速箱密封、活塞杆密封，电绝缘部件，常被人们用为车用橡胶；含氟的聚丙烯酸酯橡胶可用于航空军工及火箭上的部件；聚丙烯酸酯橡胶与硅橡胶、氟橡胶、氯醚橡胶等共混使用，产品的性能更佳。

4. 聚硫橡胶 polysulfide rubber

聚硫橡胶是指分子主链中含有硫原子的一种橡胶。它是由脂肪烃或醚类的二卤衍生物(如二氯乙烷、二氯丙烷、二氯乙醚等)与多硫化物(如多硫化钠、多硫化铵等)，经过缩聚反应而制得的。聚硫橡胶分为固体胶、液体胶、胶乳三种，其中液体胶的产量最大。

聚硫橡胶的主链是饱和的，硫原子以—S—C—或—S—S—键的形式存在，它最突出的性能是耐油、耐烃类溶剂，如丙酮、四氯化碳、芳烃类化合物都不能溶解它(仅在二硫化碳中略有溶胀)。另外具有良好的耐大气老化、耐水和低温屈挠性以及对各种材质的良好粘接性。它的缺点是物理机械性能差、耐寒和耐热性差，故温度适应性差。

聚硫橡胶的用途：固体聚硫橡胶主要用于耐油、耐芳烃的胶管、印刷胶辊、垫圈、油罐衬里、船舶工业上用的零部件覆盖层、耐臭氧制品等；聚硫胶乳用于制成涂料用做溶剂罐、高辛烷值航空汽油箱与混凝土贮罐的内表面涂层；相对分子质量约4000的液体聚硫橡胶可作为火箭固体燃料黏合剂。

5. 聚氨酯橡胶 polyurethane rubber (UR)

聚氨酯橡胶是聚氨基甲酸酯橡胶的简称，是由聚酯或聚醚与异氰酸酯反应而得。它的化学结构比较复杂，在聚合物的主链上含有较多的氨基甲酸酯基团。聚氨基甲酸酯橡胶按照传统的加工方法可分为浇注型、热塑型、混炼型，也可以分为反应注塑型、溶液分散型。

聚氨酯橡胶有许多的优异的综合性能。它的最大优点是耐磨性、弹性好。不同的类型橡胶性能稍有不同，如浇注型具有较高的机械强度、耐热、耐溶剂性，但弹性较小；而热塑型具有较高的机械强度、较好的低温性、耐臭氧性，但耐热、耐溶剂性差；混炼型具有较高的弹性、较低的压缩永久变形，但机械强度较低。聚氨酯橡胶的最大缺点是容易水解，因此制品不宜在潮湿环境下使用；另外生热大、散热慢。

聚氨酯橡胶广泛应用于机械、采矿、石油、开采、电器仪表、皮革制鞋、建筑、医疗、体育用品、汽车工业。它的耐磨性比较突出，比天然橡胶高9倍，比丁苯橡胶高1~3倍，可以制作实芯轮胎，可做机械行业的模垫、缓冲垫，建筑行业的绝热、隔音、防震材料。

2.4.3 高性能纤维

高性能纤维是具有高的拉伸强度和压缩强度、高模量、耐磨擦、高的耐破坏力、低密度等优良物性，或者耐高温、耐气候、耐化学试剂纤维的统称。它是近年来纤维高分子材料领域中发展迅速的一类高性能纤维，其品种很多，如芳香族聚酰胺纤维、芳香族聚酯纤维、芳杂环类聚合物纤维、高强高模聚烯烃纤维、炭纤维等。

1. 聚对苯二甲酸丁二酯纤维 polybutylece terephthalate(PBT) fiber

聚对苯二甲酸丁二酯纤维是由对苯二甲酸二甲酯或经对苯二甲酸与丁二醇酯化及缩聚而生成的另一种聚酯纤维。这是一种新开发的弹性纤维。

聚对苯二甲酸丁二酯纤维主要品种有短纤维及长丝中的弹力丝和牵伸丝两大类。

聚对苯二甲酸丁二酯纤维具有良好的尺寸稳定性和较高的弹性，不受温度的影响。它的初丝低于涤纶、近似于锦纶，因此产品手感好，容易卷曲，具有极好的拉伸弹性和压缩弹性，并且受热时，弹性不发生变化。它的最大特点是弹性可与氨纶相比，但是制造成本低于氨纶，因此在弹性纤维中具有一定的竞争力。聚对苯二甲酸丁二酯纤维染色性优于涤纶，色泽鲜艳，染色牢度好；具有良好的耐热性、耐光性、耐腐蚀，在较高的温度和日光照晒下纤维强度变化很小。

聚对苯二甲酸丁二酯纤维弹性织物可制作游泳衣、体操服、网球服、弹力牛仔服等；短纤维可与其他纤维混纺做衣料；制作多孔保暖絮片，簇绒地毯；在工业上用于增强制品。

2. 芳纶 aromatic polyamide fiber

如果聚酰胺的原料改用对苯二甲酸和己二胺，生产的纤维叫尼龙6T或锦纶6T。而全部改为芳香族酸(酰)和芳胺合成的原料生产的纤维则统称芳香族聚酰胺纤维(即芳芳纶)。国内著名的芳纶产品有芳纶14，杜邦的产品叫凯芙娜49(Kevlar49)，由对苯二胺与对苯甲酰氯缩聚而成，其结构式为：

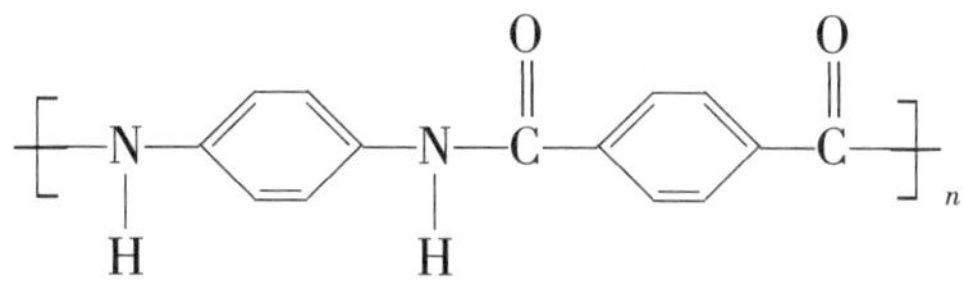

还有间苯二甲酰和间苯二胺缩聚纺丝得到的芳纶1313；对苯二甲酯和对苯二胺缩聚纺丝得到的芳纶1414；对苯二甲酰、间氨基苯甲酰、间苯二胺缩聚(三元)纺丝得到的纤维；对苯二甲酰、间氨基苯甲酰、对苯二胺缩聚(三元)纺丝得到的纤维等。

芳环结构赋予了它的热稳定性，棒状结构使分子链能够平行排列，达到高取向。芳纶熔点高，都在400 ℃以上，耐高温、耐射线辐射、阻燃，分解温度500 ℃左右，在β射线照射下，剂量5.6×10^{10}单位时，尼龙66的剩余强度已为0，而芳纶1313还有80%左右，芳纶14更好。在γ射线下9×10^{10}单位，或在X射线下，尼龙66已经分解，而芳纶的剩余强度还有60%~85%。

芳纶纤维强度高，拉伸强度为3.4 GPa，模量可达100 GPa以上，在长期高温下，其强度并不降低，而且尺寸稳定性好，因热处理甚至可以完全消除其收缩性。其耐酸、碱，而且耐氟化物、苯酚、甲醇、甲酸等烈溶剂。芳纶纤维作为一种高强度、高模量、耐高温、耐腐蚀的高分子材料，广泛应用于航空、航天、国防、造船业等领域，如用作飞机、高速汽车轮胎的帘子线、航空航天减速器，用作宇航服和航空航天军工用品，工业上用于高压防腐蚀容器、船体，是许多材料无法替代的。

3. 特种耐高温纤维

聚四氟乙烯纤维(polytetrafluoroethylene fiber，PTFE fiber)称氟纶，国外叫特氟隆。其耐热性虽高(200 ℃)，还有许多耐热性比它高的纤维，但由于它耐酸、碱性能特别优越，在许多工业部门仍有不可取代的作用。用作高温过滤材料，可经受不同物料的腐蚀。

聚酰亚胺纤维(polyimide fiber，PI fiber)有优良的耐热性和电绝缘性，抗蠕变，耐酸碱(浓硫酸和发烟硝酸除外)和蒸汽，耐磨，而且尺寸稳定，在300 ℃时不收缩，400 ℃时收缩2%，可长期在-150~340 ℃使用，在火中不燃，软化点在700 ℃以上。而且耐辐射，在γ射线10^{12}单位剂量，照射8000次仍保持机械性能和电性能。聚酰亚胺纤维用于航空航天、电气绝缘和核工业，如用作宇航和核动力站所需的各种织物、层压制品、涂层织物和辐射降落伞等。

聚苯并咪唑纤维(polybenzoimidazole fibre，PBI fibre)具有优异的力学性能，加之这类材料固有的耐高温性和耐化学腐蚀性，使其成为一类新型高性能纤维材料。其中最具代表性的为聚对亚苯基并双噁唑(PBO)纤维，结构简式为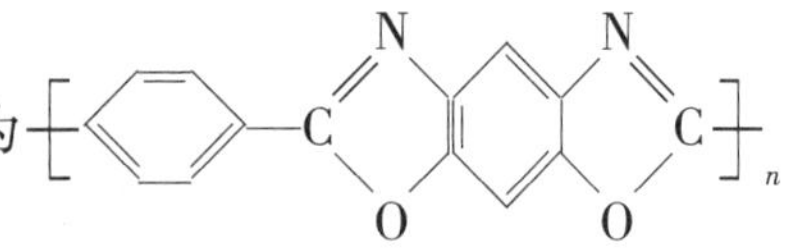。PBO 纤维拉伸强度高达 5.8 GPa，模量为 250 GPa，热分解温度达 660 ℃，耐热工作温度为 300～350 ℃，是目前具有最高耐热性能的有机纤维材料，在空气中不燃，在几乎所有的有机溶剂和碱中都是稳定的。PBO 在耐热的产业用纺织品和纤维增强材料两个领域有着重要的应用，尤其是高温、阻燃方向有着不可替代的优异性，可用于航天航空和宇宙飞船返还舱等方面，作宇航服和有关装置和装备。

4. 炭纤维 carbon fiber

炭纤维是主要的耐高温纤维。炭纤维可分别用聚丙烯腈(PAN)纤维、沥青纤维、粘胶丝或酚醛纤维经碳化制得。含碳量为 80%～95%，模量在 344 GPa 以下的称为碳素纤维，含碳量高于 98%，模量在 344 GPa 以上的称石墨纤维。炭纤维可耐 1000 ℃高温，石墨纤维可耐 3000 ℃，并具有高强度、高模量、高温下不变形，高的化学稳定性，良好的导电性、导热性。炭纤维的缺点是抗氧化性较差，在 700 K 下就开始在空气中氧化；另外，脆性大，对应变敏感，耐冲击性差。

炭纤维按状态分为长丝、短纤维和短切纤维；按力学性能分为通用型和高性能型。通用型炭纤维强度为 1000 MPa、模量为 100 GPa 左右。高性能型炭纤维又分为高强型(强度 2000 MPa、模量 250 GPa)和高模型(模量 300 GPa 以上)。强度大于 4000 MPa 的又称为超高强型；模量大于 450 GPa 的称为超高模型。随着航天和航空工业的发展，还出现了高强高伸型炭纤维，其延伸率大于 2%。用量最大的是聚丙烯腈基炭纤维。炭纤维可加工成织物、毡、席、带、纸及其他材料。炭纤维除用作绝热保温材料外，一般不单独使用，多作为增强材料加入到树脂、金属、陶瓷、混凝土等材料中，构成复合材料。炭纤维增强的复合材料可用作飞机结构材料、电磁屏蔽除电材料、人工韧带等身体代用材料，用于制造火箭外壳、机动船、工业机器人、汽车板簧和驱动轴等。

参考文献

[1] 翁宇庆等. 超细晶钢——钢的组织细化理论与控制技术. 北京：冶金工业出版社，2003

[2] 赵洪运，王国栋等. 新一代钢铁材料——超级钢. 汽车工艺与材料，2003，(10)：4－6

[3] 张学锋，张方，郭芳芳. 超级钢的开发应用现状及未来展望. 冶金丛刊，2007(1)：42－44

[4] 胡胜亮，李运刚，田薇. 新一代超级钢铁材料的研发. 河北理工学院学报，2005，27(1)：18－22

[5] [日]福泽单. 超级钢材料研究的现状. 孙德生译. 上海钢研，1999(3)：23－37

[6] 张立红，创造“新一代钢铁”的神话，中国科技奖励，2006(1)：34－37

[7] 郑子樵主编．有色金属进展：第七卷第五册，先进结构材料．长沙：中南大学出版社，2007

[8] 钱九江．航空航天用新型钛合金的研究发展及应用．稀有金属，2000，24(3)：218－223

[9] 曲恒磊，周义刚等．近几年新型钛合金的研究进展．材料导报，2005，19(2)：94－97

[10] 赵永庆，奚正平，曲恒磊．我国航空用钛合金材料研究进展．航空材料学报，2003(增刊)：215－219

[11] 宁聪琴，周玉．医用钛合金的发展及研究现状．材料科学与工艺，2002，10(1)：100－106

[12] 中国工程院、中国科学院《中国材料发展现状及迈入新世纪对策》咨询项目研究组．航空航天材料咨询报告．北京：国防工业出版社，1999

[13] 杨宋杰，戴圣龙．航空铝合金的发展回顾与展望．材料导报，2005，19(2)：76－80

[14] 徐崇义，李念奎．2×××系铝合金强韧化的研究与发展．轻合金加工技术，2005，33(8)：13－17

[15] 骞西昌，杨宋杰．铝合金在运输机上的应用与发展．轻合金加工技术，2005，33(10)：1－7

[16] 田福泉，李念奎，崔建忠．超高强铝合金强韧化的发展过程及方向，轻合金加工技术，2005，33(12)：1－9

[17] 尹登峰，郑子樵．铝锂合金的研究开发历史与现状．材料导报，2003，17(2)：18－20

[18] 王芝秀，郑子樵，李海．铝锂合金的微合金化及其作用机理．材料导报，2003，17(10)：11－15

[19] 胡壮麒，刘丽荣等．镍基单晶高温合金的发展．航空发动机，2005，31(3)：1－7

[20] 周永军，王瑞丹．镍基超合金的发展和研究现状．沈阳航空工业学院学报，2006，23(1)：35－37

[21] 中国工程院、中国科学院《中国材料发展现状及迈入新世纪对策》咨询项目研究组．材料科学与工程国际前沿．济南：山东科学技术出版社，2002

[22] 李俊寿主编．新材料概论．北京：国防工业出版社，2004

[23] 谭毅，李敬锋主编．新材料概论．北京：冶金工业出版社，2004

[24] 吴建鹏，朱振峰，曹玉泉．金属间化合物的研究现状与发展．热加工工艺，2004(5)：41－43

[25] 范润华，边秀房，尹衍升．Fe_3Al 金属间化合物研究．山东科学，1997，10(1)：6－11

[26] 冯乃谦主编．实用混凝土大全．北京：科学出版社，2001

[27] D. M. Roy and M. R. Silsbee. Novel cement products for applications in the 21st century. In: Proceedings of V. Mohan Malhotra Symposium Concrete Technology Past, Present and Future, American Concrete Institute, SP－144, Detroit, 1994.

[28] Peter C. Hewlett. Lea's Chemistry of Cement and Concrete (Fourth Edition), Butterworth－Heinemann, 2001

[29] 隋同波，文寨军．国内外水泥及水泥基材料研究进展．建材发展导向，2004(5)：17－19

[30] 王志宏，韩玉翠，王子民等．有机/无机复合水泥基材料研究进展．材料导报，2000，14(6)：49－51

[31] 刘维良主编．先进陶瓷工艺学．武汉：武汉理工大学出版社，2004

[32] 曾关延主编．现代新型材料．北京：中国轻工业出版社，2006

[33] 周达飞主编．材料概论．北京：化学工业出版社，2001

[34] 杨华明，宋晓岚，金胜明编著．新型无机材料．北京：化学工业出版社，2005

[35] 李建保，周益纯主编．新材料科学及其实用技术．北京：清华大学出版社，2004
[36] 王零森编著．特种陶瓷（第二版）．长沙：中南大学出版社，2005
[37] 肖汉宁，高朋召编著．高性能结构陶瓷及其应用．北京：化学工业出版社，2006
[38] 李敬锋，江莞．新型陶瓷材料在日本的应用和研究开发动向．新材料产业，2003(2)：22－28
[39] 赵彦钊，殷海荣主编．玻璃工艺学．北京：化学工业出版社，2006
[40] 卢安贤．新型功能玻璃材料．长沙：中南大学出版社，2005
[41] 程金树，李宏，汤李缨等编著．微晶玻璃．北京：化学工业出版社，2006
[42] 钱觉时主编．建筑材料学．武汉：武汉理工大学出版社，2007
[43] 韩冬冰，王慧敏编著．高分子材料概论．北京：中国石化出版社，2003
[44] 凌绳，王秀芬，吴友平编著．聚合物材料．北京：中国轻工业出版社，2000

第3章 先进复合材料

3.1 复合材料概述

国际标准化组织(International Organization for Standardization)给复合材料(composite materials)的定义是由两种或两种以上物理和化学性质不同的物质组合而成的一种多相固体材料。也可以说复合材料是由两种或两种以上异质、异型、异性的材料复合而成的新型材料。一般由基体组分与增强体组分或功能组分所组成，复合材料的结构通常是一个相为连续相，称为基体，而另一相是以独立的形态分布在整个连续相中的分散相称为增强体(也称增强相)，性能上复合材料既能保留原组成材料的主要特征，又通过各个组分的相互补充获得原组分所没有的新的性能。复合材料具有可设计性，即通过对原材料的选择、各组分的比例、分布、取向等的设计，使原组分材料优点互补，而呈现出优异的综合性能。由不同的增强体和不同的基体可以组成名目繁多的复合材料。

就世界范围而论，复合材料的大规模发展是在20世纪40年代末，从20世纪40年代到60年代是玻璃纤维增强高分子树脂复合材料的开发、利用时期，可称为复合材料发展第一代。从20世纪60年代到80年代为先进复合材料的开发时期，同时是玻璃纤维复合材料(玻璃钢)成熟和完善时期，同时在此期间硼纤维和炭纤维增强高分子基体复合材料，以及金属基、陶瓷基、炭基等先进复合材料相继出现。从1965年英国研制出炭纤维，1971年美国杜邦公司开发出芳纶纤维，1975年炭纤维及芳纶纤维增强环氧树脂复合材料用于飞机和火箭上，这一时期称为复合材料发展第二代。从20世纪80年代到21世纪初是先进复合材料得到充分发展的时期，在此期间复合材料不仅在宇航与航空业中应用，而且在几乎所有的工业领域中得到了应用，而且1990年后开发出多功能复合材料，如机敏(智能)复合材料、梯度功能材料等，这时期可称为复合材料发展的第三代。近几年随着纳米科学与纳米技术的兴起，纳米复合材料已成为新材料研究热点之一。

先进复合材料目前已在高技术领域获得应用，例如航空、航天、交用运输、信息产业等；另一方面也在民用工业中广泛应用，如交通运输、建筑工业、化工设备和日用品等。

3.1.1 复合材料的命名与分类

3.1.1.1 复合材料的命名

复合材料目前在世界各国没有统一的命名，一般地根据增强体和基体的名称来命名，有下列三种命名法：

（1）强调基体的名称，例如树脂基复合材料（PMC，polymer matrix composite）、金属基复合材料（MMC，metal matrix composite）、陶瓷基复合材料（CMC，ceramic matrix composite）等；

（2）强调增强体的名称，例如炭纤维增强复合材料、玻璃纤维增强复合材料、陶瓷颗粒增强复合材料等；

（3）基体名称与增强体名称并用，习惯上把增强体的名称放在前面，基体的名称在后面，例如玻璃纤维增强环氧树脂复合材料，简化为玻璃纤维/环氧树脂（俗称玻璃钢）；碳化硅颗粒增强铝基复合材料，简化为碳化硅/铝基（SiC_p/Al）；炭纤维增强炭基体复合材料称为炭/炭复合材料（C_f/C）。

3.1.1.2　复合材料的分类

按照用途可将复合材料分为结构复合材料和功能复合材料，目前结构复合材料占绝大多数，而功能复合材料有广阔的发展前途，本章主要介绍结构复合材料。结构复合材料可以按照基体材料类型分类，也可以按照增强体类型分类。

（1）按基体类型分类

按基体类型分类，复合材料可分为有机高分子基复合材料、无机非金属基复合材料和金属基复合材料等。具体见图 3－1。

（2）按增强体的类型分类

按增强体的类型复合材料分为连续纤维增强、不连续纤维增强、颗粒增强、叠层式复合材料。见图 3－2。

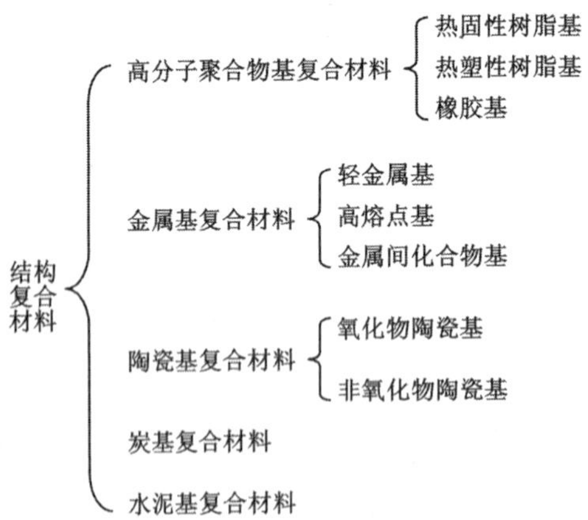

图 3－1　结构复合材料按基体的种类分类

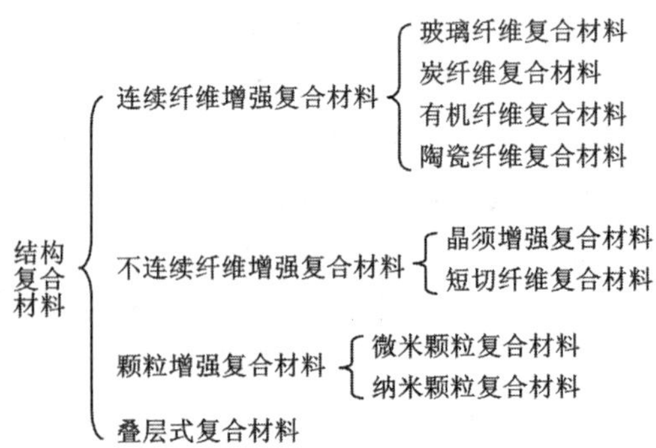

图 3－2　结构复合材料按增强体的类型分类

3.1.2 复合材料的增强体

在复合材料的发展过程中，增强体的开发非常重要。因为增强体在复合材料中起着增加强度、模量，改善性能的作用。复合材料的增强体品种很多，按几何形状划分有颗粒状(零维)、纤维状(一维)、薄片状与二维织物(二维)和由纤维编制的三维立体结构。

颗粒类的增强体主要是一些具有高强度、高模量、耐磨、耐热的陶瓷，例如，碳化硅、氧化铝、碳化钛、氮化硅、碳化硼等。另外还有一些金属和聚合物颗粒增强体。

纤维状增强体应用广泛，包括连续纤维和非连续纤维，主要品种有炭纤维(C_f)、氧化铝纤维(Al_2O_{3f})、硼纤维(B_f)、碳化硅纤维(SiC_f)、玻璃纤维(G_f)等无机纤维，还有芳纶纤维(kevlar)、超高分子量聚乙烯等有机纤维以及金属纤维(如钢纤维、不锈钢纤维)。连续长纤维沿轴向均有很高的强度和弹性模量，连续纤维使用时分单丝和束丝，炭/石墨纤维、氧化铝纤维、碳化硅纤维等以直径为5～14 μm的细纤维组成束丝作为增强体使用。连续纤维制造成本高、性能高，主要用于高性能复合材料。晶须是一种人工制造的细小单晶，一般呈棒状，直径在微米级，长度约为几十微米。晶须具有很高的强度和模量。常用的有碳化硅、氧化铝、氮化硅等陶瓷晶须。

近几年碳纳米管(CNTs)以及石墨烯研究逐渐成熟，它们也可以做为复合材料增强体，制作结构或功能复合材料。

薄片状增强体主要是陶瓷薄片，如BN、Si_3N_4、ZrO_2，将陶瓷薄片叠加起来形成的陶瓷基复合材料具有很高的韧性。

3.2 金属基复合材料

现代科学技术的发展对材料提出越来越高的要求。在结构材料方面，不仅要求强度高，还要求其重量轻，在航空航天领域尤其如此。金属基复合材料正是为了满足上述要求而开发的。与传统的金属材料相比，它具有较高的比强度和比刚度，以及高温强度，首先在航空航天和军事领域得到应用，随后在汽车、体育用品等领域也得到了应用。

3.2.1 金属基复合材料的种类和性能特点

3.2.1.1 金属基复合材料的种类

金属基复合材料(MMC)是以金属为基体，以高强度的第二相为增强体而制得的复合材料。通常金属基复合材料根据基体种类分类，也可以按照增强体来分类。按基体可分为铝基复合材料、钛基复合材料、镁基复合材料、镍基复合材料等；按增强体则可分为纤维增强复合材料、颗粒增强复合材料、层状复合材料等。

3.2.1.2 金属基复合材料的性能特点

金属基复合材料的性能取决于所选金属或合金基体和增强体的特性、含量和分布等。通过优化设计，MMC 既具有金属性，具有导热、导电性能，不吸潮，耐老化；又具有高比强度、比模量、良好的高温性能和耐磨性，金属基体中加入了适量的高强度、高模量、低密度的纤维、晶须、颗粒增强体，明显提高了金属基复合材料的比强度和比模量，以及高温性能和耐磨性。

3.2.2 铝基复合材料

铝基复合材料是综合性能比较优异的材料，它既具有很高的强度，又具有质量轻的特性。因此被广泛应用在飞机上，尤其是炭纤维增强的铝基复合材料。铝基复合材料主要有颗粒(晶须)增强和纤维增强铝基复合材料。

3.2.2.1 颗粒(晶须)增强铝基复合材料

颗粒(晶须)增强铝基复合材料的增强体主要有 SiC 颗粒(晶须)、Al_2O_3颗粒、BC_4颗粒(晶须)、TiC 颗粒等。颗粒增强铝基复合材料可以用常规的方法进行二次加工，例如轧制、挤压成型。增强体为陶瓷颗粒，其价格比较低廉，采用合适的制备方法生产铝基复合材料的成本大幅度降低。因此，这些复合材料具有广泛应用前景。

颗粒(晶须)增强铝基复合材料具有良好的力学性能和耐磨性，其屈服强度、拉伸强度和弹性模量比基体铝合金高，延伸率随着颗粒含量的增加而降低。随着增强体的含量增加，其热膨胀系数降低。表 3－1 列出部分 SiC 颗粒增强铝基复合材料的力学性能。

表 3－1 SiC 颗粒增强铝基复合材料的力学性能

铝合金及复合材料/体积分数%	弹性模量/GPa	屈服强度/MPa	拉伸强度/MPa	断裂延伸率/%
6061 铝合金				
锻压态	68.9	275.8	310.3	12
15	96.5	400	455.1	7.5
20	103.4	413.7	496.4	5.5
25	113.8	724.5	517.1	4.5
30	120.7	434.3	551.6	3
35	134.5	455.1	551.6	2.7
40	144.8	448.2	586.1	2
2124 铝合金				
锻压态	71	420.7	455.1	9
20	103.4	400	551.6	7
25	113.8	413.7	565.4	5.6
30	120.7	441.3	593	4.5
40	151.7	517.1	689.5	1.1

铝合金中加入 SiC 陶瓷颗粒后，其耐磨性增加很多，部分铝基复合材料的耐磨性甚至比铸铁还高。如表 3 -2 所示。

表 3 -2 铝基复合材料的耐磨性比较

磨痕宽度/mm \ 材料	稀土铝硅合金 66 - 12	SiC 颗粒/铝复合材料	Al_2O_3 纤维/铝复合材料	高镍奥氏体铸铁
最大	1.9475	0.9425	1.5	1.167
最小	1.8476	0.865	1.325	1.1257
平均	1.897	0.9037	1.412	1.1472

3.2.2.2 纤维增强铝基复合材料

纤维增强铝基复合材料包括长纤维增强和短纤维增强铝基复合材料，长纤维也称为连续纤维。一般情况下，短纤维增强铝基复合材料的力学性能不如长纤维增强铝基复合材料，但其价格较低。

长纤维增强铝基复合材料主要有 B_f/Al、C_f/Al、Al_2O_3/Al、SiC_f/Al 等。长纤维的增强方式可以是单向纤维、二维织物、三维织物。

1. B_f/Al 复合材料硼

纤维增强铝基复合材料是长纤维复合材料中最早研究成功和应用的金属基复合材料。硼纤维是在钨丝或炭丝上化学气相沉积而成的单丝，直径在 100 ~ 140 μm。为防止硼与铝的界面反应，在硼纤维表面涂覆 B_4C、BN 化合物涂层。B_f/Al 复合材料的制造方法为先用等离子体喷涂法获得铝/硼无纬带，再用热压法制成复合材料。B_f/Al 复合材料的室温拉伸性能如表 3 -3 所示。由表可知，B_f/Al 复合材料的拉伸强度和弹性模量均随着纤维体积含量的增加而增大。而且，该复合材料的优越性在于其高温性能突出，在高达 500 ℃时其纵向拉伸强度还有 500 MPa(如表 3 -4 所示)，这对铝合金是不可能达到的。

表 3 -3 硼纤维/铝复合材料的室温拉伸性能

基 体	纤维体积分数/%	纵 向		横 向	
		拉伸强度/MPa	弹性模量/GPa	拉伸强度/MPa	弹性模量/GPa
1100 铝合金	20	540	136.7	117	77.9
	25	837	146.9	117	83.7
	30	890	163.4	117	94.8
	35	1020	191.5	117	118.8
	40	1130	199.3	108	127.6
	47	1230	226.6	108	134.5
	54	1270	245.0	79	139.1

表 3－4 硼纤维/铝复合材料(1100 基体，40(%B_f)的纵向拉伸性能与温度的关系

温度/℃	拉伸强度/MPa	弹性模量/GPa	温度/℃	拉伸强度/MPa	弹性模量/GPa
20	1000～1200	250	400	700	228
300	900	235	500	500	220

2. C_f/Al 复合材料

炭纤维密度小，力学性能优异，是目前制作复合材料的高性能纤维之一。它可以和很多金属基体复合成高性能金属基复合材料，其中铝合金最为普遍。但是由于碳(石墨)纤维与液态铝的润湿性差，高温下二者之间容易发生化学反应，影响复合材料性能。因此需采取纤维表面处理措施来解决这个问题，例如在炭纤维表面镀铜、铬、镍金属等。

炭纤维的表面状态对复合材料的性能影响很大，经过高温石墨化处理的炭纤维与铝反应的程度低，生成 Al_4C_3 反应产物的量较少，复合材料的拉伸强度较高。如表 3－5 所示。

表 3－5 石墨纤维增强铝基复合材料的力学性能

基体合金	纤维含量体积分数/%	热压温度/℃	拉伸模量/GPa	拉伸强度/MPa	延伸率/%	弯曲模量/GPa	弯曲强度/MPa
纯铝	36.8	645	179	686	1.2	160	682
	37.1		163	537	1.03	166	750
	42.8		189	543	0.73	162	670
6061	26.7	675	142	447	1.03	—	—
	30	685	154	525	0.93	157	574
	42.5	670	215	641	0.83	169	760

3. SiC_f/Al 复合材料

碳化硅纤维具有优异的力学性能，在高温具有良好的抗氧化能力。与硼纤维和炭纤维相比，与铝的相容性比较好。目前碳化硅纤维分有芯和无芯两种。有芯碳化硅纤维以钨丝或碳丝作芯经化学气相沉积制得，其直径较粗；无芯碳化硅纤维由聚碳硅烷有机物热处理得到，一束多丝，但丝直径细。此种复合材料具有高的抗拉强度、抗弯强度和优异的耐磨性。

4. 短纤维增强铝基复合材料

与长纤维相比，短纤维增强铝基复合材料具有增强体价格低、来源广、成形性好等优点，材料的性能是各向同性的，可采用传统的金属加工工艺，如铸、锻、挤、轧等。可用于铝基复合材料的短纤维增强体有氧化铝、硅酸铝和碳化硅等。

5. 纤维/Al 叠层复合材料

早在 1984 年荷兰 Delft 工业大学的研究人员提出芳族聚酰胺纤维金属叠层复合材料(aramid fibre reinforced aluminium laminate，称为 ARALL)，将长纤维增强树脂材料与金属材料的性能优点结合起来。现在高强度玻璃纤维/铝叠层复合材料(glass reinforced aluminium，称为 GLARE)和炭纤维/铝叠层复合材料(carbon fiber reinforced aluminium laminate，称为 CFRALL)逐渐商业化。

3.2.2.3 铝基复合材料的应用

纤维增强铝基复合材料具有比强度和比模量高、尺寸稳定性好等一系列优异性能，但价格较高，目前主要用于航空航天领域作为航天飞机、人造卫星、空间站等的结构材料。例如，ARALL 和 GLARE 两种叠层复合材料现在都已用作飞机的机身、主翼、垂尾翼、平尾翼及蒙皮等部位，起到了明显的减重作用，大大提高了飞机的机动性，而且改善了抗疲劳、耐腐蚀等性能。短纤维增铝基复合材料用于航天器的结构部件、轻型坦克部件、飞机机身地板和尾翼、汽车零件如活塞、气缸等。颗粒增强铝基复合材料可用来制造卫星和航天结构件、飞机零部件、汽车部件、集成电路插件、自行车框架接头等。

3.2.3 钛基复合材料

钛及其合金以其优良的耐高温性能及耐蚀性、低的密度而成为高性能结构材料。但仍不能满足迅速发展的航空、航天、电子等高新技术的需要。近二十年钛基复合材料以更优异的性能而发展起来。钛基复合材料具有比钛合金更高的比强度和比刚度、优良的耐疲劳和抗蠕变性能，以及优异的高温性能和耐蚀性，它克服了钛合金弹性模量和耐磨性低的缺点。

钛基复合材料主要分为颗粒增强钛基复合材料和连续纤维增强钛基复合材料两大类。一般增强体的体积分数在颗粒增强复合材料中为 5% ~20%，而对连续纤维增强复合材料为 30% ~40%。钛基复合材料的基体主要有 Ti-6Al-4V，Ti-15V-3Sn-3Cr，Ti-11Mo-5Zr-5Sn等。增强体与钛基体的界面可以认为属于不稳定界面，即钛基体与增强体都发生界面反应而形成一种或多种化合物。因此，钛基复合材料在制造和热机械加工过程中要尽量避免界面发生反应而引起力学性能“退化”。

3.2.3.1 颗粒增强钛基复合材料

颗粒增强钛基复合材料的制造工艺常采用精密铸造、粉末冶金等，粉末冶金制造钛基复合材料时，采用真空高温活化烧结、真空热压及热等静压工艺，并结合常规锻造、挤压、轧制加工成型。增强颗粒主要有 TiC、TiB、TiAl 等。颗粒增强钛基复合材料的性能是各向同性的，其硬度和耐磨性、刚度得到明显改善，塑性、断裂韧性和疲劳性能有所降低，室温拉伸强度与基体接近，但高温强度比基体好。

3.2.3.2 连续纤维增强钛基复合材料

用于钛基复合材料的连续纤维主要有 SiC、TiC 系或 SiC 包覆 B 纤维，还有耐高温的金属纤维。钛基体 α、$\alpha+\beta$、β、TiAl(γ)等钛合金。要求纤维与基体的热膨胀系数差别要小，以减少热膨胀系数不匹配造成应力而产生显微裂纹，而且要求纤维与钛基体不易发生界面反应。

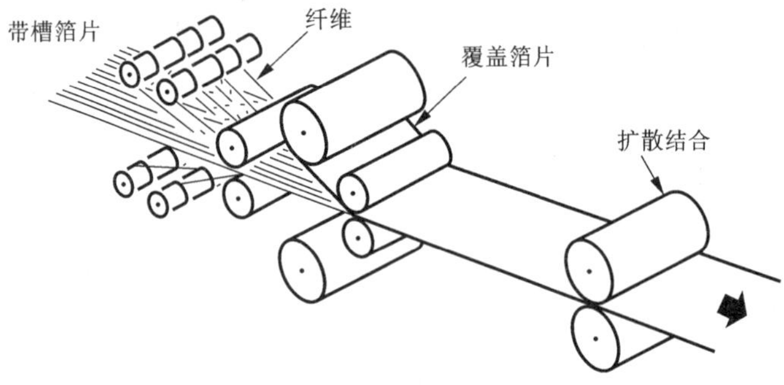

图 3－3 钛基复合材料带材快速制备示意图

连续纤维增强钛基复合材料用固相法合成，然后用热等静压、真空热压锻造等方法压实成形。首先在纤维上涂一层均匀的钛，采用的方法可以是等离子喷涂法、高速物理气相沉积、电子束蒸涂或磁控溅射。然后将涂层纤维均匀分布叠层压实。用图 3－3 所示的快速制备工艺可制造硼纤维增强钛基复合材料带材。

连续纤维增强钛基复合材料的各向异性程度高，横向拉伸强度仅为纵向的 30%～45%，纵向拉伸强度比基体高得多。表 3－6 为 SiC 纤维增强钛基复合材料的力学性能，从表中可知复合材料比钛基体合金的拉伸强度和弹性模量有较大提高，而且由于 SiC 密度比钛合金低，复合材料的比强度、比模量都有提高。

表 3－6 SiC 纤维增强钛基复合材料的力学性能

材　　料	拉伸强度/MPa	弹性模量/GPa	断裂延伸率/%
SiCf/Ti－6Al－4V(35%) 制造态	1690	186.2	0.96
905 ℃,7h 热处理	1434	190.3	0.86
SiCf/Ti－15V－3Sn－3Cr－3Al 制造态	1572	197.9	—
(38%～41%) 480 ℃,16h 热处理	1951	2130	—

3.2.3.3　钛基复合材料的应用

钛基复合材料的发展最初是以宇航器和先进航空发动机为应用目标。例如，SiC 纤维增强钛基复合材料在美国已经用于航天飞机机翼、机身蒙皮、支撑梁和加强筋等构件。TiB 颗粒增强钛基复合材料已用作导弹翼片。近年来人们正在将钛基复合材料转向民用，例如汽车发动机气门阀、连杆以延长其使用寿命，还有高尔夫球头等。

3.2.4　镍基复合材料

高温合金大多为镍合金，对于像燃气涡轮发动机叶片这样的零件需要很耐高温的材料。镍基复合材料就是为这类用途而发展的。镍基复合材料的基体主要有镍铝合金、镍铬合金和纯镍，Ni_3Al 合金为最常用基体。镍基复合材料的增强体要求在高温下具有足够高的强度和稳定性，主要有 Al_2O_3 和 SiC 颗粒、晶须、纤维、TiC 和 TiB_2 颗粒及钨丝等。

镍基复合材料的屈服强度与基体相当或有所提高，而延伸率比基体有所降低，高温强度大大提高。例如，硼元素微合金化的 Ni_3Al 合金的屈服强度为 314 MPa，延伸率为 21.9%，而热压法加工的 5Vol.% Al_2O_{3f}/Ni_3Al 复合材料的屈服强度为 396 MPa，延伸率下降为 4.6%；到目前为止，对 Ni_3Al 基体强化效果最好的颗粒增强体是 TiC，采用真空热压、热等静压再热挤压生产的 25%（体积分数）TiC_p/Ni_3Al 复合材料，其屈服强度和弹性模量在各温度下都优于基体合金，但复合材料的塑性降低，如表 3－7 所示。

表 3－7　TiC_p/Ni_3Al 复合材料与其基体的拉伸性能

材　　料	温度/ ℃	屈服强度/ MPa	延伸率/%	弹性模量/ GPa
Ni_3Al 合金	27	690	9.2	221
	600	724	10	163
	760	539	10.4	102
	850	345	10.3	61
	1000	31	89	15
TiC_p/Ni_3Al 复合材料	27	777	0.4	248
	600	817	0.4	194
	760	599	1	135
	850	425	1.5	90
	1000	83	22.4	67

镍基复合材料已用于飞机发动机的高温耐磨部件，如涡轮机零件和燃烧室零件，还有汽车发动机气缸内衬等。制备镍基复合材料的技术还处于发展阶段，由于制造镍基复合材料所需工艺温度高，制造符合要求的复合材料比较困难，还应研究适用的加工新方法。

3.2.5 镁基复合材料

镁合金和镁基复合材料的密度一般小于 $1.8\times10^3\ kg/m^3$，仅为铝合金的66%左右，是密度最小的金属材料之一。具有更高的比强度和比刚度以及优良的物理性能，镁基复合材料为新兴高技术新材料，具有很好的应用前景。

纯镁的强度较低，性能不高，镁基复合材料的基体一般用镁合金，形成镁合金的元素主要有 Al、Zn、Li、Zr、Mn、Ni 等。镁基复合材料的增强体要求物理、化学相容性好，尽量避免增强体与镁合金的界面反应。常用的增强体有 C 纤维、B 纤维、SiC、B_4C 纤维、SiC 晶须、B_4C、SiC、Al_2O_3颗粒等。镁与镁合金化学性质更活泼，制备复合材料时首先要考虑增强体与基体之间的界面反应。

长纤维增强的镁基复合材料与基体比大大提高了拉伸强度和弯曲强度；颗粒增强体与镁基体的热膨胀系数差别较大，在界面处基体发生塑性变形，产生高密度位错，增强体的加入还有细化晶粒作用。复合材料的强度、弹性模量提高，但延伸率降低。表3－8为石墨纤维增强镁基复合材料的典型性能。

在金属基复合材料中石墨纤维增强镁基复合材料具有最高的比强度和比刚度，良好的抗热变形能力，是理想的航天结构材料，已用于制造卫星抛物面天线和支架。具有零膨胀的石墨纤维/镁基复合材料用于航天飞机的大面积蜂窝结构蒙皮、民用飞机的天线支架。SiC 晶须、SiC 和 Al_2O_3颗粒增强的镁基复合材料耐磨性好，可用于制造齿轮、油泵的壳体、止推板、安全阀等部件。

表3－8 石墨纤维增强镁基复合材料的典型性能

纤维/体积含量%/取向	复合材料形状	拉伸强度/MPa		弹性模量/GPa		热膨胀系数/($10^{-6}\cdot K^{-1}$)
		纵向	横向	纵向	横向	
P55/40/0°	棒	720	—	172	—	—
P75/40/±16°	空心柱	450	61	179	86	1.3
P100/40/±16°	空心柱	560	380	228	30	-0.07
P55/40/0°	板	480	20	159	21	3.3

3.3 陶瓷基复合材料

陶瓷材料具有耐高温、耐磨损、耐腐蚀以及质量轻等许多优良性能。但它也同时具有致命的弱点，即脆性，这一弱点正是陶瓷材料的使用受到很大限制的主要原因。因此，强韧化成为陶瓷材料研究的一个重要课题（由于陶瓷本身的强度很高，陶瓷复合材料的主要目的为增韧，常称增强为增韧）。经过多年研究，探索出多种韧化陶瓷的途径，包括第二相颗粒增韧、纤维增韧、晶须增韧、相变增韧和层状复合增韧等。

3.3.1　陶瓷基复合材料的种类和基本性能

3.3.1.1　陶瓷基复合材料的种类

陶瓷基复合材料的分类方法很多，按材料作用分为：结构陶瓷复合材料，用于制造各种承力构件；功能陶瓷复合材料，具有光、电、磁、热等各种特殊性能。按增强（或增韧）材料形态分为：颗粒增强陶瓷复合材料；纤维（晶须）增强陶瓷复合材料；片层增强陶瓷复合材料。

按照基体材料分类，陶瓷基复合材料还可分为氧化物基陶瓷复合材料和非氧化物基陶瓷复合材料。氧化物陶瓷主要有：Al_2O_3、SiO_2、ZrO_2、MgO、$3Al_2O_3 \cdot SiO_2$（莫来石）等；非氧化物陶瓷是指金属碳化物、氮化物、硼化物和硅化物等，如 SiC、TiC、B_4C、Si_3N_4、TiN、BN、TiB_2等。

3.3.1.2　陶瓷基复合材料的基本性能

用陶瓷颗粒弥散强化的陶瓷复合材料的抗弯强度和断裂韧性都有些提高，但还不理想，尤其是断裂韧性比金属材料相差很远，这就限制了它的应用范围。用延性颗粒（金属）韧化陶瓷基复合材料，韧性可显著提高，但强度变化不明显，其高温性能下降。

在陶瓷基体中加入高性能的连续纤维（如 C、SiC 纤维），除了韧性显著提高外，其强度和模量均有不同程度的增加。纤维/陶瓷复合材料的韧性除与纤维和基体本身有关外，纤维与基体的结合强度、基体的气孔率、工艺参数也有明显的影响。其拉伸和弯曲性能与纤维的长度、取向和含量、纤维与基体的强度和模量、它们之间热膨胀率的匹配程度、它们之间的结合强度和基体的气孔率密切相关。在陶瓷基体中加入适量的短纤维（晶须），可以明显改善韧性，但强度提高不明显，模量与基体相当。

3.3.2　氧化物基陶瓷复合材料

氧化物基陶瓷复合材料在陶瓷基复合材料中占较大比例，研究较多的是 Al_2O_3、ZrO_2基体复合材料。

3.3.2.1　Al_2O_3基陶瓷复合材料

氧化铝陶瓷是以 $\alpha - Al_2O_3$为主相的陶瓷材料，它具有高强度、高硬度、耐高温、耐磨损、耐腐蚀等优异性能，不足之处是脆性大、韧性差。通过复合改善韧性的主

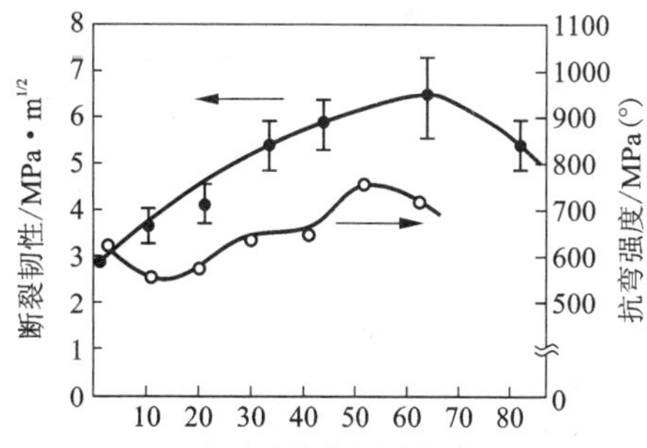

图 3-4　弥散颗粒 TiC 对 Al_2O_3 陶瓷强度和韧性的影响

要途径有：颗粒弥散、晶须(纤维)增韧和层状复合。

颗粒弥散增韧 Al_2O_3基陶瓷材料的颗粒包括 TiC、ZrO_2、Si_3N_4等刚性颗粒，和 Cr、Fe、Ni、Co、Mo、W、Ti 金属延性颗粒。例如，刚性弥散颗粒 TiC 对 Al_2O_3陶瓷有增强和增韧效果。如图 3 - 4 可知，随着 TiC 含量的增加，复合材料的强度和韧性显著提高。

3.3.2.2 ZrO_2基陶瓷复合材料

ZrO_2有三种晶型：单斜结构、四方结构和立方结构。其转化关系如下：

$$\text{单斜 } ZrO_2 \xrightleftharpoons{1170\ ℃} \text{四方 } ZrO_2 \xrightleftharpoons{2370\ ℃} \text{立方 } ZrO_2 \xrightleftharpoons{2715\ ℃} \text{液体}$$

单斜晶与四方晶之间的转变伴随有7% ~9%的体积变化，加热时单斜晶转变为四方晶，体积收缩；冷却时体积膨胀。由于晶型转变引起体积变化效应，所以用纯 ZrO_2很难制造构件，必须进行晶型稳定化处理，常用的稳定添加剂有 CaO、MgO、Y_2O_3、CeO_2。

ZrO_2基复合材料多是以添加一定稳定剂的四方多晶氧化锆(TZP)或部分亚稳氧化锆(PSZ)为基体加入 Al_2O_3、SiC、SiO_2、尖晶石的颗粒及晶须等，目的是为了提高材料的室温和高温强度，并抑制晶粒长大。ZrO_2基复合材料具有高强、高韧、耐磨、耐蚀、耐高温等良好特性，具有良好的应用前景，但是目前仅在食品、纺织、冶金工业少量应用，应大力开发在其他方面的应用。

3.3.3 非氧化物陶瓷基复合材料

非氧化物陶瓷指不含氧的金属碳化物、氮化物、硼化物和硅化物等。这类陶瓷的硬度高，耐磨性、耐火性好，但脆性大，高温抗氧化能力一般不高。非氧化物陶瓷基复合材料中以 SiC、Si_3N_4陶瓷基复合材料研究最成熟。

3.3.3.1 SiC 陶瓷基复合材料

SiC 是 Si—C 强键共价键化合物，具有金刚石型结构，SiC 陶瓷的理论密度是 3.21 g/cm^3。SiC 陶瓷基复合材料包括颗粒弥散强化、晶须强化和连续纤维强化 SiC 基复合材料。适于弥散强韧化 SiC 陶瓷基体的增强体有碳化物、硼化物颗粒。例如在 SiC 基体中添加 TiC 颗粒的复合材料的性能如图 3 - 5 所示。复合材料中 TiC 颗粒的增加使断裂韧性提高，TiC 达到 50% 时材料的断裂韧性达到最大值 6 $MPa \cdot m^{1/2}$。

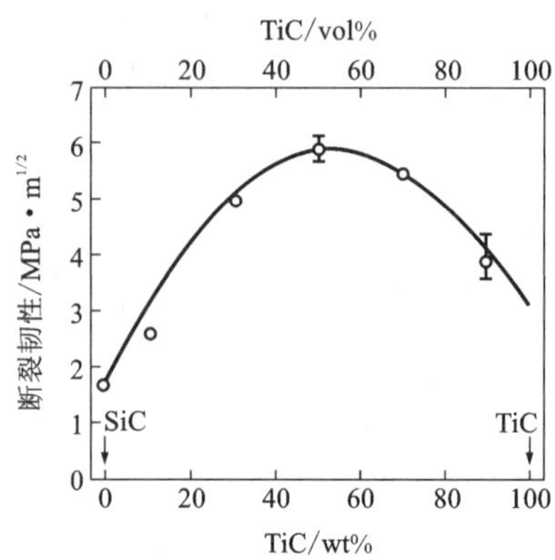

图 3 - 5 添加 TiC 颗粒对 SiC 复合材料的性能的影响

晶须强化 SiC 基复合材料虽然有很多晶须，考虑工艺稳定性仍主要选择 SiC 晶须。SiC 晶须强化 SiC 时基体与增强体属于同一种材料，不存在热膨胀系数和弹性模量的差别。其韧化机制是裂纹扩展遇到高强度的晶须，裂纹会偏转而增加了材料的断裂功。

连续纤维/SiC 复合材料主要使用 C 纤维和 SiC 纤维。用热解炭涂层改性的炭纤维和 SiC 纤维增强 SiC 复合材料具有优异的性能，其室温和高温强度都很高，断裂韧性提高明显，而 SiC_f/SiC 复合材料的 K_{IC}值高达 41.5 $MPa·m^{1/2}$，达到金属材料的水平，其增韧效果非常显著(如表 3－9)。

表 3－9　C_f/SiC 和 SiC_f/SiC 复合材料的室温和高温性能

材　料	抗弯强度/ MPa			剪切强度	拉伸强度	断裂韧性
	室温	1300 ℃	1600 ℃	/MPa	/MPa	/($MPa·m^{1/2}$)
C_f/SiC	460	447	457	45.3	323	20.0
SiC_f/SiC	860	1010	–	67.5	551	41.5

纤维强韧化的 SiC 陶瓷基复合材料除了力学性能优异外，还具有优异的耐热性和耐热冲击性。主要在航天、航空领域得到应用。例如火箭的无冷却喷嘴、返回式宇航器的隔热材料等。

3.3.3.2　Si_3N_4陶瓷基复合材料

Si_3N_4陶瓷有两种晶型：$\beta-Si_3N_4$为针状结晶体，$\alpha-Si_3N_4$为颗粒状结晶体。两者都属于六方晶系，密度几乎相等，β 相的热膨胀系数稍高。Si_3N_4陶瓷基复合材料也可分为颗粒弥散强化、晶须强化和长纤维强化三种。

颗粒强韧化 Si_3N_4陶瓷材料的增强体主要有 SiC 和 TiN 等，颗粒的大小和含量对复合材料的强度和韧性影响显著，在某一个极限粒径以下，增强颗粒可以提高增韧效果。例如，对于 SiC 颗粒使 Si_3N_4陶瓷增韧的粒径范围在 30～50 μm 之间。

SiC 晶须强化 Si_3N_4陶瓷基复合材料的抗弯强度可达 900 MPa，其断裂韧性随着晶须含量的升高得到明显改善。SiC_w/Si_3N_4复合材料具有优良的耐热性、耐热冲击性、韧性和耐磨性，作为摩擦材料和耐热材料应用于汽车和火力发电工业中。

长纤维强化 Si_3N_4陶瓷基复合材料所用的纤维有 C 纤维、SiC 纤维、Al_2O_3纤维、Si_3N_4纤维。例如，将 C 纤维在含有 Y_2O_3和 Al_2O_3烧结助剂的粉末制成的 Si_3N_4泥浆中浸渍后，定向排列叠层，之后在 1600～1800 ℃热压，形成的 C 纤维/Si_3N_4复合材料常温抗弯强度最高达 598 MPa，1200 ℃时为 865 MPa，常温断裂韧性为 18.5 $MPa·m^{1/2}$。长纤维强化的 Si_3N_4陶瓷基复合材料还处于研究开发阶段，此类复合材料有望在航空航天领域得到应用。

3.4 高分子基复合材料

以高分子聚合物为基体的复合材料统称为高分子基复合材料。高分子材料由碳原子共价键结合形成链状分子，聚合物的基本结构单元称为单体，聚合反应分为缩聚反应和加聚（或加成）反应，聚合物通过共价键连成线形、支链形、网状或梯形结构。

3.4.1 高分子基复合材料的分类与性能特点

高分子基复合材料的分类通常按两种方式，一种以基体性质不同分为热固性树脂基复合材料和热塑性树脂基复合材料。常用的热固性树脂有环氧树脂、不饱和聚酯、酚醛树脂、呋喃树脂等；常用的热塑性树脂有聚烯烃、聚酰胺、聚碳酸酯、聚甲醛、氟树脂、聚醚醚酮等。

另一种按照增强体类型分为连续纤维增强、短纤维增强和颗粒增强高分子基复合材料。连续纤维的种类包括玻璃纤维、炭纤维、芳纶纤维等；短纤维增强高分子的性能取决于纤维含量、纤维长径比和取向，通常二和三维无规取向短纤维增强高分子复合材料的强度与模量比基体有几倍的提高；高分子中加入无机填料构成的颗粒复合材料，可有效地改善各种性能，如表面硬度、成型收缩率、阻燃性、热性能和导电性。

高分子基复合材料的性能有以下特点：高比强度、高比模量，热膨胀系数低，耐腐蚀、耐疲劳，结构可设计性，冲击性能差。

3.4.2 高分子基复合材料的结构设计

高分子基复合材料结构往往是材料与结构一次成型的，因此复合材料结构设计时可从材料设计与结构设计两方面进行。设计过程大致分为三步：①明确设计条件。如性能要求、载荷情况、环境条件、形状限制。②材料设计。包括原材料选择、复合材料层合板的设计。③结构设计。包括复合材料典型结构件（杆、板、梁、壳体）的设计，以及复合材料结构（桁架、刚架、硬壳）的设计。在上述材料设计与结构设计中都要进行应力、应变与变形分析及失效分析，以确定结构的强度与刚度，进而确定结构许用值与安全系数。同时结构设计时还应考虑工艺性要求。

3.4.3 高分子基复合材料的力学性能与应用

3.4.3.1 高分子基复合材料的力学性能

高分子基复合材料的力学性能取决于高分子基体类型和增强纤维的类型、体积分数、纤维形式。考虑到高分子基体的千变万化，纤维增强高分子复合材料的种类相当多，另外，复合材料是不均匀的，其性能还取决于增强纤维的位置和方向，对于单向纤维增强的复合材料，顺纤维方向呈现出最高强度，垂直纤维方向强度最低。一般连续纤维增强高分子复合材料直到断裂都是完全弹性的，没有屈服点或塑性区，断裂应变很小，具备特有的高比强度、高比刚度、耐腐蚀、耐疲劳等力学性能，与金属材料相比，断裂功小、韧性差。表3－10为几种典型高分子基复合材料的性能。

表3－10 几种典型的高分子基复合材料的性能

复合材料[①]	拉伸模量/GPa		压缩模量/GPa		剪切模量/GPa	拉伸强度/MPa		压缩强度/MPa		剪切强度/MPa	密度/($g\cdot cm^{-3}$)
	横向	纵向	横向	纵向		横向	纵向	横向	纵向		
$E-G_f$/环氧(59%)	47.0	16.4	45.4	15.9	6.0	1139	63	759	213	107	1.9
$Ce3k-C_f$/环氧(65%)	149	9.0	146	9.0	5.1	1629	54	1564	–	90	1.65
$T800-C_f$/环氧(65%)	165	9.0	147	–	4.8	3034	–	1413	–	96	1.60
$Ce3k-C_f$/聚酰亚胺(65%)	127	8.3	–	–	–	1570	52	1270	–	103	1.55
Kelvar49/环氧(58%)	72.4	4.8	64.1	–	2.1	1150	11.7	281	134	43.4	1.38
$E-G_f$/聚丙烯(59%)	21.2	3.6	26.5	4.3	1.34	425	11.0	272	53	50	1.40

注：① 括号内数字为增强纤维体积含量；Kelvar49——一种芳纶纤维，G_f——玻璃纤维，C_f——炭纤维。

3.4.3.2 高分子基复合材料的应用

高分子基复合材料，现在从民用到军用，从地上、水中到空中都有应用。例如，在航空航天领域，以炭纤维、芳纶纤维和玻璃纤维增强的先进高分子基复合材料，获得大量应用，在空中客车A380飞机中的用量占到结构总重量的22%（见图3－6），而在波音B787飞机中的用量达到结构总重量的50%；高分子基复合材料在汽车、高速列车、船舶等交通运输业，在石油化工、电子工业和体育器材上应用日益普遍。

3.5 新型水泥基复合材料

新型水泥基复合材料是指以水泥砂浆或混凝土为基体与其他材料组合而成的复合材料。主要分为三大类：纤维增强水泥基复合材料（或称为纤维增强混凝土）、聚合物混凝土复合材料和水泥基功能复合材料。

3.5.1 纤维增强水泥基复合材料

水泥混凝土制品在抗压强度、热性能方面具有优异性能，但是抗拉伸性能、冲击韧性差。为克服这些缺点，方法之一即是在混凝土中掺入增强纤维，以提高混凝土抗拉强度、断裂应变进而改善混凝土构件的抗弯曲能力。纤维增强水泥基复合材料所用的纤维

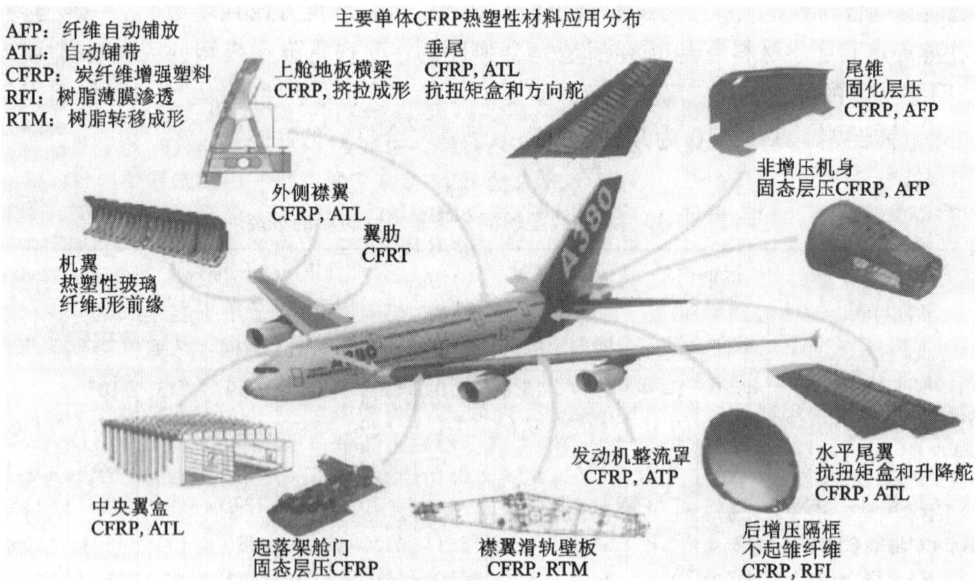

图3－6 炭纤维增强高分子复合材料在A380飞机上的应用部位分布图

大多是短纤维，而且是乱向分布。为获得高性能的复合材料，除了选用合适的增强纤维外，还需要有高性能的基体。按照增强纤维的种类可将纤维增强水泥基复合材料分类如下：

纤维增强水泥基复合材料
- 钢纤维增强水泥基复合材料（钢纤维混凝土）
- 玻璃纤维增强水泥基复合材料
- 炭纤维增强水泥基复合材料
- 聚丙烯纤维增强水泥基复合材料

3.5.1.1 钢纤维增强水泥基复合材料

1. 钢纤维的制备

增强水泥基复合材料所采用的钢纤维，直径一般为0.25～0.6 mm，长度为20～40 mm，适宜的长径比为60～80，以防止掺入混凝土中搅拌时纤维成团。钢纤维的制造方法主要有拉拔法、剪切法、熔抽法和机床铣削法，制造钢纤维的原料有低碳钢和不锈钢两种。

2. 钢纤维增强混凝土的配料

钢纤维增强混凝土中钢纤维的体积含量为0.5%～2.0%，一般不超过3%，太多易相互缠绕。为充分发挥钢纤维的作用，基体应采用高强、密实的混凝土。水泥一般选用强度等级52.5 MPa及以上的硅酸盐水泥，水泥颗粒组成应是粗细颗粒级配恰当。为保证钢纤维周围有足够的水泥浆，水泥用量要较非钢纤维混凝土高10%左右，常在500～800

kg/m^3，砂率较高可达0.5，为了降低水灰比改善和易性，可掺入减水剂或超塑化剂，喷射混凝土掺入适量速凝剂。

3. 钢纤维混凝土的性能与应用

钢纤维的掺量、纤维的形状、分散度及方向都对钢纤维混凝土的力学性能产生影响。与普通混凝土相比，钢纤维混凝土的各种强度均有较大提高，韧性和耐冲击性提高最明显，其他性能也有所改善。表3－11为掺入2%钢纤维（直径为0.3～0.6 mm，长度为20～40 mm）的混凝土与普通混凝土的性能比较。

表3－11　钢纤维混凝土与普通混凝土的性能比较

钢纤维混凝土	与普通混凝土比较	钢纤维混凝土	与普通混凝土比较
抗压强度	1.0～1.3倍	耐冲击强度	5～10倍
抗拉及抗弯强度	1.5～1.8倍	延伸率	约2倍
早期抗裂强度	1.5～2.0倍	韧性	40～200倍
抗剪强度	1.5～2.0倍	耐热性	显著改善
疲劳强度	有所改善	抗冻性	显著改善

钢纤维混凝土的应用领域日益广泛，现在主要用于飞机跑道、桥面、隧道内衬、水工涵洞等。

3.5.1.2　非金属纤维增强水泥基复合材料

1. 玻璃纤维增强水泥基复合材料

在水泥砂浆或混凝土中掺入玻璃纤维可以获得强度大、韧性高而自重轻的建筑材料。玻璃纤维增强水泥砂浆的抗拉强度和抗弯强度比普通砂浆提高2～3倍，玻璃纤维均匀分布于混凝土中可防止混凝土制品表面龟裂，提高其耐冲击性能和抗弯强度。玻璃纤维增强水泥基复合材料选用耐碱玻璃纤维；水泥采用低碱硫铝酸盐水泥；骨料选用坚硬、清洁无杂质的细骨料。施工要用专用设备，一种为直接喷射法，施工时将耐碱的玻璃纤维切成35～44 mm的短纤维，与水泥砂浆拌和好后直接喷射成型；另一种为铺网－喷浆法，将玻璃纤维网格布铺设到成型模中，喷射水泥砂浆，可以进行多层铺网和喷射。玻璃纤维增强水泥基复合材料自重轻、强度高，可用于承重构件和非承重构件。

2. 炭纤维增强水泥基复合材料

炭纤维是高强度、高模量、低密度的增强体，炭纤维增强水泥基复合材料的抗拉、抗弯强度及弹性模量均随纤维体积分数的增加而提高。一般炭纤维的体积分数为3%，采用平面内乱向分布的短纤维织物形式，水灰比为0.28～0.32。与普通钢筋混凝土相比这种复合材料的弹性模量与抗拉强度提高将近100%，弯曲韧性提高200～300倍。且具有导电性、防静电等各种优异的物理性能。可用于超高层建筑和轻型建筑结构，21世纪将是炭纤维增强混凝土技术发展和应用的黄金时期。

3. 聚丙烯纤维增强水泥基复合材料

在水泥砂浆或混凝土中掺入聚丙烯纤维可明显提高其韧性，改善其变形能力及抗冲击能力。

3.5.2 聚合物水泥基复合材料

聚合物水泥基复合材料以聚合物或聚合物与水泥为胶结料，按照混凝土中胶结料的不同，聚合物水泥基复合材料可分为聚合物混凝土、聚合物浸渍混凝土和聚合物改性混凝土。

1. 聚合物混凝土

聚合物混凝土全部以聚合物代替水泥作胶结料，主要由有机胶结料、填料和粗细骨料组成。常用的有机胶结料为环氧树脂、不饱和聚酯树脂、呋喃树脂等，还需要根据不同的树脂选择合适的固化剂和固化促进剂。聚合物混凝土的生产工艺与普通混凝土基本相同，但由于聚合物混凝土的黏度大，必须采用机械强制搅拌。养护方式有两种，即常温养护和加热养护。聚合物混凝土的抗压强度、抗拉强度、抗弯强度均高于普通混凝土，其耐磨性、耐化学腐蚀性、抗渗性与抗冻性良好。

2. 聚合物浸渍混凝土

聚合物浸渍混凝土是用有机单体浸渍混凝土表层的孔隙，并经过聚合处理成有机-无机复合材料。它由普通混凝土制品与浸渍液组成，浸渍液可以有一种或几种单体加适量的引发剂、添加剂组成，常用的单体与聚合物有苯乙烯、甲基丙烯酸甲酯、丙烯酸甲酯、不饱和聚酯树脂等。浸渍液的主要功能是黏结和填充混凝土中的孔隙和裂隙内表面，形成一个连续的网状结构，增加混凝土的密实性，消除混凝土裂隙尖端的应力集中。从而改善混凝土的力学性能，提高耐久性、抗渗性、抗腐蚀性。

3. 聚合物改性混凝土

将聚合物乳液掺入新拌和混凝土中，使混凝土的性能得到改善，这种材料称为聚合物改性混凝土。用于混凝土改性的聚合物基本上分为三类：聚合物乳液、水溶性聚合物和液体树脂。

3.5.3 水泥基功能复合材料

随着人类社会的发展，现代建筑对水泥基复合材料提出了新的挑战，要求水泥基复合材料不仅要承重，而且具有声、电、磁、智能等功能。

1. 降噪声混凝土

噪声已成为现代社会的一大公害，据统计，交通噪声占城市噪声的三分之一。吸音降噪混凝土就是为降低交通噪声而开发的，用于机场、高速公路、铁路两侧能明显地降低交通噪声。降噪声混凝土采取吸音、隔音措施，混凝土具有连续、多孔的结构，具有较大的内表面积。多孔混凝土直接暴露面对噪声源，入射的声波一部分被反射，大部分则通过孔隙被吸收到混凝土内部，通过内部反射、干涉、摩擦作用使声波互相抵消。降噪混凝土的原材料通常使用普通硅酸盐水泥或超强硅酸盐水泥，骨料多采用2～10 mm的轻骨料，掺入硫铝酸盐、氧化钙、氧化镁或铝粉发泡剂形成多孔结构。另外，加入一定的高效减水剂、硅粉、聚合物、炭纤维等提高强度，防止表面剥离。

2. 导电混凝土

硬化水泥浆本身是不导电的，制备导电混凝土的方法是在水泥基材料中掺入各种导电组分。常用的导电组分为碳类和金属类。碳类导电组分包括石墨、炭纤维及炭黑，金属类有金属微粉、金属纤维、金属片、金属网等。导电组分的种类、性质、形状、尺寸、掺量都影响导电特性。实验表明，导电组分的掺入量存在一个临界值，当掺量超过该临界值时复合材料的导电性急剧增大。炭纤维和金属纤维不仅可以使水泥基复合材料具有导电性，而且可以改善其力学性能。导电混凝土的应用主要有工业防静电结构，机场跑道、桥梁路面等化雪除冰，住宅及养殖场的电热结构等。

3. 水泥基磁性复合材料

将可磁化的粒子掺入水泥基材料可制备水泥基磁性复合材料。可磁化的粒子有铁氧体和稀土类磁性材料，例如掺入粒径在1～1.5 μm的钡铁氧体和锶铁氧体，质量分数在10%～60%。水泥基磁性复合材料的磁性能受可磁化粒子的性质、掺量、水泥品种及制备工艺影响，可磁化粒子的定向度越高，则材料的磁性越好。

4. 屏蔽电磁波水泥基复合材料

随着电子信息时代的到来，各种电子电器设备迅速增加，电磁泄漏形成电磁污染逐渐被人类所认识。水泥基复合材料若具有屏蔽电磁波的功能，则此种混凝土建筑可减少电磁污染程度。现在研制的电磁波屏蔽水泥基复合材料大都是通过吸收电磁波来实现屏蔽功能，在水泥基体中掺入的组分一般为导电粉末（如碳、石墨、铜、铝等）、纤维（炭纤维、金属纤维）或絮片（石墨、锌、铝等）。

5. 水泥基智能复合材料

在各类建筑向智能化发展的背景下，水泥基智能复合材料越来越受到人们的重视。智能材料是具有感知、辨识、调节和控制驱动等多种功能的材料，水泥基智能复合材料是智能材料科学的重要研究和应用领域。

3.6 炭/炭复合材料

3.6.1 炭/炭复合材料的发展

炭纤维增强炭基复合材料（炭/炭复合材料，C/C）是以炭或石墨纤维为增强体，炭或石墨为基体复合而成的材料。它具有耐高温、导热性好、抗热冲击、烧蚀率低、高温下高强度、一定的化学惰性等特殊性能。

炭/炭复合材料的研制工作，可追溯到20世纪60年代初。1961年在日本首先用聚丙烯腈(PAN)原丝制成高性能炭纤维。1963年英国的研究人员发明用牵引法提高纤维结构的取向，进一步提高了炭纤维的强度和弹性模量。到60年代末，提高炭纤维性能和生产效率的办法日趋完善。高强度、超高强度、高模量和高强中模量的炭纤维形成规模生产并开始商品化。炭/炭复合材料的发展主要受宇航工业发展的影响，因为它具有高烧蚀热、低烧蚀率、超热环境下高强度等一系列优点，被认为是航天环境中高性能的烧蚀材料，例如用它可制作导弹鼻锥等部件。炭/炭复合材料还具有优异的耐摩擦性能和高导热率，使其在飞机、汽车刹车片和轴承等方面得到应用。

3.6.2 炭/炭复合材料的制造工艺

炭/炭复合材料的制备过程包括增强纤维及其织物的选择、基体碳先驱体的选择、炭/炭预制坯体的成型、炭基体的致密化以及最终产品的加工检测等。

1. 炭纤维的选择

炭纤维束的选择和纤维织物的结构设计是制造炭/炭复合材料的基础，通过合理选择纤维种类和织物的编制参数，如纱束的排列取向、纱束间距、纱束体积含量等，可以决定炭/炭复合材料的力学性能和热物理性能。可以满足产品性能设计的要求。

2. 炭纤维预制坯体的制备

预制坯体是指按产品形状和性能要求先把纤维成型为所需结构形状的毛坯，以便进行致密化工艺。按增强方式分为单向(1D)纤维增强、双向(2D)织物和多向织物增强。连续长纤维增强的预制坯体成型方法有传统的预浸布层压、铺层、缠绕等方法做成层压板、回旋体和异形薄壁结构；另一种方法即多向编织技术，如3D(图3－7)、4D、6D编织。

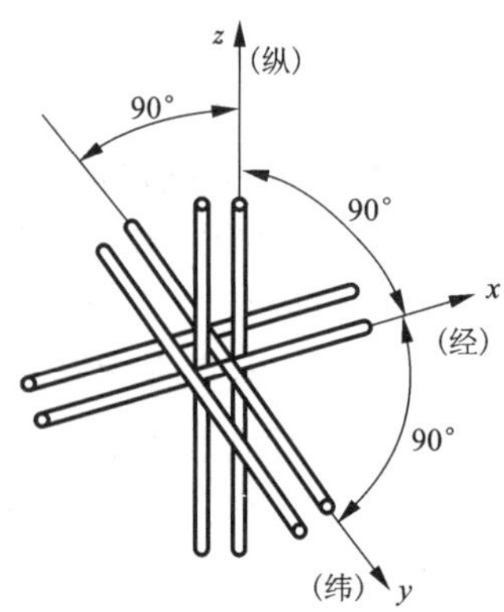

图3－7 3D炭纤维编织示意图

3. 炭/炭的致密化工艺

炭/炭致密化工艺过程就是基体碳形成的过程，是用高质量的碳填满纤维周围的空隙，以获得结构、性能优良的炭/炭复合材料。常用的有两种工艺：化学气相沉积法和液相浸渍法。用于化学气相沉积法的形成炭基体的先驱体有甲烷、丙烯、天然气等；用于液相浸渍的物质有热固性树脂，如酚醛树脂、糠醛树脂等，及热塑性沥青，如煤沥青、石油沥青。

化学气相沉积(CVD)工艺是最早采用的一种炭/炭复合技术，把炭纤维织物预制坯体放入专用 CVD 炉中，加热至所需温度，通入碳氢气体，这些气体分解并沉积在炭纤维周围和空隙中沉积炭(热解炭)。控制的主要参数有碳源气体种类、流量、沉积温度、压力和时间。沉积温度一般为 800 ~ 1500 ℃，沉积压力为 0.1 MPa 至几百帕。沉积方法有等温法、温差法、压差法、脉冲压力法以及等离子体强化法。

液相浸渍工艺目前为制造炭/炭复合材料的主要工艺，按照形成基体的浸渍物的不同分为树脂浸渍和沥青浸渍；按照浸渍压力可分为低压、中压和高压浸渍工艺。

树脂浸渍工艺流程是：将预制坯体置于浸渍炉中，在真空下用树脂浸渍预制坯体，再充气加压使树脂浸透预制坯体。浸渍压力逐渐增加至 3 ~ 5 MPa，首次浸渍压力不宜过高，以免纤维、织物变形受损。浸渍树脂后的样品放入固化罐中进行加压固化。树脂固化后将样品放入碳化炉中，在氩气或氮气保护下进行炭化，在炭化过程中树脂热解形成炭残留物，发生质量损失和变形，同时在样品中留下空隙。故此需要重复进行树脂浸渍和炭化，以减少空隙达到致密化的要求。

沥青浸渍工艺常采用石油沥青或煤沥青作为浸渍物，先进行真空浸渍，而后加压浸渍。先将盛有炭纤维预制坯体的容器放入真空炉中，同时将沥青放入熔化罐中抽真空并加热到沥青熔化，然后将熔化沥青注入到盛有预制坯体的容器中，使沥青浸没预制坯体。之后移入加压罐中，升温在 250 ℃进行加压浸渍，使沥青进一步浸入预制坯体的内部空隙中，随后升温至 600 ~ 700 ℃进行加压炭化。一般把浸渍/炭化压力为 1 MPa 左右的工艺称为低压炭化浸渍，压力几至几十兆帕称为中压浸渍炭化，而压力采用几十至上百兆帕称为高压浸渍炭化工艺。

4. 石墨化

根据使用要求，常对致密化的炭/炭复合材料进行高温热处理，常用温度为 2400 ~ 2800 ℃，在这一温度下 N、H、O、K、Na、Ca 等元素逸出，碳发生晶格结构转变，转化为石墨结构。石墨化处理对炭/炭复合材料的热物理性能和力学性能有明显的影响。经过石墨化处理后，其强度和热膨胀系数均降低，热导率、热稳定性、抗氧化性及纯度都有所提高。

3.6.3　炭/炭复合材料的性能

1. 炭/炭复合材料的化学和物理性能

炭/炭复合材料与石墨一样具有化学稳定性，它与一般的酸、碱、盐溶液不起反应，不溶于有机溶剂，只与浓氧化性酸起反应。炭/炭复合材料常温下不与氧作用，其开始氧化温度为 400 ℃，温度高于 600 ℃时将发生严重氧化。

炭/炭耐高温、热膨胀系数低、抗热冲击性能好，常压下加热到 3000 ℃时才开始升华。炭/炭的体积密度和气孔率随制造工艺的不同变化较大，沥青炭基体的炭/炭复合材料密度一般在 1.75 g/cm^3左右，密度最高达 2.0 g/cm^3；树脂炭基体的炭/炭复合材料密度约为 1.5 g/cm^3。

2. 炭/炭复合材料的力学性能

炭/炭复合材料属于脆性材料，断裂破坏时应变很小(0.12% ~2.4%)。由于复合材料依赖纤维/基体间的界面传递载荷，如果界面结合强度适当，裂纹将在界面偏转，炭/炭复合材料应力 - 应变曲线上表现出“假塑性变形”现象。

炭/炭复合材料的性能与炭纤维的品种、预制坯体的编织结构、基体的先驱体及制备工艺有关。表3 - 12 为高模量和高强度炭纤维/炭复合材料的力学性能，高模量炭纤维/炭复合材料的压缩、剪切强度和弹性模量均优于高强炭纤维复合材料，拉伸强度和弯曲强度二者基本相当，但断裂韧性大大低于高强度炭纤维复合材料。

表3 - 12 浸渍法制备的高模量和高强度炭纤维/炭复合材料的力学性能

性能		与炭纤维平行		与炭纤维垂直	
		HTU	HMS	HTU	HMS
模量/GPa	拉伸	125	220	—	—
	压缩	10	250	7.5	—
强度/MPa	拉伸	600	575	4	5
	压缩	285	380	25	50
	弯曲	1250 ~ 1600	825 ~ 1000	20	80
	剪切	20	28	—	—
断裂韧性/($kJ \cdot m^{-2}$)		70	20	0.4	0.8

注：HTU 表示未处理高强度纤维；HMS 表示处理高模量纤维。

表3 - 13 归纳了炭基体的先驱体种类和浸渍方法与炭/炭复合材料性能的关系。CVD 浸渍炭能得到较好的纤维/基体界面，因此该复合材料的性能较好，浸渍树脂或沥青后需要在更高的温度下处理。

表3 - 13 基体先驱体及浸渍方法对三维 C/C 复合材料拉伸性能的影响

先驱体及浸渍方法	密度/($g \cdot cm^{-3}$)	拉伸强度 / MPa	拉伸模量 / GPa	断裂应变 /%
酚醛树脂浸渍	1.62	118.5	70.3	0.18
高熔点沥青浸渍	1.64	94.4	106.1	0.08
低熔点沥青浸渍	1.65	128.2	64.1	0.05
等温 CVD,未石墨化	1.59	113.7	77.2	0.15
等温 CVD/酚醛树脂浸渍	1.73	106.8	77.9	0.13
压差 CVD,石墨化	1.28	130.2	61.3	0.20
压差 CVD/酚醛树脂浸渍	1.58	128.2	64.1	0.20

3.6.4　炭/炭复合材料的应用

1. 在宇航工业的应用

炭/炭复合材料的发展主要受宇航工业的要求所驱动，因此炭/炭复合材料首先在导弹、航天飞机等飞行器上应用，主要用作烧蚀材料和热结构材料。例如，用作导弹弹头的鼻锥帽、固体火箭喷管、航天飞机的鼻锥帽和机翼前缘。导弹鼻锥帽采用烧蚀型炭/炭复合材料，利用炭/炭质量轻、高温强度高、抗烧蚀、抗侵蚀、抗热震好的优点，使导弹头再入大气层时免遭损毁。航天飞机的鼻锥帽和机翼前缘要求重复使用，采用非烧蚀型的抗氧化炭/炭复合材料，称热结构炭/炭，已经成功地在美、俄航天飞机上应用。图3－8为炭/炭复合材料在航天飞机上应用部位示意图。

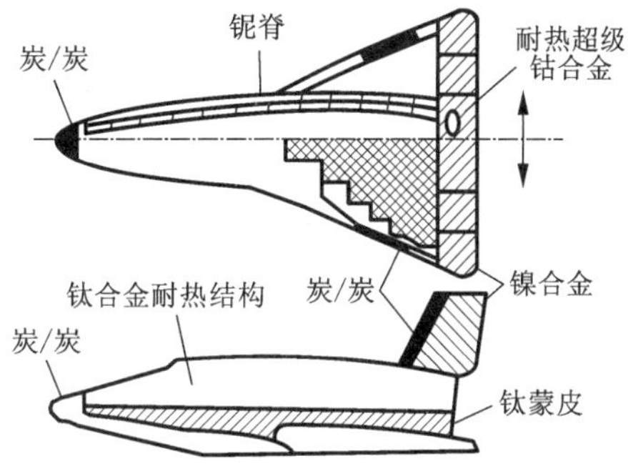

图3－8　炭/炭复合材料在航天飞机上的应用部位示意图

2. 在航空工业的应用

炭/炭复合材料质量轻、耐高温、摩擦性能好、吸收热量大。20世纪70年代以来已广泛用于军用飞机和大型超音速客运飞机的刹车片。飞机使用炭/炭复合材料刹车片后，其刹车系统比钢刹车装置减轻重量约680 kg。飞机质量的减轻可以提高飞机的加速性和燃油经济性。炭/炭刹车片不仅质量轻，而且特别耐磨、操作平稳，当紧急刹车时炭/炭刹车片能够经受住摩擦产生的高温。

(3)其他方面的应用

炭/炭复合材料在机械、化工、医学等领域中也广泛应用。在汽车工业中可以制成零部件，例如赛车的刹车片、发动机的连杆和摇杆、传动轴等；炭纤维增强石墨具有机械强度高、电阻率高，可以制作大型薄壁发热元件，用于高温电热炉；还可用于吹塑模和粉末冶金用的热压模、耐腐蚀设备和压力容器密封填料、人工骨关节和人工心脏瓣膜阀门。

3.7　梯度功能复合材料

3.7.1　梯度功能复合材料的概念

梯度功能材料(functional gradient materials，简称FGM)是基于一种全新的设计概念而开发的新型材料。由于材料成分和微观组织结构在几何空间上连续变化，从而得到性能在几何空间上也连续变化的非均质材料，在复杂环境下使用时比性能均匀材料具有更大优势。梯度功能材料概念是由日本学者在研究开发用于航天飞机和火箭的高温结构材料的过程中提出的，其基本思想是：根据具体要求，选择用两种或两种以上具有不同性质的材料，通过连续地改变这些材料的组成和结构，使其内部界面消失，从而得到功能相应于组成和结构的变化而渐变的非均质材料，以减小和克服结合部位的性能不匹配因素。

3.7.2 梯度功能复合材料的结构设计

传统的复合材料虽然微观上是不均一的，但在研究材料的宏观性能时可以将它作为均质材料处理。因此，人们可以利用建立在均质材料的力学理论基础上的理论或半经验的混合法则来设计复合材料的性能。但是，梯度功能材料和传统复合材料相比，在材料设计方面有着根本不同之处。梯度功能材料的研究开发的针对性更强，在材料设计时必须首先考虑具体的使用环境。梯度功能材料设计包括两个重要的方面，一是构成梯度材料的物系设计，另一个则是热应力缓和结构设计。物系设计主要是考虑所设计的性质要与目标环境相适应，此外还要充分注意所选材料间的物理及化学相容性，包括热膨胀系数相差不能太大，两相尽可能好的润湿性和材料制备条件的同一性（烧结、致密化条件等）；热应力缓和结构设计是追求在选定物系前提下梯度材料的热应力最为适宜，一方面考虑材料在制备过程中的残余应力，同时还要考虑材料在使用条件（温度梯度、热冲击等）下的热应力。故此，梯度功能复合材料设计需导入热应力分布函数和材料成分构成与成分分布函数。例如，航天飞机发动机燃烧室的一侧要承受极高的温度，另一侧接触液氢又要承受极低的温度。设计这种特殊环境下使用的梯度功能材料时，需要通过如图 3－9 所示的逆向设计程序找到最佳梯度分布。

梯度功能材料的制备关键在于如何使材料组成和组织结构等按设计要求形成梯度分布。常用的梯度功能材料的制备技术有：等离子喷涂法、化学或物理气相沉积法、激光熔覆法、薄膜叠层法、泥浆浸涂法等。

3.7.3 梯度功能复合材料的应用

梯度功能复合材料是一类具有全新概念的材料，其应用前景极为广泛（见表 3－14）。现在的主要应用为以下几方面：

1. 耐高温材料

耐高温梯度功能复合材料主要应用于航天工业，它可以用于航天飞机和宇宙飞船的壳体。航天飞机在往返大气层的过程中，机头的前端和机翼的前沿处于超高温状态。过去航天飞机采用以陶瓷为主的复合材料防热系统，其重复使用性差，整个系统的可靠性也存在问题。采用热应力缓和的梯度功能复合材料可解决上述问题。梯度功能材料也可用于喷气燃烧器和重复使用型的火箭燃烧器。另外，用金属－陶瓷结合的梯度功能材料可作为核反应堆材料，能消除热传递及热膨胀引起的应力，解决内层容易剥离的问题。

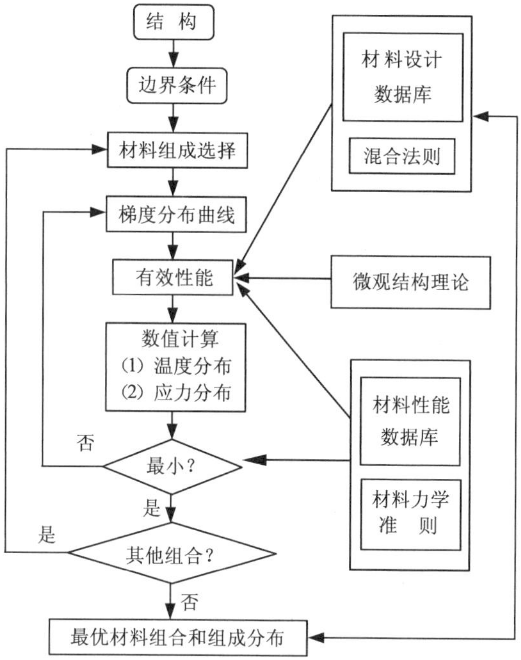

图3-9 热应力缓和型梯度功能材料的逆向设计程序

2. 生物医学材料

用羟基磷灰石(HA)陶瓷和钛合金 Ti-6Al-4V 制成的梯度功能材料，完全仿照人的真实牙齿构造，齿根的外表面是布满微孔的磷灰石陶瓷。因为 HA 是生物相容性优良的生物活性陶瓷，钛合金是生物稳定性与亲和性好的高强度材料，采用烧结法将它们制成含有 HA 陶瓷涂层的钛基梯度材料，作为仿生活性人工牙齿，特别适丁植入人体。

3. 梯度折射率光学材料

梯度折射率材料制成的光学元件具有显著的特点，如梯度折射率透镜体积小、数值孔径大、焦距短、消像差性好、端面为平面。组成光学系统可大大减少组件总数，可简化结构。梯度折射率微型光学元件是集成光学和光计算机的主要组件。剃度折射率光纤可以自聚焦，能提高耦合效率，在光通信系统有广泛应用。

4. 电子材料

随着电子仪器的微型化和轻量化，迫切需要电子元件一体化、复合化，用梯度功能材料来制作非常适合。例如 PZT 压电陶瓷广泛应用于制造超声波振子、陶瓷滤波器等电子元件，但其在温度稳定性和失真震荡方面存在问题。通过调整材料成分，使其成为梯度材料，就能使压电系数和温度系数等性能得到适宜的分配，提高压电元件的性能和寿命。

表 3-14　梯度功能材料的应用

应用领域	应用范围	梯度组成
宇航工程	航天飞机机体	陶瓷-金属
	火箭燃烧室壁	陶瓷-金属
	发动机燃烧室	陶瓷-金属
	发动机涡轮叶片	陶瓷-金属
核反应工程	核反应堆结构	金属-耐射线材料
	核反应堆内壁	
	放射线屏蔽	隔热材料-屏蔽材料
	电绝缘体	各种绝缘体
光学工程	自聚焦透镜光纤和光学元件	梯度折射率材料
	防反射膜	梯度折射度膜
	多色发光元件	各种化合物半导体
	激光器	各种稀土玻璃
电磁工程	陶瓷滤波器	各种压电陶瓷
	超声波振子	压电陶瓷和磁伸缩材料
	集成电路	各种半导体
	三时限复合电子元件	各种超晶格材料
	磁盘	各种磁性薄膜
	永久磁铁	金属-铁氧体
	磁头	金属-铁氧体
	长寿命加热元件	金属-陶瓷
	超导线材	超导陶瓷-金属
	电磁密封材料	导电体-塑料
	高密度基板	AlN-陶瓷
传感器工程	装配一体化传感器	陶瓷-塑料
	分布传感器	硅-金属
	音响耦合传感器	压电陶瓷-金属
	多功能传感器	各种敏感材料
能源工程	磁流体发电	耐高温金属-陶瓷
	电极	金属-陶瓷
	热电发电	金属硅化物
	燃料电池	导电材料-介电材料
	地热发电	耐热耐腐蚀材料-金属
	太阳能电池	碳化硅-硅-锗
化工工程	多功能分离膜	各种有机材料
	化工设备	耐腐蚀材料-耐高温材料
	催化剂	金属-陶瓷

续表3-14

应用领域	应用范围	梯度组成
生物医学工程	人造齿 人造骨 人造关节 人造器官	磷灰石-氧化铝 磷灰石-金属 磷灰石-合金(塑料) 各种高分子材料
日用品	纸、衣服、食品、建材等用品	纤维、塑料、水泥、金属、蛋白质等

参考文献

[1] 吴人洁主编. 复合材料. 天津：天津大学出版社，2000

[2] 鲁云，朱世杰，马鸣图，潘复生主编. 先进复合材料. 北京：机械工业出版社，2003

[3] 周曦亚编. 复合材料. 北京：化学工业出版社，2004

[4] 尹洪峰，任耘，罗发编著. 复合材料及其应用. 西安：陕西科学技术出版社，2003

[5] 王荣国，武卫莉，谷万里主编. 复合材料概论. 哈尔滨：哈尔滨工业大学出版社，1999

[6] 曹茂盛，徐群，杨郦，王学东主编. 材料合成与制备方法. 哈尔滨：哈尔滨工业大学出版社，2001

[7] 郝元恺，肖加余编著. 高性能复合材料学. 北京：化学工业出版社，2003

[8] Schwartz M M. Composite Materials Handbook. New York：McGraw-Hill Book Company，1983

[9] 李继业编著. 新型混凝土技术与施工工艺. 北京：中国建材工业出版社，2002

[10] 李继业，刘福胜编著. 新型混凝土实用技术手册. 北京：化学工业出版社，2005

[11] S. Suresha，A. Mortensen. 功能梯度材料基础. (李宗新等译). 北京：国防工业出版社，2000

[12] 郑子樵，梁叔全等. 航天用超耐热梯度功能材料. 宇航材料工艺，1992(6)：17-21

[13] 益小苏主编. 先进复合材料技术研究与发展. 北京：国防工业出版社，2006

[14] 胡保全，牛晋江编著. 先进复合材料. 北京：国防工业出版社，2006

[15] Botelho E C，Silva R A，Pardini LC，Rezende MC. A review on the development and properties of continuous fiber/epoxy/aluminum hybrid composites for aircraft structures. Mater Res，2006，9：247

[16] Moussavi-Torshizi S E，Dariushic S，Sadighic M，Safarpour P. A study on tensile properties of a novel fiber/metal laminates. Mater Sci Eng A，2010，Vol. 527：4920-4925

[17] Xia Y，Wang Y，Zhou Y，Jeelani S. Effect of strain rate on tensile behavior of carbon fiber reinforced aluminum laminates. Mater Lett，2007，Vol. 61：213-215

[18] Kawai M，Kato K. Effects of R-ratio on the off-axis fatigue behavior of unidirectional hybrid GFRP/Al laminates at room temperature. Int J Fatigue，2006，Vol. 28：1226-1238

[19] Khalili S M R，Mittal R K，Kalibar G S. A study of the mechanical properties of steel/aluminium/GRP laminates. Mater Sci Eng A，2005，Vol. 412：137-140

[20] Alderliesten R，Rans C. The meaning of threshold fatigue in fibre metal laminates. Int J Fatigue，2009，Vol. 31：213-222

[21] 宁素娟，王帮峰，卢吉云，陆孟雄. 基于炭纤维增强复合材料的柔性蒙皮性能研究. 兵器材料科学与工程，2011，Vo1. 34，No. 1：5-8

第4章　电性材料

4.1　电性材料概述

电性材料是当前材料科学的一个重要方面，电性材料品种繁多，用途广泛，涉及面宽。它是制作电子元器件和集成电路的基础，是获得高性能、高可靠先进电子元器件和系统的保证。电子材料除用于制作电子元器件与集成电路外，还广泛用于印制电路板和微线板、封装用材料、元器件和整机、电信电缆和光纤、各种显示器及显示板，以及各种控制和显示仪表，等等。

根据电阻率或电导率数值大小，可粗略将电性材料分为导电材料、电阻材料、半导体材料、超导材料等，如表4－1所示。

表4－1　电性材料的分类及其电导率、电阻率范围

材料	电阻率/(Ω·m)	电导率/(S·m^{-1})
超导体	→0	→∞
导体	$10^{-8}\sim10^{-5}$	$10^{5}\sim10^{8}$
半导体	$10^{-5}\sim10^{7}$	$10^{-7}\sim10^{5}$
绝缘体	$10^{7}\sim10^{20}$	$10^{-20}\sim10^{-7}$

从微观上讲，材料之所以具有导电性是由于材料内部存在传递电流的载流子。载流子有3种，即电子、空穴和离子。以电子或空穴为电流的负载者称为电子导体或第1类导体，如金属。电流通过这类导体时，不改变导体本身的结构和性能。以离子为电流负载者称为离子导体或第2类导体，如酸、碱、盐溶液。电流通过这类导体时，必然伴随化学变化。

4.2　导电材料

导电材料是电子元器件和集成电路中应用最广泛的一种材料，用来制造传输电能的电线电缆，传导电信息的导线、引线和布线。导电材料最主要的性质是良好的导电性能。根据使用目的不同，除了导电性外，有时还要求有足够的机械强度、耐磨、弹性、耐

高温、抗氧化、耐蚀、耐电弧、高的热导率等。IEC规定，电阻率为1.7241 μΩ·cm的标准软铜的电导率作为100%，其他材料的电导率与之比较，以百分电导率表示。

导电材料是用来传输电流的，要求材料的电阻率要低，有一定的机械强度、耐蚀性和容易加工和焊接。导电材料主要是金属材料，又称导电金属。

4.2.1 导电材料的特性

1. 电阻

当存在外电场时，金属中的自由电子在运动中不断与晶格结点上做热振动的正离子相碰撞，使电子运动受到阻碍，因而金属具有一定的电阻。金属的电阻特性通常用电阻率ρ(单位为Ω·cm)来表示。

温度升高，会使金属电阻增大；合金元素和杂质也会使金属电阻增大；机械加工也会使电阻增大；电流频率升高，金属产生趋肤效应，导体的交流电阻也增大。

2. 电子逸出功

金属中的电子脱离其本体所必须获得的能量，单位为电子伏特(eV)。不同金属，其电子逸出功不同。

3. 接触电位差

接触电位差是指在两种不同金属或合金接触时，两者之间所产生的电位差。

4. 温差电势

两种不同的金属接触，如果两个触点间有一定温度差时，则产生温差电势。根据温差电势现象，选用温差电势大的金属，可以组成热电偶用来测量温度和高频电流。

4.2.2 导电材料的种类及应用

4.2.2.1 金属及合金导电材料

常见金属的导电能力顺序为银、铜、金、铝。由于银、金价格高，仅在一些特殊场合使用。电子工业中常用的是铜、铝及它们的合金。

1. 铜及铜合金

铜的导电和导热性好，不易氧化和腐蚀，机械强度较高，有良好的延展性和可塑性，易机械加工，易焊接，资源丰富，易提炼，是常用的导电材料。合金元素或杂质对铜导电性影响很大，影响程度视元素的种类、含量不同而不同。在铜中加入适量Sn、Si、P、Be、Cr、Mg、Cd元素制成的铜合金称为青铜，加入不同量Zn制成的铜合金称为黄铜。青铜和黄铜有良好的导电性，机械强度比纯铜高。在铜中加入质量分数为0.1%~0.2%的Ag，其耐磨、耐腐蚀、电接触性更好。稀土元素可细化晶粒，改善工艺性能，提高耐热性。

铜在电子工业中得到广泛应用，如导线、电池极片、屏蔽罩等。电子工业中的绕组、导线、极片大都采用的是软铜。软铜是铜在与氧隔绝的条件下以 400 ~ 600 ℃的温度进行退火处理后得到的，这种铜延展性、导电性好。当铜中含有杂质时，其导电性显著降低，所以电子工业中用的是杂质含量很少的电解铜。

2. 铝及铝合金

铝的导电性为铜的65.45%，密度不到铜的一半，不易腐蚀，延展性和可塑性好，抗拉强度比铜低，不易焊接，提炼比铜难。杂质对铝的导电性影响大，含量很少的 Cr、Li、Mn、V、Zr、Ti，可使铝的导电率下降很多。在铝中加入 Si、Mg、Fe 元素，机械强度可提高很多，称作高强度铝合金。加入质量分数为0.3% ~0.5%的 Mg 或0.4% ~0.7%的 Si 或0.2% ~0.3%的 Fe，经特殊加工可获得很高的机械强度，且导电率与纯铝相近。

铝的资源丰富，价格低廉，在工业中用做导线、极片，制成的铝箔用途也很广泛。

铝合金的机械强度比铝高，有足够轻的重量、塑性和耐蚀性。铝硅合金流动性好，收缩率小，耐蚀，易焊接，可代替细金丝用于连接线。

3. 金属复合导电材料

为改善导电材料的一些性能，可制成金属复合导电材料。如在铜表面镀锌或包不锈钢层，提高铜的耐蚀性；镀银或包银使铜导电率提高，抗氧化性好，更易焊接；包覆镍，使铜的抗高温氧化性提高。在铝表面包覆铜，提高铝的导电性并容易焊接，在铜芯外面包覆不低于50%厚度的铜的复合导电材料，导电率和机械强度介于铜和钢之间。

4. 贵重金属及其合金

(1)金及其合金。金具有良好的导电导热性，在空气中不氧化，抗硫化性也较好，但价格较高，主要用做金属接点的电镀材料。金的硬度较低，常用的是加入各种硬化元素的金基合金。金基合金还有一个优点是具有良好的抗有机污染的能力，常用于要求较高的电接触元件中做弱电流小功率接点。其中金镍合金的硬度和耐磨性均高于纯金，常用在要求使用寿命长、小负荷、小接触压力的接点，如各种继电器、波段开关等。此外，常用的还有金银、金铜、金锡等金基合金。

(2)银及其合金。银的导电性和导热性都很好，易于加工成形，其氧化膜也能导电，对接触电阻影响不大，并能抵抗有机污染。与其他贵重金属相比，银的价格比较便宜，在一般小功率继电器中应用很广。但其耐磨性较差，容易硫化，银的硫化物不易导电，也不易清除，为此，常采用银铜、银镁镍等合金，它们还具有优良的弹性，可兼做接触簧片。银铅锌、银铜等新型合金的导电性与银相近，而强度、硬度、抗硫化性均有所提高。

(3)铂族金属及其合金。铂不会氧化，也不易形成高阻薄膜，接触电阻低而且稳定，耐磨性良好，但纯铂的硬度不高，价格昂贵，在电接触元件中用得不多。常用的是铂铱合金，它的耐磨损性能好，硬度很高，使用寿命比纯铂接点长得多。与铂基合金相近的接点材料还有钯银、钯铜、钯铱合金等。铂族金属及其合金价格昂贵，且抗有机污染的能力较差，有被金基合金所取代的趋向。

(4)层状复合材料。层状复合材料是由两种或两种以上金属材料所形成的面结合材料。层状复合材料的基体材料可采用钢、黄铜、锌白铜、铍青铜、铜镍锡、钢铁、铜镍、镍和不锈钢等，与其复合的电接触材料则可选用金、银、钯、铂及其合金，这样既有利于节约贵金属，又可满足不同的技术要求，提高产品的可靠性和稳定性，在开关、连接器、电刷等弱电接触元件中广泛采用。

4.2.2.2 膜导电材料

随着科技的发展，仪器仪表向小型化、集成化发展，使膜导电材料用途越来越广，用量也越来越大，且向高温、高稳定性、贱金属方向发展。

1. 金属膜导电材料

按膜的厚度，膜导电材料可分为厚膜导电材料和薄膜导电材料，按浆料中含 Ag、Au、Pt、Rh 贵金属和含 Cu、Ni、Al、Cr 金属，又分为贵金属系和贱金属系。膜导电材料用于集成电路中布线、芯片黏结、半导体封装等。厚膜导电材料是由导体浆料丝网印刷，然后烧结形成的。薄膜导电材料是由单种金属形成的单层薄膜导电材料，如铝膜，或由多层薄膜导体，如 Cr－AuNi－Cr 复合而成的复合薄膜导电材料。

2. 聚合物膜导电材料

聚合物膜导电材料能在一定温度、一定电压下，在某时由非导体剧变为导体；或在一定电压下升温，在某一温度域由良导体剧变为绝缘体，这种现象称为开关效应。

聚合物导电是与其特定结构相联系的，聚合物导电材料分为两类：一类是具有大 π 键共扼结构体系的结构型，可提供大量的、迁移率很高的电子载流子，加之化学掺杂和电化学掺杂又进一步提高它的导电率；另一类是复合聚合物导电材料，它是聚合物与各种导电性物质通过分散复合、层压复合、形成表面导电膜等方式构成的导电橡胶、导电塑料、导电涂料、导电黏合剂等导电材料，常用的导电性物质有炭黑、石墨、炭纤维、金属(包括粉、箔片、纤维、条)和镀金属层的玻璃纤维、炭纤维与玻璃球。除导电物质种类外，形状、尺寸、表面状态、比表面、吸附能力及导电物质在聚合物中的分布状况等对导电性都有影响。

聚合物导电膜的发展越来越受到人们的认识和重视，它的应用也越来越广泛，如：可以用作膜电极，其在电解液中不溶解；用于静电屏蔽膜；做导电材料的同时，因其透明，可兼作光学材料，以及用作连接填料等。

3. 非金属导电材料

对金属来说，电子导电是其导电的主要方式，相比之下离子导电几乎可忽略不计。但对晶体陶瓷或非晶态玻璃等材料来说，由于离子电导活化能比较低(一般在 0.5 eV 以下)，离子导电已不容忽视，它甚至是这些材料中的主要导电方式。正常离子化合物的电导率并不很高，而固体电解质的电导率要比它高出几个数量级，故通常把固体电解质称为快离子导体或最佳离子导体或超离子导体。

快离子导体的单晶体难以制成所需要的各种形状和大的尺寸，因此该领域中有实用价值的主要是多晶材料，即快离子导体陶瓷材料。由于离子总是循着所需能量最低的通道迁移，在多晶体内离子最低能量传输通道在晶界处受阻，故多晶体的电导率通常低于单晶体的电导率。与金属材料类似，陶瓷材料的电阻率也包括晶内电阻率和晶界电阻率两部分。晶粒和晶界的电导率和电导活化能是不同的，在低温区，晶界电阻通常较大，陶瓷的离子传导过程由晶界控制，其电导率主要取决子晶界电导；而在高温区，晶界电阻变小，陶瓷的离子传导过程变成由晶粒控制，其电导率主要取决于晶粒电导。陶瓷材料的导电性质与它的化学组成、晶体结构、相组成和显微结构有密切关系。当某些化合物在不同温度下分解为传导性不同的晶相时，常采用掺杂方法使高传导相在宽的温度范围内都能稳定，以获得较好的离子传导和其他性质，故大多数快离子导体的化学组成不低于三元。

4. 导电高分子材料

世界上第一个导电有机聚合物是 1977 年发现的掺杂型聚乙炔，它具有类似金属的电导率。与金属相比，导电高分子材料具有重量轻、易成形、电阻率可调节、可通过分子设计合成出具有不同特性及导电性等特点。

从导电原理来说，高分子导电材料分为结构型和复合型两大类。结构型导电高分子材料是通过电子或离子导电使高分子本身结构显示导电性，它包括高分子经掺杂后具有导电功能的聚合物，如聚乙炔。结构型导电高分子含具有吊挂结构或整体结构的聚合物离子导电体；线型共轭聚乙炔及面状共轭焦化络合物等共轭聚合物、聚酞菁类金属整合型聚合物和高分子电荷转移络合物等电子导电体。结构型导电高分子材料多为半导体材料，它们由于结构特殊，制备与提纯也困难而极少获得实际应用。复合型导电高分子材料是通过一般高分子与各种导电填料分散复合、层积复合，使其表面形成导电膜等方法制成，它是靠填充在其中的导电粒子或纤维的相互紧密接触形成导电通路而导电的。从应用上来说，复合型导电高分子材料又可分为导电塑料、导电纤维、导电橡胶、导电黏合剂和导电涂料等，它们在防静电、消除静电、电磁屏蔽、微波吸收、电器元器件中的电极、按键开关、电子照相、记录材料、面状发热体、净化室墙壁材料、管道等工业和民用的各个方面已经得到了广泛的应用。

(1)结构型导电高分子材料

结构型导电高分子材料中，至今只有聚氮化硫可算是纯粹的结构型导电高分子材料，其他许多种导电高分子几乎都采用氧化还原、离子化或电化学方法进行掺杂后才具有较高的导电性。目前研究较多的结构型导电高分子有聚乙炔、聚苯硫醚、聚吡咯、聚噻吩等，它们由于在水和空气中不稳定，不溶于一般溶剂，可加工性差，导电性也不稳定，至今未大规模生产。具有最好导电性的聚合物是掺杂型聚乙炔，其电阻率可达 $2\times10^{-5}\ \Omega\cdot cm$ 以下；而比较稳定的掺杂型聚苯硫醚的电阻率则在 $10^{-3}\sim10^{-2}\ \Omega\cdot cm$ 范围。虽然掺杂提高了导电高分子的导电性，但它往往会使材料的稳定性变差，成膜性降低，故通过分子设计，从高分子链的结构着手，研究和开发具有高而稳定的导电性，易于成形加工，可代替金属作为导线与电缆及结构材料是该领域的主要研究方向，主要包括在蓄电池和微波吸收材料方面的研究工作。

掺杂聚乙炔蓄电池具有重量轻、体积小、容量大、能量密度高、不需维修、加工简便等优点，它比传统的铅酸电池轻，放电速度快，其最大功率密度为铅酸电池的10～30倍。有研究结果表明：聚合物蓄电池经过1500次充放电循环后，容量损耗只有总容量的百分之几，而铅酸蓄电池一般只能充放电1000次。聚合物蓄电池可用作汽车或其他装置的备用电池。这类蓄电池的问题主要是电极材料和电解液的不稳定性，所用高氯酸盐有爆炸性，AsF_5等的剧毒性，Li掺杂聚乙炔在空气中的自燃性等。因此，开发新的耐氧化、还原性好的有机溶剂（如水溶液系聚乙炔电池）对聚合物蓄电池具有推动作用。

作为微波吸收材料，可以对导电聚合物的厚度、密度和导电性进行调整从而可调整材料的微波反射系数和吸收系数，吸收系数可达$10^5\,cm^{-1}$。导电聚合物薄膜重量轻，柔性好，可作为包括飞机在内之任何设备的蒙皮。

（2）复合型导电高分子材料

复合型导电高分子材料是在通用树脂中加入导电性填料、添加剂，采用一定的成形方法而制得的。通用树脂有聚乙烯与聚丙烯等聚烯烃、聚氯乙烯、ABS、聚酰胺、PBT聚对苯二甲酸二醇酯、聚碳酸酯、酚醛树脂、环氧树脂、有机硅、聚酰亚胺、聚丙烯酸酯等。添加剂则包括抗氧剂、固化剂、溶剂、润滑剂等。导电填料包括金、银、铜、铝、镍等金属粉，铝纤维、黄铜纤维、铁纤维和不锈钢纤维等金属纤维以及炭黑、石墨、炭纤维、镀金属玻璃纤维、镀金属炭纤维、镀银中空玻璃微球、炭黑接技聚合物、金属氧化物、金属盐等；它们有球状、薄片状、针状等各种形状，其中薄片状比球状更有利于增大导电粒子之间的相互接触。通常导电粒子越小越好，但必须有适当的分布幅度以获得紧密堆积、接触面积大、导电能力高的材料。

影响复合型导电高分子材料导电性能的主要因素除了填料种类、金属形状、树脂种类、填料分散状态等外，还有导电填料的用量。导电填料用量随填料种类、形状、基体树脂种类等变化，当填料与基体树脂的比例达到一个临界值时整个系统形成导电通路。一般为了使电阻率稳定，减少电阻值的分散性，需要选用硬度大、热变形温度高的树脂，以使导电粒子不易迁移；对热固性树脂而言，在一定温度范围内，随着固化温度的提高，固化时间的延长，导电高分子的电阻值越小，稳定性越好。

复合型导电高分子材料的研究方向是提高性能，降低成本。常见复合型高分子材料有导电胶粘剂、导电塑料、导电薄膜、导电涂料等。

导电胶粘剂是兼有导电性和黏接性双重性能的胶粘剂，它具有一定的导电性和良好的粘接性能。常用添加型导电胶主要有环氧树脂、酚醛树脂、聚氨酯导电胶和某些黏接性能较好的热塑性树脂导电胶等。其中的导电填料有金属粉、石墨粉、乙炔炭黑和碳素纤维等。一般常用的金属粉包括银粉、金粉、铜粉和铝粉等几种。金粉虽然性能好但价格昂贵，铜粉和铝粉在空气中又易氧化而影响导电性能，故常用的是银粉。通常，银粉粒度越小，形状越不规则，其导电性能越好。为保证在胶层中紧密接触，最好使用超细银粉与鳞片银粉的混合填料。

导电塑料包括聚烯烃导电塑料、导电尼龙、PBT 导电塑料等。聚烯烃导电塑料是以聚烯烃或其共聚物为基础加入导电填料与抗氧剂及润滑剂等后经混炼加工而成的，它可用于电线、泡沫塑料、塑料成型制品、瓦楞板、高低压电缆的半导体层、干电池电极、集成电路和印制电路板及电子元件的包装材料等。导电尼龙是以炭黑与炭纤维为填料制备的，可用于防静电和消除静电。PBT 导电塑料是以聚对苯二甲酸丁二醇酯为基材加入炭纤维或金属纤维与碳等制成的，可用于导电塑料和电磁屏蔽材料及防静电材料等。这些导电塑料的电阻率约为 $10^4 \sim 10^{-4}\ \Omega\cdot m$ 之间。

导电薄膜一般是在尼龙、聚乙烯、聚碳酸酯等普通塑料薄膜上形成导电层的复合材料；既有单一导电薄膜也有如金属与氧化物结合的复合型导电多层膜。导电薄膜由于具有透明性和可挠性、重量轻、易加工等优点，可作为电气零件、电子照相、电路材料、显示材料、防静电材料、热线反射、电磁屏蔽、光记录与磁记录材料、面状发热体、窗玻璃等。

导电涂料一般是将 ABS、聚苯乙烯、环氧树脂等合成树脂溶解在溶剂中，再加入金和银等金属与合金、金属氧化物、炭黑、乙炔黑这些导电填料、助剂等配制而成。导电涂料主要用于电磁屏蔽、真空管涂层、微波电视室内壁涂层、磁头涂层、雷达发射机、自动点火器等的导电涂层。它分为高温烧结型和低温固化型两种，如固化聚合物厚膜导电涂料的电导率为 0.001 S/m，可进行锡焊也可与铝线结合；而以银粉、超细微粒石墨为填料的高温烧结型导电涂料可代替金属作加热管、加热片和电炉。以炭黑接枝反应为填料的导电涂料，如炭黑同丙烯酸、丙烯丁酯进行接技反应生成的炭黑接技聚合物与环氧树脂混合、固化后，涂层导电性均匀，稳定性好，电阻率可达 $10^{-3}\ \Omega\cdot m$；当加入炭黑含量为 $w(C)5\%$ 的炭黑接枝物时，电阻率为 $10^{-1} \sim 10^{-3}\ \Omega\cdot m$。用于特殊场合、性能稳定的银系电磁屏蔽涂料的电阻率甚至达 $10^{-6} \sim 10^{-7}\ \Omega\cdot m$。另一方面，导电涂料可用作“发热漆”，如以聚酰胺－酰亚胺调合漆和炭黑或石墨为基础的民航飞机用导电磁漆，其电阻值可达 $5\times10^2\ \Omega$ 左右，在 $-180 \sim +250$ ℃温度范围内和湿度为98%左右（室温 ~60 ℃）的条件下都是稳定的，在 200 ℃下热处理 300 h 后的电阻值只下降 5% ~10%。

4.3 电阻材料

4.3.1 电阻材料简介

广义说来，凡是利用物质的固有电阻特性来制造不同功能元件的材料都称作电阻材料。从最古老的Cu－Ni－Zn合金，到现在的非晶电阻合金（如Fe－Ni－Co－Cr－B等），其性能在不断地改善。电阻材料是用来制作电子仪器、测量仪表、加热设备以及其他工业装置中的电阻元件的一种基础材料，包括制作发热体的电热材料、绕制标准电阻器的精密电阻材料以及制作力敏、热敏传感器用的应变电阻材料和热敏电阻材料等。

4.3.2 电阻材料分类及应用

电阻材料既有金属的，也有陶瓷和半导体的，还有非晶的；它们形状各异，伏安特性既有线性的，也有非线性的。如果按其用途来区分，则电阻材料可分类为：

（1）调节器、电位器、精密仪器仪表用的精密电阻合金。它包括：①主要用于起动电阻、滑动电阻、电动机速度控制、电路温度控制以及电压调节等方面的调节器用电阻合金，如康铜、新康铜、镍铬、镍铬铁和铁铬铝等；②主要用于旋转式与滑线式电位器等的电位器用电阻合金，如康铜、镍铬、卡玛合金和贵金属电阻合金等；③主要用于电桥、电位差计、标准电阻、分流器、直流分压箱、高阻电桥等方面的精密仪器仪表用电阻合金，如精密锰铜、分流器锰铜及高阻合金等。

（2）加热器用的电阻材料，如镍铬及铁铬铝电热合金、热敏电阻合金和陶瓷电热元件等，主要用于民用与工业用电炉和各种节能电热器具等方面。

（3）传感器用的电阻合金，如应变康铜、应变卡玛合金、镍钼合金及铁铬铝等应变电阻合金和负电阻温度系数锰铜及铁锰铝铜等温度补偿电阻合金，前者主要用于各种燃气轮机叶轮、叶片及大型构件的热应力测量，后者主要用于电表中线路温度补偿元件等方面。

（4）电子工业用的膜电阻材料，包括RuO_2、$Bi_2Ru_2O_7$等厚膜电阻网络材料和氮化钽（Ta_2N）、镍铬等薄膜电阻网络材料，主要用于高集成控制电路方面。

4.3.2.1 精密电阻合金

常见的精密电阻合金包括锰铜合金、镍铜合金、改良型镍铬电阻合金、贵金属精密电阻合金以及改良型铁铬铝等其他系列精密电阻合金。Pt基、Au基及Ag基等贵金属精密电阻合金大多数耐有机蒸汽腐蚀性较差，而改良型Fe－Cr－Al合金、Mn基及Ti基等电阻合金则在焊接性能、加工与抗氧化性能和制造工艺上存在一定的问题。

某些场合需要用到高电阻系数的导线如电阻丝等，常用的高电阻材料大都是铜、铅、铁等合金以及镍、锰的合金。

(1)锰铜。锰铜是铜、镍、锰的合金，具有特殊的褐红色光泽，电阻率低，主要用于电桥、电位差计、标准电阻元件及分流器、分压器。

(2)康铜。康铜是铜、镍合金，机械强度高，抗氧化和耐腐蚀性好，工作温度较高。康铜丝在空气中加热氧化，能在其表面形成一层附着能力很强的氧化膜绝缘层。康铜主要用于电流、电压调节装置或控制绕组。

(3)镍铬合金。镍铬合金是一种电阻系数大的合金，具有良好的耐高温性能，常用以制造线绕电阻器、电阻式加热器及电炉丝。

(4)铁铬铝合金。铁铬铝合金是以铁为主要成分，加入部分的铬和铝来提高电阻系数和耐热性。它的价格便宜，脆性也大，不易拉成细丝，常制成带状或直径较大的电阻丝。

4.3.2.2　电热器用电阻材料

电热器用的电阻材料一般包括工作在1350 ℃以下的普通中、低温电热合金和在1350 ℃以上高温使用的贵金属电热合金及陶瓷电热元件。

1. 电热合金

当使用温度在500 ℃以下时，可采用康铜等Cu－Ni合金，它具有不大的电阻温度系数和较高的电阻率。工作温度为900～1350 ℃时一般采用Ni基电热合金和Fe基电热合金。

电热合金如果用在1500 ℃以上的工业炉中，即使不熔化也会被严重氧化，此时需使用Pt、Mo、W等贵金属或石墨、陶瓷等电热元件。Pt等贵金属在空气中最高使用温度为1500 ℃；Mo、W、石墨、陶瓷等电热元件的温度使用则可在1500 ℃以上。由于金属Mo和W、石墨只能在还原性气氛中使用，在空气中使用时，陶瓷电热元件的成本比贵重金属低得多。

2. 电热陶瓷

陶瓷加热元件不能像金属那样加工成金属线，但很易加工成管状和棒状。常见的陶瓷类电热材料有碳化硅(SiC)、二硅化钼($MoSi_2$)、铬酸镧($LaCrO_3$)和锡氧化物(SnO_2)等。

(1)碳化硅(SiC)。纯碳化硅是由碳(C)和硅(Si)在1000 ℃下烧结而成。SiC已被广泛用于制作磨料、耐火材料、加热元件和可变电阻器等，它在空气中的最高使用温度达1650 ℃。

碳化硅可以用烧结法、反应键合法或硅化石墨法制备，不同方法得到的SiC的致密度不同。没有加釉保护的碳化硅是靠自身生成固有的硅化物钝化膜来抗氧化的。通常，在强还原性气氛中，由于硅化物保护层会形成易挥发的SiO，导致碳化硅加热元件易损坏。研究表明，碳化硅约在600 ℃以下是本征半导体，具有较大的负电阻温度系数；单晶体也没有正电阻温度系数效应，这可能与其晶界效应有关。

(2)二硅化钼($MoSi_2$)。$MoSi_2$在空气中使用的最高温度可达1800 ℃，如果掺入一些SiC使其性能得到改善，则它可用至1900 ℃。$MoSi_2$在1900 ℃以下是四方结构；而在1900～2030 ℃(熔点)之间为六方结构。$MoSi_2$的室温电阻率为$2.5\times10^{-7}\ \Omega\cdot m$，而在1800 ℃下电阻率增大至$4\times10^{-6}\ \Omega\cdot m$。实际工程上的二硅化钼加热元件是将约20%体积比的钼硅酸盐玻璃相和$MoSi_2$粒子黏结在一起的混合物。元件大都由$MoSi_2$细粉与精选的黏土混合，挤压成合适直径的棒(通常端部比加热区域要粗些)。棒经干燥、烧结后切成不同的长度，再将加热部分弯曲为所需的形状，并与粗大的端部焊在一起。最好的二硅化钼加热元件可以在1800 ℃下工作。

(3)铬酸镧($LaCrO_3$)。铬酸镧材料主要用于制造磁流体发电机上的电极。铬酸镧的熔点为2500 ℃，有良好的抗腐蚀性和高的导电性，其在1400 ℃时的电导率是100S/m，它很适合制成磁流体发电机中的电极。因为在这种发电机中热的导电气体要通过一个跨越强大磁场的槽路，与气流和磁场方向皆成90°直角的感应电动势，在槽路两边相对的电极之间形成一电位差，由于气体温度接近2000 ℃，且必须用钾来活化它们的导电性，故要求电极材料必须是能抗钾的腐蚀，能在1500 ℃下工作10000h的导体。$LaCrO_3$电极元件一般由陶瓷制品加工方法制造，烧结温度为1700 ℃并在还原气氛下进行。加入金属Sr作为烧结添加剂可促进导电性，加入Co则可限制晶粒长大。烧结品还要在氧气中退火以增加导电性。在大气压下，铬酸镧的使用温度可达1800 ℃，但在0.1Pa的低压下，它的上限使用温度只能为1400 ℃。

(4)二氧化锡(SnO_2)。二氧化锡主要用作高温导体、欧姆电阻器、透明薄膜电极和气体敏感元件等，它的晶体是晶格常数为$a=0.474$ nm和$c=0.319$ nm的四方金红石结构，其单晶形式称为锡石。SnO_2为宽禁带能隙的半导体，能隙在0 K时为3.7 eV，其满价带中氧2p能级展开与锡的5s能级形成导带。纯化学计量比的氧化锡在室温下是好的绝缘体，它的电阻率约为$10^6\ \Omega\cdot m$数量级；但实际存在的SnO_2晶体都是缺氧的非化学计量比化合物，它们在导带下0.1 eV造成施主能级而形成n型半导体；如果掺杂五价元素，通常是V族元素锑(Sb)，同样也会形成n型半导体。

掺杂施主Sb的SnO_2晶体是复杂的系统，它的各种性质还远没有被理解。SnO_2本身不能烧结成致密的陶瓷，往往需要加入ZnO和CuO等烧结剂并掺杂V族元素Sb和As以形成半导体，这样可得到致密度为98%的SnO_2陶瓷。SnO_2陶瓷主要用于制作熔融特种玻璃的电极，其室温下的典型电导率为0.1 S/m。使用这种电极应先将炉子熔池预热至1000 ℃，当SnO_2有足够高的导电性时，再用它加热玻璃到1300～1600 ℃的最终温度，加热主要是靠玻璃自身的电阻。由于SnO_2可抵抗玻璃的腐蚀，这种加热很经济，通常可用两年。

4.3.2.3 热敏电阻材料

热敏电阻材料有合金和半导体陶瓷两类。热敏电阻合金由于具有电阻温度系数很大、电阻值与温度成线性、电阻值的温度稳定性好等优点，被广泛应用于航空航天器中的大气温度加热器和电褥、电熨斗、电烙铁、电围腰、电暖鞋等家用电器元件上，从而达到控温、安全和节能的目的。该类合金还可利用其电阻温度系数大和线性良好的电阻温度关系制成测温用的电阻温度计，利用其限流作用制作限流调节器等。

热敏电阻类半导体陶瓷材料有电阻随温度升高而增大的正电阻温度系数 PTCR 型和电阻随温度升高而减小的负电阻温度系数 NTCR 型两种。它们属于铁电陶瓷，具有居里温度点 T_c。典型的 PTCR 电阻，室温下它是半导体，随温度的升高电阻稍微降低，显现负温度系数；当温度达到居里点 T_c附近时，电阻急剧增大几个数量级成为绝缘体；随后它随温度的变化又呈现小的负温度系数关系。

PTC 热敏电阻主要由掺杂不同添加物的 $BaTiO_3$制成，添加物的类型和烧结工艺的精确控制程度是影响钛酸钡 PTC 效应的主要因素。

实验表明，PTC 效应只在掺杂的多晶 $BaTiO_3$中存在，而单晶钛酸钡并没有 PTC 效应，这说明这种效应可能与晶界有关。钛酸钡热敏电阻的应用非常广泛，主要有电动机过热保护器、电视机的消磁器、传感器（如直升机轮叶的冰点仪）、暖风器（如卷发器的电热元件）等。它通常采用固相反应法或液相共沉法来制备。固相反应法是由精选的 BaO、TiO_2及添加剂原料粉末开始，经过混合、预烧、研磨、成形后，再高温烧结；而液相共沉法则往往加入助熔剂进行烧结。

4.3.2.4 膜电阻材料

电力和电子方面应用的电阻元件大都是阻抗性质为欧姆型的纯电阻，它应有小的电阻温度系数和范围在 $10^3 \sim 10^8\ \Omega$ 的高电阻值。但具有这种合适电性质的材料的电阻率却要低于 $10^{-6}\ \Omega\cdot m$，因此人们通常采用下面两个原理来制造这些电阻元件：①把很薄的导电层沉积在绝缘基片上，而后蚀刻成合适的图形以达到大的长宽比；②在导电材料中掺入绝缘相。膜电阻材料由于有体积小、重量轻、性能好、可靠性高、便于混合集成化等优点，是电子应用方面的首选材料，它包括厚膜电阻和薄膜电阻材料两类。这两类材料在电子线路工艺上的主要区别并不在于它们的厚度，而主要是它们的成膜工艺方法：厚膜电阻是指用厚膜杂化制造加工技术制成的膜电阻；而薄膜电阻则是采用如溅射、蒸发等真空镀膜工艺制成的膜电阻。

1. 厚膜电阻材料

厚膜电阻材料统称为厚膜电阻浆料，一般由 0.2 ~ 2.0 μm 粒度的导体粉料、0.5 ~ 10 μm 粒度的玻璃粉料和有机载体等三部分组成。导体粉料如金属、金属氧化物、金属盐类、合金等的作用是在电阻浆料经高温烧结后能保证电阻膜体的导电性能；玻璃粉料一般采用硼硅铅系玻璃，它在烧结时熔融，使导体粉料均匀分散于其中并保证形成的电阻膜体与基体之间的黏附；有机载体或称有机黏结剂，由松油醇等溶剂、硝化纤维素等增稠剂、对苯二酸等流动性控制剂和甲苯等表面活性剂组成，其作用是把导体粉料和玻璃粉料或其他固体粉料均匀混合并分散成膏状浆料，以便达到所要求的丝网印刷性能。厚膜电阻材料一般用作通用电阻、较大功率电阻、高温与高压以及高阻值电阻，如广泛用于电阻网络、阻容功能模块、混合集成电路等各种元器件。

厚膜电阻根据不同原材料分为贵金属系、贱金属系和聚合物电阻浆料等三大类，其膜厚通常为 10～15 μm。采用丝网印刷工艺可将厚膜电阻浆料沉积在陶瓷基片或其他基片上，然后高温烧结即能获得厚膜电阻元件。对于电子方面的有源阻件，一般都使用电导率 σ 在 $10^5 \sim 10^6$ S/m的高电导氧化物，如 PbO、RuO_2、$Bi_2Ru_2O_7$、$Bi_2Ir_2O_7$等贵金属系和硅硼酸铅（成分为 $52PbO-35SiO_2-10B_2O_3-3Al_2O_3$）等釉类贱金属系氧化物。前者的电性如同金属，电阻率具有低的正温度系数。它们制造的电阻元件在低浓度时，通常具有高的电阻率和负的电阻温度系数；而在高浓度时具有低的电阻率和正的温度系数。

2．薄膜电阻材料

薄膜电阻通常采用如溅射、蒸发等真空镀膜工艺制成，其性能与制造工艺和其结构密切相关。与块状电阻材料相比，它的电阻率更高，电阻温度系数可控制得更小。薄膜电阻可分为镍铬系及钽系金属薄膜电阻和金属陶瓷系氧化物薄膜电阻两大类，它们主要用于要求精度高、稳定性好、温度系数和噪声电平小的电路以及高频电路。实验表明：薄膜电阻的膜越薄，其电阻率愈高，即产生所谓的“尺寸效应”。这是由于膜的厚度减小，导致薄膜电阻的电子平均自由程也变小的缘故。

金属薄膜电阻一般是把 Cr、Ni、Nb、Ti、Pd、Ta、W 等纯金属或它们的合金蒸镀沉积在玻璃或陶瓷基片上而成，通常分成 Ni－Cr 系或 Ta 系金属薄膜电阻，其厚度在 10 nm 以下。由于金属薄膜电阻愈薄，电阻率愈大，而电阻温度系数愈小，故利用薄膜更易使高电阻元件小型化，它们的优越性能在精密耐热电子线路中被广泛应用。NiCr 薄膜是最常用的薄膜电阻材料之一，其电阻温度系数（TCR）小，稳定性好，噪声系数小，制造工艺简单，特别适合制作中阻值的精密薄膜电阻。若通过添加 Al、Si、Be、Au、O 等其他元素形成改性 NiCr 薄膜，可进一步改进母膜的性能，如扩大电阻范围，提高高温稳定性和减小 TCR 等。Ta 系薄膜则具有自钝化性、可用阳极法调整电阻值、能用同种材料制作薄膜电阻和电容使二者的温度系数相互补偿等优点，这类精密薄膜电阻通常采用溅射工艺制造。

另一类薄膜电阻就是所谓的氧化物薄膜电阻，这种金属陶瓷薄膜是由金属和氧化物绝缘体的混合物所构成的，如 $Cr-SiO_2$、$Ti-SiO_2$、$Au-SiO(SiO_2)$、$Cr-MgF_2$ 等薄膜，它们具有电阻率高和高温稳定性好等优点。

目前人们研究的非晶态电阻合金包括 Ni－Si－B 系、Cu－Zr 系、Fe－Ni－Co－Cr－B 系、Fe－Cr－Al 系等，它们在精密电阻器、应变电阻计和低温电阻温度计等方面有着广泛的应用前景。

4.4 半导体材料

4.4.1 半导体材料概述

通常，晶体中总是同时存在着共同参与导电的空穴和电子这两种载流子，若半导体材料以电子导电占主导作用就叫它为 n 型半导体；反之如果它是以空穴导电为主则称为 p 型半导体。半导体材料中那些起支配作用的载流子称为多数载流子或多子；而根据质量作用定律一定会存在于同一材料中的少量另一类载流子，称为少数载流子或少子。两种载流子在一定温度下总是不断产生和复合而达到动态热平衡，即产生率和复合率相等。如果采用能量大于禁带能隙 E_g 的光照等方式破坏了平衡，则价带中的电子将吸收(光子)能量跃迁至导带，并在价带中产生空穴，使半导体拥有比热平衡状态下要多的载流子。这些在非平衡状态下产生的多余载流子称为过剩载流子。一般来说，根据电中性的要求，过剩电子与过剩空穴的浓度是相等的，它们对多子来说微不足道，但对少子来说则可能增加几个数量级而产生很大的影响，因此附加非平衡载流子的寿命也用少数载流子的寿命来描述。当光照等非平衡条件去掉后，过剩载流子将逐渐消失，导带中的过剩电子会逐渐回到价带中而产生复合。过剩载流子的浓度 Δn 在简单情况下会随时间按指数规律衰减。

晶体内过剩少子可以直接复合和经过复合中心实现的间接复合。所谓复合中心，就是一些能引起电子和空穴复合过程的杂质或缺陷，它是大多数半导体中的主要复合过程。这种复合过程分两步：一个未被占据的中心从导带俘获一个电子；一个已被占据的中心从价带俘获一个空穴，它相当于一个已被俘获的电子由复合中心落入价带中。此外，杂质和缺陷还可起陷阱作用：陷阱中心能显著地俘获并收容其中一种载流子。根据杂质(缺陷)能级的相对位置或杂质(缺陷)电离能的大小，可分为浅能级和深能级杂质(缺陷)。正是杂质或缺陷能级的存在，使半导体的禁带能隙变窄甚至变为零禁带，从而导致半导体更容易导电。

由于杂质与缺陷对半导体材料的性能有着十分显著的影响，半导体材料必须有很高的纯度(杂质可小于 10^{-10})和很低的缺陷密度。在很纯净的半导体中，或当温度足够高时，从半导体本征态激发的载流子远远超过从杂质激发的载流子时，电子和空穴的数目很接近，此时半导体叫做本征半导体，它们的行为仅仅由其固有性质所决定。然而，如果半导体中掺入杂质，则会对半导体的性质产生决定性的作用，人们正是利用这种效应通过控制杂质的方法来控制半导体材料的导电类型及其特性的，例如在Ⅳ族元素半导体中掺入少量的Ⅴ族(多一个电子)或Ⅲ族(少一个电子)元素分别可控制材料为电子导电的 n 型半导体或空穴导电的 p 型半导体。这种由于外部作用而改变了其固有特性的半导体材料被称为杂质半导体或非本征半导体，它包括 n 型和 p 型两种半导体。

半导体材料的应用给我们的日常生活、工农业生产、国防现代化、宇宙探索、科学研究等各方面带来了翻天覆地的变化。它们在各种晶体管、激光器、集成电路、光电与微波器件、传感器等电子与电气元器件方面得到了广泛的应用。特别是近十几年来，人类开始步入信息时代，对半导体材料的需求量越来越大，要求也越来越高，迫使人们研究或制备更高纯度、更高均匀度、更高完整性和更大尺寸的半导体材料。

4.4.2 半导体材料分类及应用

一般来说，半导体材料按组成可分为元素半导体、化合物半导体、有机物半导体、玻璃半导体、非晶半导体和半导体陶瓷等类型。

4.4.2.1 元素半导体

元素周期表中的许多元素都具有半导体的特性，例如ⅢA 族元素 B，ⅣA 族元素 C（金刚石）、Si、Ge、α－Sn（灰锡），ⅤA 族元素 P、As、Sb、Bi，ⅥA 族元素 S、Se、Te 和ⅦA 卤族元素的 I。其中有些元素半导体的晶体有很宽的禁带宽度而接近绝缘体，晶体生长很困难，如金刚石、B、P、S 和 I 等；有些元素的同素异形体具有半导体性质，但性能不稳定，不如称它们为半金属，如灰铜、Bi、灰砷和黑锑等；只有 Se、Ge 和 Si 才真正用于半导体器件的制作，特别是硅和锗，已成为当前的主要元素半导体。硅因其性质和器件工艺较好应用最为广泛，但在红外和高频特性方面锗仍占据重要地位；而 Se 则在早期用于制造硒光电池和硒整流器。

目前，硅、锗元素的提纯和单晶制造技术已越来越完善，高纯度、大尺寸、高均匀度的 Si、Ge 单晶使集成电路的材料利用率和每批器件成品率及一致性大幅度提高，成本急剧下降，促进了半导体大规模集成电路的发展。锗元素在地球上的分布很分散，它主要是从煤灰和金属冶炼的烟灰残渣中提取；而硅则是地球上含量最丰富的元素之一，虽然它的性质活泼且提纯较困难，但用它制成的器件稳定性好。实际应用的 Si、Ge 元素半导体大多数为掺杂后的非本征半导体，它们通常是掺入少量ⅢA 或ⅤA 族元素后变成 p 型或 n 型半导体的。掺杂半导体材料的施主和受主能级可用氢原子模型进行计算，其理论值与实验结果很接近，这些杂质能级存在于禁带能隙中成为捕获中心和复合中心。

4.4.2.2 化合物半导体

化合物半导体种类繁多，性能各异，有着广阔的应用前景，特别是以共价键为主的ⅢA－VA 族、ⅡA－ⅥA 族、ⅣA－ⅣA 族和氧化物半导体等材料的各项参数，比ⅣA 族单质元索半导体有更大的选择余地，得到了优先发展。与元素半导体的性质相比，化合物半导体的禁带宽度大，有些固溶体化合物（如 $GaAs_xP_{1-x}$ 等）的禁带宽度甚至与成分有关。砷化镓就是一种典型的化合物半导体，它的电子迁移率比 Si 大 4～5 倍，制成集成电路后的工作速度比 Si 更快；其禁带宽度较宽，故热稳定性和耐辐射性较好。GaAs 是直接跃迁型能带结构，即其导带极小值和价带极大值对应于同一波矢的位置，它的电子和空穴对很易形成、发光效率较高，可用于制作激光器。二元化合物半导体因非线性光学常数高，可在近红外区域作非线性光学晶体使用，尽管其非化学计量杂质的控制比二元更困难。

另一方面，随着技术的进步，人们还能利用分子束外延(MBE)、金属有机物化学气相沉积(MOCVD)等方法，将两种不同掺杂的半导体薄膜或不同组分的薄膜交替生长，制成周期性多层结构的超晶格半导体材料，它们分别称为调制掺杂超晶格或组分超晶格半导体材料。由于制备技术可控制在一个原子层的厚度，故可任意改变材料的周期性，从而控制材料中电子的波函数，产生特殊的物理特性，如高的电子迁移率和长的二维电子寿命，因电子隧道效应在材料界面的垂直方向产生负的有效质量而引起负阻现象等。这些器件包括：光电器件、平面型掺杂势垒光探测器、量子阱激光器、调制发光管、电子器件、高电子迁移率晶体管、超晶格雪崩二极管和双势垒器件等。

化合物半导体的宽禁带会产生自补偿效应。半导体中总是存在着各种晶格缺陷，其中有些缺陷起施主或受主作用，它们在禁带中形成施主或受主能级，这些缺陷能级可与带有不同电荷的杂质能级相互补偿而呈电中性，从而产生自补偿效应。

4.4.2.3 有机物半导体

一些有机化合物也具有半导体性质。有机化合物是指含有碳键的化合物，其晶体是分子晶格，分子间为范德华力相互作用，分子间价电子的共用化几乎是不可能的，因此呈现优良的绝缘性能。但有些有机物的聚合态具有特殊的结构，在与碳键垂直的方向上，其 π 电子云有相当程度的重叠，形成导带，通过化学或电化学掺杂，载流子能容易地进入能带(或从能带中抽出)，使电导率发生巨大变化。研究表明，有机半导体在固态电子器件中也将会发挥其重要作用。

到目前为止，有机物及玻璃半导体材料中只有不多的液晶材料得到了应用。已知的液晶材料都是有机化合物，它是处于液相与固相之间的一种中间相，它像液体一样，不能承受切应力但能够流动。液晶分子的几何形状存在棒状和碟状两类，只有棒状分子组成的液晶才有技术应用价值，它可按分子排列方式分为下列三种：①向列型液晶：其技术应用价值最大，分子的取向是长程有序的，而分子重心的分布是无规则的；②胆甾型液晶：它是向列型液晶的一个特例，具有螺旋分子结构，即分子的取向是连续扭转的；③近晶型液晶：其分子的取向是长程有序的，分子的重心形成层状结构。虽然液晶分子在液晶中具有长程有序取向，但它本身的几何形状是各向异性的，从整体宏观性质来说，液晶的介电常数、折射率、磁化率、电阻率等也是各向异性的。液晶的显示方式就在于充分利用其各向异性的折射率和反射率随电场的变化，使它所反射或透射的环境光发生变化而达到显示的目的。显示器的结构是在两片平行电极之间放进一层液晶，再把整个液晶盒放置在两个偏振器之间，其中一个偏振器的背后再放一个反射器，这样液晶盒既反射、又吸收从反射器对面照来的光；由于它反射或吸收入射光的程度取决于外加电场，在有电场和无电场区域内，它反射或吸收入射光的程度是不一样的，可通过改变电场(即电极)的形状把字符或数字显示出来。当然，本身不发光的被动式显示液晶材料也可借助液晶屏后加一个场致发光屏，利用透视光在黑暗环境下显示信息。

4.4.2.4 非晶态半导体

与晶态物质相比，非晶态物质的原子排列在长程序上不存在有规律的周期性，即所谓的长程无序。通常把具有半导体特性的非晶态物质称为非晶态半导体，它们的键长几乎是严格一致且在较小的范围内，其键角限制了最邻近原子(包括共价键原子)的分布。非晶态半导体中的共价键原子组成一个网络，原子在网络中一个小范围内相互关联，形成所谓的短程有序。这种短程有序使前面所述晶态物质的能带理论在分析非晶态物质的主要性能时仍有效，只是由于原子排列不规则和价电子条件的不均匀性，虽然确定了类似长程有序的禁带宽度，但并不能明确地定出能带边缘而形成一个模糊的带边；同时由于共价键长度与键角的分散性和悬挂键等短程有序价电子条件不均匀性的存在，没有填满的价电子像晶态半导体中施主和受主那样在禁带中形成局域态能级。

由于非晶态禁带中局域态能级的存在，非晶态半导体对杂质的掺入变得不敏感，要控制掺杂成为 n 型、p 型半导体更困难，但是，应用辉光放电、射频溅射、离子注入等方法，通过气相替代或掺杂使 H、F、Cl 等原子与从硅烷等分解制取的非晶硅($\alpha-Si$)、非晶锗($\alpha-Ge$)中的悬挂键结合成 Si(Ge)—H 或 Si(Ge)—F 键等，降低了局域态能级密度，从而在很宽的范围内可以控制半导体的传导类型；甚至在 As-Se-Te-Ge 等硫系列中添加微量的 Ni 等可控制其电导率。非晶态半导体的量子效率一般都非常高，发光光谱能量比光学禁带宽度小得多，发光带相当宽且没有任何精细结构，易通过改变成分来控制材料的物性，易加工，产量丰富，可应用于光学半导体器件、光或电存贮器等信息技术中的半导体器件。常见的非晶态半导体材料主要有 $\alpha-Si$、$\alpha-Ge$、GaAs、CdSiP、Se、As_2Se_3、$Si_x(As_2Te_3)_{1-x}$等和 $V_2O_5-P_2O_5$系等氧化物玻璃系列。

4.4.2.5 陶瓷半导体

半导体陶瓷材料是指导电性介于导电陶瓷和绝缘介质陶瓷之间的陶瓷材料，其电阻率介于 $10^{-4}\sim10^{7}\ \Omega\cdot m$，并在温度、湿度、气氛、电场、光等外界条件影响下导电性能有一定变化，这些特殊性能使它在现代技术的各种敏感器件中得到了充分的应用。陶瓷半导体是陶瓷功能材料中的重要组成部分，它不仅包括 $\beta-SiC$ 及 $MoSi_2$等高温电热元件与磁流体动力发电用的 $LaCrO_3$等电极导体，SnO_2等欧姆电阻器薄膜与 RuO_2及 PbO 等厚膜电阻材料，PTC 及 NTC 等热敏电阻，还包括 ZnO 等用于电路保护系统的非线性压敏变阻器材料，$MgCr_2O_4$或 $\gamma-Fe_2O_3$等湿(气)敏陶瓷以及氧化物超导材料和固体快离子导体等陶瓷材料。$SrTiO_3$等晶界层电容器陶瓷等为典型的半导体陶瓷材料。

晶界层电容器是指在高介电系数半导体陶瓷的晶界形成一层薄的电介质绝缘层后所构成的半导体电容器，其介质层厚度约为 0.1～2 μm，介电系数比常规瓷电容器高几倍到几十倍。晶界层电容器陶瓷材料的主要特点是介电系数很高，电容温度系数远远高于一般陶瓷电容器，故比体积电容量相当高，且在高介电系数下色散频率也可达到高频应用的要求(一般为 $10^7 \sim 10^9$ Hz)，它特别适宜制作高频旁路电路中的电容器。常见晶界层电容器是 $BaTiO_3$、$SrTiO_3$及其它们的固溶体，其晶粒基体是 n 型半导体，晶粒表面为绝缘体薄层。

以 $SrTiO_3$为主的晶界层电容器则性能较稳定，由于其居里温度很低(-250℃)，在室温附近不会出现峰值，它的视在相对介电系数和介质损耗随温度的变化都比较小，如 $(SrCa)TiO_3$ 固溶体的视在相对介电常数的温度系数仅为(-200 ~ +100) $\times 10^6$℃$^{-1}$。此外，$SrTiO_3$的色散频率达 $10^8 \sim 10^9$ Hz(电阻率 10^{-1} Ω·cm)，所以它具有更好的性能，已代替有机薄膜电容器广泛应用于电视机、磁带录像机、无线电等电子仪器中。

4.5 超导材料

4.5.1 超导材料概述

在一定温度以下，某些导电材料的电阻消失，这种零电阻现象称为超导现象或超导电性。具有超导电性的材料称为超导材料或超导体。出现零电阻的温度称为超导临界温度 T_c。

1911 年，昂纳斯在研究金属电阻在液氯温区的变化规律时，首次观察到超导电性。20 世纪 30 年代，迈斯纳效应的发现使人们认识到超导电性是一种宏观尺度上的量子现象。1957 年，巴丁、库柏和施瑞弗基于电子和声子的相互作用，建立了成功的微观理论，解释了超导电性的起源，并对凝聚态物理以至整个物理学的发展产生了巨大的影响。20 世纪 50 年代末和 60 年代初，第Ⅱ类超导体及其约瑟夫森效应的发现，促使超导电性的应用开始逐步地成为一门新技术，即低温超导电技术。从 60 年代到 80 年代，超导电性的应用已具有一定的规模和相应的工业部门。由于传统超导体必须在极低温度下运行，通常用的工作物质是液氦，限制了低温超导电技术的广泛应用。人们一直在探索能在液氮温区甚至能在室温下工作的高温超导体。

1986 年 4 月，柏诺兹与缪勒发现 La - Ba - Cu - O 氧化物中，“可能存在高温超导电性”，他们在电阻测量中发现当 La - Ba - Cu - O 化合物冷却到 35K 即开始陡降，到 13K 电阻完全消失。随后验证了迈斯纳(Meissner)效应的存在，证实这种化合物的超导电性，从而揭开了超导电性研究的新篇章。1987 年 2 月朱经武等在美国宣布发现 T_c上升到液氮温区的氧化物超导体(T_c ~90 K)。赵忠贤等敏锐地注意到 La - Sr - Cu - O 体系的掺杂效应，独立地发现 T_c ~90 K 的 Y - Ba - Cu - O 化合物，并首先公布其成分。

在 1986 年之前，由于当时已知的所有超导体都要在液氦冷却的条件下才能“工作”，这些不利因素给超导技术的实际实用范围带来了很多限制。因此，关于如何提高材料的 T_c 以及寻求高 T_c 材料，一直是科学家们的研究课题。

哈沃(Raveau)小组成功地用 Bi 元素替代了 La－Sr－Cu－O 中的 La，制成了 T_c为 7～22 K的 Bi－Sr－Cu－O 超导体。1988 年1 月前田(Maeda)小组将 Ca 掺到 Bi－Sr－Cu－O 体系中，看到了 80 K 和 110 K 两个温度上的超导转变，使得 Bi 系这种无稀土超导体的转变温度高于液氮温度。1988 年2 月，Tl－Ba－Ca－Cu－O 系列氧化物被盛正直和赫尔曼(M. Hermann)等人发现，使最高超导转变温度达到 125K。1993 年 5 月司麒麟(A. Schilling)和普特林(S. N. Putilin)等人又成功地合成了 Hg－Ba－Ca－Cu－O 氧化物超导体，其超导转变温度达 134 K。

柏诺兹(J. G. Bednorz)和缪勒(K. A. Muller)的发现，不仅使超导转变温度提高了10℃以上，更重要的是为新超导体的探索研究开辟了新的道路，将超导体从金属、合金和化合物扩展到氧化物陶瓷。

4.5.2 超导材料的特性

4.5.2.1 完全导电性

完全导电性是指当温度下降至某一数值或以下时，超导体的电阻突然变为零的现象，也叫零电阻效应。超导体的零电阻是当温度下降至某一数值时，电阻几乎是跃变至零的。另外要指出的是，超导体的零电阻是指直流电阻，理想导电性或完全导电性都是相对直流而言，超导体的交流电阻并不为零。图 4－1 是汞在液氦温度附近的变化曲线。

有人曾经把一个超导圆线圈放在磁场中，并降温到电阻消失，再把磁场去掉，由电磁感应原理，线圈内磁通量变化时，在超导线圈中要产生感应电流，由于超导线圈电阻为零，结果发现这个感应电流居然在经过一年以上的时间里未见有丝毫衰减。法奥和迈奥斯利用精确核磁共振方法测量超导电流的衰减时间不低于十万年，即超导闭合回路中一旦有电流产生，便会有永久的电流存在，超导体显示出一种完全导电性。

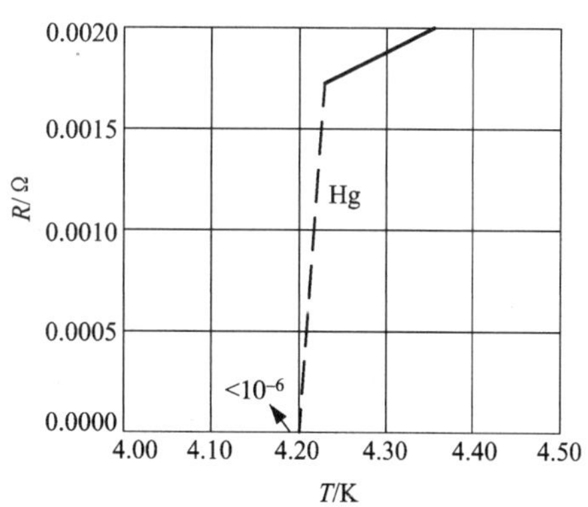

图 4－1 汞在液氦温度附近的变化曲线

4.5.2.2 完全抗磁性

完全抗磁性是指只要超导体进入超导态，超导体内的磁力线将全部被排出体外，磁感应强度恒等于零的特性。完全抗磁性是由德国科学家迈斯纳(W. Meissner)和奥森菲尔德(R. Ochsenfeld)在 1933 年对锡单晶球超导体做磁场分布测量时发现的，所以又称为迈斯纳效应。超导体无论是在磁场中冷却到某一温度还是先冷却到某一温度再通以磁场，只要进入超导态，都会出现完全抗磁性，与初始条件无关，如图 4－2、图 4－3 所示。

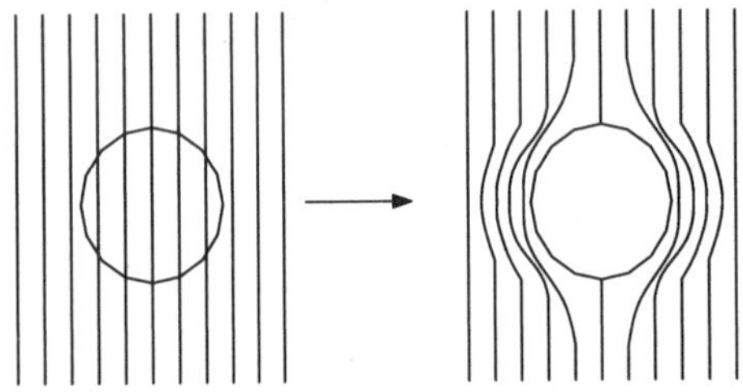

图 4－2　在磁场中冷却至超导态

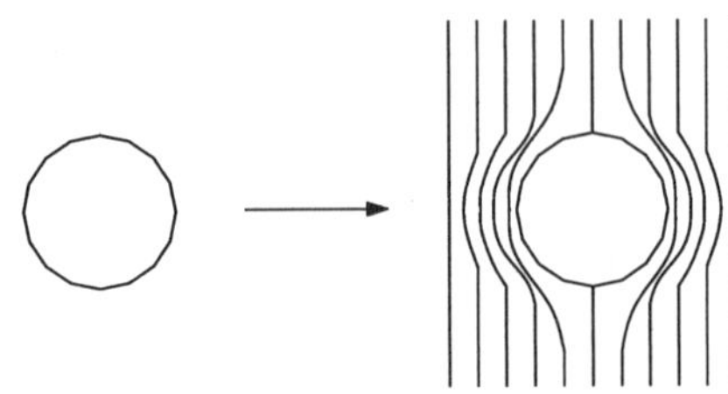

图 4－3　先冷却至超导态后加磁场

超导体的零电阻现象和完全抗磁性是两个完全独立，又有一定关联的基本特性。完全抗磁性不能推导出零电阻现象，零电阻现象也不能保证完全抗磁性，但它是其产生的必要条件。由此可见，某材料只有同时满足这两个特性才可成为超导材料。

4.5.3　超导材料的分类

4.5.3.1　低温超导材料

低温超导材料种类达数千种，有元素超导材料、合金超导材料、化合物超导材料及有机物超导材料等。已经实用化的和正在开发的材料有：Pb、Nb、NbTi、Nb_3Sn、V_3Ga、Nb_3Ge、Nb_3Al、$Nb_3(Al_{1-x}Ge_x)$、NbN 及 $PbMo_6S_8$等。

1. 低温超导薄膜

低温超导薄膜主要用于超导电子器件的开发。它的制备方法主要有：溅射法、电子束蒸发法及化学气象沉积法（CVD）等。利用超导薄膜材料可以制成各种 Josephson 结，如超导层（S）－绝缘层（I）－超导层（S）的 SIS 结、超导层（S）－正常金属层（N）－超导层（S）的 SNS 结，以及半导体隔离层（SC）的 SSCS 结、点接触结、桥形结等。在美国、日本、德国、法国、英国等世界上许多国家实验室已经采用 Josephson 结来实现电压标准；用单结或者双结制成的射频 SQUID 和直流 SQUID 已经商品化；超导单磁通量子井器件、开关器件以及 SQUID 在医学方面的应用也在进一步开发中。

2. 低温超导线材

20 世纪 50 年代一批强磁场超导材料，如 V_3Ga、NbZr、Nb_3Sn、NbTi 等的相继问世，及其线材的研制成功，终于实现了超导电性的强电应用。低温超导线材分为合金线材和化合物线材两种，其中 NbTi 合金线材在超导市场上占据着主导地位。合金线材最早开发的是 NbZr 合金，现在以 NbTi 合金为主。制备方法采用传统的合金加工工艺。

4.5.3.2　高温超导材料

从 1986 年至今，历经二十来年的努力，有四类铜氧化合物的高温超导材料，已经从物理性的基础研究，进入到了材料工程的工艺研究和应用开发阶段，它们是：Y－Ba－Cu－O 系、Bi－Sr－Ca－Cu－O 系、Tl－Ba－Ca－Cu－O 系、Hg－Ba－Ca－Cu－O 系，T_c达到了 95～164 K。其中 Y 系和 Bi 系材料的实用化进展更大一些，而 Tl 系和 Hg 系虽拥有较高的 T_c，但由于含有有毒元素，已不再是实用化开发的重点。高温超导材料的材料工艺研究总的格局是：①线带材研究，着眼于强电应用（电缆、变压器、电动机、发电机、磁体等），同时开发 Tl 系和 Y 系（第二代带材）的线带材；②块材研究，着眼于强电及特殊器件应用（无摩擦轴承、飞轮储能、无接触运输等），以稀土氧化物超导材料为主；③薄膜材料研究，着眼于弱点应用，即超导电子学的器件（SQUID、数字电路）和微波器件（谐振器、滤波器、天线、延迟线等）的开发。

4.5.4 超导材料的应用

超导体的零电阻效应显示了其无损耗输送电流的性质，大功率发电机、电动机如能实现超导化将会大大降低能耗，并使其小型化。如将超导体应用于潜艇的动力系统，可以大大提高它的隐蔽性和作战能力。在交通运输方面，负载能力强、速度快的超导悬浮列车和超导船的应用，都依赖于磁场强、体积小、重量轻的超导磁体。此外超导体在电工、交通、国防、地质探矿和科学研究（回旋加速器、受控热核反应装置）中的大工程上都有很多应用。利用超导隧道效应，人们可以制造出世界上最灵敏约电磁信号的探测元件和用于高速运行的计算机元件。用这种探测器制造的超导量子干涉磁强计可以测量地球磁场几十亿分之一的变化，能测量人的脑磁图和心磁图，还可用于探测深水下的潜水艇；放在卫星上可用于矿产资源普查；通过测量地球磁场的细微变化为地震预报提供信息。超导体用于微波器件可以大大改善卫星通讯质量。超导材料的应用显示出巨大的优越性。

然而，超导体的广泛应用还要解决材料和技术方面的很多问题。在材料方面主要是要求超导体应有较高的临界温度和临界电流。广泛应用的另一方面的限制来自低温技术。人们总是把超导应用的期望寄托在没有能量损耗的电力输送上。目前的高压输电线的能量损耗高达 10% 以上，如果用超导导线替代它们，在输电过程中将没有能量损耗。然而用超导材料替代目前输电线并非易事，要在长距离上使超导体保持在临界温度以下，需要设计适当的低温系统，建造和维护它们都需要有非常专门的技术。目前国内和国外的一些研究机构正在实验室里试制小型的模拟超导输电系统。另外，对于用传统超导体制造的设备，需要用液氦冷却。由于氦气十分稀少，所以还需要一个附加的封闭系统，以降低氦气的损耗，因此物理学家们总是千方百计提高超导临界温度，从而可以用便宜方便的液氯来取代昂贵的液氦。

4.5.4.1 强电方面的应用

1. 超导输电线路

超导的最直接、最诱人的应用是用超导体制造输电电线。超导体的零电阻效应显示其具有无损耗输运电流的性质。目前的高压输电线的能量损耗高达10%以上，如果用超导导线替代它们，由于导线电阻消失，线路损耗也就降为零，电力几乎无损耗地输送给用户，可极大降低输电成本，还能缓解日益严重的能源紧张，并减少由此带来的环境负担。用超导材料可制造高效率大容量的动力电缆和变压器，并且可减少导体的需求量，节约大量有色金属资源。

2. 超导发电机

在大型发电机或电动机中，用超导体代替铜材可望实现电阻损耗极小的大功率传输。由于它的零电阻特性，可在截面较小的线圈中，通以大电流，可达到 10^4 A/cm^2 以上，形成很强的磁场，磁感应强度可比普通发动机提高 5 ~ 10 倍，而且重量仅为数十千克。小型、轻量、输出功率高、损耗小等超导电机的优点，不仅对于大规模电力工程是重要的，而且对于航海、航空的各种船舶、飞机特别理想。目前，超导单级直流电机和同步发电机是主要研究的对象。

3. 超导储能

超导材料具有高载流能力和零电阻的特性，在其回路中通入电流，电流可永不减弱，因此可长时间无损耗地储存大量电能，需要时储存的能量可以连续释放出来，由此可以制成超导储能系统。它的优点是储能密度大，输出电流大，储能效率高。

4. 核磁共振成像

由于核磁共振仪需在一个大空间内有一个高均匀度和高稳定性磁场，而超导磁体不仅能满足这一要求，而且在磁场强度方面比常规磁体有明显优势。目前生产的超导磁体约 70% ~80% 用于核磁共振领域，在医用方面，利用超导磁体的强磁场穿透人体的软组织，经过计算机数据处理和成像仪图像显示，可以判断有无异常，如癌细胞等。此外，还用于物理、化学、地质等方面，是当代很有发展前途的高精尖技术。

4.5.4.2 弱电方面的应用

1. 超导探测器

利用超导器件对磁场和电磁辐射进行测量，灵敏度非常高，使微弱的电磁信号都能被采集、处理和传递，实现高精度的测量和对比。利用超导器件还可以制成超导红外－毫米波探测器，其探测范围几乎覆盖整个电磁波频谱，填充了电磁波谱中远红外至毫米波段的空白，它不但灵敏度高、频带宽，而且还具高集成密度、低功率、高成品率、低价格等优点。

2. 超导微波器件

高温超导子系统在移动通信系统中有重要的作用，它所带来的好处是：提高了基站接收机的抗干扰能力；可充分利用频率资源，扩大基站能量；减少了输入信号的损耗，提高基站系统的灵敏度，从而扩大基站的覆盖面积；改善通话质量，提高数据传输速度。

3. 超导计算机

超导计算机中的超大规模集成电路的元件的连线是用接近零电阻和超微发热的超导

器件制作的，不存在散热问题，可使超导计算机具有许多优点：器件的开关速度比现有半导体器件快2～3个数量级，比普通半导体Si集成电路快一千倍左右；功率很低，只有半导体器件的千分之一左右，散热问题很易解决；输出电压在毫伏数量级，而输出电流大于控制线内的电流，具有一定增益，信号检测方便；体积更小，成本更低；因超导抗磁效应，电路布线干扰完全消除，信号准确无畸变。

4.5.4.3 抗磁性应用

1. 磁悬浮列车

利用超导材料的抗磁性，将超导材料放在永磁体的上方，由于磁体的磁力线不能穿过超导体，磁体和超导体之间会产生排斥力，超导体悬浮在磁体上方。利用这种磁悬浮效应可以制造高速超导磁悬浮列车。由于它是悬浮于轨道上行使，轨道与机车之间不存在任何实际接触，没有摩擦，时速可达几百公里而且运行平稳、舒适且噪声低、无废气污染，是一种新型的陆上交通工具。但制造和运行成本较高，电动悬浮式超导列车还有待不断完善。

2. 磁封闭体

利用超导体产生的强磁场，可以制成热核聚变反应堆中的磁封闭体，将其中的超高温等离子体包围、约束起来，再缓慢地释放，从而控制核聚变能源。

从上面的简要介绍可以看出，人类的生活中已经切实感受到了超导电技术带来的好处，如医用的核磁共振成像的超导磁体；同时在电子器件上的应用近几年将会实现商品化。不远的将来，人们会看到在微波通讯、计算机器件，几乎无损耗输电、储能及平衡电网方面的光明前景。需要特别指出的是：利用超导隧道效应所制备的敏感元件，其能量分辨可以接近量子力学测不准原理所限定的水平，这是其他器件所不能达到的。同时，解决人类未来能源的基本技术是受控热核反应，而实现这一点必须使用无损耗的超导磁体。因此人类的未来离不开超导电技术及其相关技术的发展。超导电技术将会在越来越广泛的范围里造福人类，而且对高温超导电性机理的了解，将对凝聚态物理学的发展产生极为深远的影响。在本世纪超导电技术将会变得更为重要。

4.6 铁电、压电、热释电材料

4.6.1 铁电陶瓷

4.6.1.1 铁电体的自发极化和电滞回线

某些介电晶体在一定温度范围内发生自发极化，而且自发极化强度可以随外电场反向而反向，同铁磁体具有磁滞回线一样，铁电体也具有电滞回线。因为铁电性质与铁磁性质具有若干类似之处，所以把这些具有电滞回线的晶体称为“铁电体”。

自发极化是铁电体特有的一种极化形式。在一定温度范围内，当不存在外加电场时，原胞中的正、负电荷中心不互相重合，也就是说，每一个原胞具有一定的固有电矩，这种晶体的极化形式就是“自发极化”。如果在某一方向出现自发产生的偶极矩，这个方向就是自发极化轴。出现自发极化的必要条件是晶体不具有对称中心，但不是所有不存在对称中心的晶体都能出现自发极化。根据转动对称性，晶体被划分为32种类型，在晶体的32个点阵群中，有21个不具有对称中心，其中20个呈现压电效应，而这20个压电性晶体中的10个具有自发极化现象，又称极性晶体，如果其受热可产生电荷，则又称为热释电晶体。在这些极性晶体中，只有一部分晶体的自发极化是可以随外电场而重新取向，即为铁电体。图4－4给出晶体的各种介电性质间的相互关系，可知铁电体不仅具有介电性和铁电性，还具有压电性和热释电性。

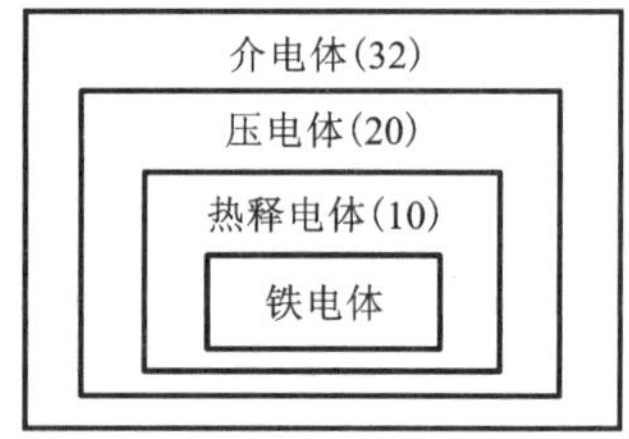

图4－4 电介质分类及其相互关系

铁电体中存在电畴，电畴是指自发极化方向相同的小区域，电畴与电畴之间的边界称为畴壁。对于多晶铁电体，由于各晶粒的取向是完全任意性的，不同电畴中自发极化的相对取向没有任何规律；对于单晶体，铁电体中一般也不会只包含一个电畴，因为单电畴将对应较高的能量，不同电畴中极化强度的相对取向存在着简单的关系。

4.6.1.2 高介电常数电容器用铁电陶瓷材料及其应用

铁电陶瓷的介电常数很高，介电常数的温度系数随温度呈非线性变化。其中$BaTiO_3$陶瓷是典型的铁电介质陶瓷，它既可用作介电材料，也可用作压电材料。单成分$BaTiO_3$的介电系数高达1700，通过掺杂可在很大范围内改变钛酸钡陶瓷的特性，如加入钙钛矿型结构Sr、Sn、Zr的化合物，可使居里温度由120 ℃移至常温，介电常数提高到接近200000，介电常数的温度系数也随之增加；在$BaTiO_3$中加入少量的$SrTiO_3$、WO_3及$MnCO_3$，还可得到介电常数达20000以上的介电陶瓷。目前，通过对钛酸钡陶瓷的改性，已制备出介电常数在30000以上的高介电常数铁电陶瓷。高介电常数电容器陶瓷的缺点是介电常数的温度变化率大，通过掺入$Bi_2(SnO_3)_3$、$NiSnO_3$和$LiSb_2O_6$等，介电常数虽有所下降，但其温度变化率可减到±10%以内。这种高介电常数、低温度变化率的陶瓷电容器已大量用于电视机、收录机和录像机等电子产品中。

除$BaTiO_3$基高介电常数电容器铁电陶瓷外，含Pb复合ABO_3的铁电陶瓷电容器材料，其介电常数可达20000，多用于制作多层电容器。多层电容器适合表面安装，用于混成集成电路及印刷电路板插座，目前多层结构电容器的生产和用量已逐渐超过单片电容器。

4.6.1.3 电致伸缩铁电陶瓷材料及应用

电致伸缩效应是一种机电耦合效应，它是指当外电场作用于电介质时，所产生的应

变 $x(\Delta L/L)$ 正比于电场强度 E(或极化强度 P)的平方的现象。

电致伸缩陶瓷是利用电致伸缩效应产生微小应变，并能由电场非常精确地加以控制的陶瓷。从应用上看，较好的电致伸缩材料应具有在较小的电场作用下能够产生足够大的应变，应变与电场的关系无滞后，重复性好，温度效应小等特点。

4.6.2 压电材料

4.6.2.1 压电效应

1880 年 P. Curie 和 J. Curie 兄弟发现：当对 α-石英晶体在某些特定方向上加力时，在力方向的垂直平面上出现正、负束缚电荷，这种现象称为压电效应。压电晶体产生压电效应的机理可用图 4-5 说明：图(a)表示晶体中的质点在某方向上的投影，此时晶体不受外力作用，正负电荷的重心重合，整个晶体的总电矩为零，晶体表面的电荷也为零；图(b)，(c)分别为受压缩力与拉伸力的情况，这两种受力情况所引起晶体表面带电的符号正好相反。反之，如将一块压电晶体置于外电场中，由于电场的作用也会引起晶体的极化。正、负电荷重心的位移将导致晶体形变，这种现象称为逆压电效应。

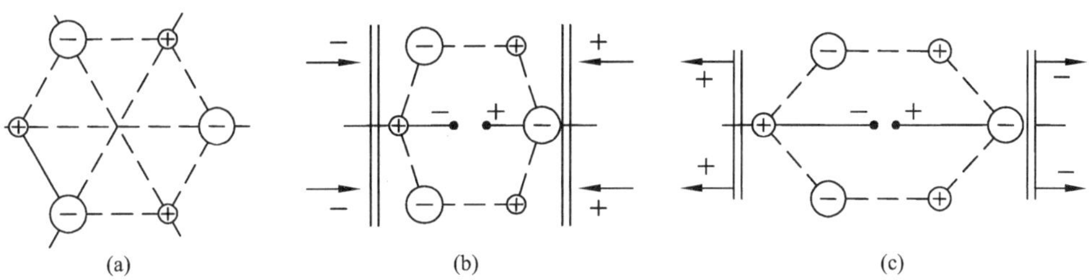

图 4-5 压电材料产生压电效应的机理

陶瓷是由许多小晶粒构成的多晶体，这些小晶粒通常是无规则地排列，使陶瓷为各向同性材料，一般不显示压电效应。但经电场作用后的铁电陶瓷可以具有压电性，构成铁电陶瓷的晶体结构不具有对称中心，存在着与其他晶轴不同的极化轴，正负电荷中心不重合，有自发极化存在。这一极化强度可以随外加电场转向，在外电场去除之后，还能保持着一定值——剩余极化。利用铁电材料晶体结构中这种特性，可以对烧成后的铁电陶瓷在一定条件下(温度和时间)，用强直流电场处理，使之在沿电场方向显示出一定的净极化强度，这一过程称为人工极化过程。经过这种极化处理后，烧结的铁电陶瓷将由各向同性变成各向异性，并因此具有压电效应。

4.6.2.2 压电材料的应用

压电材料中研究得比较早的是石英晶体，它的机电性能稳定，没有内耗，它在频率稳定器、扩音器、电话、钟表等领域里都有广泛应用。此外，酒石酸钾钠、磷酸二氢铵、钽酸锂、铌酸锂、碘酸锂等晶体也都是比较好的压电晶体材料。其中，使用最多的是铌酸锂（$LiNbO_3$），它属畸变的钙钛矿结构，密度为4.64 g/cm^3，熔点为1253 ℃。其单晶体是在熔体中用引上法生长的，刚生长出来的晶体是多电畴的，为使其单畴化，要加热到居里点（1210 ℃）附近并通以直流电。$LiNbO_3$单晶机电耦合系数大，传输损耗小，具有优良的压电性能。

压电半导体用在微声技术上作为制造换能器的研究发展很快，主要有 CdS，CdSe，ZnO，ZnS，ZnTe，CdTe 等$Ⅱ_B-Ⅴ_B$族化合物及 CaAs，GaSb，InAs，InSb，InAs，AIN 等$Ⅲ_A-Ⅴ_A$族化合物。这些化合物大都属于闪锌矿或纤锌矿的晶体结构。目前，在微声技术上用得最多的是 CdS，CdSe 和 ZnO。

压电晶体作为晶体材料已在机电转换和声学延迟方面广泛使用，为了使它们能用于高频及有更广泛的用途，需制成压电薄膜，现已制备出铌酸锂、锆钛酸铅及半导体压电薄膜。

压电材料的一项重要应用是水声换能器。压电材料水声换能器是利用正、逆压电效应以发射声波或接收声波来完成水下观察、通信和探测工作。

压电材料在超声技术中的应用十分广泛。其中有利用压电材料的逆压电效应，在高驱动电场下产生高强度超声波，并以此作为动力应用在如超声清洗、超声乳化、超声焊接、超声打孔、超声粉碎、超声分散等装置上的机电换能器等方面。压电材料作超声换能器，具有结构简单、使用方便、灵敏度高、选择性好、易与电源匹配、耐振动冲击、稳定性良好及小型轻便等优点。

利用压电材料的正压电效应，可将机械能转换成电能，它产生的电压很高，因此高电压发生器是压电材料最早开拓的应用之一。其中应用较多的有：压电点火器、引燃引爆装置、压电开关和小型电源等。

压电材料以其优良的机电性能、高的化学稳定性制成电声器件，如拾音器、扬声器、蜂鸣器等。另外，压电材料还可应用在压力计、计数器等仪表中。

4.6.3 热释电材料

4.6.3.1 热释电效应

同压电效应类似，有些晶体可以因温度变化而引起晶体有表面电荷，这一现象称为热释电效应。

热释电效应最早发现于电气石中：$(Na,Ca)(Mg,Fe)_3B_3Al_6(O,OH,F)_{31}$，属三方晶系，具有唯一的三重旋转轴。将等量的硫磺粉末（黄色的）和氧化铅粉末（红色的）混合后，用丝质筛子筛洒加热后的电气石晶体上，由于筛孔的摩擦作用，使得氧化铅带正电，硫磺带负电，它们将分别覆盖于电气石沿 3 次轴方向的两端。这表明电气石晶体在加热时，在 3 次轴方向的两端产生了数量相等、符号相反的表面电荷。

晶体中存在热释电效应的前提是具有自发极化，即在晶体结构的某些方向存在固有电矩，因此，具有对称中心的晶体将不可能具有热释电效应，这一点与压电晶体一致。但是，压电晶体不一定都具有自发极化，因为压电效应反映的是晶体电量与机械应力之间的关系，机械应力沿一定方向作用，引起正负电荷中心的相对位移。一般说来，这种电荷中心的相对位移，在不具中心对称的压电晶体的不同的方向将不相等，因此引起晶体电荷变化，产生压电效应。对热释电效应，晶体的电荷变化来自于晶体的温度变化，与机械应力不同，物体均匀受热时所引起的膨胀在各个方向是同时发生的，并在相互对称的方向上必定具有相等的膨胀系数，因此这些方向上所引起的正负电荷中心的相对位移也相等。故一般的压电晶体，即使在某一方面上电矩会有一定变化，但总的正负电荷中心并没有发生相对位移，因而不会有热释电效应。只有晶体的结构中存在着与其他极轴不相同的唯一极轴（极化轴）时，才有可能因热膨胀而引起总电矩的变化，即出现热释电效应。由此可见，压电晶体不一定具备热释电效应，但热释电晶体中一定存在压电效应。

4.6.3.2 热释电材料的应用

由于激光、红外技术的迅速发展，热释电晶体材料及器件的应用研究十分活跃。目前，热释电晶体已广泛用于红外光谱仪、红外遥感以及热辐射探测器，它可以作为红外激光的一种较理想的探测器。

透明铁电陶瓷（如 PLZT）在热择电探测器方面也是有用的材料。它的居里温度高，热释电系数也很高，且随 La 的添加量增加，热释电系数上升，除了某些组成的铌酸锶钡外，PLZT 的热释电系数比其他材料高，但其电容率和介质损耗也较大，这对热释电电压灵敏度不利。

热释电材料有单晶和陶瓷两大类，通常均做成 10 ~ 50 μm 的厚膜。单晶热释电材料包括：TGS（硫酸三甘肽）、$LiTaO_3$、$LiNbO_3$、$(Ba, Sr)Nb_2O_6$等；多晶陶瓷热释电材料包括：$BaTiO_3$、$PbTiO_3$、$Pb(Zr, Ti)O_3$等。

（1）锆钛酸铅[$Pb(Zr, Ti)O_3$]铁电 - 铁电相变型陶瓷材料

目前用此材料已制成单体探测器，在红外探测和热成像系统中得到应用。

（2）钛酸铅陶瓷

目前用此材料已制成了人造卫星上的红外地平仪和热释电红外辐射温度计等。

（3）透明铁电陶瓷（PLZT）

这种陶瓷居里温度高，热释电系数也高。但其介电常数和介质损耗较大，对热释电探测器的电压灵敏度有所不利。

参考文献

[1] 殷景华，王雅珍，菊刚. 功能材料概论. 哈尔滨：哈尔滨工业大学出版社，1999
[2] 王荣国，武卫莉，谷万里. 复合材料概论. 哈尔滨：哈尔滨工业大学出版社，1999
[3] 何开元. 功能材料导论. 北京：冶金工业出版社，2000
[4] 熊兆贤. 材料物理导论. 北京：科学出版社，2001
[5] 戴金辉，葛兆明. 无机非金属材料概论. 哈尔滨：哈尔滨工业大学出版社，1999
[6] 马如璋，蒋民华，徐祖雄. 功能材料科学概论. 北京：冶金工业出版社，1999
[7] 有待开发的稀土电性功能材料，中国建材信息总网，http：//www. bm. cei. gov. cn
[8] 英国在高温超导电性领域获新突破，中国功能材料网，http：//www. chinafm. org. cn
[9] 临界高温超导材料具有金属特性，中国科技信息，http：//www. chinainfo. gov. cn
[10] 曾光廷主编. 现代新型材料. 北京：中国轻工业出版社，2006
[11] 谭毅，李敬锋主编. 新材料概论. 北京：冶金工业出版社，2004
[12] 李俊寿主编. 新材料概论. 北京：国防工业出版社，2004
[13] 杨华明，宋晓岚，金胜明编著. 新型无机材料. 北京：化学工业出版社，2004

第5章　磁性材料

早在公元前几世纪人类就发现自然界中存在天然磁体，磁性(magnetism)一词就因盛产天然磁石的 Magnesia 地区而得名。从具有磁矩的物体就是磁性体这层意义上讲，自然界的任何物质都是磁性体。但磁性材料通常是指那些在实际工程意义上具有较强磁性的材料。磁性材料最初主要是应用在与电机相关的装置，早期的磁性材料主要是软铁、硅钢片、铁氧体等。随着材料科学与技术的发展，大量的新型磁性材料不断被研制出来，尤其是从20世纪60年代起，非晶态软磁材料、纳米晶软磁材料、稀土永磁材料等一系列的高性能磁性材料相继出现。现今磁性材料广泛应用于电子计算机及声像记录用大容量存储装置如磁盘、磁带，电工产品如变压器、电机，以及通信、无线电、电器和各种电子装置中，是电子和电工工业、机械行业和日常生活中不可缺少的材料之一，其应用涵盖了人类生产与生活的方方面面，在经济建设与日常生活中占有举足轻重的地位。本章着重论述磁性材料的磁学基础、材料的分类、基本性能与应用。

5.1　磁学基础

5.1.1　物质的磁性

5.1.1.1　磁矩

当将一个通有电流的环型导体放入磁场中，该环型导体将会在磁场的作用下发生偏转，即环型导体受到力矩的作用。力矩 M 的大小可由下式表示：

$$M \propto I_g AH \tag{5-1}$$

式中：I_g 为通过环型导体的电流；A 为环型导体的面积；H 为磁场强度。

定义 $P_m = I_g \cdot A$ 为通过电流为 I_g、面积为 A 的环型导体的磁矩。

物质的磁性是源自于构成该物质的所有原子的磁矩的叠加。每个原子磁矩的大小，是用测量不同温度下磁性材料的饱和磁化强度外推到0 K温度的值换算得出的。由于电子的循轨运动和自旋运动存在于一切物质中，所以严格说来，一切物质都是磁性体(也称为磁质)，只是其磁场的磁化方向和强度因物质不同而显示出很大差别而已。

5.1.1.2　磁场强度、磁化强度和磁感应强度

磁场可由通电线圈或永磁体产生。电流强度为 I 的电流在一个每米有 N 匝线圈的无限长螺旋管轴线中央产生的磁场强度 H 为：

$$H = NI \tag{5-2}$$

H 的单位为 A/m(安/米)。永磁体在距离 r 远处产生的磁场则可以表示为:

$$H = km_1 r_0 / r_2 \tag{5-3}$$

式中:m_1为磁极的磁极强度,单位为 Wb(韦伯);r_0是 r 的矢量单位;$k = l/4\pi\mu_0$,μ_0是真空磁导率,其数值为 $4\pi \times 10^{-7}$,单位为 H/m(亨利/米)。

如前所述,物质的磁性来源于内部的磁矩,物质只有当其内部磁矩同向有序排列时才对外显示强磁性。单位体积磁性材料内各磁畴磁矩的矢量和称为磁化强度 M,单位为 A/m。

物质在外磁场作用下,其内部原子磁矩的有序排列还将产生一个附加磁场。在磁性材料内部外加磁场与附加磁场的和,称为磁感应强度 B,单位为 T(特斯拉)。

5.1.1.3 磁导率和磁化率

在真空中磁感应强度 B 与磁场强度 H 间的关系为:

$$B = \mu_0 H \tag{5-4}$$

在磁性材料中:

$$B = \mu_0 (H + M) \tag{5-5}$$

在均匀的磁性材料中,上式的矢量和可改成代数和:

$$B = \mu_0 (H + M) \tag{5-6}$$

磁性材料的磁导率定义为磁感应强度与磁场强度之比:

$$\mu = B/H \tag{5-7}$$

μ 也称绝对磁导率,单位为 H/m,绝对磁导率与真空磁导率 μ_0之比称为相对磁导率 μ_r。

$$\mu_r = \mu/\mu_0 \tag{5-8}$$

磁化率定义为磁化强度与磁场强度之比:

$$\chi = M/H \tag{5-9}$$

5.1.1.4 物质磁性的分类——顺磁性、抗磁性和铁磁性

磁质分为顺磁性、抗磁性和铁磁性三大类。顺磁性是指磁质被磁化后,磁化场方向与外场方向相同。顺磁质的磁化率约为 $10^{-3} \sim 10^{-6}$,因此,顺磁性是一种弱磁性。顺磁性材料多用于磁量子放大器和光量子放大器,在工程上的应用极少。顺磁性物质主要包括 Mo、Al、Pt、Sn 等。

顺磁性可分为三个主要类型,即:朗之万(Langevin)顺磁性:磁化率服从居里(Curie)定律,即 χ 与温度成反比,即 $\chi = C/T$。泡利(Pauli)顺磁性:磁化率在几百度范围内实际上与温度无关,服从居里-外斯(Curie、Weiss)定律,即:$\chi = (T - T_0)$。超顺磁性:在常态下为铁磁性的物质,当粒子尺寸极细小时,呈现朗之万顺磁性。

抗磁质的磁化场与外场方向相反,因此具有负的磁化率,其磁化率一般为 $10^{-5} \sim$

10^{-6}。抗磁性的产生是原子磁矩叠加的结果，使宏观物质产生与外场方向相反的感生磁矩。属于此类的物质有 C、Au、Ag、Cu、Zn、Pb 等。

铁、镍、钴和一些稀土元素在足够低的温度下甚至在没有外场时，由于原子间的交换作用使原子磁矩发生有序的排列，即产生所谓的自发磁化，这种自发磁化的特性称为铁磁性。铁磁质的磁化率为 $1 \sim 10^4$。在热力学零度时，铁磁质中原子磁矩都平行排列。还有一类磁质，其原子磁矩也为有序排列，但相邻原子磁矩彼此反向平行排列，使得总和磁矩为零，这种物质被称作反铁磁质。亚铁磁性是它的一个变种，它是在当反平行的原子磁矩数值不相等时，结果得到一个总和的整体磁化时产生的。铁氧体是一种典型的亚铁磁性物质。

磁矩的有序排列随着温度升高而被破坏，有序全部被破坏，整个系统变成顺磁性。磁质由铁磁性转为顺磁性的温度称为居里温度或称居里点，用 T_c 表示，T_c 是材料的 $M-T$曲线上 $M_{s2} \to 0$ 对应的温度。T_c 是磁性材料的重要参数，高 T_c 的材料具有高的温度稳定性，适合于在更高的工作温度下使用。铁磁性材料主要包括以 Fe、Ni、Co 为主的合金；铁的氧化物和一些稀土化合物，是电工、电子工业中不可缺少的材料之一。

5.1.1.5　*磁各向异性*

磁性材料在不同方向上具有不同磁性能的特性叫做磁各向异性。根据其来源不同，可将它分为磁晶各向异性、形状各向异性、感生各向异性和应力各向异性等。单晶体的磁各向异性称为磁晶各向异性。

由磁性颗粒在不同轴向上尺度的差异引起的磁各向异性，称为形状各向异性。一般情况下，颗粒的长轴方向为易磁化方向，短轴方向为难磁化方向。通过磁场热处理，即在居里温度以上通过居里温度的冷却过程中，在某个方向上施加强度足够大的外磁场，可使作用于材料的外场方向成为易磁化方向。磁性材料因此而获得的各向异性称为感生单轴各向异性。通过磁场热处理，使材料获得感生单轴各向异性是使高导磁材料获得高导磁率、恒导磁材料获得恒定导磁率、矩磁材料获得高矩磁比和永磁材料获得高磁能积的重要手段。磁场热处理通常只适用于居里温度较高，且此温度下离子和空穴仍保持一定扩散能力的材料。

5.1.1.6　*磁致伸缩*

磁性材料在磁化过程中发生沿磁化方向伸长（或缩短），在垂直磁化方向上缩短（或伸长）的现象，叫做磁致伸缩。它是一种可逆的弹性变形。材料磁致伸缩的相对大小用磁致伸缩系数 λ 表示，即：

$$\lambda = \Delta l / l \tag{5-10}$$

式中，Δl 和 l 分别表示磁场方向的绝对伸长与原长。在发生缩短的情况下，Δl 为负值，因而 λ 也为负值。当磁场强度足够高，磁致伸缩趋于稳定时，磁致伸缩系数 λ 称为饱和磁致伸缩系数，用 λ_s 表示。对于 3d 金属及合金：λ_s 为 $10^{-5} \sim 10^{-6}$。

5.1.2 磁性材料的技术磁参量

5.1.2.1 磁性材料的技术磁参量

$M-H$ 关系曲线直接反映出物质本身的磁化特性。在工程技术中主要使用 $B-H$ 曲线，曲线反映出磁性材料的主要特性参量，它直接反映出磁性材料的使用特性，而且便于测量。磁性材料的技术磁参量可分为内禀磁参量和结构敏感磁参量。内禀磁参量包括饱和磁化强度 M_s、居里温度 T_c 等，此类参量主要取决于材料的化学成分，受材料结构变化的影响较小。其他磁参量包括矫顽力 H_c、剩磁 M_r或 B_r、磁导率、损耗、磁能积等，此类参量受材料的结构因素如晶粒尺寸、晶体缺陷、晶粒取向等的影响较大，故也称结构敏感参量。从工艺的角度，可以通过适当的工艺手段如快速冷却、热处理等改善磁性材料的结构敏感参量。

(1)磁导率与磁化率。除前面已介绍过的绝对磁导率 μ、相对磁导率 μ_r之外，工程上常用到初始磁导率 μ_i、最大磁导率 μ_m、动态磁导率等参量。

初始磁导率 μ_i是指在磁场强度趋近于零时的 B 与 H 之比，即正常磁化曲线上 $H=0$ 点的斜率。对于软磁材料，一般规定某一特定低场下的 μ 为材料的 μ_i。影响 μ_i的主要因素是各向异性常数即 K_1，饱和磁化强度 M_s和饱和磁致伸缩常数 λ_s。M_s越高，K_1和 λ_s越小，μ_i就越高。最大磁导率 μ_m是指 $B-H$ 原始磁化曲线上 B 与 H 比值的最大值；动态磁导率是指在交变磁场下测得的磁导率。

(2)饱和磁化强度 M_s和饱和磁感应强度 B_s。饱和磁感应强度 B_s是在磁化场足够强的情况下，材料可能达到的最大磁感应强度。B_s与饱和磁化强度 M_s的关系为：

$$B_s=\mu_0(H+M_s) \tag{5-11}$$

式中，H 为 M_s或 B_s所对应的磁化场强度，即饱和磁场强度。饱和磁化强度取决于组成材料的磁性原子数、原子磁矩和温度。减少合金中的非磁性相有利于提高合金的饱和磁化强度[2]。

(3)剩磁和矫顽力。退磁曲线上磁场强度 H 为零时相应的磁感应强度或磁化强度称为剩余磁感应(磁化)强度，又称剩余磁通密度。简称剩磁，符号为 $M_r(B_r)$，其意义是材料经一定强度的磁场磁化后，再将磁场去除后材料内所剩余的磁感应强度(B_r)，或磁化强度(M_r)。剩余磁感应强度 B_r的极限值是 $\mu_0 M_s$。

退磁曲线($M-H$ 曲线)上磁化强度 M 为零时对应的磁场强度值称为磁化强度矫顽力，也称内禀矫顽力，记为 H_{ci}或${}_iH_c$。退磁曲线上磁感应强度 B 为零时($B-H$ 曲线)相应的磁场强度值称为磁感应强度矫顽力，记为 H_{cb}或${}_bH_c$。矫顽力表示铁磁体磁化到技术饱和后，使其磁化强度或磁感应强度降低到零所需的反向磁场，常简写为 H_c。

(4)损耗。软磁材料制备的电机与变压器铁心使用时会发热，即便在不加载荷时也是如此，说明材料在使用时发生了能量损耗。磁心的损耗通常称作铁损，此外，电动机与变压器发热损耗的能量中还包括导线的发热，这部分损耗称为铜损。单位体积软磁材料磁化一周总的能量损耗 W，由涡流损耗 W_e、磁滞损 W_h 和剩余损耗 W_r 三部分组成，通常以每公斤材料损耗的功率表示，即：

$$W = W_e + W_h + W_r \tag{5-12}$$

涡流损耗是指在交变磁化条件下，由于在材料垂直于磁场的平面内产生的涡流引起材料发热所产生的能量损耗。每循环磁化一周的涡流损耗与材料的电阻率成反比，与材料的厚度 D 的平方和磁感变化幅度 B_m 的平方成正比。

磁滞损耗是指材料在循环磁化条件下，每循环磁化一周所消耗的能量，它也以热的形式表现出来，其大小与磁滞回线的面积呈正比。剩余损耗是指从总损耗中扣除涡流损耗和磁滞损耗所剩余的部分。

(5) 磁能积(密度)。永磁体均在开路状态下使用，作为磁场源或动作源。永磁体的作用主要是在磁铁的两磁极空间(或称空气隙)产生磁场 H_g。

(6) 退磁场和退磁因子。对于不闭合磁路，磁铁的两端出现磁极并在周围产生磁场，磁场的方向总是由 N 极到 S 极。而在磁铁内部，其磁场的方向与磁铁磁场的方向相反起退磁作用，称作退磁场，以 H_d 表示。磁铁的退磁场与材料的磁化强度成正比，即 $H_d = -MD$，D 为退磁因子，其大小与磁铁的形状和尺寸有关。

5.1.2.2　磁性材料的稳定性

磁性材料一般用作磁场源，对于精密仪表和磁性元件，要求在不同的环境下以及外界条件变化时，磁体提供的磁场要保持稳定，以保证仪器的精密度和工作可靠性。磁性材料的稳定性一般用磁参量随外界因素作用产生的变化来描述。引起磁性能变化的外界因素有温度、时间、电磁场、振动与冲击、射线与化学作用等，相应的就有温度稳定性、时间稳定性、化学稳定性等。

(1) 温度稳定性。永磁体的成分、尺寸与形状、制备工艺过程和矫顽力值皆对磁体的温度稳定性产生影响。一般说来，高矫顽力的磁体具有好的温度稳定性，长径比大的磁体温度稳定性也较高。老化处理可稳定磁体组织与磁畴结构，也可改善磁体的温度稳定性。此外，可以通过增设补偿磁路和添加适量合金元素的方法提高永磁体的温度稳定性。

(2) 时间稳定性。时间稳定性是指磁体在某一特定工作环境下长期工作过程中磁性随时间的变化，是衡量永磁仪器仪表与器件长时间性能稳定性与可靠性的重要参量。

(3) 化学稳定性。永磁元器件通常工作在带有腐蚀介质的环境中，要求磁体具有好的抗蚀能力。提高磁体抗蚀性的途径主要包括通过合金化提高材料本身的抗蚀能力和通过各种表面处理工艺在磁体表面形成抗蚀涂层(如镀耐蚀金属或合金、浸胶或浸漆等)。

5.2 永磁材料

矫顽力大于400 A/m以上的磁性材料称为永磁材料。永磁体经充磁至技术饱和并去掉磁场后仍保留较强的磁性，又称为硬磁或恒磁材料。永磁材料的应用主要利用永磁体在气隙产生足够强的磁场、利用磁极与磁极的相互作用、磁场对带电物体或粒子或载电流导体的相互作用来做功，或实现能量、信息的转换。

永磁材料的出现和应用具有悠久的历史。我国战国时代(公元前475年至公元前221年)人们利用矿石中的天然磁铁矿打磨成所需的形状用来指南。近百年来，随着科学技术的高速发展，永磁材料不断进步，新的永磁材料的出现推动了永磁器件的改进和发展。而高新技术的需求又促进了新型永磁材料的出现，新型永磁材料的开发和应用是高新技术产业中极为重要的部分。稀土永磁，尤其是钕铁硼的出现对现代高新技术产业的发展有着巨大影响。

永磁体既可以单独使用，也可以与其他铁磁性或非铁磁性材料组成磁路，进而成为磁器件。永磁材料性能的提高，可使器件尺寸变小，这使现代产业中的各种永磁器件小型、微型、轻量化成为可能。以永磁材料的重要特性之一的最大磁能积$(BH)_{max}$来描述永磁材料的进步及对磁器件的影响。新材料的出现总是有新的性能，如稀土永磁材料具有其他永磁材料所不及的高矫顽力，这一特点开拓出一类新的用途和器件。

工业应用的永磁材料主要包括五个系列；铝镍钴系永磁合金、永磁铁氧体、铁铬钴系永磁合金、稀土永磁材料和复合黏结永磁材料。其中铝镍钴系永磁合金以高剩磁与低温度系数为主要特征，最大磁能积仅低于稀土永磁。永磁铁氧体的主要特征是高矫顽力和廉价，但剩磁和最大磁能积偏低；由于其高的磁性温度系数不适于精度要求很高的应用场合，而在产量极大的家用电器、音响设备、扬声器、电动机、电话机、笛簧接点元件和转动机械等方面得到普遍应用，是目前产量和产值最高的永磁材料。铁铬钴系永磁合金的最突出优点是易于加工，可冷加工成板材和棒材，可进行冲压、弯曲、切削和钻孔等加工，从而弥补了其他永磁材料难以加工的缺陷。此外，此类合金也可以铸造成形，性能与铝镍钴系永磁合金类似，且含钴量低于铝镍钴合金，对于重要战略元素钴的节约具有重要的意义。但由于铁铬钴合金生产工艺特别是热处理工艺复杂而严格，因而价格并不低于铝镍钴合金；通常仅将此类合金用于形状特殊并需要进行机加工的磁铁，约占整个永磁材料总产量的3%。稀土永磁材料具有特高的最大磁能积和矫顽力，对永磁元件的小型化和薄型化做出了突出的贡献，是20世纪70年代以来迅速发展的永磁材料。由于含有分离困难价格昂贵的稀土元素，稀土永磁无论从单位重量和单位磁能积所相应的价格来看都是一种昂贵的材料。

5.2.1 铝镍钴和铁铬钴系磁体

铝镍钴永磁合金以 Fe、Ni、Al 等元素为主要成分，并通过加入 Cu、Co 和 Ti 等元素进一步提高合金性能。包括铝镍型、铝镍钴型和铝镍钴钛型三种。铝镍钴系合金的 T_c 为757 ~907 ℃、$\alpha(B_r)$为 -0.02%/℃、$\alpha(H_c)$为 +0.03 ~0.07%/℃，$(BH)_{max}$为17 ~72 kJ/cm^3，B_r为0.78 ~1.30 T，H_{CB}为52 ~112 kA/m。此类合金可根据成形方法分为铸造磁钢与烧结磁钢，其中铸造磁钢的密度为6.9 ~7.3/cm^3，烧结磁钢为6.7 ~7.0 g/cm^3。也可根据合金的织构状态将铝镍钴永磁合金分为各向同性合金、磁场取向合金和定向结晶合金。铸造铝镍钴合金具有生产工艺简单和产品性能高等特点。绝大部分铝镍钴合金都采用铸造法生产。

铁铬钴系永磁合金国家标准牌号有2J83，2J84，2J85 三种，含铬量23.5% ~27.5%（质量分数，下同），含钴量 11.5% ~21.0%；其中2J83 和2J85 含0.80% ~1.10%硅，2J84 含3.00% ~3.50%钼和0.5% ~0.8%钛。此类合金可以通过成分调节将其低的单轴各向异性常数提高到铝镍钴合金的水平。也可通过磁场处理、定向凝固 + 磁场处理（结晶与磁双重织构），以及塑性变形与适当热处理的方法（形变时效）显著提高合金性能。铁铬钴系合金可达到的最高磁性能为 B_r1.53 T，H_c 66.5 kA/m，$(BH)_{max}$76 kJ/m^3。

5.2.2 永磁铁氧体

工业上普遍应用的永磁铁氧体主要有两种：钡铁氧体（$BaO\cdot6Fe_2O_3$）和锶铁氧体（$SrO\cdot6Fe_2O_3$），晶体结构均属六角晶系。一般是以 Fe_2O_3、$BaCO_3$和 $SrCO_3$为原料，经混合、预烧、球磨、压制成形、烧结过程制成。此类材料呈亚铁磁性，具有高的磁晶各向异性常数。将预烧料球磨成尺寸为约1 μm 的单畴颗粒后烧结出的磁体具有较高的矫顽力。根据成形过程中加磁场与否，烧结铁氧体材料可制成各向同性磁体和各向异性磁体。其中各向异性磁体的制备是在压制成形过程中加上强磁场，使铁氧体的单畴粒子在磁场下转动，得到易磁化轴与磁场方向一致（磁场取向）的强各向异性磁体。永磁铁氧体的密度4.0 ~5.1 g/cm^3，T_c 为450 ~460 ℃，$\alpha(B_r)$为 -0.18 ~0.20（%/℃）。

表5 -1 给出了永磁铁氧体材料的几个牌号和主要磁性能。

表5 -1 永磁铁氧体的磁性能

材料牌号	剩磁/T	矫顽力/($A\cdot m^{-1}$)	最大磁能积/($kJ\cdot m^{-3}$)
Y15	0.23 ~0.36	128 ~192	14.3 ~17.5
Y30	0.38 ~0.42	160 ~216	26.3 ~29.5
Y15H	≥0.31	232 ~248	≥17.5

永磁铁氧体由于具有高矫顽力和低剩磁，合理的磁体形状为扁平状，短轴为磁化方向。也可制成沿侧面进行多极磁化的圆柱形磁体。永磁铁氧体的剩磁强度系数是铝镍钴磁体的10倍，不适于制作要求高稳定性的精密仪器；而且此类材料易于发生不可逆的低温退磁，也不适合在低温条件下使用。

5.2.3 稀土-过渡金属间化合物

稀土永磁合金是20世纪60年代以来发展起来的材料。稀土永磁材料是以稀土金属元素与过渡族金属间所形成的金属间化合物为基体的永磁材料。例如$SmCo_5$永磁材料是以一个钐(Sm)原子和5个钴(Co)原子组成的化合物$SmCo_5$永磁；又如，Sm_2Co_{17}永磁材料，是以两个Sm原子和17个Co原子组成的2∶17型化合物Sm_2Co_{17}永磁；再例如Nd-Fe-B系永磁材料，它是以$Nd_2Fe_{14}B$化合物为基体，含有少量富Nd相和富B相的永磁材料。通常称为稀土金属间化合物永磁，简称为稀土永磁。它主要包括两大类，第一类是Re-Co永磁，或称稀土Co永磁；第二类是铁基稀土永磁，最具代表意义的就是Nd-Fe-B永磁材料。Re-Co永磁材料包括两种，第一种是1∶5型Re-Co磁体，如$SmCo_5$单相与多相合金，出现于20世纪60年代，通常称之为第一代稀土永磁；第二种是2∶17型Re-Co磁体，如Sm_2Co_{17}基合金，出现于20世纪70年代，通常称之为第二代稀土永磁。20世纪80年代初出现的以2∶14∶1型Nd-Fe-B合金为代表的Re-Fe-B系永磁材料，通常被称为第三代稀土永磁材料。表5-2给出了各种类型稀土永磁材料的性能。

表5-2 各类稀土永磁材料的性能比较

性　能	$ReCo_5$	Re_2Co_{17}	NdFeB型
B_r/T	0.88~0.92	1.08~1.12	1.18~1.25
$H_{cb}/(kA\cdot m^{-1})$	680~720	480~544	760~920
$H_c/(kA\cdot m^{-1})$	960~1280	496~560	800~1040
$(BH)_{max}/(kJ\cdot m^{-3})$	152~168	232~248	264~288
α(Br)/(%/℃)	-0.05	-0.03	-0.128
μ_{reg}	1.05~1.10	1.00~1.05	1.05
$d/(kg\cdot m^{-3})$	8100~8300	8300~8500	7300~7500
HV	450~500	500~600	600
$\rho/(\Omega\cdot m)$	5×10^{-3}	9×10^{3}	14.4×10^{-3}
抗弯强度/($\times10^4$ Pa)	0.98~1.47	0.98~1.47	2.45

图5-1为Sm-Co二元系相图，Sm-Co二元系合金共形成7个化合物，其中的$SmCo_5$相具有$CaCu_5$结构；Sm_2Co_{17}具有两种结构，高温(1250℃以上)为六方$ThNi_{17}$结构，1250℃以下转变为菱方Th_2Zn_{17}结构。$ReCo_5$型永磁材料按磁性可分为三类：①高H_c型，

H_{CB}与B_r数值相近，$B-H$退磁曲线是线性的；②低H_c型，$H_{CB}<B_r$，$B-H$退磁曲线是线性的；③低温度系数型，磁感温度系数接近于零。

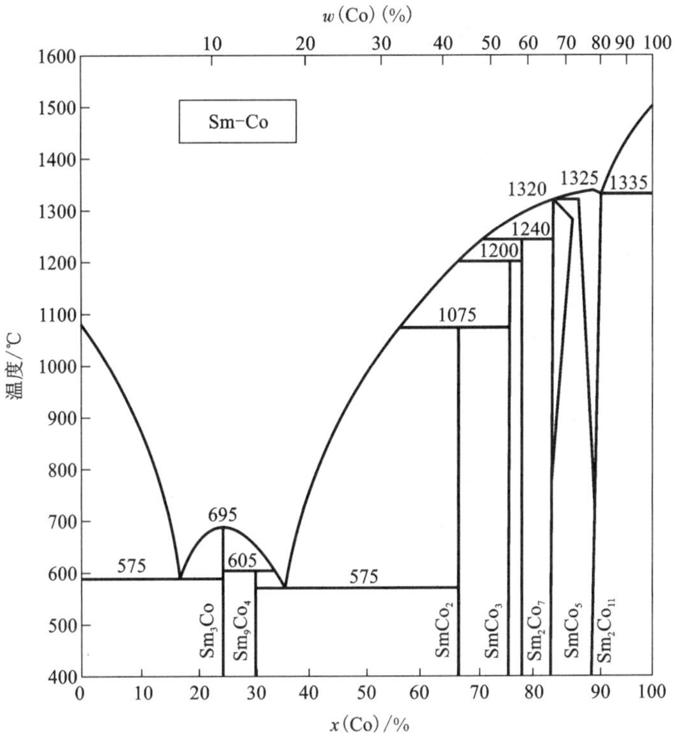

图5-1 Sm-Co二元系相图

5.2.3.1 稀土永磁材料简介

1. $SmCo_5$型永磁材料

最早发展的$ReCo_5$型永磁材料是$SmCo_5$化合物，该化合物具有高的磁晶各向异性常数，$K_1=(15-19)\times10^3\ kJ\cdot m^{-3}$、理论磁能积为$244.9\ kJ\cdot m^{-3}$(31MGOe)。实际$SmCo_5$磁体的$B_r$约为$0.8\sim0.95$ T，H_{CB}约为$557.2\sim75.2\ kA\cdot m^{-3}$，$(BH)_{max}$约为$135.3\sim159.2\ kJ\cdot m^{-3}$。采用强磁场取向等静压和低氧工艺，$SmCo_5$的磁性可进一步提高，使$B_r$达1.07 T、$H_{CB}$达$851.7\ kA\cdot m^{-1}$、$H_{Ci}$达$1273.6\ kA\cdot m^{-1}$。$(BH)_{max}$达$227.6\ kJ\cdot m^{-3}$，居里温度为740 ℃，可在$-50\sim150$ ℃的温度范围内工作，是一种较为理想的永磁体，已在实际生产中得到广泛应用。其缺点是含有较多的战略金属钴(w(Co)66%)和蕴藏量稀少的稀土金属元素Sm。原材料昂贵，发展前途受到资源与价格的限制。

Sm和Co均很昂贵。用Pr取代部分Sm，可适当降低成本，由此发展了$(Sm-Pr)Co_5$永磁体。并已在工业中得到广泛应用；(SmPr)Co_5磁体的磁能积最高可达到219.7 kJ·m^{-3}。用Ce或Mm(混合稀土)部分取代Sm，制成(Ce，Mm)Co_5永磁体，$MmCo_5$等永磁体，可进一步降低成本，但其磁性也稍有下降。Ce(Co、Cu、Fe)$_5$，$MmCo_5$磁体的性能为B_r=0.80～1.05 T，H_{ci}=480～720 kA·m^{-1}，$(BH)_{max}$=120 kJ·m^{-3}。此外，$ReCo_5$系磁体中还包括一种Sm(Co，Cu，Fe)$_5$型磁体，用Cu取代部分Co可弥散析出$SmCu_5$沉淀相，产生沉淀硬化效应，Fe的加入可保持合金高的内禀矫顽力，并使材料的饱和磁化强度得到提高。此种类型的磁体中着重发展的是资源价格优势明显的Ce(Co，Cu，Fe)$_5$型磁体，已在微电机、电子记时器等领域得到广泛应用。

2. Sm_2Co_{17}型永磁材料

$ReCo_{17}$型永磁材料是以Sm_2Co_{17}型化合物为基础发展起来的，主要包括：①Sm－Co－Cu系；②Sm－Co－Cu－Fe系；③Sm－Co－Cu－Fe－M系(M＝Zr、Ti、Hf，Ni)。其中Sm－Co－Cu系材料的分子式为：$Sm(Co_{1-x}Cu_x)_z$($5<z\leqslant8.5$)；当$z\leqslant5.6$时，合金的基体相是$Sm(CoCu)_5$，析出相是$Sm_2(CoCu)_{17}$；随z数值的增大，合金中1∶5相减少，2∶17相增多，当z＝6.9～7.0时，组织转变为以$Sm_2(CoCu)_{17}$相为基体，$Sm(CoCu)_5$为析出相。由于低Cu含量的合金矫顽力很低，而高Cu含量的合金矫顽力虽得到较大提高，但合金的饱和磁化强度偏低，居里温度也显著降低，因此Sm－Co－Cu合金系中至今尚未开发出有实用意义的永磁材料。

在Sm－Co－Cu系的基础上用Fe取代部分Co形成的$Sm(Co_{1-x-y}Cu_xFe_y)_z$系合金，随着Fe含量的增多，内禀饱和磁化强度迅速提高。例如：$Sm(Co_{0.76}Cu_{0.14}Fe_{0.10})_{6.8}$合金的磁性；$B_r$＝1.0 T，$H_{ci}$＝796 kA·$m^{-1}$，$(BH)_{max}$＝165.1 kJ·$m^{-3}$。但当Fe含量超过10%时。会由于形成Fe－Co软磁相而导致矫顽力急剧下降。因此，铁的加入量不能过高。在Sm－Co－Cu－Fe中加入少量的Zr、Ti、Hf、Ni等元素，可进一步提高合金的磁性能。目前实际应用的2∶17型合金是Sm－Co－Cu－Fe－M系(M＝Zr、Ti、Hf、Ni)。其中Sm－Co－Cu－Fe－Zr系永磁合金已有系列商品合金。此类合金的磁性能优于$SmCo_5$，其T_c为840～870 ℃，磁感温度系数也优于$SmCo_5$，可在－60～350 ℃范围工作；同时合金中Sm和Co的含量低于$SmCo_5$，具有较低的原料成本。此类材料的缺点是制造工艺复杂，工艺费用高。但作为一种优异的永磁材料，在工业中广泛应用于制作精密仪器和微波器件。

Re_2Co_{17}型材料可按矫顽力的大小分为三类：第一类是低矫顽力2∶17合金，它具有较高的磁能积，退磁曲线的方形度较好。第二类是高矫顽力2∶17合金。第三类是超高矫顽力2∶17合金，矫顽力高达2388 kA·m^{-1}(30 KOe)。表5－3列出了三类合金的磁性能。

表5-3 Re_2Co_{17} 合金的磁性能

合金类型	B_r/T	H_{CB}/(kA·m^{-1})	H_{Ci}/(kA·m^{-1})	$(BH)_{max}$/(kJ·m^{-3})
低矫顽力2:17合金	0.9~1.2	493.5~637	525.3~636.8	175.1~251.5
高矫顽力2:17合金	0.9~1.0	636.8~716.4	796~1592	199~233
超高矫顽力2:17合金	0.95~1.06	716.4~796	1592~2388	199~223

3. Nd-Fe-B型永磁材料

Nd-Fe-B系合金是以 $Nd_2Fe_{14}B$ 化合物为基的一种不含Co的高性能永磁材料。自1983年问世以来发展极为迅速，目前此类材料磁性已达如下的水平：最大磁能积407.6 kJ·m^{-3}，矫顽力2244.7 kA·m^{-1}。是迄今为止磁性能最高的永磁材料，被誉为"磁王"。Nd-Fe-B系合金的另外一个最大的优点是原材料丰富，价格便宜，其价格只相当于钐钴合金的50%左右。

图5-2是Nd-Fe-B三元系合金相图的室温截面。在Nd-Fe-B三元系合金中存在三个三元化合物，即 $Nd_2Fe_{14}B$、Nd_8FeB_3 和 Nd_2FeB_3，整个室温截面可分为十个相区。实用的Nd-Fe-B三元合金的成分一般位于Ⅲ区，即靠近当量 $Nd_2Fe_{14}B$ 化合物成分处。$Nd_2Fe_{14}B$ 相为四方结构，点阵常数 a 和 c 分别为0.882 nm和1.224 nm，T_c 为585 ℃，μ_s 为1.61 T，磁晶各向异性常数 $K_1=450$ kJ·m^{-3}。目前工业上广泛应用的Nd-Fe-B系永磁体包括烧结磁体、热压磁体、铸造磁体、黏结磁体和注塑磁体等。

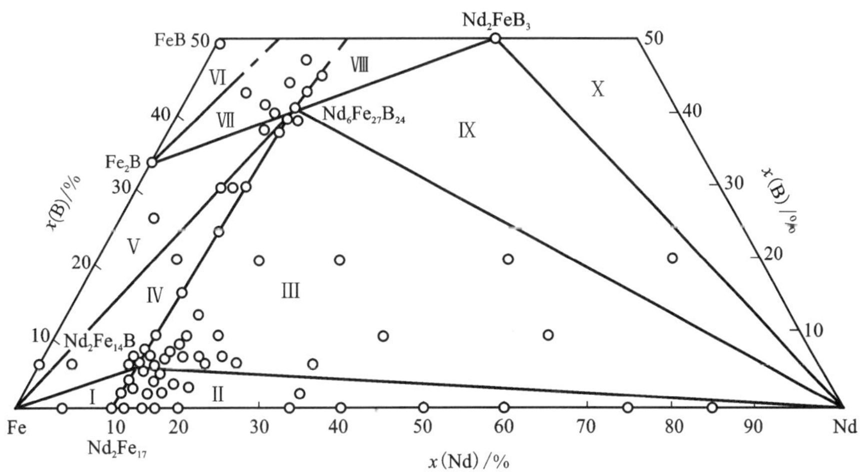

图5-2 Nd-Fe-B三元系含金相图的室温截面

Nd-Fe-B磁体的居里温度低于Re-Co系合金、剩磁温度系数较高且易于腐蚀。通过添加Co、Al取代一部分Fe，用少量重稀土如Ho、Dy等取代部分Nd，可明显降低剩磁温度系数。使之接近2∶17型稀土钴合金的水平。尽管Nd－Fe－B磁体的磁性能极高，但由于其剩磁温度系数高，目前仍难以取代AlNiCo和Re－Co合金；随着磁体价格的下降，Nd－Fe－B磁体已在许多重要的应用场合取代了铁氧体永磁材料。

Nd－Fe－B磁体的组织与性能对氧比较敏感，氧的进入除降低磁性外，还将对合金相组成产生较大的影响。在磁体制备过程中的每个环节，如原材料配制、熔炼、制粉与烧结等，氧皆有可能进入合金。进入合金中的氧通常并不直接形成稳定的稀土化合物（如Nd_2O_3等），而是首先形成$Re_2O_3\cdot 3H_2O$或$Re(OH)_3$型水化物，与铁化合生成FeOOH。在高温下，氧化物分解放出氢和氧，与合金中的硼化合生成B_2O_3或硼酸盐（$NdBO_3$）。含有B_2O_3的合金再次加热到高温（如900 ℃），B_2O_3将被还原，形成NdO_3晶体在合金中以弥散质点方式存在。因此，在分析Nd－Fe－B系合金相组成时，应充分考虑氧在合金中的作用。

5.2.3.2 稀土永磁材料的应用

在微波通讯技术方面的应用，如磁控管、阴极管、返波管、速调管、隔离器和环行器等，以满足雷达、微波通讯和功率放大等现代科技的需要；在电机工程方面的应用，永磁电机是稀土永磁应用的主要领域之一，满足了微控、航空、汽车和农用的使用要求；在电声器件方面的应用，如音响器件的扬声器、耳机、拾音器、电话接受极和电传器等；在磁力机械方面的应用，如磁力传感器、打捞器、磁力泵、磁性阀，特别是强力吸盘（吊车）和磁夹具机械的应用更有发展前景；在磁分离技术方面的应用，如磁选机、高强度磁净化水器，磁净化物料器等，其中磁选机是比较重要的应用；在磁化技术方面的应用，如磁化防蜡器，磁化净水器等，其中强磁化防蜡器在我国石油开采中取得了实际的应用。

5.2.4 纳米微晶稀土永磁材料

由于稀土永磁材料的问世，使永磁材料的性能突飞猛进。稀土永磁材料已经历了$SmCo_3$、Sm_2Co_{17}以及$NbFe_{14}B$等3个发展阶段，目前烧结$Nb_2Fe_{14}B$稀土永磁的磁能积已高达432 $kJ\cdot m^{-3}$（54MGOe），接近理论值512 $kJ\cdot m^{-3}$（64MGOe）。并已进入规模生产。此外，作为黏结永磁体原材料的快淬NbFeB磁粉，晶粒尺寸约为20～50 nm，是典型的纳米微晶稀土永磁材料。

目前，NbFeB产值年增长率约为18%～20%，占永磁材料产值的40%。NbFeB永磁体的主要缺点是居里温度偏低，$T_c\approx 593$ K，最高上限温度约为450 K，化学稳定性较差，易被腐蚀和氧化，价格也比铁氧体高。目前，研究方向是探索新型的稀土永磁材料，如$ThMn_{12}$型化合物、$Sm_2Fe_{17}N$、$Sm_2Fe_{17}C$化合物等。另一方面是研制纳米复合稀土永磁材料，通常软磁材料的饱和磁化强度高于永磁材料，而永磁材料的磁晶各向异性又远高于软磁材料，如将软磁相与永磁相在纳米尺度范围内进行复合，就有可能获得兼备高饱和磁化强度、高矫顽力两者优点的新型永磁材料，微磁学理论表明，稀土永磁相的晶粒尺寸只有低于20 nm时，通过交换耦合才有可能增大剩磁值，对理想的层状结构，理论计算纳米复合永磁体的最大磁能积如下：NdFeB + α - Fe 为 800 $kJ\cdot m^{-3}$（100MGOe），$Sm_2Fe_{19}N_3$ + α - Fe（110MGOe），$Sm_2Fe_{19}N_3 + FeCO_3$为 1000 $kJ\cdot m^3$（120MGOe）。

目前，实验结果虽已证明软磁相与永磁相之间存在交换耦合作用，但实际试样所获得的磁能积远低于理论值，如 $Nd_7Fe_{89}B_4$，$B_r = 1.28$ T，$H_c = 252$ $kA\cdot m^{-1}$，$(BH)_m = 146$ $kJ\cdot m^{-3}$。

又如 $Sm_7Fe_{94}N$，$B_r = 1.1$ T，$H_c = 312$ $kA\cdot m^{-1}$，$(BH)_m = 200$ $kJ\cdot m^{-3}$，其磁性能高于铁氧体5~8倍，但低于烧结 NdFeB 磁体。其优点是稀土含量减少了2/3，生产成本下降，此外稀土永磁微粒被 α - Fe 等软磁相所包围可以有效地阻止被氧化、腐蚀，增进化学稳定性，它还可以作为黏结永磁体的原材料，在永磁材料所应用的电声、机电、选矿等领域中可获得广泛的应用，进一步提高纳米永磁材料性能仍为当今研究的热点。

5.3 软磁材料

5.3.1 软磁材料简况

软磁性材料主要是指那些容易反复磁化，且在外磁场去掉后，容易退磁的材料。它的特点是矫顽力 H_c低（低于102 A/m），相对导磁系数 μ_r大，一般在 $10^3 \sim 10^5$，每周期磁滞损耗小。这种材料可分为两大类，第一类是软磁合金，它们用作各种电磁铁的极头、极靴、磁导体、磁屏蔽、电机的定子和转子、变压器及继电器的铁芯，也用于作各种通讯、传感、记录等工程中的磁性元件。第二类是软磁铁氧体，它们是非金属，是由铁的氧化物组成，电阻率很高，适合用于在高频范围内工作的各种软磁元件。一般要求软磁材料具有高的饱和磁感应强度、高的最大磁导率、高的居里温度和低的损耗。根据材料的磁性能可将软磁材料分为高磁饱和材料、中磁饱和中导磁材料、高导磁材料、高硬度、高电阻、高导磁材料、矩磁材料、恒磁导率材料、磁温度补偿材料、磁致伸缩材料。也可根据用途将软磁材料分成铁心材料、磁记录材料与特殊磁性材料（如磁致伸缩材料、磁屏蔽材料等）。

5.3.2 纯铁和铁合金

铁是最早应用的一种经典的软磁材料。直到今天还在一些特殊场合用到。人们常用降低含碳量的方法来获得低矫顽力。工业纯铁为 $w(C)$低于0.04%的 Fe - C 合金，包括电磁纯铁、电解铁和羰基铁。工业纯铁 B_s达2.15 T，资源丰富、价格低廉，具有良好的可加工性。早在1890年热轧纯就用于制造电机和变压器铁心。是工业上应用最早的软磁材料。工业纯铁起始导磁率一般为300～500 μ_0，最大导磁率6000～12000 μ_0，H_c在40～95 A/m之间。

硅钢片是铁硅的合金，含硅0.8%～4.5%，硫小于1%，其电阻率高，磁导率高，矫顽力低，铁损小，磁性能稳定，硅钢片不能在高频磁场下工作，只能用于工频和音频，常用于电源变压器、音频变压器和铁心扼流圈等的铁心。

5.3.3 铁－镍合金(坡莫合金)

铁镍合金又称坡莫合金，属于精密软磁合金，它在弱磁场和中磁场下具有极高的磁导率和很低的矫顽力，并具有较好的防锈性能和良好的加工性能，有些品种的铁镍合金具有矩磁特性。铁镍合金的成分配比以及合金中的气体和杂质含量对磁性能有很大的影响。铁镍合金的软磁性能比电工钢要优越得多。在低磁场中，具有高磁导率、低饱和磁感应强度、很低的矫顽力和低损耗，而且加工成形性能也比较好。这类合金就产量而言，没有硅钢片大；就质量而言，却是一个强有力的竞争者，这类合金的著名代表者坡莫合金(79% Ni，21% Fe)具有很高的导磁率。虽然它的饱和磁场强度不高，只有硅钢片的一半，但它的磁化率极高(150000或更高)，矫顽力很低(约0.4A/m)，反复磁化损失就更低些，只有热轧硅钢片的5%左右。

铁镍合金大致可有5类：①以1J50(含Ni 36%～50%)为代表，具有较低磁导率和较高的饱和磁感应强度及矫顽力。在热处理中如能适当提高温度，延长时间，可降低矫顽力，提高磁导率。②以1J51(含Ni 34%～50%)为代表，结构上具有晶体结构与磁畴结构。沿易磁化方向磁化，可获得矩形磁滞回线，在中等磁场下，有较高的导磁率和磁感应强度，如经纵向磁场热处理，可使材料沿磁路方向的磁导率和矩形比增加。矫顽力降低。③以1J65为代表，可以通过磁场热处理改善磁性能。④以1J79(含70% Ni，4% Mo和少量Mn)为代表，在弱磁场中，也有极高的磁导率，低饱和磁感应强度。⑤以1JB5为代表，具有相当高的初始磁导率和最大磁导率以及低的矫顽力。

随Ni含量的增加，Fe－Ni合金的导磁率增加、饱和磁感应强度下降。当w(Ni)接近80%时，Fe－Ni合金的K_1和λ同时变为零，能获得高的磁导率。习惯上将含w(Ni) 35%～80%的Fe－Ni合金称为坡莫合金。根据Ni含量对合金磁性能的影响，Fe－Ni合金一般可分为高导磁材料、恒导磁率材料、中磁饱和中磁导率材料等。高导磁合金主要是高镍含量的铁镍合金。我国的高镍高导磁合金有六个牌号：1J76、1J77、1J79、1J80、1J85和1J86，w(Ni)为76%～86%。其基本性能：μ_m为125～187 mH/m，H_c为1.4～3.2 A/m，B_s为0.6～0.75 T，ρ为$(55\sim62)\times10^{-8}$ Ω·m。

坡莫合金在弱磁场下具有很高的初始磁导率和最大磁导率，有较高的电阻率，易于加工，可轧制成极薄带。因而适合在交流弱磁场中使用。如各种音频变压器、互感器、磁放大器、音频磁头、精密电表中的动片与静片等。主要用于收音机、电视机和通信器材等。坡莫合金的成分位于超结构相 Ni_3Fe 附近，合金在 600 ℃以下的冷却过程中发生明显的有序化转变；为获得最佳磁性能，必须适当控制合金的有序化转变。因此，坡莫合金退火处理时，经 1200 ~ 1300 ℃，保温 3 h 并缓冷至 600 ℃后必须急冷。由于此类材料的 B_s 低，因而不适宜做功率传输器件；且合金磁性能对应力极为敏感，使用过程中应避免冲击、振动及其他力的作用。近年来，由于铁氧体材料的发展与硅钢特性的改善，坡莫合金的用量逐渐减少。

w(Ni)40% ~50% 的铁镍合金，如果在冷轧后于 1000 ℃下进行再结晶退火，可以得到(001)[100]织构。再将其以 50% 的轧制率进行冷轧，可以生成单轴轧制型磁各向异性。对合金进行横向磁场热处理(外加磁场方向垂直于使用中的磁化方向)，可使其磁化率在很大范围内保持恒定不变，这就是恒导磁率合金。国产恒导磁率合金牌号为 1J66 [Fe - w(Ni)65%]，主要用于恒电感器.也可用于单极脉冲变压器。

低镍和中镍的铁镍合金的饱和磁感应强度约为 1 T，介于高磁饱和材料(B_s 约 2T)和高导磁材料($B_s \leqslant 0.8$ T)之间；同时磁导率与矫顽力也介于二者之间；主要应用于中、弱磁场范围。这类材料的电阻率较高，因而适用于较高的频率。属于中弱合金的牌号有 1J46、1J50 和 1J54，w(Ni)分别为 46% 、50% 和 54% ，供应状态包括冷轧带材、冷拉丝材、冷拔管材和热轧扁材、棒材及锻材。1J46 和 1J50 合金主要用于制作小功率变压器、微电机、继电器、扼流圈和电磁离合器的铁心，以及磁屏蔽罩、话筒振动膜等。1J54 合金具有高的电阻率与低的矫顽力，因此涡流损耗和磁滞损耗较低，主要用于脉冲变压器、音频和高额遥信仪器等。低镍的 Fe - w(Ni)36% 合金的 B_s 和电阻率 ρ 介于 1J50 和 1J54 合金之间，合金价格便宜，主要用于在要求高 B_s，而对磁导率要求不高的条件下制备高频滤波器、脉冲变压器及灵敏断电器等。由于其居里温度仅为 230 ℃，因而使用温度低。

5.3.4　铁钴合金

纯铁中加入钴后，B_s 明显提高 w(Co)低于 75% 的铁钴合金的 B，均大于纯铁。w(Co)为 35% 的铁钴合金的 B_s。达 2.45T，是迄今 B_s 最高的磁性材料。在磁场范围很宽的非饱和情况下。Fe - w(Co)50% 具有更高的 B 值，国外牌号为 V - Permenddur。在合金中加入一定量的 V 和 Cr 可显著提高其电阻率。工业生产中实际应用的铁钴合金主要有 $Fe_{64}Co_{35}V_1$(或$Fe_{64}Co_{35}Cr_1$)和$(Fe_{50}Co_{50})_{98.7}V_{1.3}$。$(Fe_{50}Co_{50})_{98.7}V_{1.3}$ 合金的国内牌号为 1J22，国外牌号为 V - Permendur。

1J22 合金的电阻率比二元铁钴合金高 6 倍，达 $40 \times 10^{-8}\ \Omega \cdot m$；$B_s \geqslant 2.2$ T；$H_c \leqslant 128$ A/m。供应状态为 0.05 ~1.0 mm 厚的冷轧带材、ϕ0.1 ~6.0 mm 冷拉丝材、热轧材和热锻材等。合金的最终热处理在对材料进行各种机加工后进行，处理规范包括 850 ~900 ℃保温 3 ~6 h 和 1100 ℃保温 3 ~6 h 两种。由于铁钴合金易于氧化，并导致磁性恶化，热处理须在高真空或纯净氢气中进行。

铁钴合金的 B_s 高，在较强磁场下具有高的磁导率，适用于小型化、轻型化以及有较高要求的飞行器及仪器仪表元件的制备。此外，合金还用于制造电磁铁极头和高级耳膜震动片等。由于铁钴合金的电阻率偏低，因而不适于高频场合的应用。合金中含有大量稀贵金属元素钴，价格昂贵。

5.3.5 非晶态软磁合金

非晶态合金由于不存在晶界，不存在晶体中位错那样的缺陷，因此有高强度和耐蚀的特点，其软磁性能对应力不敏感，比晶态软磁材料好得多。由于非晶态合金不存在晶体结构，因而不存在磁晶各向异性。以上这些特点，都说明非晶态合金适合制作软磁材料。目前已发现的非晶态软磁合金主要由 Fe、Co、Ni 和类金属元素 Si、B、P 和 C 所组成。前者约占总量的 80% 摩尔分数，后者约占 20% 摩尔分数。若类金属组元的含量过多或过少，在目前急冷的条件下都不易形成非晶。一般来说，熔点较低的成分较易于形成非晶，因此现有很多非晶合金的成分都在共晶成分附近。与晶态合金相比，非晶合金的缺点是它在较低温度下(400 ~500 ℃)发生晶化，这个温度称为晶化温度，通常情况下用 T_x 或 T_{cry} 表示。一般非晶合金在晶化后变得很脆，磁性显著恶化。并且，即使在低于晶化温度下，也会发生结构弛豫，使磁性发生变化。因此用非晶态合金制成的磁性元件，在长期使用条件下，工作温度不宜超过 100 ~150 ℃。非晶软磁合金从它的发现、发展到今天，只有约 30 年的历史，它和晶态合金相比还是很年轻的，但它在软磁合金的领域中，已和铁氧体、晶态软磁合金各据一方，占有不可取代的一席之地。

非晶态合金软磁材料的出现，为软磁材料的应用开辟了新领域。例如 $Fe_{80}-P_{16}-C_3-B_1$ 和 $Fe_{40}-Ni_{40}-P_{14}-B_6$。它的矫顽力和饱和磁化强度，虽然与 50Ni－Fe 合金相当，但含有质量比低于 20% 的非金属成分。它不但具有高的比电阻，交流损失很小，而且，制造工艺简单，成本也低，还有高强度、耐腐蚀等优点。其中铁基非晶态软磁合金饱和磁感应强度高，矫顽力低，耗损特别小，但磁致伸缩大；钴基非晶态软磁含金饱和磁感应强度较低，磁导率高，矫顽力低，损耗小，磁致伸缩几乎为 0；铁镍基非晶态软磁合金基本上介于两者之间，三者性能分别见表 5－5 ~ 表 5－7。

表 5－5 铁基非晶态合金某些性质

合金成分	B_s /(10^{-4} T)	H_c /(79.6 A·m^{-1})	P /(μΩ·cm)	T_C /℃	T_S /℃	H_V	密度 /(g·cm^{-3})	λ /(10^{-6})
$Fe_{80}P_{16}C_3B_1$	14900	0.05	168	292	327	730	7.3	29
$Fe_{87}B_{13.5}Si_{3.1}C_2$	16100	0.04	125	370	480	1030	7.32	30
$Fe_{78}B_{13}Si_9$	15600	0.03	130	415	550	900	7.18	27
$Fe_{79}Si_5B_{16}$	15800	1	125	405	515	900	7.28	27
$Fe_{81}B_{13}Si_4C_2$	16100	0.008	125	400				40

表5-6　铁镍基非晶态软磁合金的特性

合金成分	B /(10^{-1} T)	B_T/B_m	H_c /(9.6 A·m^{-1})	μ (μ)	ρ /(μΩ·cm)
$Fe_{40}Ni_{40}P_{14}B$	7800	0.83	0.006	88000	200
$Fe_{40}Ni_{38}Mo_4B_{16}$	8800	0.68	0.007	500000	160
$Fe_{28}Ni_{40}P_{14}B_6Si_2$	4880	≤0.10	0.015	790000	173
$Fe_{40}Ni_{40}$(MoSiB)20	8000	0.2～0.5	0.019	200000	135
$Fe_{40}Ni_{40}P_{12}B_8$	8000～10000	0.85～0.90	0.02～0.05	300000～800000	
合金成分	T_c/C	T_2/℃	H_V	密度/(g·cm^{-3})	λ·(10^{-6})
$Fe_{40}Ni_{40}P_{14}B$	250	412	640	7.51	11
$Fe_{40}Ni_{38}Mo_4B_{16}$	353	410	1070	8.02	9
$Fe_{28}Ni_{40}P_{14}B_6Si_2$	135		792	7.65	5
$Fe_{40}Ni_{40}(MoSiB)_{20}$	270	450	1000	7.6	8
$Fe_{40}Ni_{40}P_{12}B_8$					

表5-7　钴基非晶态软磁合金的特性

牌　　号	成　　分	B_s /(10^{-6} T)	H_c /(79.6 A·m^{-1})	$\mu_i(\mu_0)$	$\mu_m(\mu_0)$
AmometB	$Fe_3Co_{70}Si_{15}B_{10}$	8400	0.002		120000
AmometC	Fe-Ni-Co-Si-B	6000	0.001		160000
Amomet	$Fe_5Co_{96}C_{19}Si_5B_{15}$	6300	0.001		
Amomet	$Fe_{4.5}Co_{70.5}Si_{10}B_{10}$	8500	0.02		
Toshiba	$Fe_{4.5}Co_{66.8}Ni_{1.5}$	7100	0.05		
2705X	$Nb_{2.2}Si_{10}B_{16}$	10000	0.018		
Vitrovac6025F	$FeCo_{72}MoB_{16}$	5500	0.004	250000	300000
Vitrovac6025X	$Co_{66}Fe_4(MoSiB)_{10}$	5500	0.010～0.019	10000	100000
Vitrovac6025Z	$Co_{66}Fe_4(MoSiB)_{30}$	5500	0.004	700000	1000000
FJ-101	$Co_{66}Fe_4(MoSiB)_{30}$	7000	0.004	120000	550000
FJ-102	$Fe_4Co_{40}V_8Si_4B_{30}$	6200	0.006		490000
FJ-103	$Fe_{7.6}Co_{38}Ni_{30.4}B_{7.8}Si_6$	6900	0.003		1650000
FJ-105	$Fe_{3.8}Co_{61.2}V_2B_{22}Si_8$	7500	0.006	11000	
FJH-2	$Fe_{4.2}Co_{49}Ta_{1.8}B_{17}Si_8$	7800	0.002	10000	

表 5-7 钴基非晶态软磁合金的特性

牌号	$\mu_r(\mu_0)$	B_r/B_m	P /(μΩ·cm)	T_c /℃	T_m
AmometB			180	250	500
AmometC			175	150	560
Amomet	200000($f=1$ kHz, $H=0.24$ A/m)	150	210		
Amomet	10000($f=1$ kHz, $H=0.24$ A/m)	150	420		
Toshiba	20000($f=1$ kHz, $H=0.24$ A/m)		420		
2705X	120000($f=1$ kHz, $B=0.1$ T)		115	530	
Vitrovac6025F		0.05~0.3	135	250	600
Vitrovac6025X			135	250	600
Vitrovac6025Z		≥0.8	135	250	600
FJ-101	70000($f=20$ kHz, $B=0.5$ T)	0.5	126	315	533
FJ-102		0.95	120	319	443
FJ-103	235870($f=20$ kHz, $B=0.5$ T)	0.95	120	315	540
FJ-105		0.013	126	390	553
FJH-2		0.012	126	390	

注：F—扁平回线；X—未经热处理；Z—矩形回线

5.3.6 软磁铁氧体

铁氧体是磁性材料，是软磁性材料的又一类代表。它的制造工艺接近陶瓷，又称磁性瓷。铁氧体质坚而脆，具有很高的电阻率，涡流小，可工作于较高的频率上。铁氧体分软磁铁氧体和硬磁铁氧体两大类。我们现在应用的铁氧体多数为软磁铁氧体。

它与金属磁性材料相比，导磁率与磁化率之比很大，电阻率比较高。这是因为铁氧体中含有未被抵消的自旋磁矩金属离子的相互作用的结果。

铁的氧化物和其他一种或几种金属氧化物组成的复合氧化物（如 $MnO \cdot Fe_2O_3$、$ZnO \cdot Fe_2O_3$、$BaO \cdot 6Fe_2O_3$等）称为铁氧体。铁氧体是一种非金属磁性材料，属于亚铁磁性范围。铁氧体是一种强磁性材料，通称为铁氧体磁性材料。$FeO \cdot Fe_2O_3 \cdot Fe_3O_4$是最简单的、世界上应用最早的天然铁氧体磁性材料。铁氧体磁性材料在计算机、微波通讯、电视、自动控制、航天航空、仪器仪表、医疗、汽车工业等领域得到了广泛的应用，其中用量最大的是硬磁与软磁铁氧体材料。

目前大量生产的主要有 NiZn、NiCuZn、LiZn、MnZn 铁氧体。有几十个品种。它的突出优点是电阻率高，涡流损失很小。但是它与金属软磁材料相比，磁感应强度要低一些。金属软磁材料电阻率低，但磁感应强度高。从铁氧体的结构上看，常用的 3 种主要的铁氧体值得讨论。一是尖晶石型铁氧体，它是一种软磁铁氧体，其结构通式可写为

AB_2O_3，属于一种面心立方结构，式中A代表二价金属离子如Mn、Zn、Ni、Mg、Ba、Pb等，B代表三价铁离子。由于A、B分布状况的不同，可分为正尖晶石型结构、反尖晶石型结构和中间型尖晶石结构。一般说来，正尖晶石型无磁性，反尖晶石型有磁性，中间型介于二者之间；二是石榴石型铁氧体，结构复杂，属立方结构，其分子式可写为$3Me_2O_3\cdot5Fe_2O_3$、$2Me_3Fe_5O_{12}$，式中Me为三价稀土金属离子，这种铁氧体电阻率高，高频损失很小，是一种良好超高频微波铁氧体；三是磁铅石型铁氧体，结构与天然磁铅石相似，也是立方晶体，分子式可写为$MeFe_{12}O_{19}$，式中Me为二价金属(如Ba、Sr)离子，这种铁氧体的矫顽力高，是一种硬磁铁氧体。

从铁氧体的磁性能看，磁滞曲线的形状与软磁、硬磁、矩磁的3个磁滞曲线图形相同，说明铁氧体具有软磁性，易于磁化，也容易退磁，导磁率高，高频损失小，温度系数小，可以保持铁芯的小体积且能适应温度的变化。磁铅石型属硬磁铁氧体，矫顽力高，磁化后不易退磁，长期保留磁性，所以一般作永磁材料。矩形磁滞曲线的铁氧体，有高的矫顽力，同时还有一种特性：如果施加一个超出它固有的H_c的外磁场，可以使它由一剩磁状态($-B_r$)翻转到另一个剩磁状态($+B_r$)。这种性质，使它广泛用于计算机存储器中。

软磁铁氧体具有软磁材料的基本性质，电阻率高，密度小，防锈，防蚀性能好，磁特性可根据需要而改变。其缺点是B_r低，温度稳定性差，易脆易断，延展性差。

5.3.7 新型纳米软磁合金

微晶材料通常采用熔融快淬的工艺。Fe-Si-B是一类重要的微晶态软磁材料，如果直接将微晶材料在晶化温度进行退火，所获得的晶粒分布往往是非均匀的，为了获得均匀的纳米微晶材料，人们在Fe-Si-B合金中再添加Nb、Cu元素，Cu、Nb均不同溶于FeSi合金，添加Cu有利于生成铁微晶的成核中心。而Nb却有利于细化晶粒。著名纳米微晶软磁材料组成为$Fe_{73.5}CuNb_3Si_{13.5}B_9$，它的磁导率高达10，饱和磁感应强度为1.30 T，其性能优于铁氧体与非磁性材料，作为工作频率为30 kHz的2 kW开关电源变压器，质量仅为300 g，体积仅为铁氧体的1/5，效率高达96%。继Fe-Si-B纳米微晶软磁材料后，20世纪90年代又有Fe-M-B，Fe-M-C，Fe-M-N，Fe-M-O等系列纳米微晶软磁材料相继研制成功，其中M为Hf、Nb、Ta、V等元素，例如组成为$Fe_{83.6}Nb_{3.3}Zr_{3.3}B_{6.8}Cu_3$的纳米坡莫材料。

纳米微晶软磁材料目前沿着高频、多功能方向发展，其应用领域将遍及软磁材料应用的各方面，如功率变压器、脉冲变压器、高频变压器、扼流圈、可饱和电抗器、互感器、磁屏蔽、磁头、磁开关、传感器等，新近发现的纳米微晶软磁材料在高频场中具有巨磁阻抗效应，又为它作为磁敏感元件的应用增加了一个新亮点。

具有代表性的几类软磁材料磁性能比较见表5-8。它们各自的优缺点和应用范围见表5－9。一些常用软磁材料的主要品种、性能及用途见表5－10。

表5－8　纳米晶合金与部分软磁体磁性能比较表

材料	$\mu_0\times10^4$	$\mu_m\times10^4$	B_s/T	P/(W/kg)	稳定性
$Fe_{5.2}Cu_{0.8}Nb_8V_{1.5}Si_{11.5}B_{22}$	≥8	≥30	1.40	p0.5/20 k≤19	25C
				p0.5/50 k≤90	－50C
				p0.3/100 k≤90	相对性能变化≤5%
日立纳米晶 FT－1		μ_5(1 K)＝10	1.24	p0.5/20 k＝23	－50C
				p0.5/50 k＝90	
				p0.5/20 k≤20	
Co 基非晶	≥8	≥30	0.7	p0.5/50 k≤90	较纳米晶差
坡莫合金(1185)	≥5	≥25	0.7	p0.5/20 k≤40	低温时较差
TDKPC40			0.5	p0.5/20 k＝125	较差

表5－9　五类典型软磁材料性能特点和应用范围

材料类型	优点	缺点	应用
硅钢	饱和磁感应强度高，低频损耗小，制造成本低	导磁率低，中频损耗大	低频变压器和电机，其产量很大
磁缺氧体	高频损耗小，成本低，成形方便	饱和磁感应强度低，不利于变压器小型化，导磁性差，中高频大功率变压器使用受限制	小功率高频电源变压器
坡莫合金	高导磁性，损耗小	饱和磁感应强度低，高频大功率变压器使用仍受限制	交流互感器，中频变压器
非晶(Fe 基，FeNi 基，Co 基)合金	综合磁性前两类好	对温度稳定性差，一般使用频率不超过 20 kHz	高频变压器
纳米合金 Cu、Nb 的 Fe－Si－B 系($Fe_{73.2}Cu_{0.8}Nb_3V_{1.5}Si_{1.5}B_{11}$)	有优异的综合磁性能，良好的工艺，成本低等特点		霍尔传感器等电力电子技术领域

表 5 - 10　一些软磁材料的主要品种、性能

材料名称	主要成分 /%	μ_i	μ_{max}	H_c/ (10^2 A·m^{-1})	B_r /(10^{-4} T)	P /(μΩ·cm)	θ_1 /℃	d/ (g·cm^{-3})	tg δ/μ_i /10^{-6}
SB - 5H 铁氧体 U 型磁芯(日本)		2400 ± 600		< 0.14	B_{1G} > 4600	> 4 × 101	≥200	> 4.8	6 ± 1.5^T
SB - 5F 铁氧体 U 型磁芯(日本)		1300 ± 450		< 0.16	B_{1G} > 4900	> 4 × 107	≥200	> 4.8	4 + 1.0^D
钴	Co99	70	250	8.0	17900	9	1120	8.9	
镍	Ni99	110	600	0.6	6100	7	358	8.9	
纯铁(Cioff1 - 铁)	杂质 0.05	10000 ~ 25000	200000 ~ 340000	0.03 ~ 0.008	21600	10	770	7.88	
铁钴(Permendur)	Co50	800	5000	1.6	24500	7	980	8.3	
铁钴(Supermendur)	Co49;V2		15400	0.08					
铁铝(Tbetmenol)	Al16;Mo3	6390	145000	0.014	6930	162	400	6.5	
铁铝(16AL)	Al16	5500	166000	0.015					
铁硅铝(Sendust)	Al5.4;Si9.8 铸造 Co71.5;Fe15.3	35000	120000	0.016	11000	80	500	6.8	
铁硅铝(Borocube)	Mo0.6; Al3.0 Si4.7;B4.9	12000	65000	0.04	7500	150	350		
热磁补偿合金(Thermperm)	Ni30				2000				
铁镍(中磁场)(50HXC)	Ni50;Cu;Si	3200	30000	0.08	10000	90			
铁镍(中磁场)(HY Pernik)	Ni50	4000	70000	0.04	16000	40	500	8.25	
铁镍(中磁场)(Mcg Perm 6510)	Ni50;Mn10	1800	25000	0.06	8600	58		8.3	

续表 5－10

材料名称	主要成分/%	μ_i	μ_{max}	H	B	ρ /($\mu\Omega\cdot$cm)	θ_1 /℃	d/ ($g\cdot cm^{-3}$)	tg δ/μ_i /10^{-6}
铁镍(高矩形比)(Deltamax5000Z)	Ni50	400～1700	70000～250000	0.13～0.03	16000			8.25	
铁镍(高矩形比)(Dynamax)	Ni65;No2		70000～1780000	0.008～0.004	12500	50		8.5	
铁镍(高磁导率)(79Permalloy)	Ni78.5	8000	100000	0.04	10800	16	51000	8.6	
铁镍(高磁导率)(Ni－Fe－Ta 合金)	Ni73;Fe12.05 Ta14.95	57300	428000	0.0041	7420	64			
铁镍(高初始磁导率)(Supermalloy)	Ni79 Mo5	120000	120000	0.0016	7900	60	400	8.77	
铁镍(高初始磁导率)(Ultroporm 10)	Ni73.65; Mo3.2 Cu0.2	195000	350000	0.004				8.77	
铁镍(高初始磁导率)(6－Mo－81.3)(Permalloy)	Ni81.3 Mo6	160000	1200000	0.0032					
铁镍(恒磁导率)(50lsoperm)	Ni50	90	100	4.8	16000	70	500		
铁镍(恒磁导率)(7－70Perminvar)	Ni70 Co7	850	4600	0.48	13500	16	650		
压结羧基铁粉芯	羧基铁	20		12	156000	1010	770	6	
2－81Mo Permalloy 粉芯	Ni81;Mo2 坡莫合金粉芯				7000	10b	480	7.7	

5.4 其他新型磁性材料

5.4.1 矩磁材料

矩磁性材料是指磁滞回线近似矩形的磁性材料。矩磁材料的剩磁感应强度 B_r 很高，接近于饱和磁感应强度 B_s，在易磁化方向具有接近矩形的磁滞回线，矩磁比 B_r/B_s 通常在85%以上。主要用于制造磁放大器、磁调制器、中小功率脉冲变压器和磁心存储器等。材料的矩磁性主要来源于两个方面：晶粒取向和磁畴取向。对于磁晶各向异性不等于零的合金，通过高压下的冷轧和适当的热处理，使晶粒的易磁化轴整齐地排列在同一方向上，在这个方向磁化时即可获得高的矩磁比、高磁导率和低矫顽力。对于居里温度较高(约500 ℃)、磁晶各向异性常数和磁致伸缩系数接近零的合金，经磁场热处理可获得磁畴取向结构，沿磁场处理方向具有高的矩磁比和高的磁导率。因矩磁材料的 $(BH)_{max}$ 比较高，可以得到高的读"1"信号和低的读"0"磁噪声；矫顽力低，可降低存取"1"信号和"0"磁噪声的功率，因而降低温度。其次信噪比和抗干扰比高，对环境和温度稳定性好等。这类材料包括铁氧体磁芯材料和磁膜材料。如(Mg, Mn) Fe_2O_4 系、(Li, Mn, Fe) $_3O_4$ 系，(Cu, Mn) Fe_2O_4 系、(Mg, Ni) Fe_2O_4 系、(Co - Fe) Fe_2O_4 系和(Ni, Zn, Cu) Fe_2O_4 系等铁氧体。其中(Mg, Mn) Fe_2O_4 系常温磁芯和(Li, Mn, Fe) $_3O_4$ 系宽温磁芯，加少量Cu和稀土元素可以改善其热处理的矩磁性。还有矩磁合金如Fe - Ni系，Fe - Ni - Co - Mn系、Fe - Ni - Mo系等。其中以占80%的Fe - Ni(Mo)系的综合性能为最佳。表5 - 11列出了几种矩磁性铁氧体材料的主要性能。

表5 - 11 几种矩磁性铁氧体材料的主要性能

铁氧体系列	B_r/B_m	$B_{12}H_m/B_m$	$H_c/(10^2\ A\cdot m^{-1})$	$S_w/(10^2\ \mu s\cdot A\cdot m^{-1})$
Mg - Mn	0.90 ~ 0.96	0.83 ~ 0.95	0.52 ~ 1.2	约0.64
Mg - Mn - Zn	>0.90		0.3 ~ 1.2	0.16 ~ 0.24
Mg - Mn - Zr - Cu	0.95	0.83	0.59	
Mg - Mn - Ca - Cr			2.2	0.40
Cu - Mn	0.93	0.76	0.53	0.64
Cd - Mn			0.12	0.18
Co - Mn	0.83	0.59	0.34	
Mg - Ni	0.94	0.84		1.8
Mg - Ni - Mn	0.95	0.88		
Li - Ni		0.78		约0.8
Ni - Mn	0.78		1.19	1.11

5.4.2 旋磁材料

旋磁材料是具有旋磁性的材料。若沿材料的某一方向(如 X 方向)加一交变磁场，能够在 X、Y、Z 各方向都能产生磁化，产生磁感应强度，这个性质就是旋磁性。对这类材料的主要要求一是铁磁共振线宽 ΔH 要窄，以降低旋磁器件的磁损耗；二是饱和磁化强度适当，以适应不同波段的需要；三是居里点 θ_f 高，以提高材料对温度的稳定性；其他还需要电阻率高，以降低涡流损耗。旋磁材料基本上是铁氧体磁性材料，一般叫微波铁氧体材料。以 AFe_2O_4 类(A 代表 Mg、Mn、Ni、Li 等金属离子)尖晶石型铁氧体应用最早，而较多的是 Mg－Mn 系、Ni 系和 Li 系铁氧体。稍后发展起来的含稀土离子 R 的 $R_3Fe_5O_{12}$ 系石榴石型铁氧件，简称 RIG，如 $Y_3Fe_5O_{12}$ 系、Y－GdIG 系、Bi－Ca－NIG 系和 Y－CaIG 系等。它们与尖晶石型铁氧体相比，含有 3 个磁亚晶格。即由 R 离子占据十二面体晶位，Fe 离子占据八面体晶位和四面体晶位，因而有较多的离子代换的可能性。具有较窄的共振线宽可获得高剩磁比(B_r/B_m 在 0.9 以上)，居里点较低，均在 300 ℃下。还有一种高内场旋磁材料，可以利用高内场有高磁晶各向异性场和高交换场来使外加磁场降低，从而可在更高频率段使用。例如 V 波段(波长在 11.5～7.5 mm)下，可采用 Ba(Ni，Zn，Co)$Fe_{16}O_{27}$ 系铁氧体，其磁晶各同异性场高达 640～960 kA/m，在 Q 波段，可采用 $BaNi_2(Al, Fe)_{16}O_{27}$ 系铁氧体，内场 800～1200 kA/m。M 波段采用(Br，Sr)(A1，$Fe)_{12}O_{29}$ 系铁氧体，可这更高内场 1400～3200 kA/m。表 5－12 列出几种微波铁氧体材料的主要性能。

表 5－12 几种微波铁氧体材料的主要性能

材料名称	M_s /(10 A·m^{-1})	θ_1 /℃	ΔH (9×10^3 MHz)/(10 A·m^{-1})	ε	tanδ	P/ (Ω·cm)
$MgFe_2O_4$	1154～1194	352～440	716	8.5	0.016	108
$MnFe_7O_4$	3979	300				
Mg－Mn 铁氧体	1313～1830	240～320	119～517	9.5～13	0.00025～0.005	
Mg－Mn－Al 铁氧体	454～1401	100～290	64～398	9.5～12	0.00025～0.003	
$NiFe_2O_4$	2706	585	398	8.9	0.017	104
Ni－Co 铁氧体	2149～2501	585～590	111～366	11.5～12	0.002～0.0005	
Ni－Co－Al 铁氧体	617～1432	370～545	159～716	9～12.5	0.002～0.0005	
Ni－Ti－Al 铁氧体	1751	550	398	12	0.002	
Ni－Zn 铁氧体	1850～39	100～465	107	约 12.5		
Ni－Al 铁氧体	279～115	155～440	179～438	8.2～9.5	0.005～0.0003	
$Li_{0.5}Fe_{2\sim5}O_4$	2578～3104	590～680				60～180

续表 5－12

材料名称	M_s /(10 A·m^{-1})	θ_1 /℃	ΔH (9×10^3 MHz)/(10 A·m^{-1})	ε	$\tan\delta$	P/ (Ω·cm)
Li－Ti 铁氧体	318	220	247	18.7	0.00025	
Li－Zn－Ti 铁氧体	318～796	120～275	36～167	18.7～19.3	0.00045～0.00026	
Li－Zn－Ti－Co 铁氧体	398～796	175～275	80～207	18.0～19.1	0.00042～0.00031	
$Y_3Fe_5O_{12}$	1417	280	14～48	13～16.3	0.003～0.00029	1010
Y－Al 铁氧体	179～1226	110～275	28～64	11.7～16	0.004～0.00025	
Y－Gd 铁氧体	477～1273	170～270	48～159	13.6～16	0.003～0.00025	
Y－Gd－Al 铁氧体	271～955	200～250	44～247	14.2～15	0.002～0.00027	
Bi－Ca－V 铁氧体	203～583	210～280	8～179	14.6～16.5	0.009～0.00015	

注：P 为材料孔隙率

5.4.3　压磁材料

压磁材料就是具有压磁性的材料。压磁性是指磁致伸缩，即物体磁化时，长度会发生伸长或缩短的变化的性质。这类材料有如下特点：一是饱和磁致伸缩系数高，可获得最大变形量；二是产生饱和磁致伸缩的外加磁场低；三是在恒定应力作用下，单位磁场变化可获得高的磁致伸缩变化或是在恒定磁场下单位应力变化可获得高的磁通密度变化；四是材料的磁状态和上述磁参量对温度等环境因素的稳定性好。常见的压磁性材料有：金属压磁材料，其饱和磁化强度高，力学性能优良，可在大功率下使用。但电阻率低，不能用于高频。例如 Fe－Co－V 系、Fe－Ni 系、Fe－Al 系和 Ni－Co 系合金。而铁氧体压磁材料与金属压磁材料正相反，其电阻高，可用于高频，但饱和磁化强度低，力学强度也不高，不能用于大功率状态；一些含稀土元素的金属互化物如 $TbFe_2$、$SmFe_2$ 系，其饱和磁致伸缩系数和磁弹耦合系数都高，但缺点是要求外加磁场高，往往难以满足。当前还在兴起的非晶态合金压磁材料，综合性能良好，常用于表面声波器件中。如超声发生器、接收器、超声探伤仪、超声钻头、超声杆接器、回声控测仪、超声延迟存储器、滤波器、稳频器，谐波发生器、振荡器、微波检波器等。表 5－13 列出了一些压磁材料的磁性能参数。

表 5－13　一些压磁材料的磁性能

材料名称	λ(×10)	K_r	M/(10·A·m^{-1})	θ/℃	ρ/(Ω·cm)
$NiFe_2O_4$	27	0.14～0.20	2626(1－P)	590	≥10
$CoFe_2O_3$	约－200		1297(1－P)	510	≥10
	－26	0.22～0.25	2626(1－P)	390	≥10

续表 5-13

材料名称	λ(×10)	K_r	$M/(10\cdot A\cdot m^{-1})$	θ/℃	ρ/(Ω·cm)
镍(99.9% Ni)	-33	0.14~0.23	5011	358	7×10
13-铝铁合金(13Al;8)	+40	0.19~0.26	10345	约 500	9×10
2-矾钴铁合金(2V;49Co;49Fe)	+70	0.19~0.26	10090	980	(2.5~1)×10
45-镍铁合金(45Ni;55Fe)	-27	0.11~0.17	12733	约 440	(5~7)×10
镍钴合金(96Ni-Co)	-31	0.31	5411	410	10
非晶态磁膜	约 2000			450	
非晶态合金	150				

5.4.4 其他磁性材料

5.4.4.1 磁泡材料和磁光材料

在信息的转换、记录、储存和处理过程中用了大量的磁性材料。除上面讲到的矩磁性材料、磁记录介质和磁头材料外，磁泡材料和磁光材料也算信息用途的一种磁性材料。

普通的铁芯存储器，存储密度不高，达不到现代计算技术的要求，所以，磁泡存储器应运而生了。磁泡实际上是圆柱形磁畴，在薄片磁性材料中，不加磁场，可以观察到条状磁畴。若这种磁畴在垂直于薄片方向的磁场作用下，会收缩成圆柱状，一动一动就像“水泡”一样。把它的有、无表示为“1”和“0”。再加上其他电磁路系统，即可完成信息的存储与传输任务。磁泡通常用叫磁性石榴石的非金属磁性材料制成。如磁性石榴石单晶膜片就是其中一种。另外用非晶态磁性薄膜作磁泡，可以提高磁泡密度，强化对温度的稳定性。故它是一种较好的磁泡材料。

为了满足不断发展的计算机技术对存储器提出的高记录密度和高存取速度的要求，国际上早在 20 世纪 60 年代就着手研究磁光记录材料，磁光盘的记录密度要高出同样尺寸的磁盘两个数量级。

当电介质或磁介质与电磁波相互作用时，电磁波的偏振状态会发生变化，这个现象就叫磁光效应。可以发生这种磁光效应的磁性材料具有一定的磁化强度，透光性能较好，矫顽力和转变温度适中。最早应用的磁光存储材料是 MnBi 系合金薄膜，这种材料居里温度高，法拉第转角和克尔转角都不大，限制了其使用和发展。最具应用前景的新一代磁光记录介质是稀土铁石榴石薄膜。这种薄膜有大的磁光效应。法拉第转角和克尔转角都很大，因此可以产生大的读出讯号，而且在近红波段透明性好，可以制多层膜磁光盘。目前它应用最大的难点，就是噪声问题，通过不断研究，有望得到解决。

5.4.4.2 复合功能磁性材料

复合功能的磁性材料，就是指兼有磁有序和其他特殊物理性能，具有两种或两种以上功能的磁性材料。复合功能磁性材料由磁性材料的功能影射到其他材料功能范围，所以它对磁性材料的研究有着重要的理论意义，同时也为磁性材料的应用开拓了新的前景。例如磁电材料、铁磁铁电材料、有机强磁材料、半导强磁材料、超导磁有序材料等。

(1)磁电材料，如 Cr_2O_3、$GaFeO_3$，它有明显的磁电效应，在外磁场(或电场)作用下能同时产生磁化强度和电极化强度，可用来制造磁控或电控器件。

(2)铁磁－电材料，同时具有铁磁性和铁电性，如用溅射方法制成的 $BiFeO_3$、(Ba，Po)(Ti，Zr)O_3系非晶膜，经退火处理便可获得弱铁电－铁磁材料或反铁－电铁磁材料。由于它们有高导率和电容率，可制造微小型电磁器件。

(3)有机强磁材料，完全由轻原子构成，是具有强磁性的有机材料，如聚三氨基苯和聚丁二炔基复合材料，在一定温度下具有弱铁磁性。

(4)导磁有序材料，如 Gd－Ba－Cu－O 系材料，在超低温下，显示超导电性和磁有序的性能。

关于磁性材料的种类很多，本节不可能全部罗列，还有磁致电阻材料、磁制冷材料、磁性液体等，在此不一一介绍。

参考文献

[1] Cao H Q, Zhu M F, Li Y G. Decoration of carbon nanotubes with iron oxide. J Solid State Chem, 2006, 179(4): 1205－1210

[2] 钟文定. 铁磁学. 北京：科学出版社，1987

[3] 方可，胡述楠，张方彬. 固体物理学. 重庆：重庆大学出版社，1993

[4] Monthioux M. Filling single－wall carbon nanotubes. Carbon, 2002, 40(10): 1809－1823

[5] Liu S W, Rudolf J W. A novel hybrid of carbon nanotubes/iron nanoparticles: iron－filled nodule－containing carbon nanotubes. Carbon, 2005, 43(7): 1550－1555

[6] IIJIMA S. Helical microtubules of graphitic carbon. Nature, 1991, 354(6348): 56－58

[7] K Strnat, GHoffer, J Olson, et al. A family of new cobalt－base permanent magnet material. Applied Physics, 1967

[8] G Hoffer, Strnat K. Magnetocrystalline anisotropy of two yttrium－cobalt compounds. Appl. Phys., 1967, 38(3): 1001

[9] Velge, W A J T. Magnetic and crystallographic properties of some rare earth cobalt compounds with CaZn structure. Appl. Phys., 1968, 39: 1717.

[10] Buschow K H J. Magnetic properties of Nd, Zn. J. Phys. F: Met. Phys., 1974, 4: 1517－1521

[11] 陈曦，薛烽，孙扬善. 稀土类永磁材料的发展及研究动向. 材料导报，2004, 3(18)

[12] Benz M G, Martin D L. Cobalt－samarium permanent magnets prepared by liquid phase sintering. Appl.

Phys. , 1970(17): 176

[13] R Sheng. Flores method using embolizing Magnetism and Magnetic. In vitro investigation of a novel cancer therapeutic properties of magnetorheological fluids. Journal of Materials, 1999, 194(1 ~3): 167 -175

[14] Benz M G, Martin D L. Cobalt - mischmetal - samarium permanent magnet alloys. Appl. Phys. , 1971 (42): 1534

[15] Rothworf F, Tawara Y, Ohashi K, et al. The Proceeding 6th International Workshop on Rare Earth - Cobalt Permanent Magnets and Their Applications. Austria: Baden Press, 1982: 567

[16] Andrew S K. Design of high temperature permanent magnets. J. Appl. Phys. , 1997, 81(30): 5609

[17] Leupold H A, Potenziani E, Clarke J P. High Energy product tenperature compensated permanent magnets for device used at high operating temperature. IEEE transactions on magnetics, 1984, 20(5): 1572

[18] Kwon H W, Harris I R. Study of Sm(Co, Fe, Cu, Zr)7∶1 magnets produced using a combination of hydrogen decrepitation and ball mill. J. Appl. Phys. , 1991, 67(8): 5856

[19] Chen S K, Tsai J L. Coercivity and transmission electron microscopy study of anocompisite Sm - Co powder by mechanical alloying. J. Appl. Phys. , 1997, 81(8): 5631

[20] Livingston J D. Microstructure of aged Sm(Co, Cu, Fe, Zr)7∶1 magnets. J. Appl. Phys. , 1997, 48(3): 1350

[21] Nagel H. Influence of Cu - content on the hard magnetic properties of Sm(Co, Cu)2∶17 compounds. IEEE Transaction on Magnetics MAG - 14, 1978(5): 671

[22] Fukunaga H, Tagawa A, Nakano M. Preparation of high - performance PrFeB/α - Fe nanocomposite magnets by direct Joule heating. J. Magn Mater. , 2004, 272/276: 901 -903

[23] Fischer R. Static computational micromagnetism of demagnetization perocesses in nanoscaled permanent magnets. Phys. Rev. B, 1996, 54: 7284 -7294

[24] Fukunaga H, Nakamura H. Micromagnetic approach for relationship between nanostructure and magnetic properties of nanocomposite magnets. Scripta Mater, 2001, 44: 1341 -1345

[25] Blach T P, Gray E M. Nitrogen - induced degradation of Nd2 Fe14B. J. Magn. Mater. , 1998, 177/181: 985 -986

[26] Skomski R, Coey J M D. Giant energy product in nanostructured two - phase magnets. Phys. Rev. B, 1993, 48: 15812 -15816

[27] Tawara Y. Bulk hardened magnet of nonstoichiometric rare - earth cobalt Japan. J. Appl. Phys. , 1973 (12): 761 -762

[28] Perry A J. Permanent magnets based on Sm(Co, Cu, Fe)z. IEEE Trans on Magn. MAG - 11, 1975: 1423

[29] Menth A. Hard - magnetic properties and microstructure of Sm(Co, Cu)z compounds. Appl. Phys. , 1976, 47: 2662

[30] Ojima T. New type rare - earth - cobalt magnets with an energy product of 30 MGOe, Japan. J. Appl. Phys. , 1977, 4: 671

第 6 章　光学功能材料

光学材料包括光学介质材料和光功能材料。传统的光学材料主要是指光介质材料，这些材料或者以折射、反射和透射的方式改变光线的方向、强度和位相，使光线按照预定的要求传输，或者通过吸收或透过一定波长范围的光线而改变光线的光谱部分。光功能材料是指在力、声、热、电、磁和光等外场的作用下，其光学性质发生变化，从而起光的开关、调制、隔离、偏振等作用，用于照明、信息显示、探测、功能转换等方面。

光学材料的分类有很多方法，按其材质分类，可将其分为无机材料、半导体材料和有机高分子材料；按其结构与形态分类，有晶体材料、液晶材料、玻璃材料、薄膜材料、纳米材料等；根据光与外场强度的光学效应分类，有线性光学材料和非线性光学材料两种；按其功能可分为：介质材料、发光材料、光记录材料、光控制材料和光能转换材料等。

近代光学的发展，特别是激光的出现，使光学材料得到了迅速发展，各种光学材料在国民经济和国防建设等领域都发挥着重要作用。本章主要介绍以线性光学效应为本质的光色材料、红外材料、发光材料、激光材料以及非线性光学材料。

6.1　光色材料

6.1.1　光致变色机理

光色材料也叫光致变色材料。光致变色(photochromism)指化合物 A 在受到光频为 ν_1 的光照时，可通过特定的化学反应生成结构和光谱性能不同的产物 B，而在光频为 ν_2 的光照或热的作用下，B 又可逆地生成化合物 A，其变化过程如式(6－1)所示：

$$\mathrm{A} \underset{h\nu_2 \text{ or } kT}{\overset{h\nu_1}{\rightleftharpoons}} \mathrm{B} \tag{6-1}$$

这一过程的基本特征为：A、B 在一定条件下都能稳定存在，且颜色视差显著不同；A、B 之间的变化是可逆的。其中温度导致的变色材料称为 T(thermal)型，该类材料受到激发后反应速度和褪色速度都比较快；光辐射作用导致的变色材料称为 P(photoactive)型，该类材料的消色过程是光化学过程，有较好的稳定性和变色选择性。

6.1.2 光色材料的种类

光致变色材料分类方法很多，按照材料基质分类，包括有机光色材料和无机光色材料两大类；按材料状态分类，包括光色晶体和光色玻璃。这里仅对实际应用较多的光色玻璃作简单介绍。

从结构来看，光色玻璃因短波长光照而变色的特性是因材料内含有光辐照所致的可逆亚稳态色心。这种可逆亚稳态色心可以与基质玻璃是同相的，也可以与基质玻璃不同相。前者称为同相型光色玻璃，后者则称为异相型光色玻璃。

1. 均相型光色玻璃

均相型光色玻璃一般是掺杂可变价金属离子的碱金属硅酸盐玻璃在强还原气氛下熔融制得的。亚稳态色心是由玻璃组分中一些类似于碱卤晶体中 F 色心那样的结构缺陷形成的，与基制玻璃具有相同的相。例如，在这种玻璃中加入稀土氧化物 CeO_2和Eu_2O_3，能变价的铈离子和铕离子在紫外光辐照下产生 4f－5d 的电子跃迁，形成能吸收蓝色光波的亚稳态色心，使玻璃在太阳光照射下逐渐由浅黄色变为深褐色；在弱光的照射下或室温的热运动作用下，铈离子或铕离子色心恢复原来的电子态，这种变暗了的光色玻璃就能恢复最初的高透明状态。

2. 异相型光色玻璃

异相型光色玻璃中亚稳态色心是由与玻璃基质不同相的光敏物质形成的。常用的玻璃基质有硼硅酸盐玻璃、铝磷酸盐玻璃及硼酸盐玻璃等，适宜的光敏材料一般是银、铜、镉的卤化物，卤化银光色玻璃是其中的典型代表。组成中含有卤化银的玻璃从熔融态冷却时，在其转变温度和软化温度这段温度范围内控制一定的冷却速度，卤化银成分就会在玻璃中析出亚微观尺度的晶相，成为亚稳态色心。没有光照时，玻璃呈现高度透明状态；在光照下，卤化银可以被从紫外到蓝紫波段很宽范围的光照所激发，产生光化学反应而析出游离态的银原子和卤素原子。光照析出的银原子数与光照强度有关，因而在强光照射下，玻璃由于众多游离态银的散射而着色。去除光照后，室温热激发使游离态银与存在于其附近的卤素原子发生可逆化合作用，形成透明的亚微观晶相卤化银，玻璃又恢复透明。玻璃基础组成对光色互变性和其他物理性质有重要作用，光吸收峰位置与玻璃中的碱类有关，碱金属离子半径增大，吸收带峰值则红移(向长波长区漂移)；不同的卤化银对玻璃的光色性能也有影响，光吸收峰值随卤素原子序数增加而红移。

6.1.3 光色材料的应用

对所有的光致变色材料而言，实用化的因素至少包括下列两点：第一是色体必须具有足够的热稳定性；第二是光致变色化合物具有抗疲劳性。光致变色材料的应用范围可归纳为以下几个主要方面：

1. 光的控制与调变

眼科学和强光防护用光色玻璃以传统的 AgX 光色玻璃为主，并已经获得了广泛的应用，如用来制作变色镜。其突出优点是：光色变化幅度大，变暗度可达 50% ~60%；耐疲劳，在经历数十万次反复变色后无明显疲劳现象。

光色玻璃材料用于汽车玻璃一直是人们的梦想，因为光色玻璃可有效地阻止紫外线对人体及其他物品的照射，又可以保温节能。但由于传统的 AgX 光色玻璃价格昂贵，而且退色速度较慢，致使汽车用光色玻璃一直没有开发出来。就目前而言，主要是应用传统的光色玻璃制作汽车尾部和侧面的挡风玻璃。

在建筑物上装饰光色玻璃将大大提高建筑物质量，能自动调节居室的亮度，防止紫外线长时间照射，使建筑物保温节能，因此是一种环保节能材料。但光色玻璃的昂贵价格限制了它在建筑业的发展。

光色玻璃还可用于强闪光防护。原子弹和氢弹爆炸时形成的强脉冲辐射会造成人眼的损伤，光致变色防护眼镜可以保护飞机驾驶员、海面舰艇驾驶员、地面装甲车驾驶员和指战员等人员避免人眼的损伤。

2. 信息储存元件

光致变色材料的显色与消色的循环变换特性可用于信息存储元件。光色材料在光的辐照下具有反复变色的特性，所以一直被认为是很有前途的存储材料。由于光色材料的颜色在光照下产生可逆变化，所以产生两种形式的光学存储，即“写入”型与“消除”型。“写入”型是用适当的蓝紫光或紫外线辐射来转换最初处于热稳定或非转换态的材料；“消除”型是用适当的可见光对预先曝光而变黑了的材料进行有选择的光学消除。通常记录全信息图都采用消除型。

3. 用作强光辐射计量计

光致变色材料对强光特别敏感，因而用它制作强光辐射的计量计能探测电离辐射，探测紫外线、X 射线、γ 射线等的剂量。如将光致变色材料涂覆在宇宙飞船的外部，能快速精确地计量出高辐射的剂量。

6.2　红外光学材料

6.2.1　概述

1800 年，英国天文学家 F·W·赫歇耳发现了红外线。红外线同可见光一样在本质上都是电磁波，其波段介于可见光和微波之间(0.76 ~1000 μm)。通常按波长把红外光谱分成四个波段：近红外(0.76 ~3 μm)、中红外(3 ~6 μm)、中远红外(6 ~20 μm)和远红外(20 ~1000 μm)。

红外线是由物质内部的分子、原子的运动所产生的电磁辐射。自然界中一切温度高于绝对零度(0 K)的物体都发射电磁波辐射，并主要位于红外区。任何物体都有其自身的红外辐射特性，其与材料的种类、表面特性和温度等因素有关。

广义地说，红外系统由产生红外辐射的目标、辐射所通过的大气和测量红外的仪器组成。红外系统能够探测目标的辐射特性、温度分布、空间方位以及运动特征。红外线是一种人眼看不见的光波，这对于军事观测和测定肉眼看不见的物体具有特殊意义，第二次世界大战已使用了红外定位仪和夜视仪；红外搜索与跟踪系统比普通雷达具有更高的分辨率和更强的抗干扰能力；红外辐射穿透雾、烟的能力比可见光强，可在不良的气候和观测条件下工作。正是由于上述特点，使得红外系统在科学研究、国防建设、空间技术以及国民经济的各个领域得到广泛的应用。按工作性质，红外系统的应用可分为以下几类：

红外光谱仪：光谱辐射测量。以傅立叶变换光谱技术为代表的红外光谱学在气态、液态、固态等不同形态分析中得到了广泛的应用，例如大气污染分析、燃烧废气的检测、润滑油品质分析、化妆品质量分析等。

远红外辐射加热：在粮食的烘干、纺织品的热定型、固色等方面有广泛的应用。

红外成像器件：如夜视仪器、红外显微镜等，可用于火山、地震研究，肿瘤、中风早期诊断；军事上的伪装识别；半导体元件和集成电路的质量监察等。

红外测温：在工业生产中，红外测温技术对高温、高压、高速运转的设备进行监控和检测，既保证设备的安全运转，又能发现异常现象，及时排除隐患。

无损检测：利用物体表面的温度差异检测材料的缺陷，是一种非接触检测手段。在探测焊接缺陷、火箭发动机壳体、集成电路、多层印刷电路板等方面比其他无损检测方法效果更明显。

搜索和跟踪系统：如宇航装置导航、火箭、飞机预警、遥控引爆管等。

通信和遥感：如宇宙飞船之间进行视频和音频传输，海洋、陆地、空中目标的距离和速度测量。这种红外通信比其他通信(如无线电通讯)抗干扰性强，也不干扰其他信息，保密性好，而且在大气中传输，波长愈长，损耗衰减愈小。

红外系统中，光学系统、探测器和信号处理系统这三部分是最基本的组成部分。红外光学系统好比仪器的门户，接受外来的红外辐射，进行透射、折射、吸收等光线处理过程，用于窗口、整流罩、棱镜、滤光片等；红外探测器是红外系统的核心部分，它把接收到的红外辐射转换为便于检测的电能、热能或光能等形式。这两部分对红外材料的性能要求是不一样的。本节只介绍红外光学材料。

6.2.2 主要红外光学材料及应用

物体发出的辐射，大都要通过大气才能到达红外光学系统。由于大气中二氧化碳、水蒸气等气体对红外辐射会产生选择性吸收和其他微粒的散射，使红外辐射发生不同程度的衰减。人们把衰减较小的波段称为大气窗口。在0.76～20 μm波段内有三个大气窗口：1～2.7 μm、3～5 μm、8～14 μm。目前红外系统所使用的波段大都限于上述大气窗口之中。

红外系统对红外透过材料的最基本要求是透过率高，透过的短波限要低，频带要宽。为了减少反射，折射率要低一些。要保持高透过率，材料的散射和吸收系数要小。另外，与选择其他光学材料一样，还要注意其力学、化学、物理性能，要求温度稳定性要好，对水、气稳定。

6.2.2.1 单晶材料

单晶材料是人们最早使用的一类红外材料。主要有碱卤化合物单晶、碱土－卤族化合物单晶、氧化物单晶及半导体单晶。单晶材料的主要优点是制备技术相对成熟，材料具有良好的均一性，材料结构完整，可避免材料内部结构缺陷（如气孔、杂质）等对红外光学性能的影响。

1. 碱卤化合物单晶

碱卤化合物晶体属于离子型晶体，如氟化锂（LiF）、氟化钠（NaF）、氯化钠（NaCl）、氯化钾（KCl）、溴化钾（KBr）、溴化铯（CsBr）、碘化铷（RbI）、碘化铯（CsI）等。一般情况下，碱卤化合物晶体具有从可见光到红外光的透过特性，且透过率比较高。这一类材料熔点不高，培育大尺寸单晶较容易，也容易实现光学均匀性。然而大多数碱卤化合物极易解理损坏，故一般情况下，碱卤化合物晶体用于一些精密仪器，如在红外分光光度计中作为分光棱镜。KRS－5（TlBr－TlI混晶），KRS－6（TlBr－TlCl混晶）是目前广泛应用的红外材料，其具有很宽的透射波段，仅微溶于水，可在较低温度下使用，是一种性能良好的低温窗口材料。

2. 碱土－卤族化合物单晶

目前使用的几种碱土－卤族化合物晶体，包括氟化镁（MgF_2）、氟化钙（CaF_2）、氟化锶（SrF_2）和氟化钡（BaF_2）。碱土－卤族化合物晶体的特点是透射长波限较短，一般在10 μm左右，折射率也比较低，反射损失小，一般无需镀增透膜，与碱卤化合物晶体比较，碱土－卤族化合物晶体硬度要高得多，机械强度也好得多，且几乎不溶于水。碱土－卤族化合物晶体红外透过率受温度影响较小，因而可以在较高温度条件下使用，如作为导弹热寻头的整流罩及飞行红外吊舱的窗口。MgF_2晶体是目前用途较广的材料，具有很高的机械强度及抗热冲击性，可作为红外制导系统的红外整流罩及窗口。

3. 氧化物单晶

氧化物单晶也是目前广泛使用的一类晶体，其中蓝宝石（Al_2O_3）、石英（SiO_2）、氧化镁（MgO）和金红石（TiO_2）被广泛用于导弹、卫星等领域。氧化物单晶材料的特点为：具有耐高温、抗热冲击、机械强度高、坚硬等特点，很适合做窗口材料。蓝宝石是3～5 μm

近红外波段的优良材料，广泛用于窗口及整流罩等。红宝石是掺杂铬的氧化铝单晶，其化学性质和其他物理性质与蓝宝石相似，目前培育的红宝石单晶直径 $\phi \geq 180$ mm。石英晶体与红、蓝宝石晶体有许多相似性，也是一种较好的近红外材料。氧化镁晶体，其禁带宽度很大，使用温度达400 ℃时，红外特性也无明显变化，是一种耐高温的近红外材料。金红石的一个重要特点是在1～5 μm 波长范围内，折射率为2.5～2.3，同时约等于几种常用探测器材料（InSb，PbS，PbSe）的折射率的几何平均值，用金红石做这些探测器元件窗口可使反射损失减少。

4. 半导体单晶

在半导体材料中，有些晶体具有红外透过特性。锗（Ge）单晶为金刚石结构。锗不溶于水，化学性质稳定。透射波长范围 1.8～25 μm，在透射波长范围内其折射率约为4.0，色散很小，是一种优良的红外材料，广泛地用于红外透镜、窗口、棱镜等。但随着温度升高，其透过率下降，故锗不宜在高温下使用。

与锗类似，硅（Si）也是一种金刚石结构的半导体单晶材料，化学性质稳定，不溶于水而且不溶于大多数酸类。硅的禁带宽度 1.1eV，对应的吸收短波限为 1.1 μm。硅的红外光学性能良好，且红外性能受温度影响小于锗。

碲化镉（CdTe）是一种Ⅱ－Ⅵ族化合物，其透过波段为1～30 μm，在8～14 μm 波段内，折射率约为2.67，熔点为1045 ℃，化学及物理性质稳定，是一种优良的红外材料，但碲化镉单晶生产成本高，特别是 $\phi \geq 100$ mm 单晶生长较为困难，限制了碲化镉的应用。

砷化镓（CaAs）是一种Ⅲ－Ⅴ族化合物半导体，其透射波段为1～18 μm，在8～15 μm 范围内，其折射率为2.73～3.34。砷化镓熔点为1238 ℃，不溶于水，有良好的机械性能，化学物理性质很稳定，目前已用于红外窗口材料和透镜等，如二氧化碳激光器窗口。但从经济和成本角度考虑，在红外用途上，砷化镓多晶材料显得更有前途，其透过率已达95%以上。

6.2.2.2 无机盐化合物多晶材料

对于多晶材料，除了单晶材料的吸收因素外，杂质及缺陷是影响红外性能的重要因素。如不考虑杂质与缺陷（气孔等），从理论上讲，大多数多晶材料与单晶材料红外透过性能几乎一致。由于多晶制备技术得到了长足发展，使得多晶的性能与单晶相差无几。另外，多晶材料不存在解理面，其机械强度、抗热冲击性、经济性等优于单晶，可以做到很大尺寸。因此，在一些领域已取代了单晶材料。红外多晶材料种类较多，几乎前面提到的单晶材料均可制备为多晶材料。

此外应该指出，由于目前 ZnSe，ZnS，MgF_2 等多晶材料制备工艺的完善，已制造出性能接近理论值的多晶材料，其性能与同材料的单晶体一致，但在机械性能、热性能和加工性能方面优于单晶，而且成本也低于单晶材料。

6.3　发光材料

发光是将某种方式吸收的能量转化为光辐射的过程。发光材料也称为荧光体或磷光体。随着科学技术的不断发展，提供激发能量的方式越来越多，如电磁辐射、高能量电子束、电压、X 射线及放射线等。

6.3.1　概述

人类有目的地研究发光现象已有100余年的历史了，可是，至今却没有得出一个普遍而完整的发光作用机理。下面只简介两种常见的发光模型。

6.3.1.1　分立中心发光

分立中心发光是在材料基质中掺杂发光离子。例如，典型的发光物质 Al_2O_3：Cr^{3+}，它的基质为 Al_2O_3，发光中心为 Cr^{3+}，Cr^{3+} 被称为激活剂。最简单的发光过程如下：激活剂(A)吸收激发光的能量变为激发态(A^*)，激发态可通过热振动(非辐射跃迁，NR)释放能量回到基态，也可以通过电磁辐射(辐射跃迁，R)释放能量回到基态即发光，如图6－1(a)所示。实际的发光过程较为复杂，发光材料有时还掺杂敏化剂(S)，敏化剂(S)吸收激发辐射变为激发态(S^*)后，把能量传递给激活剂(A)，即激发能从一个中心(S^*)传递到另一个中心(A)：

$$S^* + A \rightarrow S + A^*$$

能量传输完成后，可以发生源于 A 的发射[如图6－1(b)所示]。可以用“S 敏化了 A 的发射”来表述这一过程。一个常见的例子是灯用荧光粉 $Ca_5(PO_4)_3F$：Sb^{3+}，Mn^{2+}，其中 Sb^{3+} 敏化 Mn^{2+} 的发光。

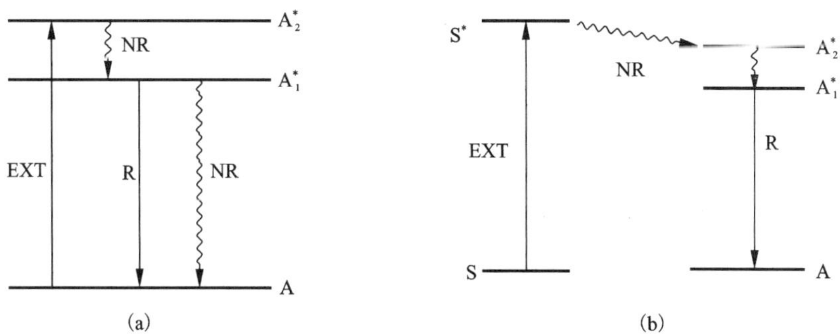

图6－1　分立中心发光示意图

A—激活剂的基态；A^*—激活剂的激发态；S—敏化剂的基态；S^*—敏化剂的激发态；EXC—激发；R—辐射跃迁；NR—非辐射跃迁

可以用于激活剂的阳离子在周期表中的位置如图 6－2 所示，主要是过渡金属离子、稀土离子、惰性气体元素和主族的一些元素。

												(1+)	(2+)	(3+)			
H																	He
																	Ne
																	Ar
					Cr	Mn	Fe			Cu	Zn	Ga	Ge	As			Kr
						Tc				Ag	Cd	In	Sn	Sb			Xe
		La				Re				Au	Hg	Tl	Pb	Bi			Rn
		Ac															

	Ce	Pr	Nd		Sm	Eu	Cd	Tb	Dy	Ho	Er	Tm	Yb	
	Th		U											

图 6－2　可以用于激活剂的阳离子在周期表中的位置

过渡金属离子发光为 d－d 跃迁，是宽带光谱，受晶体场作用强，其发光颜色易随基质的不同而改变。稀土离子发光分两种情况：f－f 跃迁由于 $4f^n$ 电子在空间上受到外层 $5s^25p^6$ 电子所屏蔽，基质晶体场对能级分裂作用非常小，故在光谱中其发射跃迁呈窄带或线状光谱，为离子特征光谱[图 6－3(a)]；4f－5d 跃迁由于 5d 轨道较 4f 轨道易受晶体场的影响，其发光颜色易随基质的不同而改变，在发射谱中均表现为宽带[图 6－3(b)]。

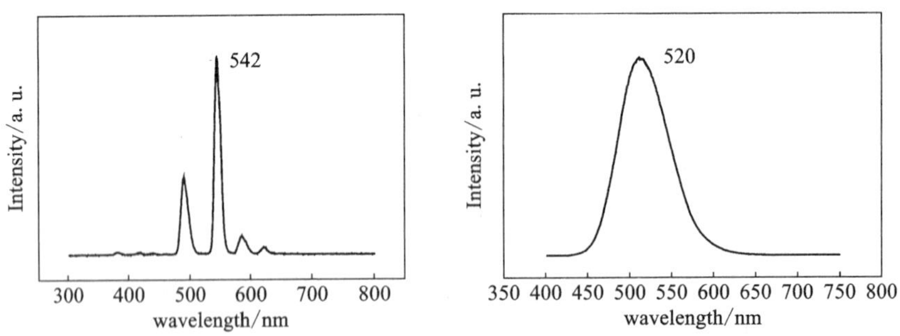

图 6－3　稀土离子的发光光谱

(a) $ZnO-B_2O_3$：Tb^{3+} 玻璃中的 Tb^{3+} 的 4f－4f 发光光谱；

(b) $SrAl_2O_4$：Eu^{2+} 发光粉中的 Eu^{2+} 的 4f－5d 发光光谱

6.3.1.2　复合发光

复合发光是指电子与空穴复合时辐射出光子而发光。半导体的能带结构特点是有一个价带和导带，两者被能量为几电子伏特的禁带隔开。外界能量将价带中的电子激发到空的导带，使完全充满的价带中留下空穴，此过程为激发；发射则是通过电子与空穴的复合而产生。导带中的自由电子与价带中的空穴复合而产生的发射只能在纯材料中观察到，通常的复合发光是在晶体晶格的缺陷处或靠近缺陷处发生（见图 6－4）。

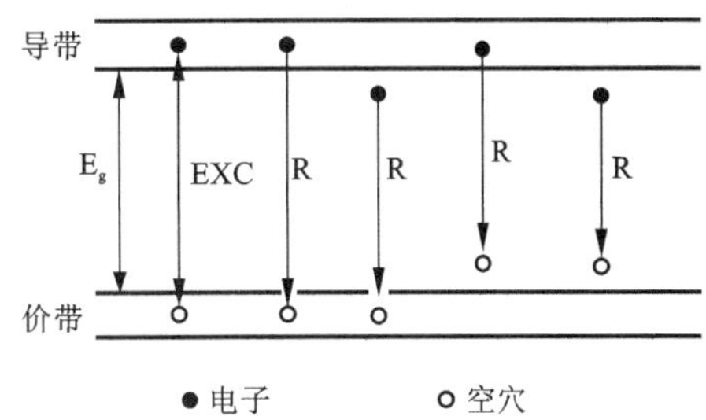

图 6－4　半导体发光模型

E_g—禁带能级；EXC—激发；R—辐射跃迁

当 p－n 结二极管加上一正向电压时，其正向电流是所加电压的函数。该正向电流造成界面电子过剩。虽然扩散使其离开界面，但它们可能跨过带隙产生复合，形成发光。此发光系统称为发光二极管（Light Emitting Diode，简称 LED）

6.3.1.3　发光材料的主要性能参数

一般发光系统的主要特性有激发光谱、发射光谱、色度、荧光寿命、余辉及发光效率等。

激发光谱是指发光材料在不同波长光的激发下，该材料的某一发射光谱线（或谱带）的强度与激发光波长的关系。根据激发光谱可以确定该发光材料发光所需的激发光波长范围，并可以确定某发光谱线强度最大时，最佳的激发光波长。

发射光谱是记录在某一特定波长光的激发下，发光材料所发射光的强度随波长或能量分布的关系。从光谱外形上看，有些发射光谱成宽带谱，有些是窄带谱，还有些是线状谱。

光色（色度）指发光的颜色，常用国际照明委员会 CIE 标准色度学系统的色坐标 x、y、z 来表示。实验证明大多数颜色可以由三种基本颜色以适当的比例合成，一般选红、绿、蓝三种颜色为三基色。

荧光寿命为激发态的寿命，即电子返回基态之前耽搁在激发态时的平均时间。

余辉指激发停止后的发光，余辉时间不同于荧光寿命。

发光效率是发光体的重要物理量。通常有三种表示方法：量子效率、功率效率和光度效率。量子效率是指发射的光子数与激发时的光子数之比；功率效率是指发射光的功率与激发时输入的光功率之比；光度效率是发射的光通量与激发时输入的电功率之比，单位是 lm/W。一般激发光光子的能量总是大于发射光光子的能量，即使量子效率是 100%，也有能量损失，但量子效率就反映不出来，需用功率效率来表示。作为照明用发光材料的应用，总是作用于人眼的，功率效率很高的发光材料，人眼看起来不一定很亮，因此，用人眼来衡量发光器件的功率时，常使用光度效率。

6.3.2 典型发光材料

发光材料很多，按照基质材料的种类介绍一些典型的发光材料。

6.3.2.1 二元化合物为基质的发光材料

1. ⅠA－ⅦA 族化合物

碘化铯钠 CsI：[Na]，在 CsI 中加入 NaI 热熔融而成。在 X 射线激发下发出蓝色光，峰值波长位于 420 nm，对 X 光有高的吸收率和高发光效率。

2. ⅡA－ⅥA 族化合物

SrS：Ce^{3+}为电致发光蓝粉；在 CaS 中作为激活剂可以掺杂的离子比较多，CaS：Eu，Tm 被认为是当前实用较广的红色长余辉发光粉，但基质吸湿性强，实际应用受到限制。

3. ⅡB－ⅥA 族化合物

ZnS：Cu，Cl 在交流电压下发出明亮的绿色，是最成熟和应用最广的粉末电致发光材料。ZnS：Mn 发黄光，这种材料既可以在交流电压下工作，也可在直流电压下工作，是唯一的交、直流两用的电致发光材料。ZnS：RE，RE＝Eu、Ce、Tb、Tm、Er、Ho、Nd 等，为粉末电致发光材料，在电场作用下发出荧光，如 ZnS：Nd，Na 发红橙色荧光；ZnS：Ho，Li 发绿色荧光；ZnS：Er，Li 发绿色荧光；ZnS：Tm，Li 发蓝色荧光；ZnS：Tb，Li 发蓝色和绿色荧光；ZnS：Eu 发绿色荧光；ZnS：Ce，Li 发蓝色荧光。

硫化锌（ZnS）和硒化锌（ZnSe）单晶均为Ⅱ－Ⅵ族化合物半导体，硼注入的硒化锌发光二极管，发光波长是 552 nm，是黄绿光；铝注入的硒化锌发光二极管，发光波长是 590 nm，是橙色光；铝注入的硫化锌发光二极管，发光波长是 460 nm，是蓝光。

4. ⅢA－ⅤA 族化合物

氮化镓（GaN）单晶，纤锌矿型结构，是用作半导体发光的基质材料，在蓝宝石上用气相外延方法制造，发光波长在 490 nm，可做成蓝色发光器件。

砷化镓（GaAs）单晶，闪锌矿型结构，是用作半导体发光的基质材料，是典型的直接跃迁型材料。它直接跃迁发射的光子能量为 1.4eV 左右，相应的波长为 900 nm 左右，属于近红外区。在 N－GaAs 上进行掺 Si 液相外延可得到 GaAs：Si，在 940 nm 处出现发光峰，是通常红外发光器件的优质材料。

砷磷化镓（$GaAs_{1-x}P_x$）单晶，闪锌矿型结构，是目前广为应用的半导体发光材料，根据 As/P 比的变化发出不同颜色的光。$GaAs_{0.6}P_{0.4}$发红光，峰值波长为 650 nm 左右；如果掺杂 N，如 $GaAs_{0.35}P_{0.65}$：N/GaP 发出红光，峰值波长为 630 nm 左右；$GaAs_{0.15}P_{0.85}$：N/GaP 发出橙光，峰值波长为 610 nm 左右。

5. ⅣA－ⅣA 族化合物

碳化硅(SiC)单晶，属于闪锌矿结构，通过掺杂 Al，可发出蓝色光，光谱峰值在 460 nm 左右；掺杂 B，可发出黄光，光谱峰值在 580 ~ 590 nm 间。

6.3.2.2 氧化物及含氧酸盐为基质的发光材料

1. 氧化物

Y_2O_3: Eu 为红光荧光粉、PDP 发光粉、阴极射线发光材料。白色粉末，相对密度 5.05。在 253.7 nm 紫外光、真空紫外光(VUV)和阴极射线激发下发射橙色荧光，发射光谱为窄带，主峰波长值为 611 nm，量子效率为 84%。色坐标 $x = 0.651$，$y = 0.346$。

2. 钨酸盐

$CaWO_4$，钨酸盐发光特征是自激活，来源于钨酸根阴离子基团。在 253.7 nm 激发下产生峰值为 415 nm 的蓝光，少量 Pb^{2+} 取代 Ca^{2+} 后，峰值发生红移。此发光粉亦可以被 X 射线、放射线激发。

3. 磷酸盐

$3Ca_3(PO_4)_2 \cdot Ca(F, Cl)_2$: Sb, Mn 锑和锰激活的卤磷酸钙荧光粉(简称卤粉)，为白色粉末，六方晶系，相对密度为 3.14 ~ 3.17。在 253.7 nm 紫外光激发下发光的颜色决定于锑、锰的含量比。单掺锑，产生 480 nm 的蓝光，同时掺入锰后，蓝光受抑制，并产生 580 nm 的橙色光，随锰含量的增加，橙色光增强，蓝色光减弱。可得到从蓝白色到橙黄色的一系列不同荧光色的发光粉。

4. 硅酸盐

Zn_2SiO_4: Mn，绿色荧光粉、PDP 绿粉、阴极射线发光粉，在 253.7 nm 紫外光、阴极射线和 VUV 激发下发出绿光。峰值为 525 nm。色坐标为 $x = 0.242$，$y = 0.708$，寿命为 11.9 ms。

5. 铝酸盐

$CeMgAl_{11}O_{19}$: Tb 绿光荧光粉。白色粉末，相对密度 5.1。在 253.7 nm 紫外光激发下发出绿光。发射光谱为窄带，主峰波长值为 542 nm，量子效率为 93%。色坐标 $x = 0.328$，$y = 0.598$。

$BaMgAl_{10}O_{17}$: Eu 蓝光荧光粉、PDP 蓝粉。白色粉末，相对密度 3.7。在 253.7 nm 紫外光和 VUV 激发下发出蓝光。峰值为 450 nm，量子效率为 90%。色坐标 $x = 0.145$，$y = 0.082$。

$BaAl_{12}O_{19}$: Mn，绿色荧光灯粉、PDP 绿粉。色坐标为 $x = 0.182$，$y = 0.732$，寿命为 7.1 ms。

$SrAl_2O_4$: Eu 在 253.7 nm 紫外光或日光激发下发出绿光。发光波长 520 nm，该材料在光照时能储存大量光能，并在停止光照后继续长时间发光，余辉时间超过 2000 min。在此材料中掺杂稀土 Dy 后，$SrAl_2O_4$: Eu, Dy 的余辉时间更长。

YAG: Ce 体系，钇铝石榴石结构，宽激发光谱，能被 320 ~ 365 nm 紫外光和 405 ~

510 nm 蓝光有效激发，发绿 - 黄 - 橙黄色光，适当调节激发光源与发光粉的光量(即黄、蓝比)，可以得到白光。

6. 硼酸盐

(Y，Gd)BO_3：Eu，红色荧光粉、PDP 红粉。在 253.7 nm 紫外光和 147 nmVUV 激发下发出红光。峰值为 611 nm。寿命为 7.1 ms。色坐标 $x=0.145$，$y=0.082$。

6.3.3 发光材料的应用

6.3.3.1 照明

发光材料在照明领域的应用主要是荧光灯。荧光灯粉涂在玻璃管的内侧，被管中充满的低压汞放电产生的紫外线激发而发射白光。目前商业用发光粉为稀土三基色荧光粉：应用较广泛的是：红粉为 Y_2O_3：Eu，绿粉为 $CeMgAl_{11}O_{19}$：Tb 或(La，Ce，Tb)PO_4，蓝粉为 $BaMgAl_{10}O_{17}$：Eu。荧光灯发出的光是一种冷光，这就使得荧光灯的发光效率大大提高，发光效率可达白炽灯的 1000 倍，其使用寿命为白炽灯的 10 ~ 15 倍。大功率紧凑型稀土三基色荧光灯的发光效率可达 100 lm/W。

三基色发光二极管红(AlGaAs)、蓝(InGaN)、绿(InGaN)均已产业化，在此基础上出现的白光发光二极管(White Light Emitting Diode，简称白光 LED)作为一种新型全固态照明光源，深受人们的重视。由于其具有节能、环保、小型化、长寿命，具有广阔的应用前景和潜在的市场，被视为 21 世纪的绿色照明光源。

目前，在 LED 领域由红、蓝、绿三基色 LED 制备白光照明设备的成本比较高，因此，像荧光灯一样，由发光二极管作为激发光源，在 LED 芯片上涂发光材料形成白光 LED 组合成为当前的一个发展方向。白光 LED 用荧光粉属于光致发光荧光粉。根据目前 LED 芯片的发展状况，LED 荧光粉主要有两大类：一类是适合 440 ~ 480 nm 范围内的蓝光激发的荧光粉，典型代表是 YAG：Ce；另一类是适合 360 ~ 410 nm 范围内的紫光和紫外光激发的荧光粉，这是当前研究领域的热点。

长余辉发光材料在日光或人工光源的短时间照射后，在较长的时间内仍能持续发光，故又名蓄光材料、夜光粉。由于其特有的发光性质，可广泛地应用于工农业及人们生活的许多方面，特别是在消防和军事上的应用尤其重要。现该材料已广泛应用于传统的应急照明、弱光显示系统和装潢美化，在飞机、机场、地铁、建筑装潢、消防设施、公路、铁路、汽车、路牌、剧院、商厦、工艺美术等众多场合得到广泛应用。

6.3.3.2 显示用发光材料

发光材料还广泛应用于各种显示器件中，如电视图像显示、计算机屏幕显示、电脑的字符和图形显示等。其中阴极射线(CRT)荧光粉和彩色等离子体平板显示(PDP)使用的荧光粉是主要的显示用发光材料。详细叙述见 7.2 信息显示材料一节。

6.3.3.3　发光在探测中的应用

高能粒子和电磁辐射线包括带电的α、β辐射和不带电的γ、X光以及中子(n)。它们中有的来自天然放射性物质、宇宙射线，但大量来自于人造辐射源。吸收这些粒子激发能而发光的发光材料广泛应用于医学X射线影像探测，机场、车站旅客的行李物品的安全检查、工业的无损伤检查、核医学成像等领域，在高能粒子(射线)作用下发出闪烁脉冲光的发光材料称为闪烁体。闪烁体在核医学成像领域的应用，最初是X射线计算机断层扫描成像技术(X-CT)，以后又发展了γ-相机、单光子发射断层扫描成像(PET)、正电子发射断层扫描成像(SPECT)。

6.4　激光材料

激光材料实质上也是发光材料，与普通发光材料不同的是激光材料产生的光子属于同一光子态，相干性好，且光强度极高。

6.4.1　激光产生的原理

通常一个物质系统内具有多个能级，但是为简化且不失一般性，只关心与辐射跃迁相关的两个能级(低能态$|1\rangle$，能量为E_1；高能态$|2\rangle$，能量为E_2)。爱因斯坦认为辐射场与物质作用时包括受激吸收、自发辐射跃迁和受激发射三种过程。当处于低能态$|1\rangle$的粒子吸收光子(能量$h\nu=E_2-E_1$)跃迁至高能态$|2\rangle$时，这一过程称为受激吸收。处于高能态$|2\rangle$的粒子向低能态$|1\rangle$跃迁时存在两种情况：一种是自发跃迁，同时释放能量为$h\nu=E_2-E_1$的光子的过程，为自发辐射。自发辐射与外场无关，只与物质本身有关。自发辐射的光子在相位、偏振态等方面是随机的，不属于同一个光子态，不相干，为普通光源。而在外场的诱导光子作用下，高能态$|2\rangle$粒子跃迁至低能态$|1\rangle$并发射出能量为$h\nu=E_2-E_1$光子的过程，则为受激发射过程。受激发射与外场有关，受激发射的光子与外场的诱导光子的相位以及偏振态相同，这些光子属于同一光子态，相干性好，这便是激光形成的基础。图6-5为这三种过程的示意图。

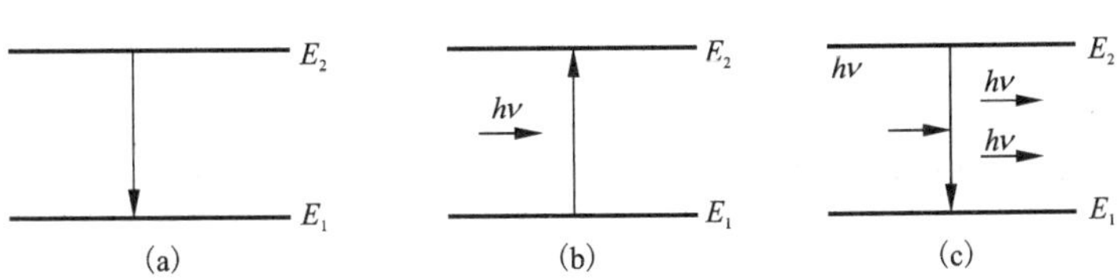

图6-5　跃迁示意图

(a)自发辐射；(b)受激吸收；(c)受激发射

在热平衡时，物质中的粒子是按能量最低原理来填充各个能级的，即按波尔兹曼分布的，高能态 $|2\rangle$ 的粒子数 N_2 总是小于低能态 $|1\rangle$ 的粒子数 N_1（$N_2 < N_1$）。根据辐射跃迁的爱因斯坦系数关系可知，此时在能态 $|2\rangle$ 和 $|1\rangle$ 之间的受激吸收光子数恒大于受激辐射光子数，因此物质系统只能吸收光子，而不可能有净的受激发射光子产生。但是，通过外部激励(或称为泵浦)，在非热平衡条件下可以实现高能态 $|2\rangle$ 的粒子数 N_2 大于低能态 $|1\rangle$ 的粒子数 N_1（$N_2 > N_1$），即实现布居反转(粒子数反转)，这样受激辐射光子数将大于受激吸收光子数，有净的受激发射光子产生。

图 6－6 表示激光振荡器的基本元件。激光材料置于由两个平行反射镜构成的谐振腔内，泵浦灯使激光材料中的粒子数发生反转，并将能量存储在高激发态能级，该能量因受激发射而释放出的光束在谐振腔内因反射而多次往返穿过激光材料，若一次往返增益恰好等于损耗时(阈值条件)，达到稳态自振荡，产生激光。

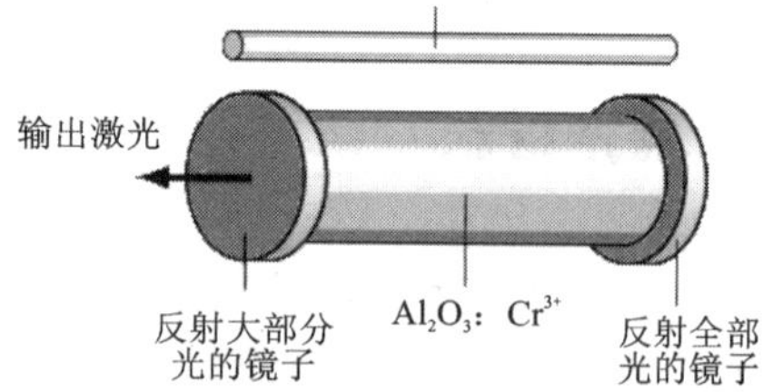

图 6－6 激光器结构原理图

6.4.2 激光材料的性能要求

激光器要实现自激振荡，除了具备粒子数反转和受激辐射几率远远大于自发辐射几率，即受激辐射占主导以外，还需增益大于损耗。由此可以看出一种优良的激光工作物质应该具有以下几个特点：

1. 良好的荧光和激光性能

为了获得较小的阈值和尽可能大的激光输出能量，一般要求材料在光源辐射区交界有较强的有效吸收，而在激光发射波段上应无光吸收。要有强的荧光辐射，高的量子效率，适当的荧光寿命和受激发射截面等。

2. 优良的光学均匀性

晶体内的光学不均匀性不仅使光通过介质时波面变形，产生光程差，而且还会使其振荡阈值升高，激光效率下降，光束发散度增加。晶体的静态光学均匀性好，即要求内部很少有杂质颗粒、包裹物、气泡、生长条纹和应力等缺陷，折射率不均匀性尽量小；晶体的动态光学均匀性要好就要求该材料在激光作用下，不因热和电磁场强度的影响而破坏晶体的静态均匀性。

3. 良好的物理化学性能

激光晶体必须具有很好的热学稳定性。激光器在工作时，由于激活离子的无辐射跃迁和基质吸收光泵的一部分光能而转化为热能，同时由于吸热和冷却条件不同，在激光材料的径向就会出现温度梯度，从而导致晶体光学均匀性降低。

激光晶体还要求热膨胀系数小，弹性模量大，热导率高，化学价态和结构组分要稳定，以及有良好的光照稳定性等。

6.4.3 激光材料的种类及应用

6.4.3.1 激光晶体材料

1. 红宝石激光晶体(Cr^{3+}:Al_2O_3)

Cr^{3+}:Al_2O_3是由 Cr^{3+}取代 Al_2O_3晶体中的部分 Al^{3+}而形成的单晶。Cr^{3+}的吸收波长范围较大，当 Cr^{3+}:Al_2O_3吸收泵浦光时，紫光将基态的 Cr^{3+}激发至$^4F_1$能级，绿光将其激发至$^4F_1$和$^4F_2$能级。处于$^4F_1$和$^4F_2$两个能级上的 Cr^{3+}不稳定，一般以无辐射跃迁的形式跃迁至^2E 能级。^2E 能级是个亚稳态(寿命约为 3 ms)，它由两个子能级 2A 和 E 组成，能级间隔为 29 cm^{-1}。由这两个子能级可以向基态$^4A_2$辐射跃迁，发出 R_1(694.3 nm)和 R_2(692.9 nm)两个波长的激光。

Cr^{3+}:Al_2O_3晶体中，Cr^{3+}具有很宽的吸收带，只有两条辐射跃迁通道，所以荧光谱线较少，荧光效率较高，激光上能级的寿命较长(^2E 寿命为 3 ms)，Cr^{3+}:Al_2O_3晶体是一种优良的激光晶体。

2. 钕钇铝石榴石激光晶体(Nd^{3+}:YAG)

Nd^{3+}是一种非常好的激活离子，目前常用的 Nd 激光器中工作物质主要有 Nd:YVO_4、Nd:YAG、Nd:YIG。基态 Nd^{3+}吸收不同波长的泵浦光被激发至$^4F_{3/2}$、$^4F_{5/2}$、$^4F_{7/2}$等激发态能级。这些能级上的 Nd^{3+}以非辐射跃迁的形式跃迁至亚稳态$^4F_{3/2}$能级(寿命约为 0.2 ms)。从 $^4F_{3/2}$ 可辐射跃迁至$^4I_{9/2}$、$^4I_{11/2}$、$^4I_{13/2}$能级，分别发出 0.914 μm、1.06 μm 和 1.34 μm 的激光。其中由于$^4I_{9/2}$能级距基态很近，激光器一般需在低温工作。

Nd^{3+}的辐射跃迁通道有三条，所以在激光产生过程中将发生竞争，由于$^4F_{3/2}\rightarrow{}^4I_{11/2}$通道的荧光分支比最大，即产生荧光的几率最大，所以一般 Nd 激光器以发出 1.06 μm 波长的激光为主，次之为 1.34 μm 的激光。

6.4.3.2 激光玻璃

1. 硅酸盐激光玻璃

以冕牌无色光学玻璃为代表的光学玻璃具有化学稳定性好、力学和热力学性能优越、制造工艺成熟等优点，是最早被开发的激光玻璃系列。这类掺钕激光玻璃受激发射截面大、荧光寿命长，是优秀的激光材料。用它开发了许多调 Q 巨脉冲激光器件。组分为 $Na_2O-K_2O-CaO-SiO_2$的 NO3 牌号硅酸盐激光玻璃是目前最常用的激光玻璃。它制作工艺成熟、玻璃尺寸大，因而成本低廉，适于一般工业应用。组分为 $Li_2O-Al_2O_3-$

SiO_2的 N11 牌号锂硅酸盐激光玻璃，可以通过离子交换进行化学增强，可获得调 Q 巨脉冲激光。

掺稀土激活离子的石英玻璃光纤是一种特殊的硅酸盐激光玻璃，除 Nd^{3+}外，Tm^{3+}、Yb^{3+}、Ho^{3+}和 Er^{3+}等稀土离子在石英玻璃光纤中都获得了激光输出，其中掺 Er^{3+}石英玻璃光纤制成的 1.55 μm 激光放大器，其波长与光通讯兼容，尺寸上又有集成前景，已在光纤通讯中获得广泛应用。

2. 磷酸盐激光玻璃

20 世纪 70 年代，随着激光核聚变技术的高功率激光器发展的需要，开发了磷酸盐激光玻璃。掺钕磷酸盐激光玻璃具有受激发射截面大，发光量子效率高、非线性光学损耗低等优点，通过调整玻璃组成可获得折射率温度系数为负数、热光性质稳定的玻璃，特别适于制作核聚变用激光放大器。

除此之外，还发展了一种高钕浓度、高效率的激光玻璃。磷酸盐玻璃中，随 P_2O_5含量的增加，钕离子浓度淬灭效应减弱。根据这种特点已研制出组成近似为 $LiNd_xLa_{1-x}P_4O_{12}$的高钕浓度激光玻璃。其钕掺杂浓度高达 $2.7\times10^{21}\ cm^{-3}$时，量子效率仍未明显下降，是优秀的高效激光玻璃。

3. 氟化物激光玻璃

氟化物激光玻璃也是应激光核聚变需要开发的一种优秀的激光介质。氟化物玻璃从紫外到中红外有极宽的透过范围，这为激光波长在近紫外或中红外的一些激活离子掺杂、制作新激光波长激光器提供了条件。

氟化物玻璃的组成可分为两类：一类是氟铍酸盐玻璃，另一类是氟锆酸盐玻璃。含铍玻璃有剧毒，给玻璃制备、加工带来巨大困难，使其应用难以推广。氟锆酸盐玻璃是一种超低损耗的红外材料，在中红外区具有很高的透过率。近年来它作为光纤激光器工作物质得到了很大发展，除 Nd^{3+}外，Tm^{3+}、Ho^{3+}和 Er^{3+}等稀土离子在氟锆酸玻璃光纤中都获得了激光输出。特别是在半导体激光管商品化后，它可以用大功率半导体激光器作为高效的泵浦源，在掺稀土离子的玻璃光纤中获得被称为双光子吸收的上转换激光输出，制作激光波长分别为 455 nm 蓝紫光、488 nm 蓝光、550 nm 绿光等可见光全固化光纤激光器，对发展高效可见激光器具有特别重要意义。

Nd^{3+}激光工作物质的晶态晶体和非晶态玻璃，它们的工作原理一致。但在吸收谱方面，由于非晶态导致的 Nd^{3+}吸收中心不同，吸收谱叠加加宽，所以一般 Nd 玻璃的吸收谱比以晶体为基质的 Nd 激光工作物质吸收谱强，另外 Nd 玻璃的抗光伤阈值非常高，但 Nd 玻璃的导热性差，所以 Nd 玻璃一般用于脉冲激光器中。

6.4.3.3 半导体激光材料

1962 年 GaAs 半导体激光器首先被研制成功，由于其体积小、效率高、结构简单而坚固，引起人们的极大兴趣。但又由于其阈值电流高、光束单色性差、发散度大，输出功率小，在一段时间内发展十分缓慢。至20世纪70年代末，光盘技术和光纤通讯的发展，推动了半导体激光器和半导体激光材料的发展。半导体激光材料主要有Ⅲ～Ⅴ族半导体和Ⅱ～Ⅵ族半导体，其特点及主要应用见表6－1。

表6－1　主要半导体激光材料及其应用

材　　料	波长/nm	功率范围	主　要　用　途
ZnMgSeS	400～600	50～250 mW	信息处理激光打印、光存储
ZnSeS			
ZnCdSe			
AlGaAs	780～850	50～150 mW	光存储、激光印刷
	780～880	1～20 W	医用、材料加工、空间通信、测距、激光器泵浦源
	780～815	60～100 W	照明、固体激光器泵浦源
	780～815	120～1500 W	大功率激光器
InGaAlP	670～690	250 mW	激光印刷、影像系统、光存储医疗、显示、照明
InGaAs	940～980	150 mW	掺Er光纤放大器
InGaAsP	1470～1490	200 mW	掺Er光纤放大器
InGaAlP	670～690	250 mW	激光印刷、影像系统、光存储医疗、显示、照明

参考文献

[1] 冯端，师昌绪，刘志国．材料科学导论．北京：化学工业出版社，2002

[2] 田莳．材料物理性能．北京：北京航空航天大学出版社，2004

[3] 雅菁主编．材料概论．重庆：重庆大学出版社，2006

[4] 陈光，崔崇编．新材料概论．北京：科学出版社，1999

[5] Blasse G，Grabmaier B C．Luminescent Materials．Germany：Springer，1994

[6] 余宪恩．实用发光材料与光致发光机理．北京：中国轻工业出版社，1997

[7] 徐叙瑢，苏勉增．发光学与发光材料．北京：化学工业出版社，2004

[8] 洪茂椿，陈荣，梁文平主编．21世纪的无机化学．北京：科学出版社，2005

[9] 马如璋，蒋民华，徐祖雄主编．功能材料学概论．北京：冶金工业出版社，2006

[10] 李俊寿主编．新材料概论．北京：国防工业出版社，2004

[11] 干福熹主编．信息材料．天津：天津大学出版社，2000

[12] 侯印春等主编．光功能晶体．北京：中国计量出版社，1991

[13] 李启甲主编. 功能玻璃. 北京：化学工业出版社，2004
[14] 杨明华，宋晓岚，金胜明编著. 新型无机材料. 北京：化学工业出版社，2005
[15] 赵连城，国风云等编著. 信息功能材料学. 哈尔滨：哈尔滨工业大学出版社，2005
[16] W·克希耐尔. 固体激光工程. 孙文，江译文，程国祥译. 北京：科学出版社，2002
[17] 徐金卿，陈玉，程东杰编著. 红外物理与技术. 西安：西安电子科技大学出版社，1989

第7章　信息功能材料

21世纪是数字化和多媒体化的信息时代。随着社会和经济的发展，信息容量每年以指数方式上升。信息技术和信息产业的发展已成为一个国家综合实力的决定性因素之一，国民对信息的拥有和利用程度成为衡量国家发展水平的重要指标。信息材料是指信息技术所用的材料，根据材料在信息技术中的功能可将其分为信息传输材料、信息存储材料、信息显示材料、信息处理材料等。本章将分别对上述材料进行介绍。

7.1　信息储存材料

在当前的信息技术中信息的存储是关键之一。信息存储容量正在飞速增长，以全球商用存储设备的总容量为例，1993年为2万太字节(TB，10^{12} bytes)，而到2004年达到2808万太字节，即10年增长了1000倍。计算机外部存储器容量需求将从近期的100千兆字节(GB，10^{9} bytes)发展到1太字节(1TB)。消费类存储器主要以高分辨率数码相机、高清晰度数字录像机和摄像机以及数字电影为代表，存储容量要求也在TB量级。

信息存储技术主要包括磁存储、光存储及磁光存储等，它们由于各自的特点而适应不同的应用领域，都是当前的主流存储技术，并在竞争中相互借鉴，共同提高，性能上均取得了巨大进步。以磁记录为例，过去20年来其存储密度已从39.4 Mb/cm^2(100 Mb/in^2)提高到39.4 Gb/cm^2(100 Gb/in^2)以上。而光存储的特点是性能起点高，所以虽然发展历史较短，但在移动存储等领域占据着越来越重要的地位。

7.1.1　磁记录材料

磁记录技术从1898年诞生，已经跨越了一个世纪。作为一门传统的存储记录技术，磁记录在消费电子和专业应用等领域均有着广泛的应用。尽管其后光记录技术的崛起和固体存储技术的发展打破了磁记录技术一统天下的局面，但由于在记录介质、读写磁头、数字信道等技术方面不断取得突破性进展，磁记录技术迄今依然焕发着盎然生机，而且随着性能的不断提高，磁记录技术的应用领域越来越广。在当今的各种信息存储技术中，磁记录技术仍然是最重要的存储记录技术，全世界磁记录和驱动器的总产值将达1000亿美元。目前，磁存储介质的主要形式有硬磁盘、软磁盘和磁带。

7.1.1.1　*磁存储技术和原理*

磁存储的模式主要分为三种，即水平存储、垂直存储和杂化存储。这三种存储模式的磁存储系统都包括以下基本单元：存储介质、换能器、传送介质装置以及匹配的电子线路。

磁存储介质通常是含有高矫顽力磁性材料的薄膜，而磁性材料既可以本身就是连续的薄膜，也可以是埋在胶粘剂中的磁性粒子。这种磁化的磁介质（如磁带等）以恒定的速度沿着与一个环形电磁铁相切的方向运动，工作缝隙对着介质。存储信号时，在磁头线圈中通入信号电流，就会在缝隙产生磁场溢出，如果磁带与磁头的相对速度保持不变，则剩磁沿着介质长度方向上的变化完全反映信号变化规律，这就是记录信号的基本过程。记录磁头能够在介质中感生与馈入电流成比例的磁化强度。电流随时间的变化转化成磁化强度随距离的变化而被存储在磁带上。磁化的这种变化在磁带附近产生磁场。如果已存储信息的磁带重新接近一重放磁头，通过拾波线圈感生出磁通，磁通大小与磁带中磁化强度成正比。

利用磁存储方法可记录许多不同类型的信号。应用最早、最广泛的是记录音频信号，由于其频率低，所以介质运动速度也较慢。音频记录的主要要求是线速度好和信噪比高。数字磁存储也普遍采用了磁带和磁盘。硬盘驱动器的信号频率高，转速也高，因此要求高的随机存取速度和高的可靠性。视频记录主要记录图像，其记录通常使用调频信号，采用旋转磁头，这样可以提高磁头与介质之间的相对速度。

7.1.1.2 颗粒涂布型磁存储介质

目前使用的磁存储介质大部分属于颗粒涂布型介质，包括金属粉、$\gamma-Fe_2O_3$、$Co-\gamma-Fe_2O_3$、CrO_2和钡铁氧体磁粉等。它们一般应满足以下特性要求：几何性状及尺寸大小均一，无枝晶，表面光滑无缺陷；易于制备，在涂层中分散性好，填充率高；具有较高的矫顽力和剩磁感应强度；磁性能随温度和时间有较好的稳定性等。

1. $\gamma-Fe_2O_3$

$\gamma-Fe_2O_3$磁粉通常为针状颗粒，长度为0.1～0.9 μm，长径比在3∶1到10∶1之间，本征矫顽力为15.9～31.8 kA/m。$\gamma-Fe_2O_3$具有良好的电磁性能和化学稳定性，在音频、射频、数字记录以及仪器记录中都取得了理想的效果，而且价格便宜，性能稳定，是目前应用最广、产量最大的一类磁粉。

$\gamma-Fe_2O_3$的制备以$FeSO_4\cdot7H_2O$为原料，首先得到$\alpha-FeOOH$，然后脱水形成非磁性的$\alpha-Fe_2O_3$，再还原为Fe_3O_4，最后氧化制备出$\gamma-Fe_2O_3$。具体的化学反应如下：

$$4FeSO_4\cdot7H_2O+O_2+8NaOH=\!=\!=4\alpha-FeOOH+4Na_2SO_4+30H_2O$$

$$4\alpha-FeOOH=\!=\!=2\alpha-Fe_2O_3+2H_2O$$

$$3\alpha-Fe_2O_3+H_2=\!=\!=2Fe_3O_4+H_2O$$

$$4Fe_3O_4+O_2=\!=\!=6\gamma-Fe_2O_3$$

制备过程中反应条件的控制非常重要，如当Fe_3O_4氧化为$\gamma-Fe_2O_3$时，反应温度通常控制在200～300 ℃，如果氧化温度过高，则反应较快，容易又生成$\alpha-Fe_2O_3$。此外，由于反应中要发生脱水，所得到的颗粒中会含有大量针孔，从而引起结晶不规则，颗粒会以一定角度融合在一起，形成各种形状的团块，或在表面形成凸出物或枝叉物，这些将使磁粉难以获得均匀取向，最终导致磁性能下降。

2. Co－γ－Fe_2O_3

γ－Fe_2O_3磁粉的主要缺点是矫顽力较低，难以满足高密度存储、视频以及数字存储的要求。从20世纪70年代起，人们发展了含Co的氧化铁磁粉，它既保持了Fe_2O_3磁粉稳定的化学性能和适中的价格等优点，同时矫顽力则有明显提高，可达79.6 kA/m，被广泛应用在录像磁带中。

根据加Co方式的不同，含Co磁粉又可分为Co置换的γ－Fe_2O_3和表面包钴的γ－Fe_2O_3。Co置换的γ－Fe_2O_3材料是将Co扩散到γ－Fe_2O_3内部一定深度来制得的，随钴含量的增加，矫顽力明显增大，但其温度稳定性差，并有加压退磁的缺点。包钴的γ－Fe_2O_3是指将Co或CoO包在γ－Fe_2O_3颗粒表面，制备时将γ－Fe_2O_3磁粉分散悬浮于Co^{2+}或Co^{2+}/Fe^{2+}溶液(例如硫酸钴、硫酸亚铁溶液)中，然后加入NaOH使体系的pH值大于10，即可生成氢氧化物并沉积在颗粒表面。将该溶液加热至60～100 ℃，保温3～10h，生成物就会吸附或外延于磁粉表面。这种磁粉的颗粒尺寸和轴比由γ－Fe_2O_3决定，并可以保持原γ－Fe_2O_3的针状和矫顽力的温度稳定性。制造工艺的关键是γ－Fe_2O_3颗粒均匀而充分的分散，理想状态为单颗粒悬浮。

3. CrO_2磁粉

CrO_2磁粉具有良好针状的单晶体颗粒形态，表面光洁，不含孔洞，容易在磁浆中分散与取向，比纯γ－Fe_2O_3具有更高的饱和磁化强度和矫顽力，因此CrO_2尤其适合作为高密度磁记录介质。此外CrO_2的居里温度较低(120～170 ℃)，作为热磁记录与复制材料也十分理想。通常将高纯度的CrO_3和Cr_2O_3混合，并加入少量Fe、Sb等元素，在高温(400～525 ℃)、高压(50～300 MPa)下水热合成来制备CrO_2磁粉。通过调整添加剂Fe_2O_3和Sb_2O_3的比例、加入稀土离子以及控制成核过程等，可以制备出矫顽力为31.8～59.7 kA/m的CrO_2磁粉。由于受高温高压制备条件的限制，CrO_2磁粉生产成本较高，且铬化物对环境有污染；同时CrO_2磁带还有对磁头磨损率较高、温度特性较差等缺点，因此目前CrO_2磁粉仅在计算机磁带、热磁复制磁带等特殊场合应用。

4. 钡铁氧体磁粉

钡铁氧体磁粉是六角形片状颗粒结构，它是随着垂直磁记录理论而出现在磁粉生产领域的。用这种磁粉制成的垂直取向介质、纵向取向介质及非取向介质，均具有优良的高密度存储特性，其极限存储密度可达到每毫米磁通翻转3.93 K以上。由于这类材料来源丰富、成本低，磁粉具有较高的矫顽力和磁能级，且抗氧化能力强，因此应用广泛。

钡铁氧体磁粉的制备方法有玻璃晶化法、化学共沉淀法和水热法等。玻璃晶化法是将$BaCO_3$、Ti_2O_3、Fe_2O_3等原料按一定配比混合均匀，再熔化、淬冷和晶化，所制备的磁粉颗粒尺寸均匀，结晶良好。化学共沉淀法则是将Fe^{2+}、Ba^{2+}溶液按比例混合，加入NaOH、Na_2CO_3等进行沉淀，过滤、洗涤，然后控制温度烧结来得到钡铁氧体磁粉。水热法

是将 $Ba(OH)_2$ 水溶液及 α－FeOOH 加入到高压釜中，在 150～300 ℃下反应，可获得六角片状钡铁氧体；也可直接利用铁盐和钡盐与碱溶液的共沉淀物为原料来进行水热反应。

5. 金属磁粉

金属磁粉是指铁粉或以铁粉为基体的 Co、Ni 等合金磁粉。这类材料的特点是比氧化物磁粉具有更高的磁感应强度和矫顽力，磁感应强度大就可以在较薄的磁层内得到较大的读出信号，矫顽力高则能使磁记录介质承受较大的退磁作用，这也是实现高密度记录的必要条件。研究表明，金属磁粉的矫顽力不仅与其组成(主要是磁晶各向异性)有关，而且还受到其颗粒形状和大小的影响。目前对于 Fe－Co 颗粒，单畴临界尺寸约为 20 nm，其矫顽力可大于 79.6 A/m。

金属磁粉的制备方法较多，目前工业生产主要采用的是气相还原法。该方法以针状铁氧化物 α－FeOOH 为原料，在氢气中加热还原成金属铁粉。生产过程有两个技术关键：一是防止金属颗粒在高温下烧结；二是防止金属磁粉的氧化。解决烧结问题一般采取以下两方面的措施：在 α－FeOOH 的颗粒表面包附一层诸如 SiO_2、SnO_2、Al_2O_3等熔点比 Fe 高、且在氢气还原条件下性能稳定的氧化物层，包附层的质量一般为 0.4%～0.8%；选择合适的脱水、焙烧、还原等工艺参数，常采用低温(300～400 ℃)脱水和高温(600～800 ℃)焙烧相结合的工艺；同时在还原过程中控制还原温度(在 350～500 ℃之间)、氢气流量和还原速度，这样可以制备出针状、基体无孔洞、表面光滑、性能较好的金属磁粉。防止表面氧化则可采用在金属磁粉表面包附 Si/Al 化合物壳层或是有机物层来隔离氧化环境，也可控制条件使磁粉的表面形成较浅的氧化层，或是添加 Ni、Co 等耐腐蚀的铁磁性金属制成合金磁粉等，这些方法可单独或联合使用。目前金属磁粉的氧化稳定性已达到相当高的水平，如在 60 ℃，相对湿度 90% 条件下存放 168 h，磁粉的比饱和强度仅下降 3% 左右，完全可以满足高密度存储的要求。

7.1.1.3 连续膜磁存储介质

低成本和高密度磁存储系统的发展要求加速了连续薄膜磁存储介质的研制进程。理论研究表明，介质材料的最终存储密度取决于比特过渡区长度和信噪比，后者与每比特含有的磁粒子数成正比。为减小过渡区长度，必须增加矫顽力，减小磁介质的厚度。为此，可以减小膜的厚度，降低重放电压。为了保证在减薄磁层的同时仍得到足够高的输出电压，必须采用连续薄膜型介质。由于这种薄膜不需要采用黏合剂等非磁性物质，所以其剩磁感应强度比涂布型高得多。常用的连续介质膜包括各向同性金属膜和各向异性金属膜。

(1)各向同性金属膜：最早使用的薄膜介质是用电镀法制备的，其矫顽力与工艺条件等密切相关。以 NiCO 薄膜为例，影响矫顽力的因素有：①薄膜成分。通常 NiCO 薄膜中含有少量 P、Cr 或 W 等其他元素，这些元素停留在膜的晶界处形成非磁性的晶界。当这些元素含量增加时，晶粒间静磁耦合减弱，薄膜矫顽力增加；②铬层厚度。为增加磁性膜和基体之间的黏接强度，通常先在基体上沉积铬，由于镍钴膜的晶粒尺寸及取向随

Cr 层厚度变化，从而使矫顽力增加；③磁膜厚度。成膜之初，矫顽力随厚度增加而增加，当膜厚达到最大值后，矫顽力随膜厚而下降。

(2)各向异性金属膜：Co、Fe、Ni 以及 Co-Ni、Co-Fe、Co-Sm 合金通过蒸镀、溅射等方法可获得各向异性磁薄膜。薄膜的各向异性与蒸气流的入射方向有关。当入射角小于60°时，由于晶粒自身的隐影效应，使形成的易磁化轴与薄膜平面平行并与其入射面相垂直，这种感生各向异性随入射角增加而增加；入射角超过60°时，晶粒沿蒸发方向长大，由此感应的晶粒形状各向异性与入射平面平行。除此以外，基体温度、磁膜成分以及磁致伸缩系数等都会对各向异性产生影响。

7.1.1.4 *磁头材料*

磁头的基本功能是与磁存储介质构成磁性回路，对信息进行加工，包括记录(录音、录像)、重放(读信息)、消磁(抹除信息)等三种主要功能。按工作原理的不同，可将磁头分为磁阻式磁头和感应式磁头。磁阻式磁头材料的磁致伸缩系数极小，其电阻随着磁化状态而改变，具有高灵敏度、高分辨率等优点，但其缺点是只能读出，不能记录。感应式磁头材料则分为以下几种：

1. 磁性合金

最早应用的磁头是由磁性合金叠成的，如钼坡莫合金(4% Mo，17% Fe-Ni)，铝铁合金(16% Al-Fe)，铝硅铁合金(5.4% Al，9.6% Si-Fe)等。钼坡莫合金和铝硅铁合金都可以使材料的磁致伸缩接近于零，这样材料的特性便与应力基本无关，加上饱和磁化强度高，因而具有良好的记录特性。

2. 铁氧体

目前广泛使用的高磁导率铁氧体有镍锌(Ni-Zn)铁氧体和锰锌(Mn-Zn)铁氧体，其成分分别为 $(NiO)_x(ZnO)_{1-x}(Fe_2O_3)$ 和 $(MnO)_x(ZnO)_{1-x}(Fe_2O_3)$。它们均具有尖晶石结构，磁性随 Ni/Zn 或 Mn/Zn 比而变化。少量 Zn 的加入，使其导磁率和磁感应强度增大，而矫顽力和居里温度下降，当 x 在 0.3～0.7 范围内时，磁特性最佳。

3. 非晶态磁性合金

随着磁记录向高频、高密度发展，坡莫合金、铝硅铁和铁氧体等的性能难以满足要求，非晶态磁性材料应运而生。目前主要的非晶态材料有两类：一类是铁基非晶态材料如 $Fe_{72}Cr_8P_{13}C_7$，其饱和磁感应强度约 0.9T，硬度高，成本低，是理想的视频磁头材料；另一类是钴基非晶态材料，此类材料磁导率和磁感应强度高，居里温度也高，但价格较贵，在加工过程中需严格控制温度(音频磁头低于 200 ℃，视频磁头低于 240 ℃)以防止再结晶。

4. 薄膜磁头材料

薄膜磁头由镍铁合金(其中 Ni 占 80%，Fe 约 20%)通过真空蒸发、溅射或电解工艺制成。它与块材 NiFe 合金有较大差别，其性能更多依赖于制膜工艺、薄膜厚度、热处理工艺等。较佳条件下沉积的 NiFe 薄膜的性能为：各向异性场 H_k 为 200～400 A/m，饱和磁感应强度接近1.0 T，低频相对导磁率为2000～4000。

7.1.2 光存储材料

光盘存储技术是20世纪70年代在激光技术的基础上发展起来的一种新型存储记录技术。光记录的主要特点是采用非接触式记录，存储密度高、容量大，近几年随着其性能的不断提高和性价比的改进，已在消费电子领域和计算机中获得广泛应用，占据了相当大的市场份额。

与磁存储技术相比，光存储具有以下优点：①存储密度高。光盘的道密度比磁盘高十几倍；②存储寿命长。只要光谱存储介质稳定，一般寿命在10年以上，而磁存储的信息一般只能保存3～5年；③非接触式读/写和擦。光盘机中光头与光盘间约有1～2 mm距离，光头不会磨损或划伤盘面，因此光盘可以自由更换。而高密度的磁盘机，由于磁头飞行高度(约几个毫米)的限制，较难更换磁盘。应用自动替换的光盘盒，可以实现海量储存；④信息的载噪比(CNR)高。载噪比为载波电平和噪声电平之比，以分贝表示。光盘的载噪比可达到50dB以上，而且经多次读写不降低。因此经光盘多次读出的音质和图像的清晰度是磁带和磁盘无法比拟的；⑤信息位的价格低。由于光盘的存储密度高，而且只读式的光盘(如CD或LV唱片)可以大量复制，它的信息位价格是磁记录的几十分之一。光存储的不足之处在于：光盘在具有1GB以上容量时，其记录/读出速度一般为400～800 kB/s，与同一水平磁盘的3 MB/s速度相比，要慢得多。读取速度的瓶颈问题，限制了光盘性能的发挥；此外光盘在擦除、重写的性能上还远远不能与磁盘竞争。

光盘存储介质的性能对光盘的功能和工作性能具有决定性的影响。一种性能优良的光存储介质，应该具有与所采用的激光相适应的光学性能(反射率、折射率、吸收系数等)，能够形成清晰而稳定的记录点，并具有对记录及擦除的响应快、记录信息稳定性好、保存寿命长等优点。

7.1.2.1 只读式光盘材料

只读式光盘一般由衬底、金属发射层和保护层组成，记录介质是光刻胶。光盘衬底材料一般采用聚甲基丙烯酸甲酯(PMMA)、聚碳酸酯(PC)和聚烯烃类非晶材料，使用前须用注塑法将材料压制成厚度为1.2 mm的高平整存盘。金属发射层一般为银或铝。记录时先用激光刻录机将音频/视频信号调制的激光束刻录在涂有光刻胶的玻璃盘基上，经过曝光、显像、脱胶等过程，制成具有凸凹信号结构的正像母盘。然后利用蒸发和电镀技术，制成金属负像母盘，最后用光聚合物法在金属母盘上复制光盘。所谓光聚合法，是将单体或预聚物溶液注入原模和衬盘之间，然后用紫外光照射引发聚合反应，固化后的胶模粘接在衬盘上，就带有原来录制的声光信息。将其取出，在有信息结构的一面喷镀银(或铝)作为金属发射层，再在反射层上沉积保护膜作为覆盖层，就制成了一张只读存储光盘。读出时，激光照射在凹坑上，利用凹坑与周围介质反射率的差别就可以读出信息。

7.1.2.2　一次写入型光盘材料

一次写入光盘利用聚焦激光在介质的记录微区产生不可逆的物理化学变化写入信息，记录介质因记录方式的不同而异。在20世纪70年代开发的一次写入型光盘(WORM)是采用熔点较低的无机材料(如硒、碲、金属铋等)作为记录层的，利用激光光束的烧蚀作用，形成坑点，实现信息记录的。由于制造这种介质要采用真空溅射工艺，设备昂贵、工艺复杂，无机材料的稳定性差，长时间光照易产生龟裂，易氧化；同时这种光盘记录层反射率较低，不能与只读光盘兼容，无法在CD－ROM驱动器上读出，所以应用范围较小，目前已被CD－R所取代。

CD－R是采用有机染料作为记录层的可录式光盘，在刻有伺服槽的PC基片上，通过旋涂法涂保护层。当光头的激光束聚焦在染料层时，由于热效应，照射点的染料发生汽化，形成与记录信息对应的坑点，实现信息的记录。为了提高反射率，发射层采用Au膜取代Al膜。CD－R所用的有机染料主要有花菁染料、酞菁染料和偶氮化合物等。

花菁染料是使用最普遍的有机染料，光盘呈绿色，称为“绿盘”。这种染料具有理想的光学特性，发射率和载噪比都比较高；但其对光和热的稳定性差，很容易被单线态氧氧化。因此在光盘制作时需添加单线态氧淬灭剂抑制染料的光降解反应，提高染料的光稳定性。淬灭剂的种类很多，如苯二硫酚金属络合物、芳香胺类、酚类、苯并三唑类和亚硝基芳香化合物等。在花菁记录层上镀惰性材料金的发射层，以及UV固化胶保护层，也有助于改善光盘的稳定性，提高光盘寿命。

酞菁染料是一种高稳定性有机金属化合物，用它制成的光盘呈淡绿的金色，称为“金盘”。它的光稳定性和化学稳定性优于花菁染料，但在有机溶剂中的溶解度很小，难于用旋涂法制备薄膜。通过在金属酞菁分子结构中引入长烷基侧链，可以提高酞菁染料在四氯乙烷中的溶解度，制成薄膜。另外也可以用物理气相沉积的方法制备酞菁染料薄膜，这种薄膜也具有良好的记录特性。

偶氮类光盘染料有偶氮苯、含杂环的偶氮化合物、多聚体偶氮化合物等，其稳定性介于花菁和酞菁之间，可以通过“金属化”的方法，使偶氮分子与金属离子形成配位键，提高其稳定性。用偶氮染料制成的CD－R光盘为蓝褐色，目前应用较少。

7.1.2.3　可擦写相变光盘材料

可擦写相变光盘利用记录介质在晶态和玻璃态之间的可逆相变来实现信息的反复擦、写。相变光盘的记录层是由半导体合金相变测量构成的。在激光的作用下，记录测量发生晶相和非晶相之间的可逆相变，导致测量反射率、折射率等物理性质发生相应的可逆变化，实现信息的记录。相变光盘一般为五层结构，在刻有伺服槽的透明基片上，采用溅射工艺依次沉积下介电材料层、相变合金记录层、上介电材料层、反射层和保护层。介电层的作用除了可以隔绝空气，使记录层避免氧化外，还可以改善记录层对激光能量的吸收。

相变光盘的工作过程是：在记录信息之前，首先进行初始化处理，用激光对盘面均匀照射，使记录层处于均一的结晶态。记录信息时，用高功率激光束照射记录层，照射点在激光作用下，发生融化，然后快速冷却，形成非晶态的记录点。由于该点的发射率与周围仍处于晶态部分的发射率具有明显差异，所以当用低功率激光照射记录点和周围区域时，其反射光产生差异，利用这种差异就可以完成数据的读出。再以功率较低、脉冲较宽的激光照射此非晶态区域，该区域又会变为晶态，这就实现了信息的擦除。

相变光存储材料主要分为碲(Te)基、硒(Se)基和铟锑(InSb)基合金三大类，有机材料也有可能成为另一类可擦写的超高密度光存储介质材料，但目前尚处于研究探索阶段。碲基合金具有合适的光学、热学和晶化性质，一直被认为是最有发展前途的可逆相变光存储材料之一。为了解决高稳定性(非晶态长期保持稳定)和高速擦除(非晶态快速晶化)的矛盾，进行了长期的研究工作。主要通过加入一定量的Ge、Sn、Sb、Se、As等元素来改善合金系的性能。在一系列二元、三元系合金中，以Ge-Sb-Te三元合金的性能最为理想。这种材料除具有发射率对比度大，写入/擦除次数多和寿命长等优良的光存储性能外，还具有写入/擦除速度快的优点，最短写擦脉冲宽度只有30~50 ns，对实现相变光盘高速直接重写功能和提高光盘的数据传输率非常有利。

在硒基合金相变材料中，In-Se-Tl-Co四元合金也是一种能够高速直接重写的相变测量。其最短擦除时间为60 ns，写擦次数高达10^6次，预计寿命(150 ℃)在10年以上。主要缺点是含有剧毒元素Tl，而且写入功率过高。

铟锑基合金中的四元In-Sb-Tl-Ag合金，由于其晶态的反射率较高，写入速率较低，抹除响应特性好，被认为是一种应用前景良好的相变光盘材料，已成为DVD-RAM的首选记录材料之一。Ge-Te-Sb和In-Sb-Te系半导体合金薄膜材料在短波长下的折射率虽有所降低，但晶态和非晶态的折射率变化都较大(约20%)，所以同样适用于高密度的可擦写DVD光盘。

7.1.2.4 可擦写磁光光盘材料

磁光记录与磁记录的不同主要在于记录读出信号所用的传感元件是光头而不是磁头。从介质的角度来说，磁光盘介质是一种垂直磁记录介质。

磁光存储的基本原理是利用热磁效应改变记录点的磁化方向实现信息的记录。磁光记录方式有居里点记录和补偿点记录两种。磁光盘的记录、擦除和读出的主要过程是：将聚焦激光束照射到磁化方向单向规则排列的垂直磁光膜的某一点，该点温度升高，超过居里点后，磁化强度为零，激光作用终止，随着照射点温度下降和所施加的偏磁场作用，在该点恢复方向与偏磁场一致的磁化，实现了信息的记录。若在激光作用下，改变偏磁场的方向，则可将记录的信息擦除。读出信息则主要利用法拉第效应和克尔效应，对应不同方向的磁化，旋转角的方向相反，从而导致反射光强度的变化，利用这种变化就可以读出记录信息。

磁光记录材料主要有以下几大类：①MnBi等Mn基多晶薄膜。这种材料的优点是磁光克尔角大，是研究较早的磁光材料。它具有两相——低温相和高温相，低温相的居里点高(360 ℃)，高温相居里点较低(180 ℃)，有利于磁光记录，但 Ms 较低，读出信号小，而且不稳定。人们试图通过掺杂和元素取代的方法稳定高温相，降低等温相的居里温度和晶粒尺寸，改善薄膜的磁光性能，但效果不理想，目前仍在进一步研究中。②石榴石系单晶薄膜。$Y_3Fe_5O_{12}$等石榴石薄膜材料的优点是在短波长时的磁光效应大，读出信号幅度高，并具有优良的抗氧化、抗辐射性能，适合于军事、航天等恶劣环境使用，缺点是对激光的吸收小，反射小，写入灵敏度低，对基片要求高，因此制作成本高。③稀土－过渡金属非晶薄膜。这种非晶态合金如 TbFeCo、GdTbFe 等的成分可以连续变化，能够在较大范围内调节薄膜的磁性能，具有居里点低，无晶界噪声，单轴各向异性大，矫顽力高等优良性能，是目前磁光盘普遍采用的材料。此外，一些新型高密度磁光记录材料如 Co/Pt 系多晶成分调制薄膜、非线性磁光效应材料等也正在研究当中。

7.2 信息显示材料

显示材料是指将电信号转化为可见光信号的材料，从广义角度看，显示材料中也包括显示屏支撑材料——玻璃基板。显示材料分为主动显示材料(或发光显示材料)和被动显示材料(或受光显示材料)。主动显示中象元在某种方式的激发下发出可见光来，常见的激发方式主要有：电子束激发，如阴极射线发光材料、场发射材料等；光激发，如等离子体显示材料；电场激发，如电致发光材料、发光二极管材料等。被动显示中必须有环境光，同时利用某些功能材料在信号作用下光学性质(如折射率、吸收率等)或其他性质的变化，使环境光与功能材料相互作用后的输出光发生了与信号相应的变化而显示出来。目前最主要的受光显示材料是液晶。

7.2.1 阴极射线(CRT)显示材料

CRT 的结构原理是：由灯丝、阴极、控制栅极、加速极、聚焦极等组成电子枪，通电后灯丝发热，阴极被激发发射出电子。电子受加速极的加速，并经电子透镜聚焦形成极细的电子束去轰击荧光屏，致使荧光屏上的荧光粉发光。电子束的通断和强弱可受到加于栅极和阴极间的显示信号电压控制。电子束在偏转系统产生的磁场作用下，射向荧光屏的指定位置形成发光点，各发光点组成了图像。图7－1 为彩色 CRT 的结构示意图。图中 R(红)、G(绿)、B(蓝)三色荧光粉点

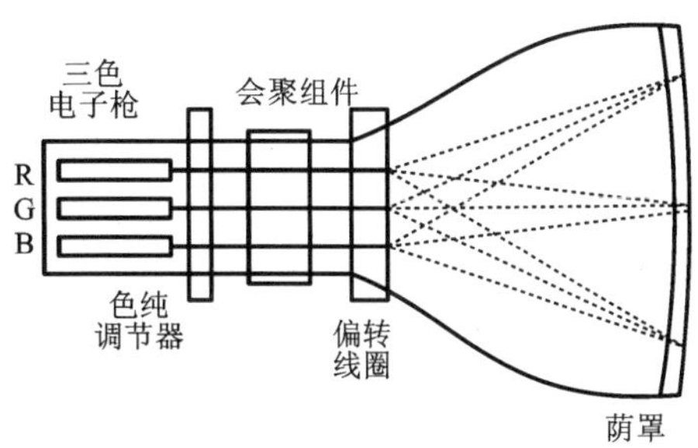

图7－1　彩色 CRT 的结构示意图

被不同强度的电子束轰击，就会产生各种色彩。普通的荫罩式显像管采用三支电子枪分别射出 RGB 三原色电子束，三原色电子束必须准确打击各自对应荧光粉点，控制电子束准确轰击对应荧光粉点的装置是一块荫罩。显像管按屏幕表面弯曲程度，可以分为球面、平面直角、超平、柱面、纯平等五类。

CRT 中的主要发光材料是荧光粉，荧光粉的特性直接决定显示器的性能。荧光粉的化学组成由作为基体的结晶与加在结晶中的发光离子（称为活化剂）组成，例如 ZnS：Ag^+ 表示该荧光粉的基体为 ZnS，活化剂离子是 Ag^+。活化剂的作用是对某种特定的化合物起激活作用，使原来不发光或发光很微弱的材料发光，它是发光中心的主要组成部分。通常硫化物荧光粉的活化剂元素是 Cu、Ag、Mn 等；稀土荧光粉的活化剂有 Ce、Pr、Nd、Sm、Eu、Tb、Dy、Ho、Er、Tm 等。一种发光材料可以同时含两种活化剂。常用的一些阴极射线发光材料的发光特性及其应用领域见表 7－1。

表 7－1　阴极射线荧光粉的发光特性

化学组成	发光颜色	光谱峰值/nm	用　途
Zn_2SiO_4：Mn	绿	525	示波管
ZnS：Ag	紫蓝	445	双层屏示波管
b－ZnS：Ag	紫蓝	435	双层屏示波管
ZnO：Zn	青白	503	飞点扫描管
(Zn,Cd)S：Ag	黄	560	黑白显像管
ZnS：Ag	蓝	453	黑白显像管
ZnS：Ag,Ni	蓝	450	照相记录示波管
Zn(S,Se)：Cu	黄绿	550	红外变像管
ZnS：Cu	黄绿	530	示波管
$KMgF_3$：Mn	橙	595	雷达指示管
ZnS：Ag	蓝	448	彩色显像管
ZnS：Ag,Cu	黄绿	450 530	示波管
(Zn,Cd)S：Ag	黄绿	560	储能管
Y_2O_3：Eu	红	611	彩色显像管
Y_2O_2S：Eu	红	627	彩色显像管
ZnS：Cu,Ag	黄绿	530	彩色显像管
(Zn,Cd)S：Ag＋ZnS：Ag	白	455 558	黑白显像管
(Cd,Zn)S：Cu,A1	黄	565	黑白显像管
ZnS：Ag＋(Cd,Zn)S：Cu,A1	白	453 565	黑白显像管

彩色显像管中应用的是红、绿、蓝三种基色荧光粉，它们在电子束作用下发出不同亮度的三色光，然后复合出各种色彩。对于这三种荧光粉不仅要求它们具有流明效率高、颜色饱和度大等特性，而且还要求它们的亮度相匹配。目前CRT中较常用的蓝色荧光粉是ZnS：Ag^+。它的辐射效率非常高，已接近于理论极限。其发射属于施主－受主对型发射。在ZnS中Ag是受主，而施主较浅，可以是Al或Cl(若施主是Al，则其处于Zn格位；若施主是Cl，则处于S位置)。常用的绿色荧光粉是硫化物ZnS：Cu，Cl(或Al)。它也属于施主－受主对型发射，但Cu受主的能级在带隙中的位置要比Ag的深。因此Cu的最大发射波长要大于Ag的最大发射波长而位于530 nm。出于实际应用的考虑，可将最大发射波长略向红移，如可以通过用Cd替换部分Zn(约7%)，或加入一些更深的受体(比如Au)来达到此目的。在红色荧光粉中，Eu^{3+}激活的发光材料获得了巨大的成功，如Y_2O_3：Eu^{3+}和$Y_2(WO_4)_3$：Eu^{3+}。

荧光粉的制备方法很多，目前主要的合成方法有：高温固相反应法、溶胶－凝胶法、均相沉淀法、低温燃烧合成法、水热合成法、微波辐射合成法、化学气相沉积法、表面扩散法等。

7.2.2 液晶(LCD)显示材料

液晶最早是由奥地利植物学家F. Reinitzer在加热一种晶体状的物质时发现的。当温度升高到一定程度，结晶开始熔解，但在一定温度范围内它呈一种黏稠状的浑浊液体状态；当温度进一步升高时，浑浊的液体才变为透明的液体。这种浑浊的液体在偏光镜下表现出晶体特有的双折射现象，即通过其看物体，会出现两个物像。这种在一定的温度范围内，既具有晶体特有的双折射性，又具有液体的流动性的物质，被称为液晶。

根据液晶分子的几何形状可将其分为棒状分子液晶、板状分子液晶和碗状分子液晶。液晶显示主要用棒状分子液晶。此外，由于液晶分子结构及分子之间相互作用不同，液晶分子取向排列方式也不一样，又可分为三大类，即向列相液晶、胆甾相液晶和近晶相液晶，如图7－2所示。向列相液晶中的分子在长轴方向上平行排列，但分子重心随机分布。胆甾相液晶的每分子层内液晶分子排列与向列相一致，每层之间液晶分子的平均取向有错位，成螺旋结构，分子层法线为螺旋轴。近晶相液晶的基本特征是液晶分子层状排列，其分子长轴与层面垂直或倾斜，而层内规则排列或无规则排列。

20世纪70年代初，人们利用扭曲向列相液晶的电光效应和集成电路相结合，将其制成显示器件，实现了液晶材料的产业化。这种液晶材料称为扭曲向列相液晶显示(TN－LCD)材料，其产品主要应用在电子表和计算器上。80年代中期，开发成功超扭曲向列相液晶显示(STN－LCD)材料，其产品主要应用在BP机、移动电话和笔记本电脑上。近年来随着薄膜晶体管阵列驱动液晶显示材料(TFT－LCD)的飞速发展，TFT－LCD不仅占据了便携式笔记本电脑等高档显示器市场，而且随着制造工艺的完善和成本的降

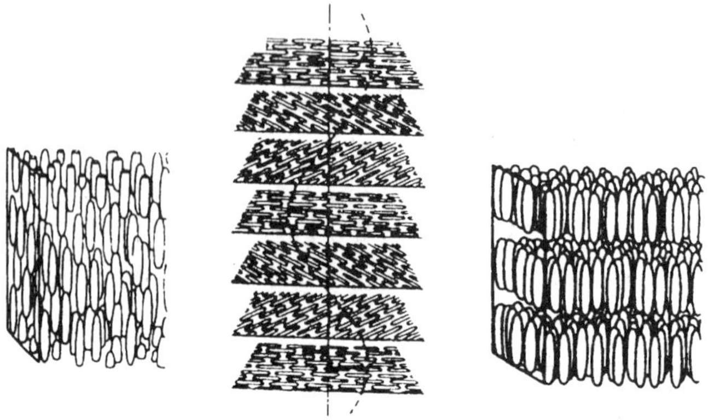

(a) (b) (c)

图7-2 液晶相和分子排列

(a)向列相液晶；(b)胆甾相液晶；(c)近晶相液晶

低，目前已开始大规模应用于台式显示器。

从分子结构来看，显示用液晶材料是由多种小分子有机化合物组成的，这些小分子的主要结构特征是棒状分子结构，现已发展成很多种类，例如各种联苯腈、酯类、环己基(联)苯类、含氧杂环苯类、嘧啶环类、二苯乙炔类、乙基桥键类和烯端基类以及各种含氟苯环类等。随着 LCD 的迅速发展，人们对开发和研究液晶材料的兴趣越来越大。近几年还研究开发出多氟或全氟芳环以及全氟端基液晶化合物。许多化学家们已合成出了性能优良的液晶材料。到 1998 年止，就有 7 万 ~7.5 万多个液晶化合物合成出来，并以每年 3000 ~4000 个新液晶化合物出现的速度向前发展，尤其是日本每年都有大量新液晶材料方面的专利文献出现，以满足各种显示器的使用要求。但目前只有四五千种液晶化合物真正具有实用价值，能应用在 LCD 中。

1. 扭曲向列相液晶显示材料

TN 型液晶材料的发展起源于 1968 年，当时美国公布了动态散射液晶显示技术。但由于提供的液晶材料的结构不稳定性，使它们作为显示材料的使用受到极大的限制。1971 年扭曲向列相液晶显示器问世后，介电各向异性为正的 TN - LCD 材料便很快开发出来；特别是 1974 年相对结构稳定的联苯腈系列液晶材料被合成出来后，满足了当时电子手表、计算器和仪表显示屏等 LCD 器件的性能要求，从而真正形成了 TN - LCD 产业时代。

LCD 用的 TN 液晶材料已发展了很多种类。这些液晶化合物的结构都很稳定，向列相温度范围较宽，相对黏度较低。不仅可以满足混合液晶的高清亮点、低黏度的要求，而且能保证体系具有良好的低温性能。含联苯环类液晶化合物是改善液晶陡度的有效成分。嘧啶类化合物则经常被用来调节温度序数和光学各向异性(Δn)。而二氧六环类液晶化合物是调节“多路驱动”性能的必需成分。

2. 超扭曲向列相液晶显示材料

自1984年发明了超扭曲向列相液晶显示器(STN－LCD)以来，由于它的显示容量扩大，电光特性曲线变陡，对比度提高，要求所使用的向列相液晶材料电光性能更好，到80年代末就形成了STN－LCD产业，其代表产品有移动电话、电子笔记本、便携式微机终端。

STN－LCD用液晶化合物主要有二苯乙炔类、乙基桥键类和链烯基类液晶化合物。二苯乙炔类化合物把STN－LCD的响应速度从300 ms提高到120～130 ms，使STN－LCD性能得到大幅度的改善，从而在当今的LCD中使用较多，现行STN－LCD用液晶材料中约有70%的配方中含有二苯乙炔类化合物。乙基桥键类液晶与相应的其他类液晶比较，其黏度、Δn值都比较低；相应化合物的相变温度范围和熔点相对较低，是调节低温TN和STN混合液晶材料低温性能的重要组分。由于STN－LCD要求具有陡阈值特性，为此，只有增加液晶材料的弹性常数比值(K33/K11)才能达到目的，而烯端基类液晶化合物具有异常大的弹性常数比值，用于STN－LCD中，得到非常满意的结果。

3. 薄膜晶体管阵列驱动液晶显示材料

薄膜晶体管阵列驱动液晶显示材料(TFT－LCD)由于采用薄膜晶体管阵列直接驱动液晶分子，消除了交叉失真效应，因而显示信息容量大；配合使用低黏度的液晶材料，响应速度极大提高，能够满足视频图像显示的需要。因此，TFT－LCD较之TN型、STN型液晶显示有了质的飞跃。

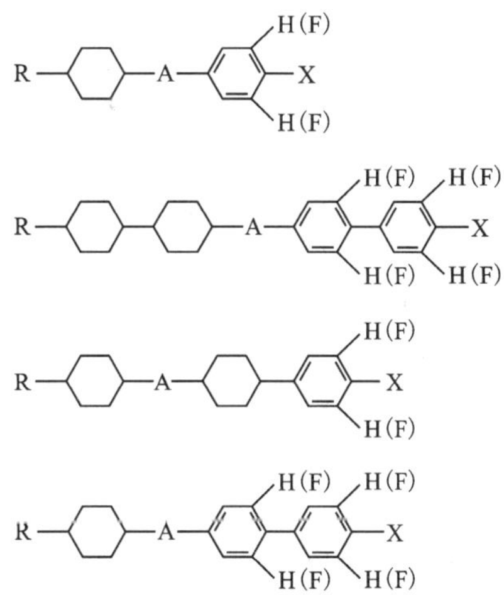

图7－3 TFT－LCD用液晶的典型分子结构

R为直链烷基或烷氧基；

A为单键，$—CH_2CH_2—$、—C—O—、—C≡C— 等；

X为F、Cl、CF_3、$OCHF_2$

TFT－LCD用液晶材料与传统液晶材料有所不同。除了要求具备良好的物化稳定性、较宽的工作温度范围之外，还须具备以下特性：低黏度，以满足快速响应的需要；高电压保持率，这意味着液晶材料必须具备较高的电阻率，一般要求至少大于10^{12} Ω·cm；较低的阈值电压，以达到低电压驱动，降低功耗的目的；与TFT－LCD相匹配的光学各向异性，以消除彩虹效应，获得较大的对比度和广角视野。Δn值范围应在0.07～0.11之间，最好在0.08～0.1左右。与传统液晶材料相比，TFT－LCD用液晶材料的结构(见图7－3)特点为：①以氟原子或含氟基团作为极性端基取代氰基；②在液晶分子侧链、桥键引入氟原子来调节液晶相变区间、介电各向异性等性能参数；③含有环己烷，尤其是双环己烷骨架的液晶分子得到广泛重视；④乙撑类柔性基团作桥键的液晶得到广泛应用。

目前，液晶显示器件发展速度之快，应用范围之广，已远远超过其他发光显示材料。

7.2.3 等离子体(PDP)显示材料

PDP 技术是在驱动电路控制下，利用其内充的惰性气体离子化放电，产生出紫外线，激发其荧光粉像素发光来实现显示的。与 CRT 相比，它具有外形轻薄等优点，是一种能实现壁挂式电视的平板显示技术；而与 LCD 相比，PDP 又具有视角与亮度方面的优势，并且 PDP 采用的是厚膜技术，因而其尺寸容易做大，这与采用薄膜技术难以做成 20 英寸以上大尺寸显示器件的 LCD 相比又是一个优势，在 20 ~ 60 英寸的大屏幕显示领域更是 PDP 技术的用武之处。

PDP 的基本结构是由前后两块玻璃基板组成的。在前基板上面制作有汇流电极、透明电极、支撑电极等；后基板上则制有与前基板上电极互相垂直的电极与肋条，并涂有荧光粉。前基板作为 PDP 的阳极，后基板则作为 PDP 的阴极。肋条用于隔离前后基板以形成放电空间，并分隔与构成像素单元，以防止因像素间窜扰而恶化像质。在放电空间内充有用作气体离子化放电的惰性气体(通常是氖气)。

在 PDP 中，铅玻璃常常被用作介电层的基底。这是因为铅玻璃具有良好的电气特性，并能在 600 ℃的温度以下烧结。但由于铅有较强的氧化还原性，在烧结中会与氧化还原性小的金属电极材料(例如镍等)发生反应，使铅玻璃中以离子形式存在的铅变成金属铅。又因铅的熔点低，蒸气压强高，这就会在基底玻璃与电极材料间生成气泡，降低两种材料粘接的强度。为了避免这种现象发生，可在玻璃中加入陶瓷成分，通过改变陶瓷流填充物的量来改变基底玻璃的微结构与流体性；同时，将镍、玻璃焊料与高氧化性元素掺在一起用作阴极材料，也可以用一些性能相近的金属材料如银代替镍作为阴极材料。

根据组成基质的不同，可以把 PDP 荧光粉大致分为以下几类：

(1)硅酸盐荧光粉。这类荧光粉主要包括以下几种类型：Y_2SiO_5：Eu（红），Zn_2SiO_4：Mn(绿)，Y_2SiO_5：Ce（蓝)等。其中 Zn_2SiO_4：Mn 是目前 PDP 生产中应用较多的绿色荧光粉。

(2)铝酸盐荧光粉。主要有以下几种：$Y_3Al_5O_{12}$：Eu（红），$BaAl_{12}O_{19}$：Mn（绿），$SrAl_{12}O_{19}$：Mn（绿），$CaAl_{12}O_{19}$：Mn（绿），$ZnAl_{12}O_{19}$：Mn（绿)等。这类荧光粉多以碱土金属的铝酸盐作为基质，其中 $BaAl_{12}O_{19}$：Mn 也是应用较为广泛的绿色荧光粉。

(3)硼酸盐荧光粉。例如 YBO_3：Eu（红），(Y，Gd)BO_3：Eu（红），$GdBO_3$：Eu（红），YBO_3：Tb（绿），$LuBO_3$：Tb（绿)等。它们是以稀土硼酸盐作为基质，目前应用较多的是(Y，Gd)BO_3：Eu 红色荧光粉。

(4)磷酸盐荧光粉。主要有(Y, Gd)PO_4: Eu(红), $Zn_3(PO_4)_2$: Mn(红), YPO_4: Tb(绿), $LaPO_4$: Tm(蓝)等。研究表明用稀土激活的磷酸镧绿色荧光粉比目前使用的用锰激活的硅酸锌荧光粉有着更优越的亮度及余辉时间。

(5)其他荧光粉。除了以上四类荧光粉外，还有其他种类的一些 PDP 荧光粉。如氧化物荧光粉 Y_2O_3: Eu(红)，钨酸盐荧光粉 $CaWO_3$: Pb(蓝)，以及其他一些复合荧光粉 $BaMgAl_{14}O_{23}$: Mn(绿), $Sr_4Si_8O_6C_{14}$: Eu(绿), $BaMgAl_{14}O_{23}$ Eu(蓝)等。表 7 - 2 归纳了彩色 PDP 常用的一些荧光粉及其性能。

目前使用的 PDP 荧光粉仍存在一些问题，主要是发光效率(量子效率)和流明效率低，而且绿色及蓝色荧光粉工序劣化及历时劣化严重，影响到 PDP 性能，制约了工业化和商业上的推广。因此寻求发光效率高、色纯度好、余辉时间适中、既能够耐离子轰击又能够经得起真空紫外线辐射的 PDP 荧光粉，仍需要人们在将来的工作中做出不懈的努力。

表 7 - 2　彩色 PDP 用荧光粉种类及其性能参数

荧光粉	相对发光效率	荧光粉	相对发光效率
NTSC 红		$GaAL_{12}O_{19}$: Mn	0.34
Y_2O_3: Eu	0.67	$ZnAL_{12}O_{19}$: Mn	0.54
Y_2SiO_5: Eu	0.67	$BaMgAL_{14}O_{23}$: Mn	0.92
$(Y_2G_4)BO_3$: Eu	1.20	YBO_3: Tb	1.10
YBO_3: Eu	1.00	$LuBO_3$: Tb	1.10
$LuBO_3$: Eu	0.74	$GLBO_3$: Tb	0.53
$GHBO_3$: Eu	0.94	S_2BO_3: Tb	0.36
$SeBO_3$: Eu	0.94	$Sa_4Si_3C_{14}$: Eu	1.30
$Y_3AL_5O_{12}$: Eu	0.47	NTSC 蓝	
$Zn_3(PO_4)_2$: Mu	0.34	$BaMgAL_{14}O_{23}$: Eu	1.60
NTSC 绿		Y_2SiO_5: Ce	1.10
Zn_2SiO_4: Mu	1.00	$CaWO_4$: Pb	0.74
$BaAL_{12}O_{19}$: Mu	1.10	$BaMgAL_{10}O_{17}$: Eu	
$SiAL_{12}O_{19}$: Mu	0.62		

7.2.4　发光二极管(LED)显示材料

发光二极管是把电能转化为光能的电致发光器件，其核心部分是由 p 型半导体和 n 型半导体组成的 PN 结，发光过程包括三部分：正向偏压下的载流子注入、复合辐射和光能传输(注入的少数载流子与多数载流子复合时会把多余的能量以光的形式释放出来)，从而把电能直接转换为光能。LED 能发出从紫外到红外不同颜色的光，光的强弱与电流有关。

LED 的商业化应用是从 1962 年开始的。经过 40 多年的发展(表 7－3 列出了 LED 的发展情况)，LED 的发光范围逐渐扩大到绿光、黄光，光效也逐渐从早期的 0.1 lm/W 提高到50 lm/W 以上，并被广泛应用于工业设备、仪器仪表、交通信号灯、汽车、背光源以及各种照明等领域现有商用 LED 材料及其性能比较如表 7－4 所示。

表 7－3　半导体 LED 的发展

时　间	颜　色	材　料	光效/($lm \cdot W^{-1}$)
1968 年	红色	GaAsP	0.1
20 世纪 70 年代	绿色	GaP：N	1
	红色、黄色	GaAsP：N	1
20 世纪 80 年代	红色、黄色	GaA1As	10
20 世纪 90 年代	绿色、蓝色	GaInN	20
	白色	GaN/YAG	15
	红色、黄色	GaA1InP	20
2000 年以后	橙、红色	GaA1InP	100
	绿色	GaInN	50
	白色	GaInN/荧光粉	50

表 7－4　现有商用 LED 材料性能比较

材　料	颜色范围	峰值发射/nm	发光效率/($lm \cdot W^{-1}$)
A1GaInP	红－橙黄	604	41.5
A1GaInP	红	629	29.4
A1GaAs	红	650	9.0
InGaN	蓝	470	6.0
InGaN	绿	550	25.0
InGaN	黄	590	4.0
GaAs0.15P0.85：N	黄	590	1.0
GaP：Zn－O	红	650	4.0
GaP：N	黄－绿	565	1.8
SiC	蓝	470	
ZnSe	绿	550	27.0
GaP	纯绿	555	1.4

1. LED 衬底材料的制备

LED 衬底材料是单晶，其中 GaAs、GaP、InP、GaN 等的单晶体已工业化生产。比较成功的工业化生长工艺主要有液封直拉法、水平布利兹曼法、垂直梯度凝固法/垂直布利兹曼法和蒸气压控制直拉法等，现以 GaAs 为例对上述方法分别进行说明。

液封直拉生长法是生长用于制备高频、高速器件和电路的准非掺杂半绝缘砷化镓(SI GaAs)单晶的基础和主要工艺，其装置如图 7-4 所示。采用多加热器生长炉可从砷化镓熔体中生长出直径达 150 mm 的单晶。坩埚可重复使用，晶体生长通常是在 2 MPa 氩气氛下进行，通过调整 B_2O_3 中的含水量，控制晶体中的碳含量，单晶深能级 EL2 浓度则主要通过锭退火调控。此法的主要优点是：可靠性高，易生长大而长的单晶，碳含量可控，可得到圆柱形单晶，B_2O_3 对杂质有一定的吸附作用。其主要缺点是：Ga、As 易穿过 B_2O_3 损失，化学计量难以控制，温度场高度非线性，温度梯度达 100 ~ 150 K/cm，晶体中位错密度高达 $(0.5 \sim 1) \times 10^5\ cm^{-2}$，分布不均匀。此外熔体中存在不稳定对流，气相中也存在着紊流，这些均影响晶体的均匀性和应力分布。

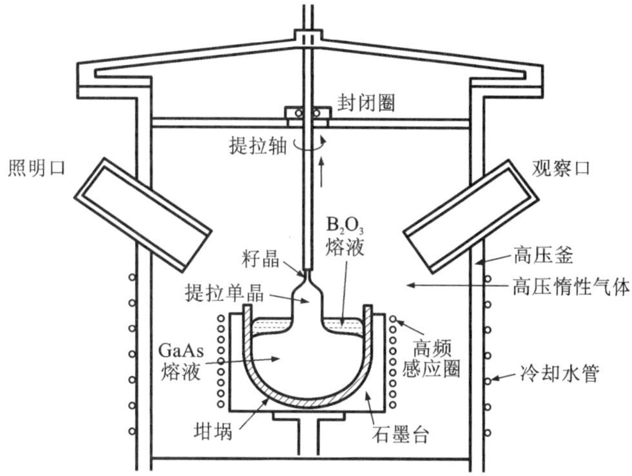

图 7-4　液封直拉法晶体生长装置示意图

水平布里支曼法是一种利用石英舟、管的热壁生长技术，在常压下生长，可靠性高。它的优点是能利用砷气雾精确控制固化时单晶的砷离解，使材料组分均匀，降低固液界面附近的温度梯度，减少固化后单晶的残余热应力，从而达到降低位错的目的。用该法生长的晶体的位错密度(EPD)比用液封直拉法生长的尺寸相当的晶体的 EPD 低一个数量级以上，该法设备投资少且技术较成熟。用该法生长的掺硅或掺锌砷化镓材料是制备发光二极管和激光二极管的主要衬底材料。它的缺点是难以生长准非掺杂 GaAs 晶体，所生长晶体截面为 D 形，加工成器件制备所需晶片将造成一定浪费。另外因高温下石英舟管的承重能力受限，难以生长直径大于 76 mm 的砷化镓单晶。

垂直梯度凝固法/ 垂直布里支曼法是 20 世纪 80 年代末开发并逐步发展起来的能生长大直径、低位错、低热应力、高质量砷化镓等Ⅲ－Ⅴ族半导体单晶的生长方法。其生长原理是将砷化镓多晶、B_2O_3 及籽晶真空封入石英管中，炉体和装料的石英管垂直放置，熔融砷化镓接触位于下方的籽晶后，缓慢冷却，按〈100〉方向进行单晶生长。所生长的晶体为圆柱形，晶体中热应力小，约为 3 ~4 MPa，仅为液封直拉法晶体中的 1/10 以下，直径 75 mm 晶体中平均 EPD 为 240 cm^{-2}，100 mm 晶体中平均 EPD≤3000 cm^{-2}。

蒸汽压控制直拉法与液封直拉法不同，它在炉内设计了一个内存Ⅴ族元素气氛的密封容器，砷化镓熔液在 B_2O_3覆盖下，在密封容器中进行单晶拉制。该法的生长系统温度梯度小，化学配比可控性强，晶体表面因无砷挥发而保持有金属光泽。其 EPD 比原液封直拉法晶体低一个数量级以上，且均匀性更好，残余热应力降低半个数量级，此法是生长用于大直径、高质量 GaAs 单晶的很有前途的方法。

2. LED 单晶薄膜层的制备

近年来，金属有机化合物气相沉积（MOCVD）、分子束外延（MBE）、气相外延（VPE）等技术逐渐在生产中得到应用。用外延法可在单晶衬底上生长不同材料、不同薄膜厚度的单晶薄膜层，因此是 LED 器件制作的关键工艺，现以 GaN 为例说明。

MOCVD 是一种依靠气相输运和 族烷基与 族氢化物反应形成加热区的非平衡生长技术。族源可采用液体有机金属（如 TMGa 和 TMAl），也可采用固体（如 TMIn）等。将有机金属源存储在起泡器中，氢气就通过起泡器送出。载气使汽化液体达到饱和并将气体传递到衬底上。通过精确控制各种气流成分的流速和稀释度就可控制组分和生长速率。GaN 淀积的基本反应式如下：

$$Ga(CH_3)_{3(v)} + NH_{3(v)} —— GaN_{(s)} + 3CH_{4(v)}$$

GaN 淀积工艺的中间反应十分复杂。GaN 生长既可采用常压 MOCVD 系统，也可采用低压 MOCVD 系统。与低压 MOCVD 相比，常压 MOCVD 系统中的氨具有较高的过压，因此可广泛用于 GaN 外延生长。

最近许多研究人员已开始将 MBE 用于Ⅲ－Ⅴ族氮化物的生长。提供氮气源的方法很多，其中最成功的是 RF 等离子体源和电子回旋共振（ECR）微波等离子体源。等离子体源用于裂解氮分子。等离子体源采用圆柱形腔体结构以便将微波能量有效地耦合进氮气释放区。在这些系统中，等离子体流是由原子、分子和离子 N 根构成的一种混合物。当使用 ECR 源时，可观察到生长速率与离子损伤之间的折衷。正常使用 ECR 时，低能量反应 N 类的通量很低，因此造成仅为 50 nm/h 的低生长速率。在较高的微波功率下可获得较高的生长速率，但离子损伤会引起深能级和半绝缘电特性。因此必须限制高能离子可能造成的损伤。与生长温度在 1000 ℃以上的 MOCVD 相比，MBE 系统用于氮化物生长的一个重要优点就是其生长温度较低。由于生长温度较低，因此所产生的热应力就很低，并且还可以减少扩散与合金的分凝。这一点对热膨胀失配较大的 AlGaN 合金尤其重要。MBE 系统的另一个优点是由于生长期间不会出现氢原子，因而采用 MBE 系统生长的 p－GaN 膜没有钝化。

气相外延（VPE）是生长 GaN 用的另一种外延生长技术。与 MOCVD 相比，氯化物基 VPE 是一种平衡式热壁反应技术，它的最大优点就是生长速率较高，可达 40 μm/h。采用 VPE 方法可以合成 GaN，ZnAs，GaP，InGaP，InAsP 和 GaAsSb 等Ⅲ－Ⅴ族化合物，但 $Al_xGa_{1-x}As$ 与 AlGaN 三元化合物不能采用 VPE 系统生长，这是因为 AlCl 类会与热石英壁发生反应，使外延膜中产生多余的杂质。而氢化物 VPE 则是一种可逆的平衡反应过程，晶体生长是通过降低衬底生长温度（相对于反应区温度而言）实现的。对 $GaAs_{1-x}P_x$ 生长而言，反应炉内 Ga 槽部分的温度保持在 800 ℃左右。可向 Ga 槽内引入 HCl 和 H_2 形成 GaCl。反应区温度应控制在 1100 ℃以便使 NH_3 热解。淀积期间的衬底温度较低（750 ℃）以便使气体达到超饱和，实现淀积的目的。氢化物 VPE 工艺的化学反应式如下：

$$2HCl_{(g)} + 2Ga_{(l)} + 2Ga_{(l)} \xrightarrow{\text{约}800\ ℃} 2GaCl_{(g)} + H_{2(g)}$$

$$GaCl_{(l)} + NH_{3(g)} \xrightarrow{\text{约}700\ ℃} GaN_{(s)} + HCl_{(g)} + H_{2(g)}$$

VPE 工艺的主要优点是可用于大容量商品化生产。

3. 白光 LED

由于照明等主要采用白光，因此白光 LED 是当前的研究热点。依照发光学和色度学原理，以 LED 为基板实现白光照明有多种方案（见表 7－5），其中三种主流技术路线如下：①基于三基色原理，利用红、绿、蓝三基色 LED 组合成白光。通过三基色混合白光，不仅可实现理想的白光光谱，而且光源颜色可调，但对三基色 LED 性能要求严格，其驱动电路等外围系统也相应复杂，一次其性价比偏低，适合于对颜色要求较高的场合。②利用紫外 LED 激发三基色荧光粉，由荧光粉发出的光组合成白光。由于尚缺乏大功率紫外 LED 以及高效率、高可靠性紫外荧光粉，应用受到限制。③采用蓝光 LED 激发黄光荧光粉，实现二元混色白光，该方案具有成熟的荧光粉和高效可靠的蓝光光源，并具有最高的流明效率，是目前应用最普遍的技术路线。

表 7－5　白光 LED 的构成及发光原理

激发源	发光材料	发光原理	缺　　点
蓝色 LED	GaInN/YAG	GaInN 的蓝光与 YAG 的黄光混合成白光	荧光粉厚度影响大，电流变化时容易造成颜色不匹配
	GaInN/红绿色硫化物荧光粉	GaInN 的蓝光激发的红绿荧光混合成白光	
紫外 LED 近紫外 LED	GaInN/三基色荧光粉	GaInN 的紫外激发的红绿蓝三基色荧光粉发白光	受荧光粉配比影响大，荧光粉寿命不长
	GaInN/荧光粉	GaInN 的紫外激发荧光粉直接发白光	光效较低

续表 7－5

<table>
<tr><th>激发源</th><th>发光材料</th><th>发光原理</th><th>缺　点</th></tr>
<tr><td>蓝色 LED 黄绿 LED</td><td>GaInN、GaP</td><td>将具有补色关系的 2 种芯片封装在一起，构成白色 LED</td><td rowspan="3">各个 LED 的色调、亮度受额定电压等影响不同，在电源波动或温度变化时不易获得稳定的白色光源，成本高</td></tr>
<tr><td>蓝色 LED 绿色 LED 红色 LED</td><td>GaInN
GaAlInP</td><td>将发三基色的 3 种芯片封装在一起构成白色 LED</td></tr>
<tr><td>多种颜色的单色 LED</td><td>GaInN、GaP
GaAlInP</td><td>将遍布可见光区的多种光芯片封装在一起，构成白色 LED</td></tr>
<tr><td>多量子阱活化层</td><td>GaInN－MQW
GaAlInP－MQW</td><td>利用多个活性层使 LED 直接发白光</td><td>处于试研发阶段，在技术上还不成熟</td></tr>
</table>

对白光 LED 用涂敷荧光粉而言，必须满足两个条件：第一是荧光粉的激发光谱必须与所选择的发光二极管的发射光谱相匹配，这样可以确保获得更高的光转换效率；第二是荧光粉的发射光谱在紫外激发下能发出白光，或者在蓝光激发下与发光二极管发射出的蓝光能够复合形成白光。由于目前国际上通常采用波长为 350～470 nm 的 GaInN 基发光二极管作为激发光源，因此要求荧光粉的激发谱也在此范围之内。同时优质荧光粉还应该满足以下特点：发射峰集中在某些合适的波长范围内；有好的热稳定性；高量子效率和激发光吸收率；粉末颗粒细小均匀，等等。

7.2.5 有机电致发光(OLED)材料

以有机电致发光材料技术为基础的 OLED 新一代平面显示技术自 2000 年以来受到了业界极大的关注，目前正面临大规模量产的边缘。OLED 技术的研究始于 20 世纪 60 年代，但直到 1987 年柯达公司首次宣布小分子 OLED 器件的双层结构，OLED 的前景才明朗起来。1990 年，剑桥大学开发出基于高分子有机发光材料的 OLED 新技术；1997 年日本先锋电子推出了世界第一个商品化的 OLED 产品——汽车音响显示屏，极大鼓舞了业界对 OLED 技术的信心。目前全球有 100 多家公司正在投资开发 OLED 产品，包括 IBM、NEC、Intel、柯达、东芝、菲利普、杜邦等众多的电子产品巨头。

OLED 的典型结构图如图 7－5 所示，夹在阴阳两个电极之间的多层有机薄膜材料，在直流电场的驱动下(通常为 2～10 V)，通过载流子(电子和空穴)注入、传输和复合导致有机发光材料层受激发光，并通过驱动电路控制发光材料层发光位置和颜色，进而达到显示的目的。通过在有机发光材料层掺入不同浓度的掺杂物可以得到红、绿、蓝三色 OLED 器件，进而实现全彩显示。它的工作原理同发光二极管相似，因此被称为“OLED”(organic light emitting diode)。由于受激光线是从上往下发出，因此阳极材料必须是透明的，通常为氧化铟锡导电玻璃(ITO)。阴极材料则通常为电子注入和稳定性良好的镁银合金。

按照组件所使用的载流子传输层和发光层有机薄膜材料的不同，OLED可区分为两种不同的类型：一种是以有机染料和颜料等为发光材料的小分子基OLED，另一种是以共轭高分子为发光材料的高分子基OLED，它们各有其优缺点。小分子基OLED器件一般采用真空热蒸镀的方式在玻璃衬底上沉积多层有机薄膜，受限于真空室的腔体容积，比较适合小尺寸器件的制造。高分子基OLED则可以采用旋转涂布和类似喷墨打印的方式在玻璃和可卷曲的塑料衬底上涂膜，非常适合大尺寸显示器件的制造和大规模生产方式。

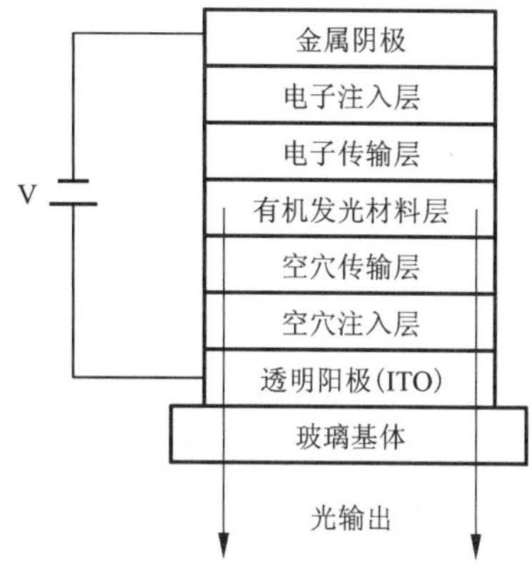

图7－5 典型的多层OLED结构示意图

小分子基OLED材料又可划分为有机共轭体系和有机金属配合物两大类。有机共轭体系类材料多带有共轭杂环以及各种生色基团，如噁二唑、咔唑、香豆素、噻唑、吡嗪及1，3－丁二烯衍生物等。共轭体系越大，离域电子越容易被激发，相应地荧光较易产生。一般来说，芳香体系越大，其荧光峰越向长波方向移动，而且荧光强度往往加强。如噁二唑类衍生物随苯分别为邻、间、对位取代时，化合物的共轭度有所不同，发光的颜色从紫蓝到浅蓝，波长递增。再如三苯基胺衍生物(TPD)结构易于调整，通过引入烯键、苯环等不饱和基团及各种生色团，可以改变其共轭度，从而使化合物光电性质发生变化。

有机金属配合物既具有有机物高荧光量子效率的优点，又具有无机物稳定性好的特点，因此被认为是最有应用前景的一类发光材料。许多有机金属配合物在溶液中有高效的荧光量子产率，而在固体中的荧光却弱得多，这主要是因为在溶液中溶剂分子可以充当配体，满足配位数的要求，而在固体中由于配位数不饱和，所以稳定性差，在真空蒸镀时容易分解，因此用于电致发光的金属配合物要求金属配位数应饱和。常用的金属离子有Be^{2+}、Zn^{2+}、Al^{3+}、Ga^{3+}以及稀土元素如Eu^{3+}、Gd^{3+}等，金属配合物发光材料主要有以下几种：

(1)8－羟基喹啉类配合物。8－羟基喹啉铝(Alq_3)是Kodak公司最早提出的用作电致发光(EL)器件中发光层材料的物质，由于它具有玻璃化温度高、本身具有电子传输性、可以用真空蒸镀法成膜等优点，一直为研究有机电致发光器件的学术界和工业界广泛使用。Alq3几乎满足了有机器件对材料提出的所有要求，是一种性能优良的EL绿光材料。人们由此希望在此基础上做进一步的修饰或改变，以便获得性能更好或同等的其他颜色的器件。被研究用作EL器件中发光层材料8－羟基喹啉类的配合物还有镓、铟、锌、铍、镁等金属，研究中发现，其中 8－羟基喹啉铝(Znq_2)也具有很高的发光亮度，其亮度达到 16 200 cd/m^2。

(2)Schiff 碱类金属配合物。研究较多的是锌甲亚胺配合物，有 1∶1 和 1∶2 型。这类配合物都满足了电荷平衡和配位数饱和两个必要条件，可以得到非常纯的荧光固体，且能制备性能良好的非晶态薄膜。

(3)稀土配合物。因为稀土材料的发光谱带窄，发光亮度高，这对高色纯的显示器件极其有利，因而引起了人们的浓厚兴趣。大多数稀土发光配合物属于中心离子发光型配合物，在稀土电致发光材料的研究中应用最多的是发绿光的铽配合物和发红光的铕配合物。但基于稀土材料的电致发光器件在性能上还远远不及其他配合物和聚合物材料为发光物质的电致发光器件。

高分子基 OLED 材料又可分为共轭聚合物、含金属配合物的聚合物以及掺杂聚合物等。共轭聚合物是研究得最早也最多的一类聚合物电致发光材料，它包括以下几类聚合物：

(1)聚对苯撑乙烯(PPV)及其衍生物。PPV 是一种典型的线状共轭高分子材料。按照半导体物理的理论解释，由共轭轨道所构成的 HOMO（最高未占分子轨道）和 LUMO（最低占有分子轨道）分别构成 PPV 的导带和价带，其能隙 Eg 将决定 PPV 发出的光波长。人们从两方面对 PPV 材料开展了大量的研究。一是通过分子设计合成取代的 PPV 来调节其 E_g 能隙以期获得不同发光颜色的 PPV 材料，如 MEH－PPV［2－甲氧基－5－(2－乙基)己氧基取代的 PPV］(结构见图 7－6)发红光，而 PPV 与 MEH－PPV 共聚物发蓝光；二是由于 PPV 的溶解性能较差，通过合成前驱聚合物及加上柔性链来改善 PPV 的加工性能。

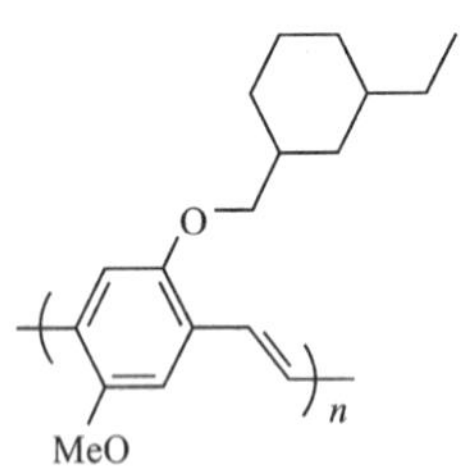

图 7－6　MEH－PPV

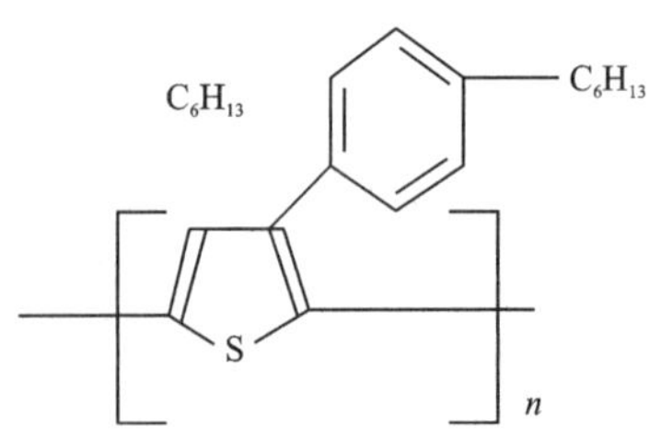

图 7－7　POPT

(2)聚噻吩及其衍生物。聚噻吩及其衍生物是一类性能良好的导电聚合物，近年来它开始用作电致发光材料。最先获得成功的是 POPT（结构见图 7－7），它的单层器件 ITO/ POPT/ Ca－Al 发射出红色光，在 6V 电压下它的量子效率达到最大(0. 3 %)。聚噻吩在中性及掺杂态中均有较高的稳定性、高电导率及良好的光电性能，并易于通过在噻吩环的3－位或4－位连接不同的官能团或采用不同的合成方法控制其骨架规整性来调节其发光性能。

(3)聚噁二唑及其衍生物。噁二唑具有高的电子亲和势和优良的电子传输性能，因此如在聚合物链中引入噁二唑基团，则有可能使聚合物材料既能发光又有电子传输性能，这样可简化器件，减小器件的厚度，提高载流子的注入效率。效果比较好的是PCO(结构见图7－8)，它可溶于氯仿中，加工性能较好，这种聚合物发射蓝绿色的光，其荧光量子产率达到58 %。

(4)聚烷基芴类。聚烷基芴是第一个蓝光聚合物(发光波长为470 nm)，由于其分子结构中含有刚性的平面内联苯单元，因此其热稳定性及化学稳定性较高，在固态时具有高的荧光量子产率。改进合成方法可以获得高分子量结构规整的聚烷基芴具有较高的发光效率。另外由于在桥碳上引入烷基侧链，具有较好的溶解性和可加工性，被认为是很有发展前景的一类高分子。该类分子的结构见图7－9。近年来美国DOW公司创造性地使聚烷基芴类不但发蓝光，而且还可发绿光和红光，将聚烷基芴类的研究推向一个高潮，备受关注。

(5)其他类聚合物电致发光材料。已研究用于OELD的聚合物还有聚苯类(PPP)、聚苯醚(PPE)、聚吡咯(PPy)、聚乙烯咔唑(PVK)等。

含金属配合物的聚合物材料包括高分子配合物和配位聚合物两类。高分子配合物通常是以聚合物链作为一部分配体。目前研究比较多的是稀土元素、β－二酮、丙烯酸的三元配合物的均聚物和共聚物。配位聚合物是以配体和金属离子作为聚合物的主链，一般都是含8－羟基喹啉金属螯合物的聚合物，如聚喹啉铝、双8－羟基喹啉锌及双8－羟基喹啉－席夫碱－锌等。掺杂发光聚合物则是将有机小分子发光材料掺杂到高分子体系中，通常当掺入物的质量分数增大时，会出现浓度淬灭现象；另一方面，大多数小分子发光材料与聚合物的相容性差，因而难以分散均匀，易发生相分离，同时掺杂时的材料透明性变差，且聚合物的力学性能下降，难以获得高质量的发光材料。

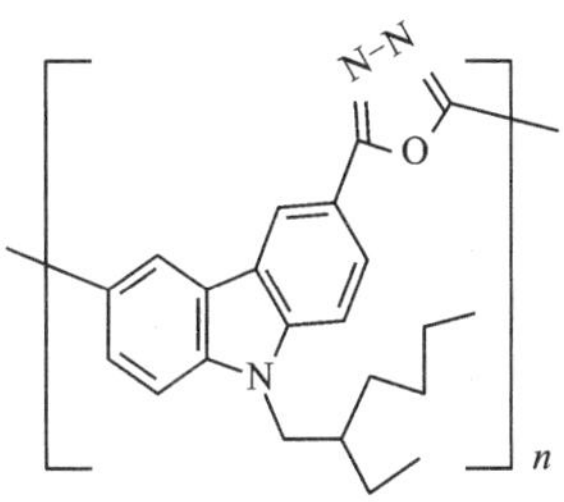

图7－8　PCO

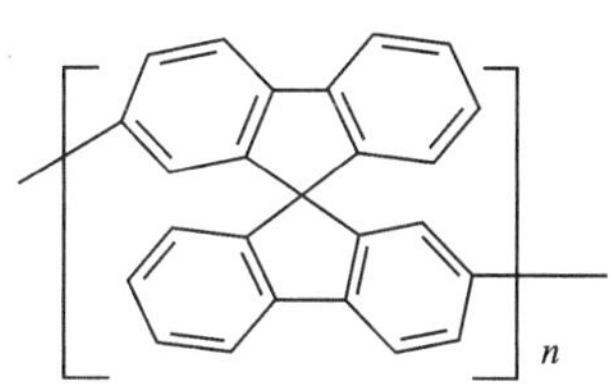

图7－9　聚烷基芴

OLED 材料与 LCD 材料相比，具有更薄更轻、主动发光(不需要背光源)、广视角、高清晰、响应快速、能耗低、低温和抗震性能优异、潜在的低制造成本以及柔性和环保设计等优异的性能，目前已在移动电话、汽车音响、PDA 等产品中得到应用。该技术发展面临的挑战包括攻克全彩化显示、延长使用寿命、进一步提高发光效率和亮度、解决逐渐退色和器件封装困难以及降低制造成本等。

7.2.6 场发射(FED)显示材料

场发射显示器(FEDs)是阴极射线管的平板化。FEDs 的发光原理与 CRT 基本相同，利用冷阴极发出的电子打在荧光屏上引起发光来显示图像。因此，它既能保持 CRT 优良的像质，又具有超薄的结构，是目前较优秀的一种显示技术。以下对 FEDs 常用的几种阴极材料进行简要介绍。

金属微尖场发射阴极，又称 Spindt 型阴极，是应用薄膜技术和电子束光刻等工艺方法制造出来的，通常选用金属钼作为阴极材料。阴极发射尖端的曲率半径很小，为 20 ~ 50 nm，栅板孔径约 1 μm。当阴极和栅板间施加几十伏电压形成很强的电场(107V/cm)时，微尖锥就会发射电子。目前在中小尺寸的 FED 中，Spindt 型阴极占主流。该阴极存在的主要问题是：①制作大面积 Spindt 尖锥阵列的难度较大，很难保证每个针尖锥的形状一致，而且所需的庞大工艺设备耗资过大；②制作 Spindt 型阴极，需要亚微米超大规模集成电路的制造设备和技术，成本过高；③微尖锥对各种污染十分敏感，在制造和工作过程中很容易受污染，严重影响 FEDs 的寿命；④从原理上讲，冷阴极不需要加热，效率很高，但实际上，这类阴极有很大的电容，在视频下工作时，电路消耗很大，不仅降低了效率，也使写入速度和图像灰度受到限制。金属微尖场发射阴极今后主要的研究方向是进一步改善和优化其制作工艺，使其性能提高，成本降低。

硅尖锥场发射阵列阴极，其制作过程是先将 SiO_2膜刻蚀成许多小圆碟形阵列作为掩膜，再刻蚀下面的硅，在掩膜下面形成硅尘，然后进一步氧化使硅尖更尖锐化。硅尖锥型阴极的改进，主要集中在对硅发射阵列物理结构的改进上，即进一步减小栅极孔径，改变栅极及尖锥形状，以降低控制电压，提高发射电流及耐用性。硅场致发射体存在热稳定性差、发射可靠性低、发射电流有限，且容易受污染而降低发射能力等缺点。

金刚石薄膜场发射阴极。金刚石薄膜具有非常低的发射电场，不需要复杂的尖端结构。可以把金刚石直接生长在电阻层上形成阴极，不需要栅极，使原来的三极型结构变成了二级型结构，在阴阳极间形成的电场中发射电子，这样传统的 Spindt FED 尖端阵列简化为平板阵列。金刚石薄膜的制备方法很多，比较常用的是热丝 CVD 法和微波等离子体 CVD 法等。

类金刚石膜场发射阴极。这是一种非常有潜力的、有可能实现大屏幕 FED 平板显示的新型材料。类金刚石膜可在室温下制备，对衬底材料没太多限制，玻璃、塑料等均可以作为衬底材料。类金刚石薄膜的制备成本较低，容易获得较大面积，而且发射电流比金刚石稳定。目前对类金刚石薄膜阴极材料的研究取得了一些进展，但对其场发射机理尚不完全清楚。此外，其发射性能不够稳定，发射点密度和均匀性等问题都有待进一步解决。

碳纳米管(CNT)场发射阴极。CNT 阴极是目前被认为最有希望的场发射体。CNT 的长径比大于 1000，与 Spindt 微尖结构相比，有更大的场增强原子，因此 CNT 的开启电场很低，可采用厚膜工艺集成到 FEDs 中。碳纳米管显示器(CNT - FED)的结构分为二极管结构和三极管结构两种。与二极管结构相比，三极管结构的栅极与阳极之间的距离很小，所需调制电压低，器件总制作成本低。今后 CNT - FED 的开发重点是更好地控制 CNT 制造工艺，保证大批量、高纯度、无缺陷、稳定地生长 CNT，制造出大面积的均匀场发射阴极。

7.3 信息传输材料

1966 年，英籍华裔学者高锟(C. K. Kao)和霍克哈姆(C. A. Hockham)发表了关于传输介质新概念的论文，指出了利用光纤进行信息传输的可能性和技术途径，奠定了现代光通信——光纤通信的基础。1970 年，美国康宁公司率先研制出了世界上第一根衰减损耗低于 20dB/km 的石英玻璃光纤。同年第一台半导体激光器的研制成功，使光源和传输介质的问题得到了解决，为全球光纤的研制和光纤通信的研究拉开了序幕。自此以来，光纤通信发展非常迅速，应用范围也不断扩大。

7.3.1 光纤的传输原理及分类

光纤是由高透明电介质材料制成的非常细(外径约为 125 ~ 200 μm)的低损耗导光纤维，具有束缚和传输从红外到可见光区域内光的功能，也具有传感功能。一般通信用光纤由纤芯和包层构成(见图 7 - 10)，纤芯是由高透明固体材料(如高二氧化硅玻璃、多组分玻璃、塑料等)制成，纤芯的外面是包层，用折射率相对纤芯较低($n_2 > n_1$)的石英玻璃、多组分玻璃或塑料制成。光纤的导光能力取决于纤芯和包层的性质。

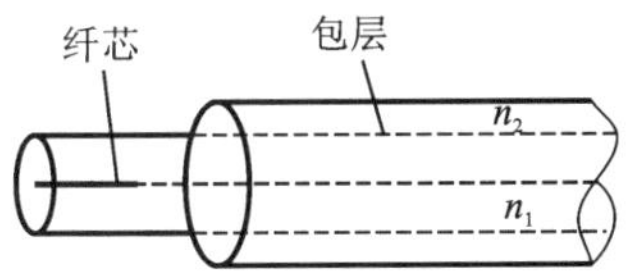

图 7 - 10　光纤基本结构

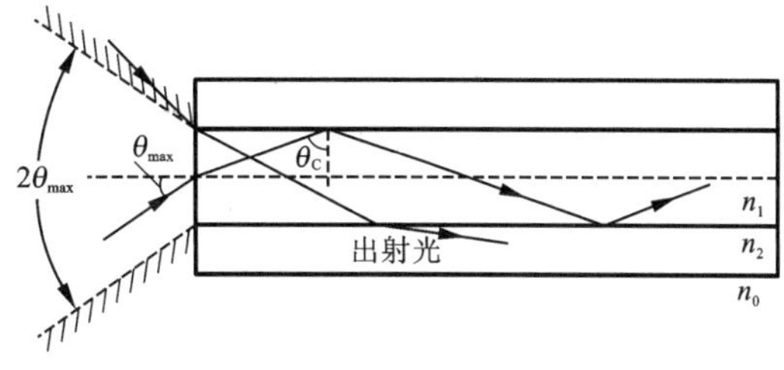

图 7 - 11　光纤全反射示意图

光纤是利用光的全反射原理来传输光的。由图 7－11 可知，光入射至光纤内部，当入射角 θ 大于临界角 $\theta_C(\sin\theta_C = n_2/n_1)$，在纤芯和包层的界面上发生全反射，能量将不受损失，这样光线透过纤芯和包层界面的全反射总体上沿光纤不断向前传播，光功率的损耗达到最小值。目前生产的光纤，无论是玻璃介质还是塑料介质，都可传输频率为 $10^{14} \sim 10^{15}$ Hz 的光波，这个范围包含了全部可见光和部分红外光谱。

光纤有多种分类方法，按折射率可分为阶跃型(SI)光纤和渐变型(GI)光纤。SI 光纤的纤芯和皮层部分折射率均保持不变，而在纤芯与皮层的界面处折射率发生突变。这类光纤仅适用于短距离、小容量的通讯系统。GI 光纤皮层折射率不变，纤芯部分折射率沿径向逐渐变小，可使高次模的光按正弦形式传播，这能减少模间色散，提高光纤带宽，增加传输距离，但成本较高，现在的多模光纤多为 GI 光纤。

按传输模式，可将光纤分为多模光纤和单模光纤。在光纤芯径大(50～100 μm)或数值孔径大的光纤中，允许多个具有不同入射角的光线进入光纤传播，即光纤中有多个传输模式，称为多模光纤。由于模间色散较大，因此多模光纤传输的距离比较近，一般只有几公里。当光纤芯径较小(8～10 μm)或数值孔径小时，将只允许与光纤轴一致的光线进入光纤传播，这种光纤称为单模光纤。单模光纤模间色散较小，适用于远程通讯。

按传输波长长短可将光纤分为短波长光纤(传输波长为 0.8～0.9 μm)、长波长光纤(传输波长 1.3～1.6 μm)；按纤芯材料组成则可将光纤分为石英光纤、多组分玻璃光纤和塑料光纤。此外还有一些特种光纤，如掺稀土光纤、红外光纤、发光光纤等。

7.3.2 石英光纤

石英玻璃光纤以二氧化硅(SiO_2)为主要原料，并按不同的掺杂量来控制纤芯和包层的折射率。其中，纤芯部分直径为 5～50 μm，主要成分为高纯度(99.9999%)二氧化硅，并掺加极少量二氧化锗等来提高折射率；包层的直径为 125 μm，材料一般为纯二氧化硅，常掺加氟素来降低折射率。包层外是高分子材料(如环氧树脂、硅橡胶等)涂覆层，作用是增强光纤的柔韧性和机械强度。

制造石英光纤主要包括两个过程：拉棒和拉丝。为降低石英光纤的内部损耗，现在都采用化学气相反应法制取高纯度的石英预制棒，再拉丝制成低损耗石英光纤。反应的主要原料是四氯化硅($SiCl_4$)，它在常温下呈液态，有毒。其基本化学反应是：$SiCl_4 + O_2$ ($SiO_2 + 2Cl_2$)。同时还加入少量四氯化锗($GeCl_4$)、氟(F)、五氧化二磷(P_2O_5)等添加剂来调节光纤的折射率等性能。

光纤预制棒工艺是光纤光缆制造中最重要的环节，预制棒的质量直接影响光纤的损耗、带宽、折射率分布等性能。目前 用于制备光纤预制棒的方法主要有以下四种方法：改进化学气相沉积法(MCVD)、外部气相沉积法(OVD)、气相轴向沉积法(VAD)和等离子体化学气相沉积法(PCVD)。

MCVD 工艺是由沉积和成棒两个工艺步骤组成。将 $SiCl_4$、$GeCl_4$等液态原材料在氢氧焰热源的高温作用下发生氧化反应，生成 SiO_2、B_2O_3、GeO_2、P_2O_5微粉，沉积在石英反应管的内壁上。在沉积过程中需要精密地控制掺杂剂的流量，从而获得所设计的折射率分布。成棒则是将已沉积好的空心高纯石英玻璃管熔缩成一根实心的光纤预制棒芯棒。MCVD 法是目前制备高质量石英光纤比较稳定可靠的方法，该法制备的单模光纤损耗可达到 0.2 ~0.3 dB/km，而且具有很好的重复性。

PCVD 与 MCVD 的工艺相似之处是，它们都是在高纯石英玻璃管管内进行气相沉积和高温氧化反应。所不同之处是热源和反应机理，PCVD 工艺用的热源是微波，其反应机理为微波激活气体产生等离子使反应气体电离，电离的反应气体呈带电离子态。带电离子重新结合时释放出的热能熔化气态反应物形成透明的石英玻璃沉积薄层。PCVD 工艺的沉积温度低于 MCVD 工艺，因此反应管不易变形；由于气体电离不受反应管热容量的限制，所以微波加热腔体可以沿着反应管轴向作快速往复移动，这允许在管内沉积数千个薄层，从而使每层的沉积厚度减小，因此折射率分布的控制更为精确，可以获得更宽的带宽。而且 PCVD 的沉积效率高，沉积速度快，有利于消除 SiO_2层沉积过程中的微观不均匀性，从而大大降低光纤中散射造成的本征损耗，适合制备复杂折射率剖面的光纤，可以批量生产，有利于降低成本。

OVD 法又为“管外气相氧化法”。该工艺的化学反应机理为火焰水解，即所需的芯玻璃组成是原料在氢氧焰或甲烷焰中被火焰水解产生“料末”逐渐地一层一层沉积而获得的。OVD 工艺有沉积和烧结两个具体工艺步骤：先按所设计的光纤折射分布要求进行多孔玻璃预制棒芯棒的沉积。气态卤化物原料（$SiCl_4$等）在氢氧焰或甲烷焰中水解生成 SiO_2微粉，然后经喷灯喷出，沉积在由石英、石墨或氧化铝材料制成的“母棒”外表面。经过多次沉积，去掉母棒后，将所得的预制棒芯棒进行烧结处理，除去残留水分，得到透明无水分的光纤预制棒芯棒。该法的优点是沉积速度快，适合批量生产，该法要求环境清洁，严格脱水，可以制得 0.16 dB/km（1.55 Lm）的单模光纤，几乎接近石英光纤在 1.55 Lm 窗口的理论极限损耗 0.15 dB/km。此工艺在国际上被广泛采用。

VAD 工艺的化学反应机理与 OVD 法相同，也是火焰水解。不同的是，VAD 法不是在母棒的外表面沉积，而是在其端部（轴向）沉积，因此所获得的预制棒的生长方向是由下向上垂直轴向生长的。沉积烧结和沉积是在同一台设备中不同空间同时完成的，预制棒可连续制造，适合制造大型预制棒，从而可以拉制较长的连续光纤。而且，该法制备的多模光纤不会形成中心部位折射率凹陷或空眼，光纤制品的带宽比 MCVD 法高一些，其单模光纤损耗目前达到 0.22 ~0.4 dB/km。

7.3.3 塑料光纤

塑料光纤（Plastic Optical Fibers，简写为 POF）也称聚合物光纤或有机光纤，是以高折射率的高分子光学透明材料作为纤芯、以低折射率的高分子光学透明材料作为包层制成的光导纤维。1964 年美国 Dupont 公司最早开始研究，随后日本、德国、法国、韩国等纷纷投入大量资金进行研究开发。早期的 POF 由于受到制作工艺和条件的限制，损耗较大，应用一直受到限制。1980 年以后，低损耗 POF 的基础和应用研究日趋活跃，并逐渐进入商业应用。

与无机玻璃系列的光导纤维相比，POF 有以下特点：①具有较宽的直径范围(0.3 ~ 3.0 mm)，可根据不同使用目的和要求来制备不同直径的光纤；②聚合物材质具有石英和多组分玻璃光纤所无法比拟的优异的柔软性和弯曲性能；③数值孔径(NA)较大，多在 0.3 ~ 0.6 之间，同时聚合物端面加工便利，因此 POF 光纤接头处耦合损耗小且连接十分方便；④材料费便宜，成本相对较低；同时有望应用新型廉价的光源、检测器和连接器。正是 POF 的制造简单、价格低廉、柔韧性好、接续方便等优点，使其可以广泛应用于短距离通信网，如办公局域网、有线电视网、互联网室内引线光缆，以及汽车工业、光照明、装饰装潢等领域。但 POF 的传光损耗比玻璃光纤大，一般在 200 ~ 2000 dB/km 之间，传输带也较窄。

POF 对聚合物的材质具有严格要求，在诸多的透明塑料中，只有在拉伸时不产生双折射和偏光者才适合制造塑料光纤。其中，POF 芯材要求必须是高度无定形非结晶材料，其自然光透过率要求在 90% 以上，目前研究较多的芯材种类有聚苯乙烯(PS)、有机玻璃(PMMA)、聚碳酸酯(PC)、氟化或氘化丙烯酸酯等聚合物材料。无定形 PS 在可见光范围透光性可达到 90%，其折射率为 1.59，吸水率仅为 0.025%。但由于 PS 在聚合过程中，分子量受温度的影响很大，因而成品分子量分布较宽，物料密度不均匀；同时 PS 的抗老化性能较差，在聚合过程中需要加入抗老化剂，因此由 PS 制备的塑料光纤损耗一般大于 1000 dB/km。PMMA 性能稳定，自然光透过率可达 92%，即使在 250 ~ 290 nm 的紫外波段，其透过率仍可达到 75%，是理想的 POF 芯材之一，但其折射率仅为 1.49，因此皮材选择受到一定限制。PC 具有较高的无定形特征和耐热性，因此作为纤芯材料近年来使用得越来越多。然而 PC 的透明度较低，因为在缩合过程中副产物难于除去，这是目前有待解决的问题之一。

由于 PMMA、PS 中含有大量的 C—H 键，故其损耗并不能显著降低。为进一步降低 POF 损耗，用氘(D)来取代 C—H 键中的 H，从而降低 C—H 键在 POF 芯材中的含量是重要的途径之一。氘化聚合物中 C—D 键基频振动吸收出现在 4400 nm 处，改变了原聚合物的光传输窗口，降低了吸收强度，在可见光至近红外区的传输损耗有较低的值，因此氘化聚合物芯 POF 可用于近红外区域光的传输，扩展了 POF 只用于可见光的范围。

氟原子取代也是降低由于 C—H 键振动吸收导致损耗的一种有效方法。除此之外，氟代高分子还可降低水蒸气的吸附，阻止湿气在高分子中的渗透。由于氟代后，振动基频红移，故使得 POF 的光学窗口红移，这同样可降低瑞利散射所导致的损耗。氟化聚合物芯材的研究重点之一是苯乙烯的氟化聚合物。而氟氘化聚合物芯可以使POF的极限损耗降低到10 dB/km以下，但由于制作工艺的复杂以及费用高，使其应用受到限制。

POF对皮材的要求亦同于对芯材，但实际上由于条件的限制，对皮材的要求可以适当地降低。常见的POF皮材有PMMA、乙烯－醋酸乙烯共聚物（EVA）、氟化透明树脂等，作为POF芯皮材亦要求它们有较好的耐候性能和耐老化性能。此外，POF芯材折射率要大于皮材，芯皮材折射率差值0.03以上为佳，或者芯材比皮材折射率高2%～5%以上为佳。光纤的数值孔径同芯皮折射率相关，两者差值越大，POF的NA越大。

7.3.4　红外光纤

红外光纤是指传递波长为2～4 μm中红外波段内的光信号或光能量的光纤。在宽波段内色散很低，对辐射的敏感性也很低。可用于超长距离无中继，超大容量的通信系统、抗辐射通信系统、红外光纤传感器和非线性光学元件、红外能量传输线等。目前正在研究的有重金属氧化物玻璃、卤化物玻璃、硫系玻璃和卤化物晶体等。重金属氧化物玻璃主要是指比重较石英玻璃大的氧化物玻璃，如GeO_2、GeO_2-SbO_3、$CaO-Al_2O_3$；卤化物玻璃有BeF_2、$BaF_2-CaF_2-YF_3-AlF_3$、$GdF_3-BaF_2-ZrF_4$等；硫系玻璃主要指以S、Se、Te等元素为主体的单元或多元玻璃化合物。

重金属氧化物玻璃与硅酸盐玻璃相比，红外透射光谱范围大，最小本征损耗低。以GeO_2为主要成分的光纤透射波长从可见光谱区直到2.5 μm，是非线性效应最大的一种光纤。以Sb_2O_5作为稳定剂的$GeO_2-Sb_2O_5$系光纤最低损耗波长在2 μm处，损耗值低于5 dB/km。对于短距离应用来说，在2～5 μm窗口上应用最好。TeO_2系玻璃的红外吸收波长也移向长波长一侧，红外吸收端延伸到5～7 μm。不足之处是这种玻璃的机械性能较差，同时由于折射率较高，因此瑞利散射损耗很大。

硫系玻璃有较稳定的玻璃态，玻璃临界温度低，折射率高，一般为2.4，可用来制作低损耗、高可靠性红外传输材料。S系、Se系、Te系玻璃材料的红外透明范围分别为0.6～11 μm、0.7～14 μm和1.2～18 μm，拉制成光纤后实际的透明波段分别为1～7 μm、3～9 μm和5～12 μm，同时它们也是传输4 μm以上波长唯一的红外玻璃光纤，因此其研发显得尤为重要。与氟化物玻璃光纤相比，硫系玻璃的损耗相对较高，约为0.1 dB/km数量级。此外，硫系玻璃有较强的抗化学腐蚀能力，有极好的热稳定性和可挠曲性，但机械强度低于普通的氧化物玻璃。

用于制造硫系红外玻璃光纤的原料包括各种单组分玻璃（如As_2S_3、GeS_2）和主要含有As、Ge、P、S、Se和Te的多组分玻璃。As_2S_3玻璃是单组分玻璃中最稳定的一种，以其制作的光纤在5 μm波段的损耗为0.2～0.3 dB/m；$Ge_{22}Se_{20}Te_{58}$玻璃光纤在10.6 μm波长下的损耗为1 dB/m；而硫化物基光纤$As_{40}S_{60-x}Te_x$在2.5 μm处的衰减达0.05

dB/m。由于硫簇材料的高折射率，它们尤其在传输脉冲激光和连续激光方面体现了优良的性能。目前硫系玻璃光纤研究的重点有：选择稳定的玻璃组成，优选严格的制备工艺，使硫系玻璃材料纯度不高、散射损耗大等缺点得到进一步改善；此外，寻找、设计适合大功率中远红外激光传输的光纤材料，如硫卤化物玻璃等。

卤化物光纤材料也是一种非常重要的中、远红外材料，其中氟化物的红外透射波段为0.2～10 μm左右，溴化物、碘化物的红外透射区域可以从0.2～40 μm左右。卤化物光纤材料又可以分为玻璃和晶体两大类。目前开发的玻璃光纤以氟化物为主，而除氟以外的其他卤化物以晶体光纤为重点。氟化物玻璃的研究开始于70年代，是当前最有希望用于超长距离通信的光学材料。理论计算表明，它在2.5 μm附件的损耗约为0.001 dB/km，比石英光纤的最低理论损耗值要低2～3个数量级。如按当前石英光纤无中继距离100 km的水平计算，氟化物玻璃光纤的无中继距离可达10^6km以上。氟化物玻璃的主要成分是ZrF_4-BaF_2，此外还含有La、Gd等稀土元素，由于原料组分较多，并且熔制过程为固相反应，反应不容易完全充分，玻璃中会夹杂某些有害杂质，如过渡金属元素（Fe、Co、Ni和Cu等）以及有害的稀土元素（Ce、Pr、Nd、Sm、Eu和Dy），并出现微晶、气泡和包层缺陷，引起玻璃的附加吸收和散射。因此在光纤制备过程中，严格控制原料杂质、保证最佳的玻璃熔制时间和温度、气氛保护等，是制备低损耗氟化物玻璃纤维的关键。目前人们已开发了多种氟化物光纤，其中ZBLAN（$ZrF_2-BaF_2-LaF_3-AlF_3-NaF$）因其抗析晶失透性好、成玻璃性能佳而成为标准的红外光纤，已研制出长度大于百米、在2.59 μm波长下损耗为0.55 dB/km的光纤以及长度50 m、在2.55 μm波长下损耗仅为0.025 dB/km的光纤，有望在超长距离通信、大容量通信系统中应用。人们也在探索非ZrF_4系的氟化物玻璃光纤，如AlF_3、GaF_3、HfF_4、ThF_4系玻璃纤维，其中AlF_3系玻璃光纤是最普遍看好的一种氟化物光纤，其化学稳定性、热学、进行性能均优于ZBLAN，现在制造的AlF_3系光纤在2.4 μm波长处损耗已达0.01 dB/km水平，并且在0.4～4 μm波段内损耗小于1 dB/km，传输光强度满足8W以上激光医疗应用要求。但从总体上讲，目前已开发的ZrF_4、AlF_3系玻璃光纤的实际损耗与理论值还有相当距离，存在的主要技术难点是玻璃材料的选择和高纯化、光纤制造过程中易结晶、热处理过程困难等，这是氟化物玻璃红外光纤今后需解决的课题。此外，开发其他系列的氟化物光纤，如GaF_3、HfF_4系等对中远红外区域光传输及其他应用具有重要意义。

7.3.5 光纤的应用

光导纤维最广泛的应用是在通信领域，即光导纤维通信。自20世纪60年代以来，由于在光源和光纤方面取得了重大的突破，使光通信获得异常迅速的发展。作为光源的激光，方向性强、频率高，是进行光通信的理想光源；光波频带宽，与电波通信相比，能提供更多的通信通路，可满足大容量通信系统的要求。因此光纤通信与卫星通信一并成为通信领域里最活跃的两种通信方式。

医学上，光导纤维可以用作食道、直肠、膀胱、子宫、胃等深部探查内窥镜（胃镜、血管镜等）的光学元件，而且不必切开皮肉就可直接插入身体内部进行手术。切除癌瘤组织的外科手术激光刀即由光导纤维将激光传递至手术部位。

在照明和光能传送方面，利用光导纤维可以实现短距离内一个光源多点照明，可利用塑料光纤光缆传输太阳光作为水下、地下照明。由于光导纤维柔软易弯曲变形，可做成任何形状，而且耗电少、光质稳定、光泽柔和、色彩广泛，因此，它是未来的最佳灯具，如与太阳能的利用结合起来将成为最经济实用的光源。

在工业方面，可传输激光进行机械加工，制成各种传感器用于测量压力、温度、流量、位移、光泽、颜色、产品缺陷等，也可用于工厂自动化、办公自动化、机器内及机器间的信号传送、光电开关、光敏元件等。

7.4 信息处理材料

信息处理材料主要是指用于对电信号或光信号进行检波、倍频、混频、限幅、开关、放大等信号处理器件的一类信息材料，主要包括微电子信息处理材料、光电子信息处理材料、集成光路材料等。

7.4.1 微电子信息处理材料

用于微电子信息处理集成电路的材料主要是硅、锗，砷化镓、磷化铟等一些半导体材料。这些材料本身并不能处理信息，但用这些材料制成的以双极型晶体管、n 型或 p 型 MOS 晶体管、电阻、电容等薄膜器件为细胞的各种集成电路乃至微处理器能够对载有信息的电流、电压信号进行接受、发射、转换、放大、调制、解调、运算、分析等处理。

7.4.1.1 元素半导体

元素半导体是指由单一元素构成的具有半导体性质的材料，目前已获得应用的有硅、锗、硒三种，其中硅在整个半导体材料中占有绝对优势，80% 以上已有的半导体器件都是用硅来制作的。

硅在室温下的禁带宽度为 1.12 eV，本征载流子浓度为 1.45×10^{10} cm^{-3}。硅的电阻率受杂质、光、电、磁、热、温度等环境因素的影响明显，通常在 $10^{-5}\sim10^{10}$ Ω·cm。在室温时硅的电阻率和载流子浓度的关系可用下式表示：

$$\rho=1/\sigma=1/(C_s e\mu)$$

式中：ρ 是电阻率；C_s是掺杂浓度；σ 是电导率；e 是电子电荷，其值为 1.6×10^{-19} C；μ

是电子或空穴的迁移率，分别为1350 $cm^2/V \cdot s$ 和480 $cm^2/V \cdot s$。

半导体级硅主要有多晶硅和单晶硅。多晶硅的工业生产主要采用 $SiHCl_3$ 的氢还原法及 SiH_4 的热分解法，纯度要求达到6个“9”以上。单晶Si的生产方法则有直拉法、区熔法、磁控直拉法等三种。直拉法设备简单、易于操作、掺杂方便、均匀性和晶体完整性好，可拉制大直径单晶(最大300 mm)，缺点是必须使用坩埚、过程不连续、不宜拉制高电阻率的单晶等。直拉硅单晶主要用于制造集成电路。区熔法的优点是可生长出高纯度的硅单晶、熔区易于保持稳定、有利于大直径硅单晶生长和工业化生产。区熔硅主要用于高压、大功率器件。磁控直拉法是在直拉法基础上，对坩埚内的熔体施加一个磁场，使坩埚的无规则热对流得到控制，因而单晶生长时的温度波动小，固液界面较稳定。

硅的薄膜单晶可用硅外延生长技术制备，主要采用CVD法。该法所采用的化学反应主要有两种：$SiCl_4$、$SiHCl_3$ 或 SiH_2Cl_2 等硅卤化物的高温氢还原；SiH_4 等的热分解。此外，20世纪80年代发展起来的非晶技术，成功利用等离子等化学气相沉积制备出大面积的非晶硅薄膜。

硅材料是半导体集成电路、半导体器件和硅太阳能电池的重要基础材料，如直拉法单晶硅切片用于制作二极管、晶体管、MOS、CMOS型集成电路等，区熔硅可用于镇流器、晶闸管、射线探测器等，硅外延片用于制作平面晶体管、双极型集成电路、MOS和CMOS型集成电路、双极MOS、功率MOS等，非晶硅薄膜可制作薄膜晶体管(TFT)等。

7.4.1.2 化合物半导体材料

化合物半导体是指由两种或两种以上元素按确定的原子配比形成的、具有确定禁带宽度和能带结构的化合物，按各组成元素在周期表中所在的族可分为Ⅲ-Ⅴ族、Ⅱ-Ⅵ族、Ⅳ-Ⅳ族等。

Ⅲ-Ⅴ族半导体材料主要有砷化镓(GaAs)、磷化铟(InP)、磷化镓(GaP)等，大多具有闪锌矿结构。GaAs晶体的禁带宽度和电子迁移率比硅大，是制造大功率电子器件、高速集成电路和高速电子器件的优良材料。半绝缘GaAs高阻材料可制作集成电路衬底和各种红外探测器，低阻GaAs单晶可用来制作激光器等光电器件的衬底，用GaAs场效应晶体管制作的功率放大器正在取代硅晶体管用于无绳电话等移动通讯设备。GaAs的缺点是制造工艺复杂、价格较贵和As有毒。

InP晶体的工作极限频率和热导率高于GaAs，电子的扩散速率与电子迁移率的比值则小于GaAs，因此可用来制作工作区更长的低噪声器件和大功率器件，如制作长波长(1.3~1.6 μm)激光器、激光二极管、光电集成电路等通信器件、毫米波雷达、卫星通信用高频高速电子器件。工业生产的GaP衬底单晶全部是掺入硫、硅杂质的n型材料，主要用于制作发红、黄、绿光的发光二极管等。

Ⅱ-Ⅵ族化合物半导体中，除CdTe可生成两种导电类型的基体外，其他均为单一的导电类型，且多为n型材料。其中ZnSe是量子效率较高的宽带发光材料和红外透过材料，而且成本低廉，被广泛用于光通信窗口、短波长激光器、光波导开关等。

Ⅱ－Ⅵ族半导体主要有 SiC 和 Ge－Si 合金等。SiC 是一种重要的宽禁带半导体材料，它的优点是比 Si 和 GaAS 能耐更高的工作温度，因此又被称为高温半导体。SiC 一般由单晶衬底和外延层两部分构成。单晶衬底可以是 SiC 单晶，也可以是 Si 单晶或其他单晶，取决于器件种类。制备 SiC 薄膜的外延工艺有多种，如化学气相沉积、液相外延、气相外延、分子束外延等，其中化学气相沉积最为常用。由于 SiC 的耐工作温度高、抗辐射能力强，因而被用来制作大功率金属氧化物半导体场效应管（MOSFET）和异质结双极型晶体管（HBT）。MOSFET 是雷达的关键部件，用 SiC 制作的 MOSFET 比用 Si 制作的同类器件的输出功率更高，开关速率更快。

较常见的三元化合物半导体材料中，$CuInSe_2$的转换效率大于10%，在薄膜太阳能电池方面有较好的应用前景；$ZnSiP_2$、$CdSiP_2$、$ZnGeP_2$等有较好的发光效率和非线性光学性能；$CdGaS_4$、$CdInS_4$和 $ZnInS_2$则可用于制作光电阻和光开关等器件。制备三元化合物半导体的主要困难是材料的纯度和化学配比等不易控制。

7.4.1.3 固溶体半导体

通常把具有半导体性质的固态熔体称为固溶态半导体材料。这类材料的特点是其性质可随成分连续变化，因此可根据需要调节成分，制备符合各种要求的材料。固溶体半导体材料主要有以下几种：元素间固溶体如 Si－Ge 材料；Ⅲ－Ⅴ族固溶体如 $(Ga_{1-x}Al_x)As$，Ⅱ－Ⅵ族固溶体 $Hg_xCd_{1-x}Te$，$Pb(Se_{1-x}Te_x)$等。

Si－Ge 固溶体是由硅和锗形成的溶解度无限的替位固溶体，在常压下为立方晶系的金刚石结构。主要由无定形的 α－SiGe，单晶、多晶和 Ge_xSi_{1-x}/Si 应变外延层超晶格材料。GeSi/Si 可采用非常成熟的硅工艺，因此作为衬底材料发展前景很好。α－SiGe 的光电转换效率高，还是一种热端温度高达 1000～1100 ℃的优质温差材料。用 GeSi 还可制作光电二极管和红外探测器。

$(Ga_{1-x}Al_x)As$ 的禁带宽度 E_g会随着 x 值而变化，当 x 小于 0.4 和 x 大于 0.4 时，分别为直接跃迁型和间接跃迁型半导体。同样，$Ga(As_{1-y}P_y)$的能带结构随 y 变化，当 y 小于和大于 0.46 时，$Ga(As_{1-y}P_y)$分别为直接跃迁型和间接跃迁型半导体，其中直接跃迁型 $Ga(As_{1-y}P_y)$用来制作红色发光器件。

$Hg_xCd_{1-x}Te$ 固溶体的禁带宽度 E_g会随着 x 和温度 T 变化，通过改变 x 和 T 可使其 E_g在半金属 HgTe（$E_g = -0.3$ eV）和半导体 CdTe（$E_g = 1.648$ eV）之间连续调节，以适应各种响应波长的要求。$Hg_xCd_{1-x}Te$ 固溶体主要用于制作红外探测器件，其探测范围覆盖 1～14 μm，一般是在 CdZnTe 衬底材料（晶格与 HgCdTe 匹配）或 GaAs、蓝宝石和硅等替代材料上采用液相外延（LPE）和气相外延（MBE 或 MOCVD）工艺生长成薄膜使用。

7.4.1.4 超晶格半导体

超晶格半导体是 20 世纪 70 年代开始出现的一种人工半导体材料。它由不同的超薄层半导体材料周期性排列而成，每一薄层厚度小于电子平均自由程(几十纳米)，同时在相邻两超薄层间形成突变结，界面间的过渡层厚度仅为原子层大小量级。一般用分子束外延(MBE)或金属有机化学气相沉积(MOCVD)等技术制备。

超晶格有组分型、掺杂型和应变型等三种。组分型超晶格的相邻两层材料的组分不同，典型的如 GaAs/AlGaAs 超晶格；掺杂型超晶格的相邻两层材料组分相同，但通过控制不同的掺杂种类使这两层具有不同的导电类型，例如 N - GaAs/ P - GaAs。组成上述两种超晶格材料的晶格常数是相同或相近的，即保持晶格匹配；如果用两种晶格不匹配的材料组成超晶格，两层材料的界面处会出现由于晶格畸变引起的应力场，这种超晶格称为应变型超晶格，如 InAs/GaSb 超晶格。

7.4.2 光电子信息处理材料

广义上光电子信息处理包括光的发射、传输、调制、转换和探测等，这里所介绍的是狭义的光电子处理材料，是指用于光的调制和转换的材料。这里重点介绍非线性光学晶体。

7.4.2.1 非线性光学效应

当光波通过固体介质时，在介质中感生出电偶极子。单位体积内电偶极子的偶极矩总和被称为介质的极化强度，通常用 P 来表示，介质极化强度 P 是光波电场强度 E 的函数。在一般情况下，能将 P 近似展开为 E 的幂级数，即

$$P = \varepsilon_0 [\chi^{(1)} E + \chi^{(2)} E^2 + \chi^{(3)} E^3 + \cdots] \tag{6-2}$$

式中的 ε_0 为真空中介电常数，$\chi^{(1)}$ 为线性光学极化率，$\chi^{(2)}$、$\chi^{(3)}$ 分别为二阶、三阶非线性光学极化率(非线性光学极化系数)。极化率每增加一阶，其大小要减少几个数量级。因此，我们很容易理解，在传统光学中，由于光强较弱，只需考虑上式中的第一项，则极化强度 P 与 E 成线性关系，由此产生的各类现象均称为线性光学现象，反射、折射等线性光学性质可由传统光学定律予以解释 。采用激光作光源时，其相干电磁场的功率密度可达 10^{12} W/cm^2，相应电场强度可与原子的库仑场强度(约 3×10^8 V/m)相比较，其强度较普通光的强度大几个数量级，因此，上式中关于 E 的非线性项的作用就突出显示出来。其极化强度 P 与电场的二次、三次甚至更高次幂相关。这种与强光有关的、不同于线性光学现象的效应称为非线性光学效应。

1. 二阶非线性光学效应——激光频率转换

入射激光激发非线性晶体，发生光波间的非线性参量的相互作用。基于二次非线性极化的材料可以产生激光频率转换，激光频率转换的结果由三束相互作用的光波的混频来决定。

从量子系统的能量守恒关系 $w_1 + w_2 = w_3$，我们可以得到有关非线性光学晶体实现激光频率转换的几种类型。

当 $w_1+w_2=w_3$ 时，如果 $w_1=w_2=w$，则 $w_3=w_1+w_2=2w$，产生倍频激光；如果 $w_2=2w_1$，则 $w_3=w_1+2w_1=3w_1$，是基频光和倍频光产生基频光三倍数激光的过程。同样我们还可以利用倍频光和三倍频光或倍频光之间的相互作用实现基频光的四倍、五倍乃至六倍频等。

而当 $w_1-w_2=w_3$ 时，所产生谐波频率变小(波长变长)，从可见或近红外激光可获得红外、远红外乃至亚毫米波段的激光。

2. 三阶非线性光学效应——非线性折射率与非线性吸收

(1)非线性折射率

非线性折射率对不同的非线性介质有不同的物理机制。光折变效应是指在光辐照下，某些电光材料的折射率随光强的空间分布而变化的现象。

光折变效应的机理：它是由三个基本过程形成的，①光折变材料吸收光子而产生自由载流子(空间电荷)，这种电荷由于相干光束干涉强度的分布是不均匀的；②自由载流子在介质中的漂移、扩散和重新俘获形成了空间电荷的重新分布，并产生空间电荷场；③空间电荷场再通过线性电光效应引起折射率的变化。光折变效应有两个显著的特点：首先，在一定意义上说光折变效应和光强无关；其次，光折变效应是一种非局域效应。

(2)非线性吸收

非线性吸收指的是材料的透过率随光强变化的效应。对足够高的光强，材料同时吸收两个或两个以上光子的几率大大增加，多光子吸收及激发态吸收在许多材料中被观察到。

多光子吸收：涉及系统从基态到激发态的跃迁，但该跃迁必须同时吸收来自入射光波的多个光子。被同时吸收的光子可以来自同一频率的光波场，也可以来自不同频率的多个光波场。

激发态吸收：指当入射光的强度很强时，存在高密度的激发态，被激发电子在它跃迁返回基态前，可以再次经历吸收，使其进入更高的能态，此过程被称为激发态吸收。

三阶光学非线性与二阶不同，不受材料固有对称性的制约，原理上，任何材料均具有三阶非线性，只是强弱因材料而异。

7.4.2.2　非线性光学晶体

当光线在晶体介质中传播时，晶体介质相应地要发生电极化，若光频电场强度不太大时，电极化强度与光频电场之间成线性关系。但对于激光，由于其光频电场极强(约为 $10^7\,V\cdot cm^{-1}$)，考虑到介质的各向异性，电极化强度与光频电场之间不再是线性关系，而是成正幂级数关系，这称为晶体的非线性光学现象。而从晶体的折射率变化出发，将具有频率转移效应、电光效应和光折变效应等的晶体统称为非线性光学晶体，它们被广泛应用于光的调制与转换。

1. 激光频率转换晶体

非线性光学频率转换晶体主要用于激光倍频、差频、多次倍频、参量振荡和放大等方面，以拓宽激光辐射波长的范围，并可用于开辟新的激光光源。按透光波段范围可将激光变频晶体划分为以下三类：

红外波段频率转换晶体：是指透光范围在 5 μm 以上，特别是在 10 ~ 20 μm 波段的非线性光学晶体，如具有黄铜矿结构的 $AgGaS_2$、$AgGeSe_2$、$CdGeAs_2$、$AgGa(Se_{1-x}S_x)_2$、Ag_3AsSe 和 Tl_3AsSe_3 等。这些晶体的非线性光学系数虽然较大，但其能量转换效率不高，往往受晶体光学质量和尺寸大小的限制，得不到广泛的应用。因此对现有红外波段频率转换晶体，还需要进一步深入研究，包括对相图和相平衡的研究，改进晶体的生长工艺，以求生长出大尺寸的优质晶体。

可见光波段频率转换晶体：能在可见光波段实现变频的非线性晶体较多，许多磷酸盐、碘酸盐、铌酸盐等均是性能优良的可见光波段频率转换晶体。典型的磷酸盐晶体有磷酸二氢钾（KH_2PO_4，简称 KDP）、磷酸二氢铵（$NH_4H_2PO_4$，简称 DAP）、磷酸氢钾、磷酸二氢铷（RbH_2PO_4，简称 RDP）、砷酸二氢铵（$NH_4H_2AsO_4$，简称 ADA）、砷酸二氢钾（KH_2AsO_4，简称 KDA）、砷酸二氢铷（RbH_2AsO_4，简称 RbDA）等。其中，KDP 晶体可在水溶液中比较容易地长成高光学质量和特大尺寸的晶体，其透光波段从紫外到近红外，激光损伤阈值中等，倍频阈值功率在 100 mW 以上，并易于实现相位匹配，是高功率激光系统中较为理想的频率转换晶体材料。KTP 晶体则被称为频率转换的“全能冠军”材料，具有倍频系数大、透光波段宽、损伤阈值高、转换频率高、化学稳定性好等优点，因而在应用方面颇受重视，现已在 Nd：YAG 激光频率转换方面获得广泛应用。

碘酸盐晶体包括 α－碘酸锂（$LiIO_3$）、碘酸（HIO_3）、碘酸钾（KIO_3）等晶体，其中能作为材料应用的只有 α－$LiIO_3$，该晶体透光波段宽，能量转换效率高，且易于从水溶液中生长出优质大尺寸晶体。铌酸盐晶体则包括铌酸锂（$LiNbO_3$）、铌酸钾（$KNbO_3$）、铌酸钡锶（$Sr_{1-x}Ba_xNb_2O_6$）、铌酸钡钠（$Ba_2NaNb_5O_{15}$）等，其中以 $LiNbO_3$ 晶体研究得最多，用量也最大。

紫外波段频率转换晶体：目前实用化晶体中在紫外区相位匹配范围最宽的是偏硼酸钡（β－BaB_2O_4），简称为 BBO 晶体。其突出的优点是倍频系数大，倍频阈值功率高（比 KDP 晶体高 3 ~ 4 倍），能在较宽的波段（200 ~ 3000 nm）内实现相位匹配，激光损伤阈值高，物理化学性能稳定，对 1.06 μm 激光已实现了 5 倍频，在 212 nm 处可实现相位匹配等。此外，三硼酸锂（LiB_3O_5，简称为 LBO）晶体也是一种具有广泛应用前景的材料，其突出优点是透光波段宽（165 ~ 3200 nm），具有足够大的非线性光学系数，化学稳定性好，它是迄今为止的激光损伤阈值最高的非线性光学晶体材料。

2. 电光晶体

在外加电场的作用下引起晶体折射率发生变化的效应，称为电光效应。具有电光效应的晶体材料。在外电场作用下，晶体的折射率发生变化的现象称为电光效应。外电场作用于晶体材料所产生的电光效应分为两种：一种是泡克耳斯效应，产生这种效应的晶体通常是不具有对称中心的各向异性晶体；另一种是克尔效应，产生这种效应的晶体通常是具有任意对称性质的晶体或各向同性介质。具有电光效应的晶体材料称为电光晶体。主要的电光晶体有磷酸二氘钾[$K(D_xH_{1-x})_2PO_4$]、铌酸锂($LiNbO_3$)、钽酸锂($LiTaO_3$)、氯化亚铜(CuCl)和钽铌酸钾($KTa_xNb_{1-x}O_3$)等晶体。

磷酸二氘钾(DKDP)晶体的电光性能优良、半波电压低、线性电光系数大、透光波段宽、光学均匀性优良，并能生长大尺寸晶体，是最常用的一种电光晶体材料，广泛应用于激光频率转换材料等。DKDP 晶体的原料合成首先是由重水(D_2O)与五氧化二磷(P_2O_5)化合形成氘化磷酸(D_3PO_4)，然后在 D_3PO_4 中加入 K_2CO_3 进行复分解反应，从而形成 KD_2PO_4，在反应过程中，要严格防止氢与氘之间的同位素交换反应。通常采用缓慢降温法生长 DKDP 晶体，该晶体有两种晶型：四方型和单斜型，其中只有四方型才有电光性能，单斜型则无实用价值，因此如何抑止或避免四方晶相变或单斜晶出现，是生长优质大尺寸 DKDP 晶体的技术关键。

氯化亚铜晶体的透过波段较宽(0.4～20.5 μm)，主要用于 10.6 μm 红外波的调制器上，由于生长高光学质量、大尺寸 CuCl 晶体较困难，限制了该晶体的广泛应用。钽铌酸钾(KTN)晶体的电光系数较大、半波电压低、透光波段也较宽、电光调制效应较好，是一种很有发展前景的电光晶体材料。

3. 光折变晶体

光折变是指在辐射下，某些电光材料的折射率随光强的空间分布而变化的现象。光折变晶体则是指光致折射率变化的晶体。光折变效应发生过程如下：光频电场作用于光折变晶体，光激发电荷并使之转移和分离；电荷在晶体内转移和分离，引起电荷分布改变，建立起空间电场，强度约 $10^5\ V\cdot m^{-1}$；空间电荷场通过晶体的线性电光效应，致使晶体的折射率发生变化。

有实际应用价值的光折变晶体主要有钛酸钡($BaTiO_3$)、铌酸钾($KNbO_3$)、铌酸锂($LiNbO_3$)以及掺 Fe 离子的上述三种晶体、铌酸锶钡($Sr_{1-x}Ba_xNb_2O_6$)系列、硅酸铋晶体($Bi_{12}SiO_{20}$，BSO)、铌酸锶钡钾钠[$KNa(Sr_{1-x}Ba_x)_{0.9}Nb_2O_6$，KNSBN]晶体以及掺稀土或过渡性元素的晶体和钽铌酸钾(KTN)晶体等。

铌酸锶钡和铌酸锶钡钾钠晶体均属于钨青铜型结构的铁电体，它们的光电效应很大，自发极化和双折射率也比较大。按理论推算这两种晶体的光折变效应有可能优于 $BaTiO_3$ 和 $KNbO_3$，因此引起了人们的广泛重视。硅酸铋晶体的光折变响应速度较快，也较易于获得大尺寸晶体，但其光折变性能不如 $BaTiO_3$。

参考文献

[1] 赵连城，国风云等编著. 信息功能材料. 哈尔滨：哈尔滨工业大学出版社，2005
[2] 王占国，陈立泉，屠海令主编. 中国材料工程大典(第 11 - 13 卷)，信息功能材料工程. 北京：化学工业出版社，2006
[3] 干福熹主编. 信息材料. 天津：天津大学出版社，2000
[4] 姜复松编著. 信息材料. 北京：化学工业出版社，2003
[5] 贡长生，张克立. 新型功能材料. 北京：化学工业出版社，2001
[6] 姜复松. 信息材料. 北京：化学工业出版社，2003
[7] 郭卫红. 汪继奎. 现代功能材料及其应用. 北京：化学工业出版社，2002
[8] 佘思明. 半导体硅材料学. 长沙：中南工业大学出版社，1992
[9] 郑玉甫. 光纤通信原理与技术. 兰州：兰州大学出版社，2006
[10] 杨郁湘. 光纤通信——信息高速公路的基础. 北京：华中理工大学出版社，1998
[11] 朱裕生，孙维平. 光存储材料的发展. 信息记录材料，2005，6 (1)：55 - 60
[12] 李秀清. GaN 蓝光 - 紫外光光电子材料与器件的研究现状. 半导体情报，2004，37(2)：58 - 64
[13] 刘霁，李万万，孙康. 白光 LED 及其涂敷用荧光粉的研究进展. 材料导报，2007，21(8)：116 - 120
[14] 王小菊，林祖伦，祈康成. 场发射显示器阴极的制备方法及研究现状. 现代显示，2005，49：46 - 50
[15] 李江. 光纤材料制造及其应用. 山西化工，2003，23(4)：33 - 35
[16] 江源，马永红. 聚合物光纤的特性(上、中、下). 玻璃纤维，2000(2)：30 - 32；(3)：27 - 31；(4)：23 - 26
[17] 邹应萍，谭松庭，赵斌. 有机电致发光材料的研究进展. 液晶与显示，2004，19(3)：191 - 198
[18] 张松涛. 中国液晶显示材料产业发展之我见. 上海化工，2004(11)：32 - 37

第 8 章　新能源材料

8.1　太阳能电池材料

太阳能电池是通过光电效应或者光化学效应直接把光能转化成电能的装置，其工作原理如图 8－1 所示。太阳光照在半导体 p－n 结上，形成新的空穴——电子对。样品对光子的本征吸收将产生光生载流子并引起光伏效应。在 p－n 结电场的作用下，空穴由 n 区流向 p 区，电子由 p 区流向 n 区，形成光电势，接通电路后形成光电流。

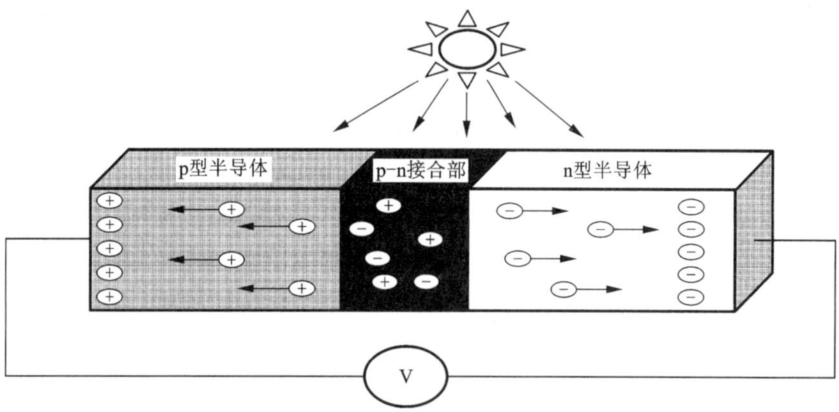

图 8－1　太阳能电池工作原理图

8.1.1　太阳能电池材料的分类

太阳能电池材料按在电池中的功能不同可将其分为：①p 型半导体材料；②n 型半导体材料；③电池封装材料等。按化学组成不同又可分为：①硅材料；②多元无机化合物；③有机化合物等。各类太阳能电池材料及特性如表 8－1 所示。

表 8-1 太阳能电池的构成材料及特性

太阳能电池	材　料	效率/%	特　性
硅太阳能电池	单晶硅	约 20	成本高
	多晶硅	<20	成本低于单晶硅
	非结晶硅	约 12	成本低
化合物半导体太阳能电池	GaAs	约 25	高效,易薄膜化,耐高温
	$Cu(InGa)Se_2$ 系列	约 30	
	CdTe 系列	约 15	
有机半导体太阳能电池		约 10	易薄膜化,低成本

8.1.2 硅材料

在硅太阳能电池的发展过程中，先后出现了单晶硅电池、多晶硅电池、非晶硅电池等几种不同类型的硅电池。由于所使用的硅材料不同，电池的性能和特点也相差较大。目前在太阳能电池领域研究最多的有三种硅材料：单晶硅、多晶硅和非晶硅。

8.1.2.1 单晶硅

单晶硅材料制造工艺流程大致如下：

1. 冶金级硅

它的制备主要是在电弧炉中用碳还原石英砂而成。该过程能量消耗很高，约为 14 kWh/kg。通过这种冶金过程还原出来的硅，其纯度约 98% ~99%，称为冶金级硅(MG-Si)。

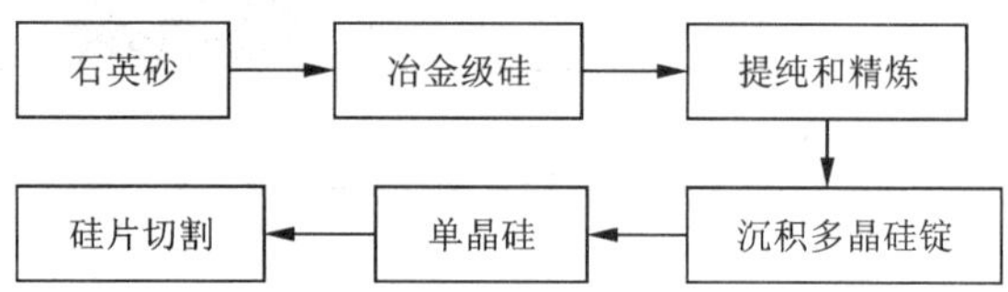

图 8-2 单晶硅材料制备工艺过程

2. 多晶硅锭

使用冶金级硅材料，也可以使用含有大量单晶颗粒的集合体或废次单晶硅料熔化浇铸而成。其工艺过程是选择多晶块料或单晶硅头尾料，经破碎，提纯后，加入适量硼硅，放入浇铸炉，在真空状态中加热熔化。熔化后保温约 20 min，然后注入石墨铸模中，待慢慢凝固冷却后，即得多晶硅锭。根据提纯工艺的不同，有改良西门子法、硅烷热解法、流化床法、冶金法等。

(1)改良西门子法

改良西门子法又叫闭环式三氯氢硅氢还原法。是用氯和氢合成氯化氢，用氯化氢和工业硅粉在一定的温度下合成三氯氢硅，然后对三氯氢硅进行分离精馏提纯，提纯后的三氯氢硅在氢还原炉内进行 CVD 反应生产高纯多晶硅。现有的多晶硅厂绝大部分采用此法生产电子级与太阳能级多晶硅。

(2)硅烷法

又叫硅烷热分解法。先以四氯化硅氢化法、硅合金分解法、氢化物还原法、硅的直接氢化法等方法制取硅烷(SiH_4)，然后将制得的硅烷气提纯后在热分解炉生产纯度较高的棒状多晶硅。

(3)流化床法

以四氯化硅、氢气、氯化氢和工业硅为原料在流化床内(沸腾床)高温高压下生成三氯氢硅，将三氯氢硅再进一步歧化加氢反应生成二氯二氢硅，继而生成硅烷气。制得的硅烷气通入加有小颗粒硅粉的流化床反应炉内进行连续热分解反应，生成粒状多晶硅产品。

(4)冶金法生产太阳能级多晶硅

选择纯度较好的工业硅(即冶金硅)进行水平区熔单向凝固成硅锭，去除硅锭中金属杂质聚集的部分和外表部分后，进行粗粉碎与清洗，在等离子体熔解炉中去除硼杂质，再进行第二次水平区熔单向凝固成硅锭，去除第二次区熔硅锭中金属杂质聚集的部分和外表部分，经粗粉碎与清洗后，在电子束熔解炉中去除磷和碳杂质，直接生成太阳能级多晶硅。

3. 单晶硅

拉制单晶有坩埚拉制和区熔法两种。坩埚拉制法是在氩气保护下，在石英坩埚中高温熔化多晶硅料，再经引晶，缩颈，放肩，收尾，降温等单晶拉制工艺获得硅单晶；区熔法是依靠熔体的表面张力，使熔区悬浮于多晶硅棒与下方生长出的单晶之间，通过熔区向上移动而进行生长单晶。

4. 切片

将单晶硅棒切成片，一般片厚约 0.3 mm。硅片经过抛磨、清洗等工序，制成待加工的原料硅片。常规的硅片切割采用内圆切片机，其刀损为 0.3 ~ 0.35 mm，使晶体硅切割损失较大，且大硅片不易切得很薄。

5. 掺杂和封装

加工好的单晶硅片，首先要进行掺杂和扩散，一般掺杂物为微量的硼、磷、锑等。扩散是在石英管制成的高温扩散炉中进行。这样就在硅片上形成 p - n 结。然后采用丝网印刷法，将精配好的银浆印在硅片上做成栅线，经过烧结制成背电极，并在有栅线的面涂覆减反射源，以防大量的光子被光滑的硅片表面反射掉。单体片经过抽查检验，即可按所需要的规格组装成太阳能电池组件(太阳能电池板)，用串联和并联的方法构成一定的输出电压和电流。最后用框架和材料进行封装。用户根据系统设计，可将太阳能电池组件组成各种大小不同的太阳能电池方阵，亦称太阳能电池阵列。

8.1.2.2　多晶硅

多晶硅技术省去了昂贵的单晶拉制过程，在材料及电能消耗方面都有较大的改善。

(1)多晶硅片：目前太阳能电池使用的多晶硅材料，是以冶金级硅材料或废次单晶硅料熔化浇铸后切片而成。硅锭可铸成立方体，以便切片加工成方形太阳能电池片，提高材制利用率和方便组装。多晶硅太阳能电池的制作工艺与单晶硅太阳能电池相似，其光电转换效率约12%左右，稍低于单晶硅太阳能电池，但是省去了昂贵的单晶拉制过程，材料制造相对简便，节约电耗，总的生产成本较低。

(2)多晶硅薄膜：目前制备多晶硅薄膜电池多采用化学气相沉积法，包括低压化学气相沉积(LPCVD)和等离子增强化学气相沉积(PECVD)工艺。此外，液相外延法(LPPE)和溅射沉积法也可用来制备多晶硅薄膜电池。化学气相沉积主要是以 SiH_2Cl_2、$SiHCl_3$、$Sicl_4$或 SiH_4，为反应气体，在一定的保护气氛下反应生成硅原子并沉积在加热的衬底上，衬底材料一般选用 Si、SiO_2、Si_3N_4等。液相外延(LPE)法的原理是通过将硅熔融在母体里，降低温度析出硅膜。

8.1.2.3　非晶硅

开发太阳能电池的两个关键问题就是：提高转换效率和降低成本。由于非晶硅薄膜太阳能电池的成本低，便于大规模生产，普遍受到人们的重视并得到迅速发展。

非晶硅作为太阳能电池材料尽管是一种很好的电池材料，但由于其光学带隙为1.7 eV，使得材料本身对太阳辐射光谱的长波区域不敏感，这样一来就限制了非晶硅太阳能电池的转换效率。此外，其光电效率会随着光照时间的延续而衰减，即所谓的光致衰退S－W 效应，使得电池性能不稳定。解决这些问题的途径就是制备叠层太阳能电池，叠层太阳能电池是由在制备的 p－i－n 层单结太阳能电池上再沉积一个或多个 p－i－n 子电池制得的。叠层太阳能电池提高转换效率、解决单结电池不稳定性的关键问题在于：①它把不同禁带宽度的材料组合在一起，提高了光谱的响应范围；②顶电池的 i 层较薄，光照产生的电场强度变化不大，保证 i 层中的光生载流子抽出；③底电池产生的载流子约为单电池的一半，光致衰退效应减小；④叠层太阳能电池各子电池是串联在一起的。

8.1.3　无机化合物

(1)砷化镓(GaAs)：砷化镓属于Ⅲ－Ⅴ族化合物半导体材料，其能隙为1.4 eV，正好为高吸收率太阳光的值，因此，是很理想的电池材料。GaAs 等Ⅲ－Ⅴ化合物薄膜电池的制备主要采用 MOVPE 和 LPE 技术，其中 MOVPE 方法制备 GaAs 薄膜电池受衬底位错、反应压力、Ⅲ－Ⅴ比率、总流量等参数的影响。

(2)铜铟硒($CuInSe_2$)：铜铟硒 $CuInSe_2$简称 CIS。CIS 是一种三元Ⅰ－Ⅲ－Ⅵ族化合物半导体，具有黄铜矿、闪锌矿两个同素异形的晶体结构，其高温相为闪锌矿结构(相变温度为980 ℃)，属立方晶系，面心立方格子，晶格常数为 $\alpha=5.86\times10^{-8}$ cm。其低温相是黄铜矿结构（相变温度为 810 ℃），属四方晶系，体心四方格子，其晶格常数为 $\alpha=5.782\times10^{-8}$ cm，$c=11.621\times10^{-8}$ cm。黄铜矿结构 CIS 与纤锌矿结构的 CdS（$\alpha=4.613\times10^{-8}$ cm，$c=7.16\times10^{-8}$ cm）晶格失配率为 1.2%，这一特点使 CdS 成为最佳的 CIS 薄膜电池缓冲层。CIS 是直接带隙半导体材料，77 K 时的带隙为 $E_g=1.04$ eV，300 K 时 $E_g=1.02$ eV，其带隙对温度的变化不敏感。CIS 薄膜太阳能电池不存在光致衰退问题。

CIS 电池薄膜的制备主要有真空蒸发法、合金硒化法、电沉积法等。真空蒸发法是采用各自的蒸发源蒸镀铜、铟和硒，蒸发物沉积到保持一定温度的衬底上，形成多元化合物。真空蒸发法是目前 CIS 研究最深入的制备工艺，其中三源蒸发工艺获得 19.2% 的实验室转换效率，是目前 CIS 薄膜电池的最高纪录。真空蒸发按蒸发方式的不同又分为单源蒸发、三源蒸发等。合金硒化法是使用 H_2Se 硒化金属膜，需要先生成合金预制膜，后由 H_2Se 或硒蒸气提供硒源进行硒化，硒化过程是一个涉及气固两相的物质传递和反应的复杂过程，通过该法制备大面积组成均匀的 CIS 较为困难。CIS 作为太阳能电池的半导体材料，具有价格低廉、性能良好和工艺简单等优点，将成为今后发展太阳能电池的一个重要方向。

（3）碲化镉（CdTe）：在薄膜光伏材料中，以 CdTe 为基体的薄膜光伏器件具有极大的吸引力。CdTe 已成为人们公认的高效、稳定、廉价的薄膜光伏器件材料。CdTe 多晶薄膜太阳电池转换效率理论值在室温下为 27%，目前已制成面积为 1 cm^2，效率超过 15% 的 CdTe 太阳电池，面积为 706 cm^2的组件，效率超过 10%。制备 CdTe 薄膜的方法主要有电沉积，丝网印刷，化学气相沉积 CVD，物理气相沉积 PVD，分子束外延 MBE，溅射等。

8.2　储氢材料

氢是一种非常重要的二次能源，资源丰富，发热值高，1 kg 氢气燃烧放热相当于 3 kg汽油，燃烧产物 H_2O 对环境无污染，因此是人类致力开发的能源之一。

在氢能的开发利用过程中，有两个重要的方面，即氢能的制备和储运。在氢能的制备方面：人类通过利用太阳能光解海水可以制得大量的氢；更重要的是氢的储运问题。目前常用的储氢方法有物理方法和化学方法，物理方法如高压压缩、深冷液化、固化、活性炭纳米管吸附、Al_2O_3微球储氢等；化学方法是利用金属、无机物或有机物在一定条件下与氢发生化学反应，形成金属氢化物等。寻求安全、高效，低成本储氢材料及方法是当前能源利用研究开发的热点之一。

纯金属可以大量吸氢，但为了便于使用，一般要通过合金化来改善金属氢化物的吸放氢条件，即使得金属在容易达到和控制的条件下吸放氢，因此，一般的金属储氢材料为合金储氢材料。

8.2.1 储氢合金的组成

储氢合金一般为AB_x型，A是能与H形成稳定氢化物的放热型金属，如Re、Ti、V、Zr、Ca、Mg、Nb、La、Mm等，能大量吸氢，并大量放热（$\Delta H<0$），而B为与氢亲和力小，通常不形成氢化物，但氢在其中容易移动，具有催化活性作用的金属，如Fe、Co、Mn、Cr、Ni、Cu、Al等，为吸热型金属（$\Delta H>0$）。由前者形成的氢化物稳定，不易放氢，氢扩散困难，为强键氢化物，控制储氢量；后者控制放氢的可逆性，起调节生成热与分解压力的作用。

特定合金在高温、高氢压下与氢反应，形成金属氢化物，从而吸氢；通过高温或减压，金属氢化物发生分解，从而放氢；通过冷却或加压又充氢。把吸放氢快，可逆性优良的合金称为储氢合金。其氢密度优于瓶装氢气及液氢，并且安全。

8.2.2 储氢合金的分类

目前研究较多的储氢合金主要有AB_5型稀土镍系储氢合金、AB_2型Laves相合金、AB型Ti－Ni系合金、A_2B型镁基储氢合金和钒基固溶体型储氢合金。它们的主要特征见表8－2。

表8－2 典型储氢合金的主要特性

合金类型	典型氢化物	合金组成	吸氢质量（%）	电化学容量/（$mA\cdot h\cdot g^{-1}$）	
				理论值	实测值
AB_5型	$LaNi_5H_6$	$MmNi_a(Mn,Al)_bCo_c$（Mm为富Ce混合稀土）（$a=3.5\sim4.0,b=0.3\sim0.8,a+b+c=5$）	1.3	348	330
AB_2型	$ZrMn_2H_3$	$Zr_{1-x}Ti_xNi_a(Mn,V)_b(Co,Fe,Cr)_c$（$a=1.0\sim1.3,b=0.5\sim0.8,c=0.1\sim0.2,a+b+c=2$）	1.8	482	420
AB_3型	$LaNi_3H_5$	$LaNi_3$，$CaNi_3$	1.56	425	360
AB型	$TiFeH_2$，$TiCoH_2$	$ZrNi_{1.4}$，TiNi，$Ti_{1-x}Zr_xNi_a$（$a=0.5\sim1$）	2.0	536	350
A_2B型	Mg_2NiH_4	（MgNi）	3.6	965	500
固溶体型	$V_{0.8}Ti_{0.2}H_{0.8}$	$V_{4-x}(Nb,Ta,Ti,Co)_xNi_{0.5}$	3.8	1018	500

1. AB_5型储氢合金

AB_5型储氢合金为$CaCu_5$型六方结构，其晶体结构及其储氢位置如图8－3所示。在AB_5型储氢合金中，A侧是混合稀土金属，主要为La、Ce、Pr、Nd四种稀土元素，B侧金属多数易于动力学放氢，由于它们的存在，储氢量不是很高。

$LaNi_5$系储氢合金是AB_5型的代表，具有吸氢量大，不易中毒，平衡压力适中，滞后小，[H]在合金中扩散系数大，故吸放氢快，具有很高的电化学储氢容量和良好的吸放氢动力学特性。但$LaNi_5$吸氢后晶胞体积膨胀大(23.5%)，易粉化而且由于大量使用La，成本高。

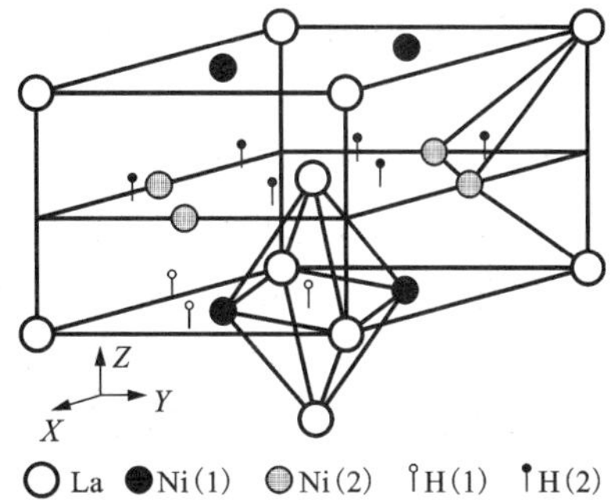

图8－3　$LaNi_5$合金的晶体结构及其储氢位置

2. AB_2型储氢合金

AB_2型储氢合金有$MgZn_2$型(C14，空间群$P6_3/mmc$，六方结构)、$MgCu_2$型(C15，空间群Fd3 m，面心立方结构)和$MgNi_2$型(C36，空间群$P6_3/mmc$，六方结构)三种类型，但AB_2型储氢合金只涉及C14和C15两种结构，其晶体结构及其储氢四面体类型如图8－4所示。AB_2型储氢材料储氢量约为1.7%～2.4%，ZrM_2(M＝V，Cr，Mn，Fe，Co，Mo等)系、Ti－Mn基合金为AB_2型储氢材料的代表，室温吸氢量最大2.1%，20 ℃分解压0.9 MPa，最大释氢233 mL/g。

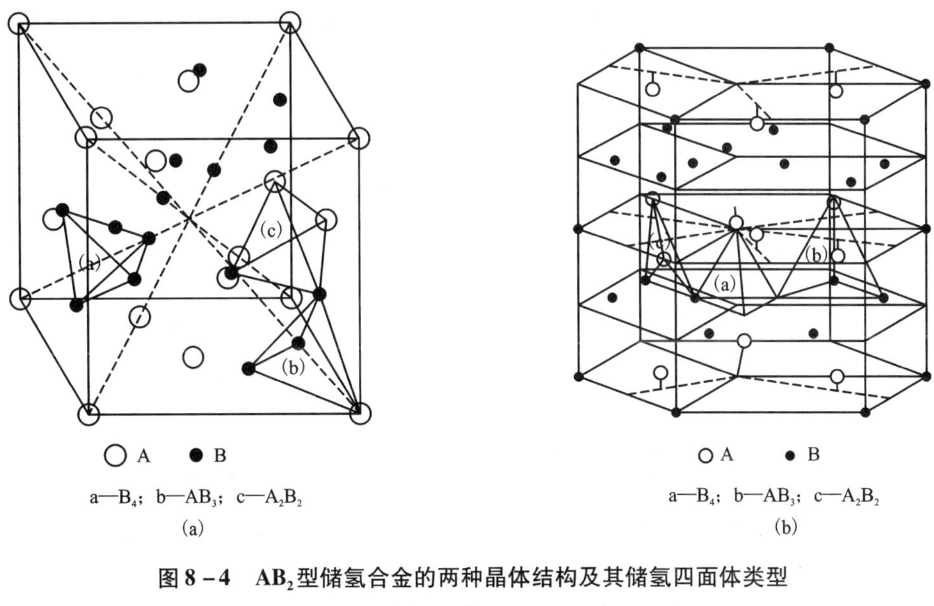

图8－4　AB_2型储氢合金的两种晶体结构及其储氢四面体类型

(a)C15面心立方Laves相；(b)C14六方Laves相

AB_2型Laves相储氢合金的容量较大，因此是目前高容量储氢合金的研发热点。但AB_2型Laves相储氢合金活化性却明显不如AB_5型合金。许多AB_2型Laves相储氢合金需要循环10次以上才能活化。因此，AB_2型Laves相储氢合金通常需要经过表面改性处理，其活化性能才能达到实用化的要求。

3. AB型储氢合金

Ti－Fe系合金是AB型储氢材料的代表，储氢量可达1.8%－1.9%。Ti－Fe系储氢材料在室温下即可与H_2反应得$TiFeH_{1.04}$和$TiFeH_{1.95}$，Ti、Fe资源丰富，价格便宜，同时，室温下释氢压力不到1 MPa，如在0.3 MPa氢压下可逆大量释放氢，接近工业应用。但Ti－Fe系储氢材料活化困难，活化要在大于450 ℃/5 MPa氢压下，反复多次氢洗合金，使合金表面的氧化膜去掉，便于合金吸氢，还可通过酸洗、碱洗的方法活化；同时Ti－Fe系储氢材料抗毒性差，反复吸放氢性能下降。一般通过合金化来改善吸放氢性能，如TiFeM(M＝Mn, Zr, Ni, V, Co等)。合金化使平台氢压下降，但又使平台斜率增加；加入Re(Mm)促进活化，使储氢量下降。

4. A_2B型储氢合金

Mg系合金是A_2B型储氢材料的代表，具有密度小、储氢量大(7.6%)、资源丰富的优势，如Mg_2H_2含氢达7.6%，Mg_2NiH_4含氢3.6%。但Mg_2H_2太稳定，Mg系合金分解温度过高(＞250 ℃)，吸放氢慢，一般加Ni或Cu催化之。Mg－Ni系或Mg－Cu系中的Ni、Cu等起催化作用。Mg－Ni系合金可有Mg_2Ni、$MgNi_2$两种金属化合物，其中Mg_2Ni与氢反应，而$MgNi_2$不反应，MgNi中，Ni为3%～5%时吸氢量最大，用Al或Ca等置换部分Mg，或用V, Cr, Mn, Fe, Co等替换部分Ni可改善Mg－Ni系快速吸释氢的性能。

5. 非晶态储氢合金

非晶态储氢合金较同成分晶态合金在相同温度和氢压下，有较大储氢量，耐磨，不易粉碎，吸放氢过程体积变化小，但吸放热易晶化，有关储氢机理目前还没有研究清楚。

8.2.3 储氢合金的要求

(1)吸氢能力大，易活化。吸氢量希望达4%，但理论上Re, Ti系达不到，寄希望于Mg系，V系；易活化指在室温下，1 MPaP_{H2}压下，反应1～2次开始饱和吸氢的合金。而需高温(＞500 ℃)、长时间、次数多、高真空度、高氢压(＞5 MPa)才能活化的属难活化合金。

(2)金属氢化物生成热适当，过于稳定，不利释放。一般用分解压为0.1 MPa时的温度或任一温度的平衡分解压作为评价标准，也常用氢化物生成热H_D与燃烧热之比H_D/H_C。应尽量降低H_D/H_C(H_C约为285.95 kJ·mol^{-1}H_2)，一般选择合金组成来控制其氢化物生成热，选取的$\Delta H^{\ominus}$为－29～46 kJ·mol^{-1}，故一般选用ⅠA－ⅤB族的放热型金属，如Li、Mg、K, Na、Ca、Ti、Nb、Zr、V、Re等与ⅢB－ⅤB族吸热型金属Cr、Fe、Mn、Co、Ni、Cu等组合，常用Re系，Ti系，Mg系，V系非晶合金，复合合金。

(3)平衡氢压适当，平坦而宽，平衡压力适中。平台倾斜与晶体结构及相偏析有关，与铸造合金的冷却速度有关，一般热处理或快淬速冷利于平台平坦。作为储氢材料，一

般希望的放氢条件为室温时0.2～0.3 MPa，如在室温～50 ℃时的平衡分解压为0.1～0.5 MPa，或分解压0.1 MPa，温度为－50～0 ℃为佳。

(4)吸放氢快，滞后小。若滞后大，吸放氢时需加热、冷却，或加、减压，不方便使用。

(5)传热性能好，不易粉化。合金吸放氢，体积反复膨缩，合金粉化使填充密度增大，体积膨胀导致容器局部受高压力而受损，或导致氢气泄露，或降低传导热效率，而且细粉容易堵塞阀门等。

(6)对 O_2、H_2O、CO_2、CO 等杂质敏感性小，反复吸放氢材料性能不致恶化。

(7)金属氢化物在储存、运输时性能可靠、安全。

(8)储氢合金化学性质稳定，经久耐用，反复吸放氢后衰减小。

(9)价格便宜，环境友好。

8.2.4 储氢合金的应用

储氢合金主要用于 Ni－H 电池的负级材料。其他方面的应用主要为：

(1)储氢容器　氢储于合金中，原子密度缩小1000倍，制成容器与钢瓶比，相同储氢量时重量比1∶1.4，无需高压及液氢储存的极低温设备和绝热措施。目前主要方向：开发密度小，储氢效率高的合金。

(2)氢能汽车　目前能用于汽车的储氢器件的重量比汽油箱大，但氢的热效率高于汽油，约为1∶3，并且燃烧后无污染。随着科学技术的发展，储氢器件的体积和重量将会越来越小。

((3)分离器收氢　利用储氢合金回收分离工业废气中的 H_2，如用 $MlNi_5$ + $MlNi_{4.5}M_{0.5}$二级分离床分离 He，H_2，氢回收率达99%；分离合成氨生产中的 H_2。

(4)制取高纯氢气　利用储氢合金对氢的选择性吸收，可制高纯氢，用于电子、光纤工业生产。

(5)氢气静压机　通过改变温度，可调控 p_{H2}分解压，实现热能、机械能的转换，用作氢化物压缩机，如 $LaNi_5$，160 ℃和15 ℃循环使用，氢压从0.4 MPa增至4.5 MPa。如我国研制的储氢合金 MHHC24/15$(MnCa)_{0.95}Cu_{0.05}(NiAl)_5$，在100 ℃下获14 MPa高压氢，直接装瓶。

(6)氢化物电极　$LaNi_5$、TiNi 等有阴极储氢能力，促进氢的阴极氧化，可用作阴极电极材料。具有比能量高(Ni－Cd 电池的1.5～2倍)，无污染，耐过充、过放电，无记忆效应等优点。

8.2.5 新型储氢碳材料

1. 活性炭

活性炭是一种既古老又年轻的材料，早在古埃及时代，人类就利用木炭来消除伤口散发出的恶臭气味。活性炭作为一种优良的吸附剂，广泛应用于环保、化学工业、食品加工、湿法冶金、军事化学防护等各个领域。

活性炭的制备工序主要为炭化和活化。炭化过程包括在400 ℃的分解反应、400～700 ℃的氧键断裂反应和700～1000 ℃的脱氧反应。炭化结果得到聚合苯环平面状分子而形成三向网状结构的碳化物。活化是在900 ℃下，把炭暴露于氧化性气氛介质中，除去吸附的物质并使被堵塞的细孔开放，扩大原来的细孔和通路，选择性氧化形成微孔组织。

活性炭储氢是利用具有超高比表面积的活性炭作吸附剂，在中低温(77～273 K)、中高压(1～10 MPa)下的吸附储氢技术。活性炭吸附储氢性能与储氢的温度和压力有关。一般来说，温度越低、压力越高，储氢量越大。在293 K、5 MPa，94 K、6 MPa下，储氢质量分数分别达1.9%、9.8%；氢的等温脱吸附可达95.9%。

与其他储氢技术相比，活性炭吸附储氢具有经济、储氢量高、解吸快、循环使用寿命长和易实现规模化生产等优点，是一种很具有潜力和竞争力的炭质吸附储氢材料。

2. 活性炭纤维

活性炭纤维作为一种理想的高效吸附材料，是在炭纤维技术和活性炭技术相结合的基础上发展起来的。它是一种具有丰富发达孔隙结构的功能型炭纤维。与活性炭相比，活性炭纤维具有优异的结构性，它比表面积大，微孔结构丰富，孔径分布窄，且微孔直接开孔于纤维表面，因而比活性炭具有更加优良的吸附性能和吸附力学行为。

3. 纳米炭纤维

纳米炭纤维是近年来为吸附储氢而开发的一种材料。纳米炭纤维表面具有分子级微孔，内部具有直径大约10 nm的中空管，比表面积大。大量氢可以在纳米炭纤维中凝聚，从而可能具有超级储氢能力。纳米炭纤维的储氢量与其直径、结构和质量有密切的关系。在一定范围内，直径越细，质量越高，储氢量越大。

4. C_{60}富勒烯

C_{60}富勒烯的储氢量可高达6.3%。与简单的活性炭吸附储氢不同，C_{60}富勒烯的碳原子与氢原子形成相当强的共价键，因此要打破这些键释放出氢气需要400 ℃以上的高温。

5. 纳米碳管储氢材料

纳米碳管的横截面是由2个或多个同轴管层组成的，层与层相距0.343 nm。纳米碳管是一种储氢量很大的吸氢材料，有单壁纳米碳管和多壁纳米管之分。与多壁纳米碳管相比，单壁纳米碳管缺陷少、长径比大、结构简单、强度大、量子效应明显、储氢能力强。

8.3　氢镍二次电池材料

金属氢化物镍二次电池（简称氢镍二次电池或MH－Ni电池）是20世纪80年代末发展起来的一种绿色高能二次电池。它以储氢合金作负极活性材料，$Ni(OH)_2$为正极活性材料，碱的水溶液作电介质。其工作原理如图8－5所示。

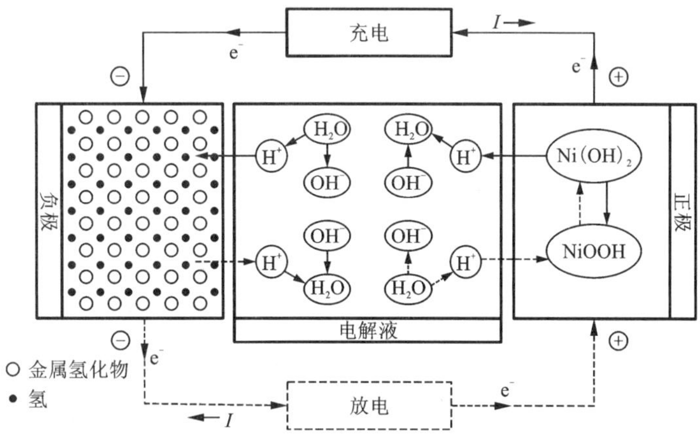

图8－5　MH/Ni电池的工作原理示意图

充电时，在外电流的作用下，正极$Ni(OH)_2$脱出H^+，Ni^{2+}氧化成为Ni^{3+}，$Ni(OH)_2$转变成为NiOOH。脱出的H^+通过电解质溶液进入负极与电子结合成为氢原子，并与储氢合金结合成为金属氢化物。放电时，金属氢化物中的氢原子释放出电子转变为H^+并从金属氢化物脱出，脱出的H^+通过电解质溶液进入正极与NiOOH反应形成$Ni(OH)_2$。

8.3.1　正极材料

氢镍二次电池的正极活性材料为$Ni(OH)_2$。$Ni(OH)_2$有α、β两种晶型。

α－$Ni(OH)_2$是层间含有水分子的$Ni(OH)_2$，其晶体结构属六方晶系（晶胞参数a＝0.53 nm，c＝0.75 nm），其结构模型见图8－6。

β－$Ni(OH)_2$不含层间水，其晶体结构也属六方晶系（晶胞参数a＝0.312 nm，c＝0.4605 nm），其结构模型如图8－7所示。

α－$Ni(OH)_2$在碱性溶液中不稳定。结晶度较低的α－$Ni(OH)_2$在碱性溶液中陈化会转变成为β－$Ni(OH)_2$。充放电过程中，不同晶型的$Ni(OH)_2$与NiOOH之间会发生对应的结构转变（见图8－8）。

$Ni(OH)_2$与 NiOOH 之间有两个可逆体系，即 β－$Ni(OH)_2$/β－NiOOH 体系和α－$Ni(OH)_2$ /γ－NiOOH 体系。到目前为止，研究较多的是β－$Ni(OH)_2$/β－NiOOH 体系。该体系在充放电过程中体积变化较小，具有较好的体积稳定性和良好的电化学性能，因此目前β－$Ni(OH)_2$在氢镍电池中被广泛使用。该体系的缺点是充电后期析氧严重，充电效率低，并且过充时生成的γ－NiOOH 会导致电极的膨胀，引起活性物质脱落，影响电池寿命。此外，β－$Ni(OH)_2$/β－NiOOH 在电化学氧化－还原过程中只有一个电子转移，理论容量较低，只有 289 mAh/g。α－$Ni(OH)_2$/γ－NiOOH 体系的理论容量可达 480 mAh/g。虽然α－$Ni(OH)_2$在碱性溶液中不稳定，但掺杂α－$Ni(OH)_2$在碱溶液中却具有良好的稳定性。掺杂稳定α－$Ni(OH)_2$的出现，给氢镍电池的发展带来了希望，目前已经成为一个比较热门的研究方向，引起了人们的重视。

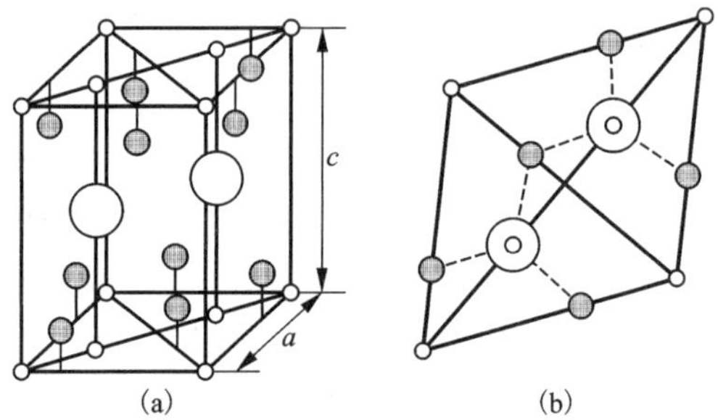

图 8－6　α－$Ni(OH)_2$的晶体结构模型

(a)三维六方晶格；(b)$a-b$ 平面内的投影

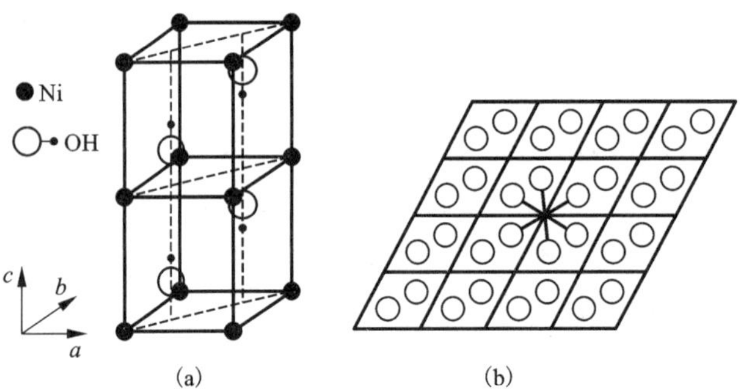

图 8－7　β－$Ni(OH)_2$的晶体结构模型

(a)三维六方晶格；(b)$a-b$ 平面内的投影（氢原子未画出）

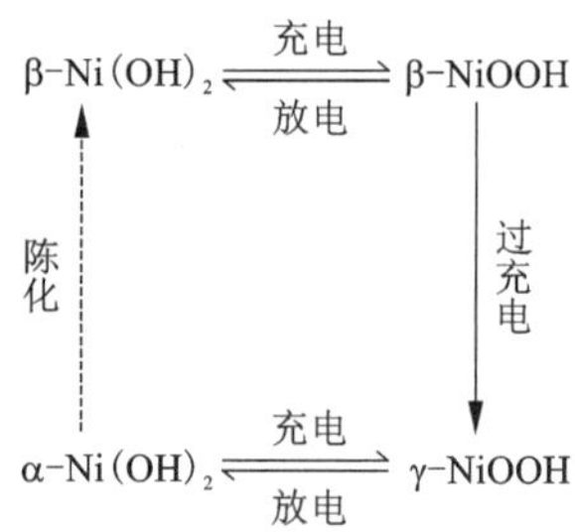

图 8－8　$Ni(OH)_2$与 NiOOH 在各种条件下的晶型转变关系图

8.3.2　负极材料

氢镍电池的负极活性材料主要为储氢合金材料。用作氢镍电池负极活性材料的储氢合金应满足以下条件：

(1)电化学储氢容量高，在较宽的温度范围内不发生太大的变化。在电池工作温度范围（ –20 ~ +60 ℃）内，储氢合金具有合适的氢平衡分解压（室温下为 10132.5 ~ 101325 Pa），对氢的阳极极化具有良好的催化作用，同时氢化物的生成热 ΔH 要小于 62.78 kJ。

(2) 抗氧化能力强，在氢的阳极氧化电位范围内，储氢合金具有较强的抗阳极氧化能力。

(3) 催化活性高，反应阻力（氢过电压）小，氢扩散速率大，电极反应的可逆性好，初期活化所需次数少。

(4) 在碱性电解质溶液中化学稳定性好，合金组分的化学性质相对稳定。

(5) 反复充放电过程中合金不易粉化，制成的电极能保持形状稳定，寿命长。

(6) 具有良好的电、热传导性。

(7) 原材料成本低廉。

关于储氢合金的内容见 8.2 节。

8.4　锂离子电池材料

锂离子电池是 20 世纪 90 年代初发展起来的迄今为止最先进的可充电电池，其工作原理如图 8 –9 所示。电池在充电时，锂离子从正极中脱嵌，通过电解质和隔膜，嵌入到负极中；反之电池放电时（图右半部分所示），锂离子由负极中脱嵌，通过电解质和隔膜，重新嵌入到正极中。由于锂离子在正、负极中有相对固定的空间和位置，因此电池充放电反应的可逆性很好。从而保证了电池的长循环寿命和工作的安全性（无树枝状锂形成，避免了内部短路）。

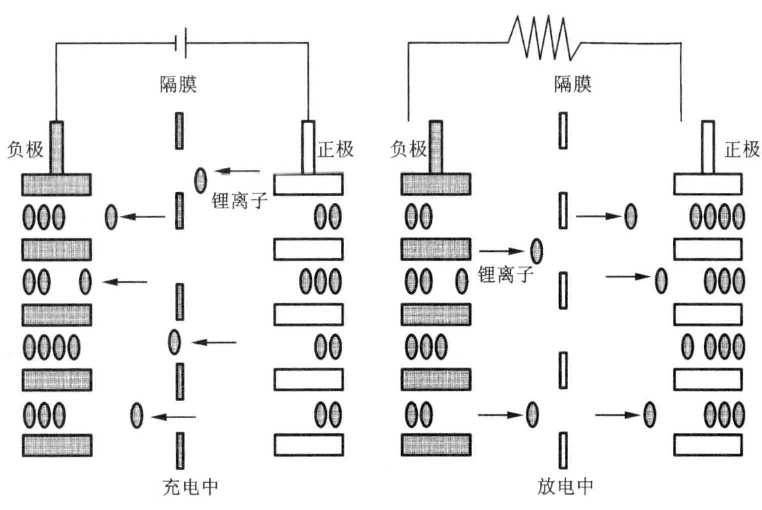

图 8 –9　锂离子电池的工作原理示意图

8.4.1 正极材料

锂离子电池正极材料要求具有以下基本特征：①嵌锂电位高以保证电池较高的工作电压；②分子量小嵌锂量大，以保证电池有较高的放电容量；③锂离子的嵌入/脱出过程高度可逆且结构变化小以保证电池有较长的循环寿命；④具有较高的电子电导率和离子电导率以减少极化并能进行大电流充放电；⑤化学稳定性好，与电解质有优良的相容性；⑥原料易得，价格便宜；⑦制备工艺简单；⑧对环境友好。

1. 嵌锂过渡金属氧化物

嵌锂过渡金属氧化物是最重要的一类正极材料，其中包括：目前已经在锂离子电池规模化生产中广泛应用的正极材料钴酸锂（$LiCoO_2$），正被广泛研究并已在电池中试用的尖晶石型锰酸锂（$LiMn_2O_4$）、掺杂镍酸锂（$LiNi_{1-x}M_xO_2$，M = Co、Mn、Mg、Al、Ga 等掺杂元素）、镍钴锰酸锂（$LiNi_{1/3}Co_{1/3}Mn_{1/3}O_2$）和磷酸亚铁锂（$LiFePO_4$）等。其中 $LiCoO_2$ 具有比容量较高、放电电压平稳、循环性能好、制备工艺简单和电化学性能稳定等优点。目前，绝大部分的商业锂离子电池仍然以 $LiCoO_2$ 作正极材料。主要缺点是其合成所需的钴资源缺乏，价格昂贵，而且毒性较大。

2. 金属硫化物

金属硫化物作为锂离子电池正极材料虽然具有能量密度高、造价低、无污染等优点，如 TiS_2、MoS_2、NiS、$Ag_4Hf_3S_8$ 和 CuS 等都具有良好的嵌、脱锂性能和循环性能，但这类材料的嵌、脱锂电位较金属氧化物低，在低温条件下的电化学反应速度慢，材料的倍率充放电性能不理想。虽然在 20 世纪 80 年代曾经一度引起了人们的关注，但近年来的研究进展缓慢。

3. 其他正极材料

V_2O_5、无定形 $\alpha-V_2O_5$、$\alpha-V_2O_5-B_2O_3$ 和 V_2MoO_8 都有人作过研究。其平均放电电压为 2.5 V 左右，低于 $LiCoO_2$ 和 $LiMn_2O_4$ 的放电电压。因为存在容量衰减问题，这些材料没有从大规模发展的角度进行研究。有报道说，在 200 ℃制备的 $Li_xFe_yO_z$（Li^+/Fe^{3+} = 0.69），循环过程中平均放电电压为 2 V 的容量达 140 mAh/g。由于铁的价格非常便宜，这种材料将来可能成为有吸引力的候选材料。

近几年来有人趋向于研制平均工作电压在 5V 范围的高电位正极材料。这些材料一般是置换型尖晶石 $LiMn_{2-x}M_xO_4$，置换量非常高，可达 50%。这些化合物的高电压来源于置换阳离子非常高的氧化还原电位。典型例子有 $LiCu_{0.5}Mn_{1.5}O_4$、$LiNi_xCu_{0.5-x}Mn_{1.5}O_4$。另一类高电位正极材料是具有反尖晶石结构的 $LiNiVO_4$ 和 $LiCo_yNi_{1-y}VO_4$。这些高电位阳极材料可以用电位相对较高（比如，相对于锂为 1.5 V）的负极材料与其配对组成电池而不明显降低电池的整体电压，因而具有重要的实际意义。但是，要用好这些材料还要有能承受高氧化还原电位的电解质的支持，目前，这些材料的实际应用还存在安全和容量保持等问题。

纳米材料用作锂离子电池正极材料也有一些报道，如纳米 CuS、纳米尖晶石 $LiMn_2O_4$、钡镁锰矿型 MnO_2纳米纤维、聚吡咯包覆尖晶石型 $LiMn_2O_4$纳米线、聚吡咯/V_2O_5纳米复合材料等。

8.4.2 负极材料

用作锂离子电池的负极材料应满足以下要求：①嵌/脱锂电位低而平稳以保证电池有高而平稳的工作电压；②嵌/脱锂容量大以保证电池有较大的充放电容量；③嵌/脱锂过程中结构稳定且不可逆容量小以保证电池具有良好的循环性能；④电子电导率和离子电导率高以减少极化并能够大电流充放电；⑤在电解质溶液中具有良好的化学稳定性以保证电池有较长的使用寿命；⑥原料易得，价格便宜；⑦容易制备，生产成本低；⑧无毒，对环境友好。

表 8-3 锂离子电池负极材料的演变过程

负极材料	金属锂	锂合金（如 LiAl）	碳素材料（如石墨）	氧化物（如 SnO）	纳米合金（如纳米硅）
容量/($mA \cdot h \cdot g^{-1}$)	3861	790	372	700	2000
开始研究年份	1965	1971	1980	1995	1998

二次锂电池的负极材料经历了从金属锂到锂合金、碳材料、氧化物，再到纳米合金的发展过程(见表 8-3)。目前，已实际用于锂离子电池的负极材料基本上都是碳素材料，如人工石墨、天然石墨、中间相碳微珠(MCMB)、石油焦、炭纤维、树脂热解炭等。

1. 金属锂负极材料

锂是重量最轻、标准电极电位最负的金属，是比容量最高的负极材料。锂异常活泼，能与很多无机物和有机物反应。在一次锂电池中，锂电极与有机电解质溶液反应，在其表面形成一层钝化膜(固体电解质界面膜，SEI)。这层钝化膜能阻止反应的进一步发生，使金属锂稳定存在。这是一次锂电池得以商品化的基础。

对于二次锂电池，充电过程中，锂将重新回到负极，沉积在负极表面。新沉积的锂由于没有钝化膜保护，其中的一部分将与电解质反应并被反应物包裹，与负极失去接触，成为弥散态的锂，使电池容量不断减少。另一方面，充电时，新沉积的锂会在负极表面形成锂枝晶，造成电池短路，使电池被毁，甚至爆炸起火。二次锂电池至今没能实现商业化，原因就在于此。

2. 锂合金负极材料

为了克服金属锂负极安全性和循环性差的缺点，人们研制了各种锂合金以替代金属锂负极。这些锂合金包括 LiPb、LiAl、LiSn、LiIn、LiBi、LiZn、LiCd、LiSi、LiAlFe、LiAlB 等。采用锂合金作负极，避免了枝晶的生长，提高了电池的安全性。但是，锂合金在锂脱/嵌的过程中，体积变化很大，容易造成材料的粉化失效，电池的循环性能很差。

3. 碳负极材料

用碳取代金属锂作负极，充放电过程中不会形成锂枝晶，大大提高了电池的安全和循环性能。根据碳材料的石墨化难易程度，可以将其分为石墨、硬碳和软碳三类。硬碳是在很高的温度下进行热处理也不能石墨化的碳；软碳是通过热处理容易转变成为石墨的碳。用作锂离子电池负极材料的碳材料主要是石墨和硬碳。

(1)石墨材料

石墨材料包括人工石墨和天然石墨。石墨具有良好的层状结构。石墨层内每个碳原子通过 sp^2 杂化与另外三个碳原子连接，形成六元环状结构，石墨层间以范德华力连接。沿 c 轴方向，石墨层有 ABAB 和 ABCABC 两种排列形式。如果锂离子嵌入石墨层间，石墨层可转变为 AAA 排列。这种结构有足够的回弹力让锂容易地嵌入和脱出。其充放电可逆容量可达到 300 mAh/g 以上，接近 LiC_6 的理论比容量 372 mAh/g，充放电效率通常在 90% 以上，不可逆容量一般低于 50 mAh/g，锂在石墨中的脱/嵌反应主要发生在 0 ~ 0.25 V 左右(相对于 Li/Li^+)，具有良好的充放电电压平台，与提供锂源的正极材料如 $LiCoO_2$、$LiNiO_2$、$LiMn_2O_4$ 等匹配性较好，所组成的电池平均输出电压高，是一种性能较好的锂离子电池负极材料。目前生产的锂离子电池主要采用石墨类碳材料(包括人工石墨和天然石墨)作负极材料。

(2)硬碳

硬碳是非石墨化的玻璃状碳——即使在很高的温度下进行热处理也不能石墨化的碳。硬碳主要包括树脂(如酚醛树脂、环氧树脂、聚糠醇等)热解炭、有机聚合物(PVA、PVC、PVDF、PAN 等)热解炭以及炭黑(如乙炔黑)等。其中最为典型的是聚糠醇树脂碳 PFA－C。PFA－C 晶面间距较大，为 0.74 ~ 0.76 nm，与 LiC_6 的晶面间距 0.74 nm 相当，有利于锂的嵌入而不引起其结构的明显膨胀，具有很好的充放电循环性能。

4. 氧化物负极材料

(1)过镀金属氧化物

$Li_4Ti_5O_{12}$ 是近几年来研究较多的一种过渡金属氧化物。它具有尖晶石结构，空间群为 $Fd\bar{3}m$，理论比容量为 175 mAh/g，实际循环容量为 150 ~ 160 mAh/g，相对于金属锂电极的电位约 1.5 V。作为锂离子电池的负极材料，$Li_4Ti_5O_{12}$ 虽然容量小于碳负极材料，相对于金属锂电极电位过高，但它具有以下优点：①在锂离子嵌入－脱出的过程中晶体结构能够保持高度的稳定性，使其具有优良的循环性能和平稳的放电电压；②具有较高的电极电位，从而避免了电解液分解现象或保护膜的生成；③制备 $Li_4Ti_5O_{12}$ 的原料来源比较丰富。

(2)锡的氧化物及非晶态铝基复合氧化物

锡的氧化物包括氧化亚锡、氧化锡及其混合物，都具有一定的可逆储锂能力，储锂容量比石墨材料高很多，可达到500 mAh/g以上，但首次不可逆容量也较大。其中采用低压气相沉积法制备的结晶氧化锡(SnO_2)的循环性能比较理想，充放电循环100次容量几乎不衰减，而氧化亚锡(SnO)以及采用溶胶－凝胶法及简单加热制备的氧化锡的循环性能都不理想。

通过向锡的氧化物中掺入B、P、Al及金属元素的方法，制备出非晶态(无定形)结构的锡基复合氧化物[通式为$SnM_xO_y(x\geqslant 1)$]，其可逆容量达到600 mAh/g以上，体积比容量大于2200 mAh/cm^3，是目前碳材料负极(500～1200 mAh/cm^3)的2倍以上，循环性能也较好。

5. 氮化物负极材料

最具代表性的材料为Li_7MnN_4和$Li_{3-x}Co_xN$等。Li_7MnN_4属于反CaF_2型结构的锂过渡金属氮化物(其通式为$Li_{2n-1}MN_n$，M代表过渡金属)，充放电过程中，过渡金属通过价态变化来保持电中性。该材料比容量比较低，约为200 mAh/g，但循环性能良好，充放电电压平坦，没有不可逆容量，特别是这种材料作为锂离子电池负极时，还可以采用不能提供锂源的正极材料与其匹配组成电池。$Li_{3-x}Co_xN$属于Li_3N型结构的锂过渡金属氮化物(其通式为$Li_{3-x}M_xN$，M为Co、Ni、Cu)。该材料比容量高，可达到900 mAh/g，没有不可逆容量，充放电平均电压为0.6 V左右，同时也可以与不能提供锂源的正极材料匹配组成电池。目前这种材料的脱嵌机理及充放电循环性能等还有待进一步研究。

6. 硫化物负极材料

TiS_2、MoS_2等硫化物也可作锂离子电池的负极材料，可与$LiCoO_2$、$LiNiO_2$、$LiMn_2O_4$等4 V级正极材料匹配组成电池。这类电池电压较低.如以TiS_2为负极、$LiCoO_2$为正极组成电池，电压为2 V左右，其循环性能较好，可达到500次。

7. 纳米负极材料

作为锂离子电池负极材料研究的新领域，目前主要是通过研究和制备纳米碳材料、纳米炭基复合材料、纳米碳管、纳米合金以及在碳材料中形成纳米级孔穴与通道，提高锂在这些材料中的嵌入/脱出量或改善材料的循环性能。研究表明，用纳米碳管作为锂离子电池负极材料，初次充电比容量可达到500～1000 mAh/g，但不可逆容量很大，首次放电容量(0～1 V之间)不到200 mAh/g。用电沉积的方法制备的纳米级的Sn和SnSb、SnAg合金，循环性能得到明显改善。由纳米硅粉和纳米硅线组成的复合材料，首次放电容量高达2900 mAh/g，第十周的可逆容量仍保持在1700 mAh/g，是碳材料的5倍，循环性能远远优于普通硅。

8.4.3 电解质材料

电解质是电池的重要组成部分，在电池正负极之间起着输送和传导电流的作用，是连接正负极材料的桥梁。不仅如此，电解质的选择在很大程度上决定着电池的工作机制，影响着电池的比能量、安全性、循环性能、倍率充放电性能、储存性能和造价等。用于锂离子电池的电解质应当满足以下基本要求：

(1)在较宽的温度范围内离子导电率高，锂离子迁移数大，以减少电池在充放电过程中的浓差极化。

(2)热稳定性好，以保证电池在合适的温度范围内操作。

(3)电化学窗口宽，最好有0~5 V的电化学稳定窗口以保证电解质在两极不发生显著的副反应，满足在电化学过程中电极反应的单一性。

(4)代替隔膜使用时，还要具有良好的力学性能和可加工性能。

(5)制造成本低。

(6)安全性好，闪点高或不燃烧。

(7)无毒物污染，不会对环境造成危害。

根据电解质的存在状态可将锂离子电池电解质分为液体电解质、固体电解质和固液复合电解质。液体电解质包括有机液体电解质和室温离子液体电解质，固体电解质包括固体聚合物电解质和无机固体电解质，而固液复合电解质则是固体聚合物和液体电解质复合而成的凝胶电解质，具体分类情况参见图8－10。各种电介质的基本特性如表8－4所示。

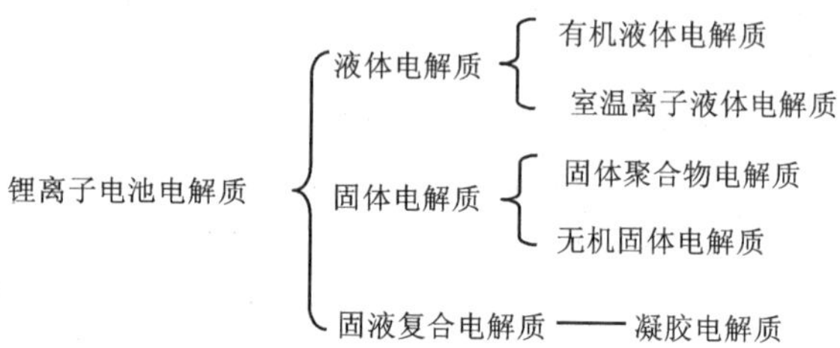

图8－10 锂离子电池电解质的分类

表8－4 不同电解质体系的性质比较

性质 \ 电解质种类	有机液体电解质	固体聚合物电解质	凝胶聚合物电解质	室温离子液体电解质	无机固体电解质
状态	液态	固态	准固态	液态	固态
基体性质	流动性	韧性	韧性	流动性	脆性
Li^+位置	不固定	相对固定	相对固定	不固定	固定
Li^+浓度	较低	较高	较低	较低	高
电导率	高	偏低	较高	较高	偏低
安全性	易燃	好	较好	好	好
价格	较高	较高	较高	高	较低

8.4.4 隔膜材料

隔膜是锂离子电池的重要组成部分，能够在有效地阻止正负极之间连接的基础上减小正负极之间的距离，降低电池的阻抗。锂离子电池对隔膜材料有着很高的要求。首先要满足一般化学电源的基本要求，包括：①有一定的机械强度，保证在电池变形条件下不破裂；②具有良好的离子透过能力，以降低电池的内阻；③优良的电子绝缘性，以保证电极间有效的隔离；④具备抗化学及电化学腐蚀的能力，在电解液中稳定性好；⑤吸收电解液的能力强；⑥成本低，适于大规模工业化生产；⑦杂质含量少，性能均匀。除此之外，还有一些特殊的要求：①膜的厚度必须很薄，以减少电池的阻抗；②不吸收水分；③有特殊的热熔性，当电池发生异常时，隔膜能够在要求的温度条件下熔融，关闭微孔，变成离子绝缘体，使电池断路。

锂离子电池的隔膜材料主要是多孔性聚烯烃，如 Celgard 公司生产的聚丙烯隔膜和后来出现的聚乙烯膜以及乙烯与丙烯的共聚物等，这些材料都具有较高的孔隙率、较低的电阻、较高的抗撕裂强度、较好的抗酸碱能力、良好的弹性及对非质子溶剂的保持能力。

决定隔膜性能的主要指标有隔膜的厚度、力学性能、孔隙率、透气率、孔径大小及其分布、热性能及自关闭性能等。隔膜越薄，溶剂化锂离子穿越时遇到的阻力越小，离子传导性越好，阻抗越低。但隔膜太薄时，其保液能力和电子绝缘性降低，也会对电池性能产生不利的影响。目前，实际使用的隔膜的厚度通常在 25 ~ 35 μm。

对于锂电池和锂离子电池的隔膜材料而言，热熔性是特别重要的性能指标，因为它是电池安全性的重要保障。锂离子电池由于滥用等原因出现自热和电解液的氧化等，电池的温度急剧升高，成为锂离子电池的安全隐患。要消除这种隐患，隔膜必须能够在要求的温度下熔融使微孔闭合，变成无孔的离子绝缘层，使电池中断，防止由于温度的持续升高引起的电池燃烧甚至爆炸，这就是隔膜的自关闭现象。聚丙烯隔膜的自闭温度大约为 170 ℃左右，聚乙烯隔膜的自闭温度为 130 ~ 140 ℃。近年来发展起来的聚丙烯和聚乙烯多层复合隔膜的自闭温度在 80 ~ 120 ℃之间，其强度和安全性比单层膜好，自闭时阻抗高，使锂离子电池更加安全。但自闭温度过低，电池很容易因此失去性能而报废。

8.5 燃料电池材料

燃料电池的发展历史较长。早在 1839 年，英国的法官兼科学家格罗夫爵士（W. R. Grove）就报道了一个燃料电池装置。经过一个多世纪的发展，燃料电池已经发展出多种类型。根据电解质的不同，可以将燃料电池分为碱性燃料电池（AFC，alkaline fuel cell）、磷酸燃料电池（PAFC，phosphorous acid fuel cell）、熔融碳酸盐燃料电池（MCFC，molten carbonate fuel cell)、质子交换膜燃料电池(PEMFC, proton membrane fuel cell)和固体氧化物燃料电池(SOFC, solid oxide fuel cell)(表 8-5)。

燃料电池的基本结构和工作原理如图 8-11 所示。氢气作为燃料被通入阳极，氧气作为氧化剂被通入阴极。在阳极，氢气在催化剂的作用下被氧化成为质子，并与水分子结合成为水合质子，同时释放出两个电子。

$$H_2 + 2H_2O = 2H_3O^+ + 2e^-$$

电子通过外电路向阴极移动，水合质子则通过酸性电解质向阴极移动。

在阴极，氧气在催化剂的作用下获得 4 个电子还原成为氧离子，并与从阳极通过电解质移动过来的水合质子结合形成水分子。

$$O_2 + 4H_3O^+ + 4e^- = 6H_2O$$

电池的总反应为：

$$2H_2 + O_2 = 2H_2O$$

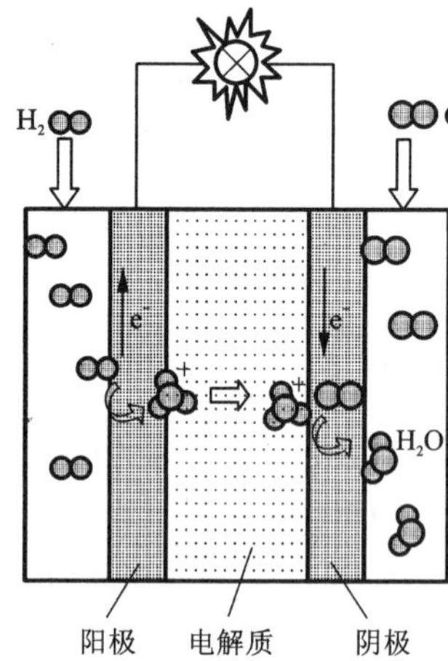

图 8-11　燃料电池的基本结构及工作原理

燃料电池的活性物质储存与普通意义上的电池不同。普通电池的活性物质储存在电池的内部，其量是有限的。活性物质反应完了，普通电池就不能供电了。所以，普通电池的容量是有限的。燃料电池的活性物质(燃料和氧化剂)储存在电池之外，其量是无限的。只要不断地给它供给活性物质，燃料电池就能不断地提供电能。其容量是无限的。从这一点来看，燃料电池其实是一种发电装置。但它的发电原理与普通的发电机又完全不同。普通发电机是通过电磁感应将机械能转换为电能的发电装置，燃料电池(fuel cell)则是通过电化学反应将化学能转化为电能的发电装置。

表 8-5　几种燃料电池综合比较

电池种类	碱性(AFC)	磷酸(PAFC)	熔融碳酸盐(MCFC)	质子交换膜(PEFC)	固体氧化物(SOFC)
电解质	KOH	H_3PO_4	$Li_2CO_3-K_2CO_3$	全氟磺酸膜	$Y_2O_3-ZrO_2$
阳极催化剂	Ni 或 Pt/C	Pt/C	Ni(含 Cr, Al)	Pt/C	金属(Ni, Zr)
导电离子	OH^-	H^+	CO_3^{2-}	H^+	O^{2-}
操作温度	65 ~ 220 ℃	180 ~ 200 ℃	约 650 ℃	室温 ~ 80 ℃	500 ~ 1000 ℃
操作压力	<0.5 MPa	<0.8 MPa	<1 MPa	<0.5 MPa	常压

续表8-5

电池种类	碱性（AFC）	磷酸（PAFC）	熔融碳酸盐（MCFC）	质子交换膜（PEFC）	固体氧化物（SOFC）
燃料	精炼氢气、电解副产氢气	天然气、甲醇、轻油	天然气、甲醇、石油、煤	氢气、天然气、甲醇、汽油	天然气、甲醇、石油、煤
极板材料	镍	石墨	镍、不锈钢	石墨、金属	陶瓷
特性	1. 需使用高纯度氢气作为燃料 2. 低腐蚀性及低温较易选择材料	1. 进气中CO会导致触煤中毒 2. 废热可予利用	1. 不受进气CO影响 2. 反应时需循环使用CO_2 3. 废热可利用	1. 功率密度高，低积小，质量轻 2. 低腐蚀性及低温，较易选择材料	1. 不受进气CO影响 2. 高温反应，不需依赖触煤的特殊作用 3. 废热可利用
优点	1. 启动快 2. 室温常压下工作	1. 对CO_2不敏感 2. 成本相对较低	1. 可用空气作氧化剂 2. 可用天然气或甲烷作燃料	1. 可用空气作氧化剂 2. 固体电解质 3. 室温工作 4. 启动迅速	1. 可用空气作氧化剂 2. 可用天然气或甲烷作燃料
缺点	1. 需以纯氧作氧化剂 2. 成本高	1. 对CO敏感 2. 启动慢 3. 成本高	工作温度较高	1. 对CO非常敏感 2. 反应物需要加湿	工作温度过高
电池内重整	不可能	可能	非常可能	不可能	非常可能
系统电效率	50%~60%	40%	50%	40%	50%
用途	宇宙飞船 潜艇AIP系统	热电联供电厂 分布式电站	热电联供电厂 分布式电站	分布式电站 交通工具电源 移动电源	热电联供电厂 分布式电站 交通工具电源 移动电源

8.5.1 固体氧化物燃料电池材料

固体氧化物燃料电池(SOFC)是一种全固体燃料电池，其中的电解质是复合氧化物，最常用的是氧化钇或氧化钙掺杂的氧化锆陶瓷。这种材料在高温(800~1000 ℃)下具有离子导电性。因为掺杂的复合氧化物中形成了氧离子晶格空位，在电位差和浓度差的驱动下，氧离子可以在其中迁移。

固体氧化物燃料电池的关键材料主要有：电解质材料、电极材料、电极连接材料和高温密封材料。

1. 电解质材料

由于固体氧化物燃料电池的工作温度高，其中的固体电解质不仅起着传导氧离子的作用，而且还起着分隔阴极与阳极，分隔燃料和氧化气体的作用，因此，作为固体氧化物燃料电池的固体电解质必须满足以下要求：①在工作温度下具有较大的离子电导率（大于0.1 S/cm）以保证氧离子的顺利迁移；②具有尽可能小的电子电导率（比离子电导率小3个数量级）以避免短路造成的能量损耗；③具有良好的阻气性以防止燃料与氧化气体的直接接触；④在高温氧化－还原环境下具有良好的化学、结构和尺寸稳定性以保证电池长期稳定工作；⑤具有较高的机械强度和良好的抗热震性以保证电解质的完整性和电池的可靠性。用作固体氧化物燃料电池电解质的材料有钇稳氧化锆（YSZ）、CeO_2、Bi_2O_3、$LaGaO_3$等。

（1）掺杂氧化锆

氧化锆有多种晶型，在常温下为单斜相，在1170 ℃转变成四方相，温度超过2370 ℃时转变成为立方相。相变过程中伴随有较大的体积变化。由于相变产生的体积变化会导致氧化锆材料变形或开裂，而且纯氧化锆本身的离子电导率不高，因此，纯的氧化锆材料不宜用作电解质。在氧化锆中掺入一定数量的二价或三价金属氧化物，可以使氧化锆的立方萤石结构在室温到熔点范围内保持稳定，并增加晶格中的氧空位，提高离子电导率。所以作为固体氧化物燃料电池的电解质，通常都是掺入了如Y_2O_3、Sc_2O_3、CaO等稳定剂的掺杂氧化锆。

在各种掺杂氧化锆中，用Y_2O_3作稳定剂的氧化锆（简称钇稳氧化锆或YSZ）综合性能最好，是目前高温（1000 ℃）固体氧化物燃料电池应用最广泛的固体电解质材料。用Sc_2O_3作稳定剂的氧化锆（简称钪稳氧化锆或SSZ）电导率较高，但高温下易老化，适合作中温（600～800 ℃）固体氧化物燃料电池的电解质。

（2）掺杂氧化铈

纯的氧化铈是混合型导体，氧离子、电子和空穴导电对电导率的贡献基本相同，电子漏导造成的能量损失大，因而不宜用作电解质。与氧化锆相似，二价或三价金属氧化物的掺入可以大幅度提高材料的离子电导率。然而，即使是掺杂氧化铈，高温下的电子电导率仍然较高。研究结果表明，由于电子漏导，采用$Ce_{0.8}Sm_{0.2}O_{1.9-x}$为电解质的固体氧化物燃料电池在800 ℃时自由能损失达到50%，600 ℃时达到40%，因而不适合在600 ℃以上的高温下使用。随着温度的降低，电子电导率降低。当温度降到500 ℃时，电子漏导造成的能量损失可以忽略不计。

（3）掺杂镓酸镧

镓酸镧（$LaGaO_3$）属于ABO_3型结构或具有钙钛矿结构的化合物。其A位的La^{3+}可以被Sr^{2+}、Ba^{2+}、Ca^{2+}等离子取代，B位的Ga^{3+}可以被Mg^{2+}、Fe^{2+}等离子取代形成氧空位，从而获得高的离子电导率。在此类化合物中，$La_{0.9}Sr_{0.1}Ga_{0.8}Mg_{0.2}O_3$具有相当高的离子电导率，被认为是中温固体氧化物燃料电池最有希望的电解质材料之一。

2. 电极材料

(1)阴极材料

在高温 SOFC 中，要求电极必须具备如下特点：①多孔性，以允许反应气体较容易地扩散到三相界面，并增大催化反应表面；②高的电子导电性；③与固体电解质有高的化学和热相容性以及相近的热膨胀系数。

SOFC 中的阴极、阳极可以采用 Pt 等贵金属材料，但由于 Pt 价格昂贵，而且高温下易挥发，实际已很少采用。目前发现钙铁矿型复合氧化物 $Ln_{1-x}A_xMO_3$(Ln 为镧系元素，A 为碱土金属，M 为过渡金属)是性能较好的一类阴极(空气极)材料。不同过渡金属的钙铁矿型氧化物 $La_{1-x}Sr_xMO_{3-\delta}$(M 为 Mn、Fe、Co，$0 \leqslant x \leqslant 1$)的阴极电化学活性的顺序为：$La_{1-x}Sr_xCoO_{3-\delta} > La_{1-x}Sr_xMnO_{3-\delta} > La_{1-x}Sr_xFeO_{3-\delta} > La_{1-x}Sr_xCrO_{3-\delta}$。

在以上不同过渡金属的钙铁矿型氧化物上，电极反应的速度控制步骤有很大区别。其中，$La_{1-x}Sr_xCoO_{3-\delta}$的速度控制步骤为电荷转移步骤，$La_{1-x}Sr_xFeO_{3-\delta}$和 $La_{1-x}Sr_xMnO_{3-\delta}$的速度控制步骤为氧的解离，$La_{1-x}Sr_xCrO_{3-\delta}$的速度控制步骤为氧在电极表面的扩散。

在电催化活性方面，Sr 掺杂的 Co 复合物活性最高。但 $La_{1-x}Sr_xCoO_{3-\delta}$存在以下缺点：①抗还原能力比 $La_{1-x}Sr_xMnO_{3-\delta}$差；②热膨胀系数大于 $La_{1-x}Sr_xMnO_{3-\delta}$；③容易同 YSZ 发生反应。

$Ln_{1-x}A_xMO_3$中 A 位离子的不同对阴极性质影响也很大，以 $Pr_{1-x}A_xMnO_{3-\delta}$复合物的活性最好。A 位由不同稀土元素取代的阴极过电位顺序为：Y > Yb > La > Gd > Nd > Sm > Pr。$Pr_{1-x}A_xMO_3$过电位低，可能是由于 Pr 的多价性导致的 Redox 特性促进了 $O_2 \rightarrow O^{2-}$的反应造成的，$Pr_{1-x}Sr_xMO_3$的活性同相应工作温度高 100 ℃的 $La_{1-x}Sr_xMnO_3$的活性相当。

混合导电氧化物是特殊的钙钛矿氧化物和非钙钛矿氧化物材料，同时具有电子和氧离子的导电特性，即氧离子可自由地在混合导体材料中移动。用混合材料作阴极，电化学活性区不只局限于电极－电解质－气相三相界面，整个电极表面都可以作为电化学活性区，因此电极性能较好。

目前，SOFC 中空气电极广泛采用锶掺杂的亚锰酸镧(LSM)钙钛矿材料。原因是 LSM 具有较高的电子导电性、电化学活性和与 YSZ 相近的热膨胀系数等优良综合性能。在 $La_{1-x}Sr_xMnO_3$ 中，随 Sr 的掺杂量变化(0～0.5)，电导性连续增大，但热膨胀系数也不断增大。为了保证和 YSZ 膨胀系数相匹配，一般 Sr 量取比 0.1～0.3。

平板式 SOFC 中，常用丝网印刷(screen printing)、喷涂(spray)和浆料涂布(slurry)等方法将 LSM 浆料涂覆在 YSZ 板上，经高温(1000～1300 ℃)烧结成电极。电极厚度为 50～70 μm。在管状 SOFC 中，则采用涂布技术将 LSM 沉积在 CaO 稳定的 ZrO_2(CSZ)多孔支撑管壁上，烧结而成电极。电极厚度约为 1.44 mm。现在美国西屋电气公司的管式 SOFC 直接用 LSM 阴极作为支撑管，通过挤压成型。

(2)阳极材料

阳极材料研究范围较窄，主要集中在 Ni、Co、Ru、Pt 等适合作阳极的金属以及具有混合电导性能的氧化物(如 $Y_2O_3-ZrO_2-TiO_2$)上。金属 Co 是很好的阳极材料，其电催化活性甚至比 Ni 高，而且耐硫中毒比 Ni 好，但由于 Co 价格较贵，一般很少在 SOFC 使用。由于 Ni 有便宜的价格及优良的催化性能，所以成为 SOFC 广泛采用的阳极材料。Ni 通常与 YSZ 混合后制备成金属陶瓷电极。这样一方面可以增加 Ni 电极的多孔性，防止烧结，增加反应活性；另一方面 Ni－YSZ 陶瓷电极中 YSZ 调节 Ni－YSZ 电极的热膨胀系数，使之与 YSZ 基底接近，可保证 Ni－YSZ 电极更好地与 YSZ 烧结。更重要的是 YSZ 的加入增大了电极 YSZ－电解质－气体的三相界面区域，即增大了电化学活性区的有效面积，使单位面积的电流密度增大。

制备 N－YSZ 陶瓷电极时，一般将亚微米的 NiO 和 YSZ 粉充分混合，用 Screen Printing 或 Dipping 等方法将其沉积在 YSZ 电解质上，经高温(1400 ℃)烧结，形成厚度 50～100 μm 的 Ni－YSZ 陶瓷电极。Ni－YSZ 的电导大小及性质由混合物中二者的比例决定。Ni 的体积分数低于 30% 时，电导与 YSZ 相似，主要表现为离子电导；当 Ni 的含量大于 30% 后表现为金属的导电性。Ni－YSZ 的电导还与其微观结构有关。当使用低表面积的 YSZ 时，由于 Ni 主要分布在 YSZ 表面，可以增加电导。采用变价氧化物(如 MnO_x、CeO_2)修饰 YSZ 表面后制备的 Ni－YSZ 陶瓷电极，活性明显提高，功率密度高达 $1.0W/cm^2$。电化学活性大幅度提高的原因是变价氧化物起氧化还原偶作用，促进界面的电荷传递。

阳极材料也可采用混合导电氧化物，如 $SrFeCo_{0.5}O_x$ 及若干钙钛矿氧化物。这类氧化物优点是具有电子和离子导电性，整个电极表面可成为电化学活性区域；其次是它们对 H_2、碳氢化合物均有催化活性。这类氧化物作为阳极的主要问题是不稳定，易被还原。研究表明，$SrFeCo_{0.5}O_x$ 在还原气氛下比较稳定并具有较高的电化学活性。

3. 电极连接材料

双极连接板在 SOFC 中起连接阴、阳电极的作用，特别在平板式 SOFC 中同时起分隔燃料与氧化剂和构成流场与导电作用。是平板式 SOFC 中的关键材料之一。双极连接板在高温(900～1000 ℃)和氧化、还原气氛下必须具备良好的力学性能、化学稳定性、高的电导率和接近 YSZ 的热膨胀系数。目前主要有两类材料能满足平板式 SOFC 连接材料的要求。

钙或锶掺杂的铬酸镧钙钛矿材料 $La_{1-x}Ca_xCrO_3$(简称 LCC)具有很好的抗高温氧化性和良好的导电性能及可匹配的热膨胀系数，但比较昂贵，而且烧结性能较差，不易成型。若采用这种连接板材料，SOFC 电池中连接板的费用约占电池总费用的 80%。

另外，耐高温 Cr－Ni 合金材料(如 Inconel 镍)基本能满足 SOFC 的要求，但长期稳定性能较差。国外研制了一种耐高温合金作为平板式 SOFC 连接材料。这种材料的各项性能及长期稳定性明显优于其他耐高温材料。据报道，该材料的主要成分为 Cr－Ni 合金，其中含有 5% Fe 和 1% Y_2O_3，但在 950 ℃高温下仍然存在 Cr 的挥发，并沉积在阳极表面使之中毒。

平板式 SOFC 的连接板厚度约 5 mm，其中加工有气体流道。管式 SOFC 的连接材料一般采用 LCC，用 EVD 方法沉积在 LSM 电极上，经烧结而成，厚度约 40 μm。中温固体氧化物燃料电池的优点是可以使用价格比较低廉的合金材料作连接板，毋需使用昂贵的特种钢，材料费用可大幅度下降。

4. 高温无机密封材料

高温无机密封材料是平板式 SOFC 的关键材料之一，组装电池时用于电极/电解质三合一平板结构和双极连接板之间的密封。高温无机密封材料必须具备高温下密封性好、稳定性高以及与固体电解质和连接板材料热膨胀兼容性好等特点。高温密封主要采用玻璃材料，如 Prexy 玻璃/陶瓷复合材料。

8.5.2　质子交换膜燃料电池材料

质子交换膜燃料电池（PEMFC）是以质子交换膜（通常是全氟磺酸型固体聚合物）为电解质的一种燃料电池。图 8－12 是质子交换膜燃料电池单体的结构示意图。从中可以看出，质子交换膜燃料电池主要由阴极板、阴极扩散层、阴极催化剂层、阳极板、阳极扩散层、阳极催化剂层和质子交换膜构成。其关键材料是质子交换膜、电催化剂、扩散层和极板材料等。

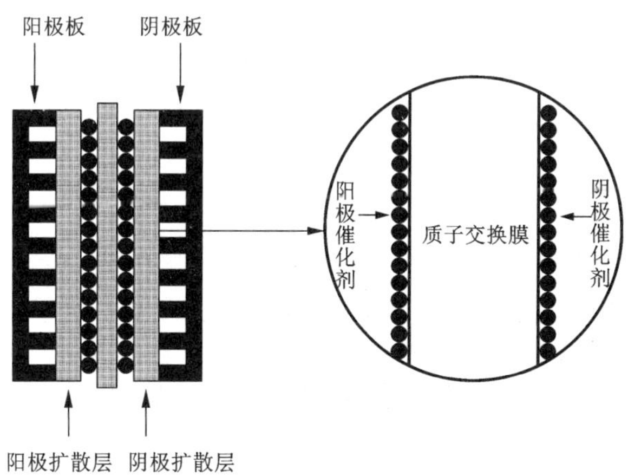

图 8－12　质子交换膜燃料电池单体结构示意图

1. 质子交换膜

质子交换膜是质子交换膜燃料电池的核心组件之一。它既是分隔正极与负极的一种隔膜，又是传递质子的电解质。理想的质子交换膜应该满足以下要求：质子传导率高，气体渗透率低，机械强度高，热稳定性和化学稳定性好。

目前，质子交换膜燃料电池大多数采用全氟磺酸型聚合物膜作为质子交换膜。表8－6列出了几种商品全氟磺酸膜。

全氟磺酸膜具有极高的化学稳定性、很高的质子传导率(高湿度下)、良好的机械强度和相当低的气体透过率。在 80 ℃ 和 100% 的相对湿度下，其质子电导率可达 0.10 S/cm以上。在室温和50% 的相对湿度下，Nafion 膜的断裂抗拉应力达40 MPa，断裂延伸率大于 200% 。氧气和氢气的透过率在 $10^{-11}\sim10^{-10}$ mol/(cm·s·atm)数量级，由此引起的电池功率损失约 1% 左右。

表 8－6　几种商品化的全氟磺酸膜

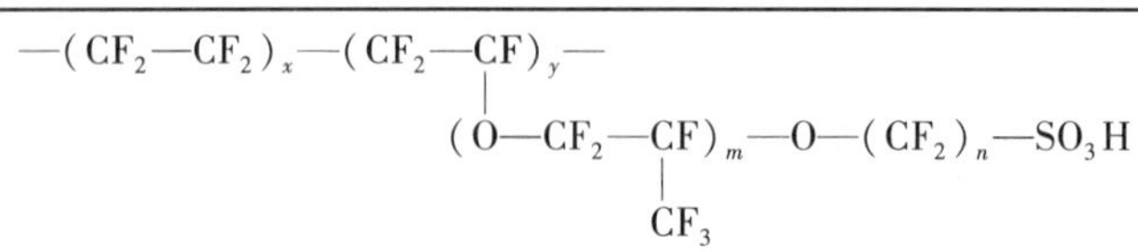

结构参数	商标与型号	当量	厚度/μm	产　家
$m=1;x=5\sim13.5;$ $n=2,y=1$	Nafion® 120 Nafion® 117 Nafion® 115 Nafion® 112	1200 1100 1100 1100	260 175 125 80	DuPont
$m=0.1;n=1\sim5$	Flemion® －T Flemion® －S Flemion® －R	1000 1000 1000	120 80 50	Asashi Glass
$m=0;n=2\sim5;x=1.5\sim14$	Aciplex® －S	1000～1200	25～100	Asashi Chemicals
$m=0;n=2;x=3.6\sim10$	Dow®	800	125	Dow Chemicals

全氟磺酸膜的一大缺点是在低湿度或高温条件下由于缺水会导致质子电导率降低。近年来，研究人员付出了巨大的努力来对全氟磺酸膜进行改性并已取得了一定的进展。

另外，全氟磺酸膜有许多特性不适合质子交换膜燃料电池，且价格昂贵。为此，Ballard，Asahi，Dow 等公司正在开发新型的质子导体薄膜。

2。催化层材料

催化层也是电池的核心组件之一，属于电极的一部分，是发生电子反应的主要场所。催化层的主要材料是电催化剂。

电催化剂是用以加快电极与电解质界面上电荷转移速度的物质，要求对特定的电极反应有良好的催化活性和高的选择性，对电解质有良好的耐腐蚀性，并具有良好的导电性。

在质子交换膜燃料电池中，Pt 基催化剂是目前性能最好的阳极和阴极催化剂。为了提高 Pt 的利用率，减少 Pt 的用量，一般是将纳米级的 Pt 颗粒分散在炭黑和乙炔黑等 C 材料基体中制成 Pt/C 复合材料。

Pt 的价格昂贵。为了降低成本，需要研发新型的电催化剂。目前已经和正在研发的电催化剂有雷尼镍、硼化镍、碳化钨、尖晶石和钙钛矿型半导体氧化物、过渡金属、有机螯合物等。

3. 扩散层材料

扩散层既是催化层的支撑体，又是气体（H_2 和 O_2）和水的扩散通道，也是电子和热的导体。因此，燃料电池的扩散层应该满足以下要求：

（1）要有足够高的机械强度，以支持催化层；

（2）扩散层与催化层的接触电阻要小，以减少电池的内阻和电极的极化；

（3）扩散层必须具有适宜的孔隙率和孔分布，以利于气体和水的迁移；

（4）扩散层必须是电的良导体，以保证电子的畅通流动；

（5）扩散层还要在横向和纵向保持较好的电阻平行性以保证反应的空间均匀性；

（6）扩散层对热要有较好的传输和分配能力，以保证发电过程的均匀进行，并延长膜电极的使用寿命；

（7）扩散层必须具有较强的耐化学和电化学腐蚀的能力，以保证电池具有长的使用寿命。

目前，质子交换膜燃料电池广泛采用的扩散层材料是炭纤维材料——炭纸或炭布。

4. 双极板材料

双极板的作用是分隔氧化剂和还原剂，传输和均匀分布反应气体，支撑膜电极，保持电池堆结构稳定，连接单电池的电极以实现电池组的电流集结。为了传输和均匀分布反应气体和反应产物，必须在双极板上要设置流道和流场。因此，极板材料必须具有良好的气密性、抗氧化性、抗腐蚀性、导电性、导热性，良好的机械强度和加工性能。

目前，质子交换膜燃料电池广泛使用的双极板材料有无孔石墨板、金属板和复合双极板。

（1）石墨板

用于质子交换膜燃料电池的石墨板有无孔石墨板和注塑石墨板。

无孔石墨板 无孔石墨板一般是由炭粉与可石墨化的树脂混合压制成型，再经高温石墨化处理制成。无孔石墨板在燃料电池中具有非常好的化学稳定性，良好的导电性和阻气性。但由于石墨材质较脆，给机械加工带来很大困难。特别是在高度研磨的天然炭粉中加入增强纤维后，传统的机械加工已不适用。

注塑石墨板 注塑石墨板主要采用石墨粉或炭粉与树脂、导电胶粘剂为原料（有时还加入金属粉末、细金属丝网以增加其导电性，加入炭纤维、陶瓷纤维以提高其强度），通过注塑、注浆等方法成型，再经过石墨化制成。

注塑石墨板的流场可以在注塑过程中形成，从而避免了费工费时的机械加工步骤，降低了成本，缩短了生产周期。但树脂在石墨化过程会发生收缩导致石墨板变形，流场尺寸的稳定性和极板的表面精度会受到影响。

(2)金属板

铝、316#不锈钢、钛和镍是目前世界各国最常用的质子交换膜燃料电池的金属双极板材料。

与石墨材料相比，金属材料具有更好的导电性、导热性、不透气性和机械加工性能。其优异的导电性和导热性可提高燃料电池的输出功率，改善电池的热量管理；其优良的不透气性使其成为阻隔氧化剂和还原剂的理想材料；其良好的机械加工性使得流场的加工非常简单。

采用薄金属作为双极板材料，不仅易于批量生产，而且双极板的厚度可以做得很薄(0.1 ~0.3 mm)，因而能够大幅度提高电池组的质量比能量和质量比功率。

作为燃料电池的双极板，金属材料的最大缺点是抗氧化、抗腐蚀性能较差，满足不了燃料电池长期稳定运行的需要。如何提高金属材料的抗氧化、抗腐蚀能力，是燃料电池研究的重要内容之一。

(3)复合双极板

复合双极板有金属基复合双极板和炭基复合双极板。

1)金属基复合双极板 金属基复合双极板用金属作为分隔板，用塑料、聚砜、碳酸酯等聚合物作边框，用有孔薄碳板或石墨板或石墨油毡作流场板。其结构如图 8－13 所示。

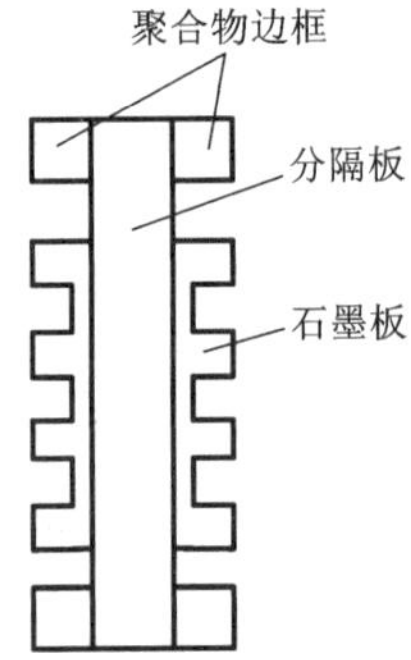

图 8－13 金属基复合双极板的结构示意图

2)炭基复合材料双极板 炭基复合材料双极板是由聚合物和导电碳材料混合，经模压、注塑等方法制作而成。与注塑石墨板的主要区别是这种双极板不用石墨化。复合双极板综合了石墨板与金属板的优点，具有耐腐蚀、体积小、质量轻、强度高等特点，是双极板的发展方向。

其他类型燃料电池材料见表 8－5。

8.6 核能材料

核能是 20 世纪出现的一种新能源。自世界上第一座核反应堆运行成功(1942 年 12 月 2 日美国芝加哥大学)以后，人类开始掌握了核能，从此跨入核能时代。至今，短短的 60 多年时间，核能获得了很大的发展。到 2002 年底，全世界核电的总装机容量已达

356746 MW，占世界发电总装机容量的 17%，全世界正在运行的发电反应堆 442 座，已建成用于推动核船舰等的浮动核动力堆 700 多座，研究用反应堆 651 座。目前核能已占世界总能源消耗的 6%。

目前，世界上的主要能源是煤、石油和天然气这些化石能源。全世界能源年消费总量为 130 亿 t 标准煤(1 吨标准煤能够发出 700 万 kcal 的热量)，2002 年的世界一次能源消耗中，化石能源占 87%，水力能源占 6%，核能占 6%，除水力之外的其他可再生能源占 1%。2002 年中国的一次能源消耗为 14.8 亿 t 标准煤，其中煤占 65.1%，石油占 23.4%，天然气占 2.7%，水电占 7.1%，核电占 0.7%，其他可再生能源占 1%。

化石燃料不仅在燃烧时产生大量的二氧化碳、甲烷、二氧化硫、氮的氧化物、烟尘等，造成严重的环境污染。而且化石能源是不可再生能源，又是宝贵的化工原料，烧掉它们十分可惜。

目前，全世界可靠铀资源为 447 万 t，可供目前全世界的热中子堆核电站使用 50 年，如果将热堆放燃料经后处理回收的铀和钚循环使用，铀资源的利用率可提高 1.2 倍；如果将铀和钚用于快堆，则铀资源利用率可提高 60 倍，这意味着 400 多万 t 的铀资源可利用 3000 年。核能是一种安全、清洁、经济的能源，并且是目前唯一达到大规模商业应用的替代能源。随着化石燃料的逐渐耗尽，全世界特别是我国核能发展的潜力巨大。

8.6.1　核能原理

在核能被认识之前，人类利用的能源，从薪柴到煤炭、天然气和石油，都只涉及到原子级别的化学反应，而核能是打破了原子结构，通过原子核的反应而释放出来巨大能量。在核反应过程中，都发生了质量的亏损，而不是像普通的物理化学反应一样遵循质量守恒定律。正是这部分亏损的质量转换成为了能量，爱因斯坦质能方程描述了这个转换关系：

$$E = mc^2$$

式中：E 为物质释放的能量，J；m 是转换为能量的物质的质量，kg；c 为光速，3×10^8 m/s。

假如核反应物质发生了 1 g 的质量亏损，则根据能量方程将会产生 9×10^3 J 的能量，由此可见核反应所释放的能量是巨大的。

1. 核裂变原理

重原子核在高能中子的轰击下，裂变为两个较轻的原子核，同时产生数个高能中子，各种射线，发生质量亏损，并释放出大量能量。产生的高能中子又去轰击其他的重原子核，从而形成链式反应。

铀 -235 原子核的裂变反应一般表示为

$$^{235}_{92}U + ^{1}_{0}n \longrightarrow X_1 + X_2 + \nu^{1}_{0}n + E$$

一个铀 -235 核的平均裂变能约为 193 MeV，加上裂变产物衰变释放出的能量和过剩中子非裂变俘获产生的能量，每个铀－235原子核裂变平均释放的总能量约为200 MeV。因此链式裂变反应释放出巨大的核能，1 g铀－235完全裂变所产生的能量为2.276×10^4 kW·h，相当于2500 kg标准煤的热值。

每个铀－235核裂变，平均产生2.43个中子。由于中子的泄漏或者被俘获生成比铀更重的元素，并非所有的新产生的中子都会继续引起新的核裂变，因此链式裂变反应的情况会有所不同，分为自持型、发散性和收敛型。如果每次裂变反应产生的新中子均有1个引起新的核裂变，则链式裂变反应就能够持续下去，并保持释放能量的功率不变，这样的链式裂变反应为自持型链式反应，此时核燃料处于临界状态。处于临界状态的核燃料质量，叫临界质量。如果每次裂变反应产生的新中子均有1个以上引起新的核裂变，则链式裂变反应释放的能量会越来越多，这样的链式裂变反应为发散型链式反应，此时核燃料处于超临界状态。如果每次裂变反应产生的新中子平均有不到1个引起新的核裂变，则链式裂变反应所释放的能量会越来越少，直到最后停止，这样的链式裂变反应为收敛型链式反应，此时核燃料处于次临界状态。

链式裂变反应的发生必须具备一定的条件：其一是燃料要具有一定的量，要达到或超过临界质量；其二是要具有一定的能量，热中子引起的链式裂变反应中子能量为0.025 eV。

中子引起铀原子核裂变只需百万分之一秒的时间，当铀－235的纯度很高(大于90%)，铀的质量超过临界质量时，由一个中子在几万分之一秒的极其短暂的一瞬间就会使几亿个铀原子核分裂，强大的核能在一瞬间就迸发出来，这就是破坏力惊人的原子弹。如果加以人为的控制，在铀的周围放一些吸收中子能力很强的“中子毒物”(硼、镉)，一部分中子还没有打到铀原子上引起核裂变，就先被吸收了，使得某一代打在铀原子核上的中子数目与下一代打在铀原子核上的中子数目相等，释放核能的功率保持不变，核能就被人为地控制住了。实现这一过程的设施就是核反应堆。

2. 核聚变原理

由两个或两个以上氢原子核(如氢的同位素氘、氚)结合成一个较重的原子核，同时发生质量亏损释放出巨大能量的反应，叫核聚变反应。核聚变反应放出的能量叫核聚变能。聚变能比裂变能更为强大，是同质量核裂变能的4～5倍。现在世界上一些国家正在研究聚变能的受控释放，这一目标如果实现，人类将会得到一种实际上取之不尽的新能源。

一些重要的核聚变反应为：

$$^{2}_{1}H + ^{2}_{1}H \longrightarrow ^{3}_{2}He + n + 3.27MeV$$

$$^{2}_{1}H + ^{2}_{1}H \longrightarrow ^{3}_{1}H + ^{1}_{1}H + 4.05MeV$$

$$^{2}_{1}H + ^{3}_{1}H \longrightarrow ^{4}_{2}He + n + 17.58MeV$$

$$^{2}_{1}H + ^{3}_{2}He \longrightarrow ^{4}_{2}He + ^{1}_{1}H + 18.34MeV$$

$$^{1}_{1}H + ^{6}_{3}Li \longrightarrow ^{4}_{2}He + ^{3}_{2}He + 4MeV$$

$$^{1}_{1}H + ^{7}_{3}Li \longrightarrow 2(^{4}_{2}He) + 17.3Me$$

其中最容易发生的是氘－氚核反应。

核聚变是由两种聚变材料的原子核碰在一起发生的，必须使两个原子核充分地靠近。这是很难做到的，因为原子核非常小，只有 10^{-13} cm，原子核与原子核之间的空间非常大，两个原子核很难碰在一起，即使有可能碰上，由于它们之间都带正电，将产生很强的静电斥力而相互离开。

为了克服静电斥力，必须使原子核的速度非常大，约为每秒几千公里到一万公里。为了得到这样高的速度，必须有几千万度到上亿度的高温，比太阳中心的温度(1300 万℃)还高得多。参加反应的原子的核外电子都被剥离，成为裸露的原子核，这种由完全带正电的原子核和带负电的电子构成的高度电离的气体叫等离子体，这是发生核聚变反应的必要条件。

由于辐射传热与温度的四次方成正比，在发生核聚变的超高温度下，等离子体以辐射的形式损失的热量是非常大的。如果聚变反应释放的能量小于辐射损失，热核反应就会中止。因此存在一个临界温度，当超过这一温度时，核聚变反应才能持续进行。对于氘氚反应，临界温度为 4400 万度。

8.6.2　核能材料

1. 核反应材料

(1)核裂变材料

只有铀－233、铀－235 和钚－239 三种核素(核素是指有一定的质量数、原子序数和核能状态，而且存在时间大于 10^{-10}s，因而能对其进行观察的同一类原子)的原子核可以由中子引起核裂变，它们称为裂变材料或裂变物质。在自然界中存在的裂变材料只有铀－235。铀－233 和钚－239 在自然界中并不存在，分别由自然界中的钍－232 和铀－238 吸收中子后衰变而成。铀－233、铀－235 和钚－239 这三种裂变材料的核基本性质见表 8－7。

表 8－7　裂变材料性质

裂变材料	铀－233	铀－235	钚－239
热中子	578.8	680.8	1011.3
快中子	2	1.5	2
热中子裂变截面(靶)	531.1	582.2	742.5
每次裂变产生的中子数	2.492	2.418	2.871
每吸收一个热中子产生的中子数	2.2	1.96	1.86

铀广泛分布于地壳和海水中，地壳中铀的平均含量为2 g/t，不仅远高于金、银，而且比钨、钼高。海水中的铀浓度为0.36～2.3 μg/L。天然铀由铀－238、铀－235和铀－234三种同位素组成，其丰度分别为99.284%、0.711%、0.00054%。铀还有铀－233等12种人工同位素。

铀的化合物种类繁多。铀的氧化物有二氧化铀（UO_2）、三氧化八铀（U_8O_3）、三氧化铀（UO_3）和过氧化铀（$UO_4 \cdot 2H_2O$）；铀的卤化物有四氟化铀（UF_4）、六氟化铀（UF_6）、四氯化铀（UCl_4）；铀的碳化物有一碳化铀（UC）和二碳化铀（UC_2）。

钍在地壳中的平均含量为9.6 g/t。天然淡水中含钍$2 \times 10^{-9}\%$，海水中为$5 \times 10^{-9}\%$。已知钍的矿物有百余种，最重要的是独居石，是铈、稀土及钍的磷酸盐，含钍4%～6%，是生产钍的主要来源。

钚是第一个大规模人工制造的元素。天然铀矿中含有极少量的钚－239，钚与铀的原子数之比为$1:10^{11}$，这些钚是铀吸收中子生成的。由于数量极其微少，可以说铀矿中实际不存在钚。

（2）核聚变材料

为了使核聚变发生，必须克服聚变材料原子核间的静电斥力，静电斥力越小越好，原子核的电荷越小，静电斥力越小。因此，原子核所带电荷最小的氢（H）及其同位素氘（D）和氚（T），就成为核聚变的首选燃料。

氘和氚是基本的核聚变材料，最有希望的核聚变材料是氘。氘大量存在于海水的重水之中，特别是海洋表层3 m左右的海水里。尽管氘在水中的丰度只有0.015%，但由于地球上有数量巨大的水，可利用的核聚变材料几乎是取之不尽、用之不竭的。每1 L海水中含30 mg氘，其聚变产生的能量相当于300 L汽油燃烧产生的能量。据估计，全球海洋中的重水总储量为45亿吨。我们日常使用的水中也含有大量的氢，从地壳中开采的氢也可为聚变反应堆提供大量的燃料。利用氢聚变可以轻而易举地为人类提供5000万年之久的能源。

2. 控制材料

核反应必须在可控制的条件下进行，要实现可控核聚变反应，除需要极高的温度外，还需要解决等离子体密度和约束时间问题，从而可以控制核聚变所释放出的能量的多少，否则核聚变要么反应无法维持，要么演变为不可控制的核聚变——氢弹。核聚变反应的等离子体温度极高，任何材料都承受不了如此高的温度，因此必须对等离子体进行约束，即将它与周围环境隔离开来。目前有两种方式，其一是磁约束，使用设计的磁场来对等离子体进行约束，使带电粒子只能沿着一个螺旋形的轨道运动，这样磁场就相当于一个容器了。其二是惯性约束，在原子核飞行的极短时间内完成核聚变反应，就无需采取什么措施来约束等离子体，这样等离子体将被自身惯性约束。

对于核裂变链式反应的控制，通常是向反应堆芯内放入或取出容易吸收中子的材料来控制反应。常用的控制材料有硼硅酸盐、铪、B_4C、Ag - In - Cd 合金等。

3. 核屏蔽材料

屏蔽混凝土是被广泛用于固定式反应堆的屏蔽材料。材料相对便宜而且可以就地取材，屏蔽性能和结构性能都较好；不锈钢和铁也是大量使用的屏蔽材料，不锈钢本身对 γ 射线有一定的屏蔽效果，含硼不锈钢对中子和 γ 射线有综合屏蔽效果，而辐照对不锈钢的力学性能没有明显影响。铅硼聚乙烯已广泛用于各种反应堆系统的屏蔽，聚乙烯本身含氢量高，对快中子慢化特别有效，而铅是很有效的 γ 射线屏蔽材料。

参考文献

[1] 陈军，陶占良. 镍氢二次电池. 北京：化学工业出版社，2006

[2] 丁福臣，易玉峰. 制氢储氢材料. 北京：化学工业出版社，2006

[3] 贡长生，张克立. 新型功能材料. 北京：化学工业出版社，2001

[4] 胡子龙. 储氢材料. 北京：化学工业出版社，2002

[5] 雷永泉. 新能源材料. 天津：天津大学出版社，2002

[6] 梁彤祥. 清洁能源材料导论. 哈尔滨：哈尔滨工业大学出版社，2003

[7] 马栩泉. 核能开发与应用. 北京：化学工业出版社，2005

[8] 毛宗强. 燃料电池. 北京：化学工业出版社，2005

[9] 唐有根，万伟华，李民善. 储氢材料的研究进展. 功能材料信息. 2006，3(6)

[10] Wakihara M. Recent developments in lithium ion batteries. Materials science and engineering，2001，R33：109 - 134.

[11] 吴宇平，戴晓兵，马军旗等. 锂离子电池——应用与实践. 北京：化学工业出版社，2004

[12] 吴宇平. 张汉平，吴锋等. 聚合物锂离子电池. 北京：化学工业出版社，2007

[13] 王革华，艾德生. 新能源概论. 北京：化学工业出版社，2006

[14] 王成孝. 核能与核技术应用. 北京：原子能出版社，2002

[15] 殷丁福臣，易玉峰. 制氢储氢技术. 北京：化学工业出版社，2006

[16] 景华. 功能材料概论. 哈尔滨：哈尔滨工业大学出版社，1999

[17] 郑洪河. 锂离子电池电解质. 北京：化学工业出版社，2007

第9章　智能材料

9.1　智能材料与结构概述

9.1.1　智能材料的概念

人生病时会感觉有发烧、疼痛或其他不适症状，皮肤划伤后伤口会慢慢自行愈合。设想一下，如果空中飞行的飞机能自行判断其损伤状态并发出预警信号或自行修复；混凝土浇注的大坝能发现自身的裂缝；桥梁、建筑等能自适应风灾和地震等破坏；室内墙面可以变化颜色以适应不同环境；玻璃能根据环境光强的变化而自行改变透光率；药物能瞄准病灶定向可控释放；等等。这意味着制造上述机械和工程结构或药物的材料能像生物体一样，具有人们期望的智能属性。

正是在这种背景下，20 世纪 80 年代中期，美、日等国的科学工作者率先提出了智能材料的概念。美国的研究较为实用，是应用需求驱动了研究与开发；日本偏重于从哲学上澄清概念，目的是创新拟人智能的材料系统，甚至企图与自然协调发展。因此，开始时美、日分别用“机敏”(smart)和“智能”(intelligent)一类定语，随着这种材料的出现，人们已逐渐接受“智能材料”这一概念。所谓智能材料是指同时能感知外部环境条件的变化(传感器功能)，作出自己的判断(信息处理器功能)以及发出指令或自行采取行动(执行器功能)的材料。

材料的智能化是一项具有挑战性的课题，它的发展不仅可以促进材料学科本身的发展，而且可以带动许多相关学科的发展，也是国民经济建设发展的需要。目前世界各国有一大批各个学科的专家和学者正致力于智能材料的研究开发。其中包括物理学家、化学家、材料科学家、计算机专家以及土木工程和航空航天、生物医学领域的专家。

一些功能材料对外界(或内部)的刺激强度(如应力、应变、热、光、电、磁、化学和辐射等)具有感知的功能，用它可做成各种传感器；另一些功能材料对外界环境条件(或内部状态)发生变化能作出响应，这种材料可以做成各种驱动(或执行)器。常见的具有感知功能和传递功能的材料如表 9 - 1 所示。

表 9－1　具有感知功能和传递功能的材料

功能转换	材　　料	现　象　或　机　制
（热→力）	膨胀合金	热胀冷缩
	双金属片	热胀冷缩
	形状记忆合金	形状记忆效应
（光→力）	光敏性凝胶	光刺激导致相转变体积溶胀
（电→力）	电致伸缩材料	在电场作用下伸缩
	压电材料	在电场作用下产生力（逆压电效应）
	电致流变液	在电场作用下流体粒子极化
	电活性凝胶	在电场作用下离子迁移导致凝胶体积和形状变化
（磁→力）	磁致伸缩材料	磁致伸缩
	磁致流变液	在磁场作用下流体粒子磁化
（化→力）	智能高分子凝胶	化学信号刺激使高分子收缩或溶胀
（热→声）	形状记忆合金薄膜	马氏体相变产生声发射信号
（力→光）	光导纤维	力致光双折射及吸收变化
（声→光）	声光晶体	超声波在介质中产生的弹性力使介质折射率变化
	声光玻璃	
（热→光）	光导纤维	温度引起光的折射及吸收变化
（光→光）	光导纤维	X 射线或 γ 射线引起发光
	光致发光材料	晶格间空位或离子、原子迁移发光
（光→化学）	感光材料	在光的作用下发生化学反应
（电→光）	光导纤维	光电效应，光致色差
	电光晶体	电场作用使晶体折射率发生变化
（磁→光）	光导纤维	磁致发光效应
	磁光材料	偏振光通过磁场时发生偏转
（力→电）	压电材料	压电效应
	应变电阻合金	应变改变电阻率
（声→电）	声敏材料	声波振动产生压力，压力产生电信号

续表 9－1

功能转换	材　　料	现　象　或　机　制
(热→电)	热敏电阻	电阻率随温度变化
	热释电材料	加热使屏蔽电荷失去平衡,产生电位差
(光→电)	光电材料	光电效应
	光敏电阻	入射光强弱改变电阻值
(磁→电)	磁致巨阻材料	电阻率随磁场变化
(化→电)	气敏陶瓷材料	气体改变电阻率
	湿敏陶瓷材料	电阻率随环境湿度变化

利用上述材料做成传感器和驱动器，借助现代信息技术对感知的信息进行处理并把指令反馈给驱动器，从而作出灵敏、恰当的反应，当外部刺激消除后又能迅速恢复到原始状态。因此把感知、执行和信息等三种功能材料有机地复合或集成于一体就可能实现材料的智能化，如图 9－1 所示。由此可见，功能材料是智能材料的基础。

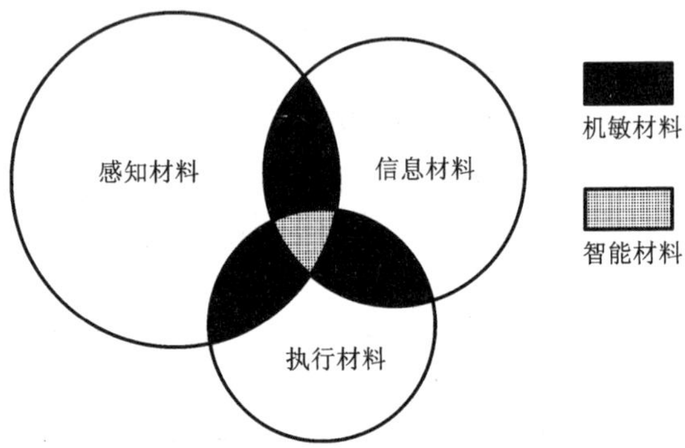

图 9－1　智能材料的基本组元材料

从仿生学的观点出发，智能材料内部应具有或部分具有以下生物功能。

(1)有反馈功能，能通过传感神经网络，对系统的输入和输出信息进行比较，并将结果提供给控制系统，从而获得理想的功能。

(2)有信息积累和识别功能，能积累信息，能识别和区分传感网络得到的各种信息，并进行分析和解释。

(3)有学习能力和预见性功能，能通过对过去经验的收集，对外部刺激作出适当反应，并可预见未来和采取适当的行动。

(4)有响应性功能，能根据环境变化适时地动态调节自身并作出反应。

(5)有自修复功能，能通过自生长或原位复合等再生机制，来修补某些局部破损。

(6)有自诊断功能，能对现在情况和过去情况作比较，从而能对诸如故障及判断失误等问题进行自诊断和校正。

(7)有自动动态平衡及自适应功能，能根据动态的外部环境条件不断自动调整自身的内部结构，从而改变自己的行为，以一种优化的方式对环境变化作出响应。

9.1.2 智能材料结构

单一的人工材料难以同时具备上述功能。大多数是根据需要选择两种或多种不同的材料按照一定的比例以某种特定的方式复合起来，即将传感元件、驱动元件和控制系统结合或融合在基体材料中，使制成的材料构件具有人们期望的智能属性，这种结构称之为智能材料结构（见图9－2）。这样，智能材料已不再是传统的单一均质材料，而是一种复杂的材料体系，故在材料后加上“系统”或“结构”二字，称为智能材料系统或智能材料结构（intelligent material structure）。

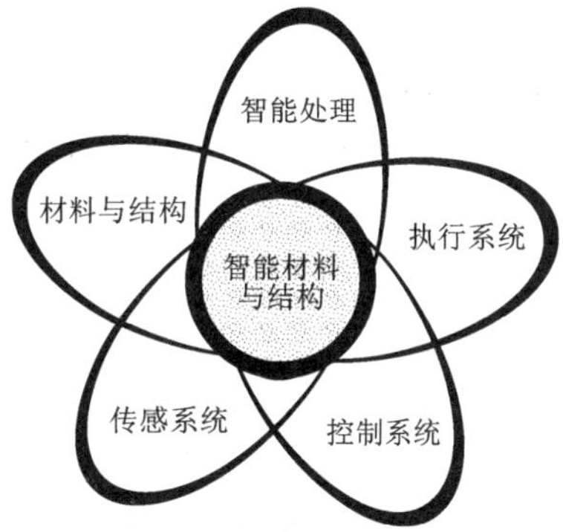

图9－2 智能材料与结构的构成

感知器、驱动器、控制器及其集成是构成智能材料结构的四大关键共性技术。

（1）智能材料结构感知器

智能材料结构中的感知器必须能对结构状态或环境敏感，易于集成、高度分布。结构状态包括变形（应变、位移）、运动（速度、加速度）、受载（力）、温度（含温度梯度）及健康状态（运行突发损伤）等。

利用一些材料的压敏、光敏、热敏、气敏和磁敏等效应，可以把压力、光强、温度、气体成分和磁场强度等物理量变换成电量，由此研制成的感知元件称为物性感知元件。目前智能结构中采用的感知元件主要为物性感知元件。它们的灵敏度较高，易于以分布方式贴在结构表面或埋入结构内部。

（2）智能材料结构驱动器

智能材料结构中的驱动器应能高度分布，易于集成，并能对结构的机械状态施加足够的影响。驱动器能直接将控制器输出的电信号转变为结构的应变或位移，具有改变智能结构的形状、刚度、位置、固有频率、阻尼、摩擦、流体速率及其他机械特性的能力。

应变驱动元件的主要工作机理是致动应变，它是一种非应力引起的可控应变。目前主要有4种引起致动应变的方式，即逆压电效应、电致伸缩、磁致伸缩和形状记忆效应。前3种方式可将电信号直接转换为致动应变，第4种方式利用的是控温相变引起致动应变。

（3）智能材料结构控制器

控制器是智能材料结构的神经中枢，控制对象就是结构本身。通常它是将专用芯片集成于结构之中，芯片以外接为宜，不必埋入基体之中，以免在固化中受损。由于智能结构本身是分布式强耦合的非线性系统，且所处的环境具有不确定性和时变性，因此要求控制系统应能自己形成控制规律，能快速完成优化过程，而且应有很强的鲁棒性和实时在线性。智能控制打破了传统控制系统的研究模式，把对受控对象的研究转移到对控制器本身的研究上，通过提高控制器的智能水平，减少对受控对象数学模型的依赖，增强了系统的适应能力，使控制系统在受控对象性能发生变化、漂移、环境不确知和不确定的情况下，始终能取得满意的控制效果。

(4)智能结构集成

结构的设计和集成是智能材料结构的又一关键问题。将结构集成为感知器、驱动器和控制器后，产生了许多新的数学、力学问题。如结构埋入或粘贴感知器、驱动器和控制器后，它们与结构本体材料之间存在着界面，从而因运动、变形、响应等产生一系列问题。为了保证结构的合理性，大体应考虑下列问题：

1)采用某种埋入方式使感知器、驱动器集成在母体结构中时应易于制造，且能保持最大限度的结构完整性；

2)如何使布设的感知器、驱动器能发挥自身的最大功能，且具有最大的生存能力和维护能力；

3)进行自动化生产时，感知器、驱动器及控制通信网络采用何种固定方式；

4)在生产中怎样防止感知器、驱动器和通信网络受到损伤；

5)器件如何分布才能获得最大的效益和可靠性。

智能结构的设计依赖于受控对象的类型与特征。在通常情况下，设计人员应重点考虑受控对象的规模，需要的控制动作速率、控制精度、受控对象的线性程度与变化规律、外部激励的特点及在线辨识的难易。很明显，以上几个方面是相互关联的，这就要求设计人员根据具体对象和问题进行权衡和折衷。

9.1.3 材料智能化的实现

1. 自检测、自诊断和自预警

对材料内部缺陷的检测和诊断，在很大程度上源自很多重要设施和器件(如航空航天器、桥梁、大坝)的可靠性和安全性要求，即希望材料在使用过程中保持性能稳定，或者能对结构及材料内部进行损伤评价，在其发生破坏之前自预警，以防止灾难性损伤和事故。

在材料中埋入光导纤维、电阻应变丝、压电元件及炭纤维等作为传感元件，形成神经网络系统，并由数据进行处理。光电信息是应变的函数，当构件由于疲劳或外部原因引起损伤时，应变分布改变，根据训练可确定损伤的位置和程度，可实现智能材料的自检测和自诊断。当材料内部发生破坏时，由数据处理和监控系统发出警报。

智能材料自检测和自预警也可以通过声发射的方法实现。如在铝合金中存在的微孔内预埋可产生声波的物质硼粒子，当材料受到损伤，微孔扩展成较大裂缝时，预埋物质便产生声响，实现报警。

2. 自适应和自修复

智能材料的自适应是材料自动适应环境的物理化学条件，主动做出适当改变，并对自身缺陷和损伤进行自修复。目前，自修复功能主要通过在材料内部分散或复合一些功能性物质来实现。当材料受到损伤时，这些物质受到作用而发生某种变化，抑制损伤的进一步发展，甚至弥合损伤，从而实现自修复。按照功能性物质在材料中的分布特点，可将自修复分为4种类型。

(1)微量元素型

如含微量氮和硼的SUS304不锈钢，在700 ℃以上的真空环境中，内部的氮、硼原子会向材料表面扩散，在表面形成一层稳定的不吸附水分的BN膜。若BN膜剥离或损伤，还可通过真空加热再生，即具有一定的自修复功能。

(2)微球型

Fe－Cr合金高温疲劳时裂缝尖端形成一层氧化膜，此氧化膜对裂缝的发展有抑制作用，分散的Y_2O_3微球可以捕集对氧化膜有破坏作用的硫，提高氧化膜的致密度，抑制裂纹的发展。

(3)丝线或薄膜型

在材料内部埋入功能性丝线或在表面涂敷功能薄膜，可实现自修复。例如将直径0.38 mm的Ti－Ni形状记忆合金丝埋于聚合物中，当丝线附近产生损伤裂缝时，丝线受到作用，电流流通使合金丝线温度升高，丝线也因恢复记忆而拉紧，从而使裂缝闭合或缩小，实现自修复。

(4)液体埋入型

在基体中埋入许多细小纤维的管道，管中装有可流动的修复剂，一旦材料基体开裂，纤维随即裂开，其内装的修复剂流淌到开裂处，由化学作用自动实现粘合，从而抑制开裂，修复材料。

3. 自调节

(1)光学自调节

光致变色玻璃就是一种能自行调节透光性能的智能材料。用它制成的墨镜在阳光下颜色变深，而在室内则恢复透明。利用薄膜材料的电致变色特性，在玻璃基片上涂以透明电极和电致变色膜，可以改变入射光线的吸收谱。若吸收谱处于可见光波段，则可显示颜色变化，用于建筑物和车辆窗户的调光，可以维持适当光强，隔绝有害光线。

(2)电致流变体

电致流变体在施加电场时，其黏度、阻尼性能和剪切强度都会发生变化，利用黏度变化可以进行冲击吸收、动力传递和姿势控制，可望在汽车、大坝的防震装置、组合机器人的肌肉和液压机器的传动液等方面得到广泛应用。

(3)智能微球

例如，药物微球技术，可以通过环境响应性(光、电、磁、力、温度、pH、离子强度)实现药物定位、定量释放。

9.1.4 智能材料的分类

依据智能材料的内涵，按照组成智能材料的基材来划分，智能材料可分为：

(1)金属系智能材料　金属智能材料，主要指形状记忆合金材料(SMA)。形状记忆合金是一类重要的执行器材料，可用其控制振动和结构变形。形状记忆是热弹性马氏体相变合金所呈现的效应，金属受冷却、剪切由体心立方晶格位移转变成马氏体相。形状记忆就是加热时马氏体低温相转变至母相而回复到原来形状。

最近，超磁致伸缩材料作为稀土功能材料引起了人们的广泛注意。物体在磁场中磁化时，其长度发生伸长或缩短的现象，即磁致伸缩现象。(Tb. Dy)Fe_2多晶合金是最典型的磁致伸缩材料。

(2)无机非金属系智能材料　无机非金属系智能材料主要包括压电陶瓷、电致伸缩陶瓷、电(磁)流变体等。

(3)高分子系智能材料　由于人工合成高分子材料的品种多，范围广，所形成的智能材料因此也极其广泛，其中智能凝胶、药物控制释放体系、压电聚合物、智能膜等是高分子智能材料的重要体现。

从智能材料的自感知、自判断和自执行的角度出发，智能材料又可分为自感知智能材料(传感器)、自判断智能材料(信息处理器)以及自执行智能材料(驱动器)。

(1)传感器用智能材料

1)压电体　压电体是一个材料族。这种材料在电场作用下，体积产生变化。在可供智能结构选用的压电体中，压电晶体因脆性给制造和使用带来了困难。纤维形态的压电材料因很容易与复合材料制造过程相结合，适宜于自动化生产，很有吸引力，但目前压电纤维还达不到足够的长度，难以在实际结构中应用。压电陶瓷可以机械加工成各种形状，并具有良好的强度和刚度、抗撞击和频宽特性。压电聚酯薄膜不如压电陶瓷好用，效率也不高，但更容易埋置在复合材料层压板中。

2)电阻应变丝　电阻应变仪是简单、廉价、应用技术成熟的传感器。它们一般用于测量制造后的结构表面各点的应变，不适合自动化制造技术。若用同一材料制成丝状应变仪，就能适合自动化生产，常用的丝材有康铜(Cu - Ni 合金)丝和镍铬丝。

3)光导纤维　光导纤维是最有前途的智能结构传感器。由于光纤直径小，很容易适应复合材料的自动化生产。此外，光纤埋在复合材料结构中对结构的强度和刚度几乎没有影响。同一个光纤传感器可起两个作用，在复合材料结构固化时，可用于监控固化质量，在固化后，可作为应变传感器。

(2)驱动器用智能材料

1)压电体　驱动器用压电体与上面所介绍的传感器用压电体材料相同，主要适用于高频和中等行程的控制，可以对智能结构进行主动控制。

当应用系统通电给压电陶瓷时，压电陶瓷改变自身尺寸，而且速度之快是形状记忆合金所不能比拟的。目前，压电陶瓷驱动器已应用于：各种光跟踪系统，自适应光学系统（如激光陀螺补偿器），机器人微定位器，磁头，喷墨打印器和扬声器等。因为压电陶瓷和压电聚合物对于所加应力产生可测量的电信号，很适合做传感器用。常用于触觉传感器，可识别布莱叶盲文字母，并可区分砂纸级别，PVDF（聚偏二氟乙烯）膜作为机器人触觉传感器，感知温度压力。

2)伸缩性陶瓷　可分为电致伸缩性陶瓷和磁致伸缩性陶瓷，它们根据所加电场和磁场的变化而改变体积。电致伸缩性陶瓷适合能量要求低的高频和低撞击应用，磁致伸缩性陶瓷对能量要求高。

3)形状记忆合金　形状记忆合金是理想的驱动器，因为它被加热到奥氏体温度时，可以自行恢复到它原来的形状。形状记忆合金通常以细丝状态用于智能结构，它主要适合于低能量要求的低频和高撞击应用。

4)电流变液　电流变液在电位差作用下，黏度发生显著变化。它可以作为空间结构用驱动器，用于结构减振；填充在复合材料的直升机旋翼叶片内腔中用来控制旋翼刚度，达到减振目的。

9.1.5　智能材料的设计

材料的多组元、多功能复合类似于生物体的整体性。由于各组元、各功能之间存在的相互作用和影响，如耦合效应、相乘效应等，材料系统的功能并不是各组元功能的线性叠加，而要复杂和有效得多。

另外，智能材料具有多级结构层次，包括有多个材料组元或控制组元。每种材料组元又有各自不同的组织，各种组织由不同的相构成，每种相都有各自不同的微结构。同样，控制组元是由大量电子器件集成的，电子器件可有不同的分布方式，每种电子器件也具有不同的结构。

功能的传递常常是通过能量转换和物质的传输来实现的。通过执行组元可以有目的地控制能量或物质的流动。执行器输出的是能量，或称为机械功。因此也可以说，执行器是能量转换和能量提供单元，其输入和输出参数都是能量。输入的能量也可以由辅助能源提供。执行器的动态特性由功能设定和微电脑芯片所确定。电脑芯片接收感知信号，通过处理，再把信息反馈给执行器去完成。

几种材料的简单组合并不能构成真正的智能材料系统，只有按严格、精确、科学的方法复合或组装才能构成智能材料。其设计和合成路线如图9－3所示。最重要的技术手段是把软件功能引入材料。这类似于生物体信息处理单元——神经原，可融各种功能于一体，将多种软件功能置于几纳米到十几纳米厚的不同层次结构中，这样就可以将智能属性“注入”到材料系统的宏观和微观结构中。

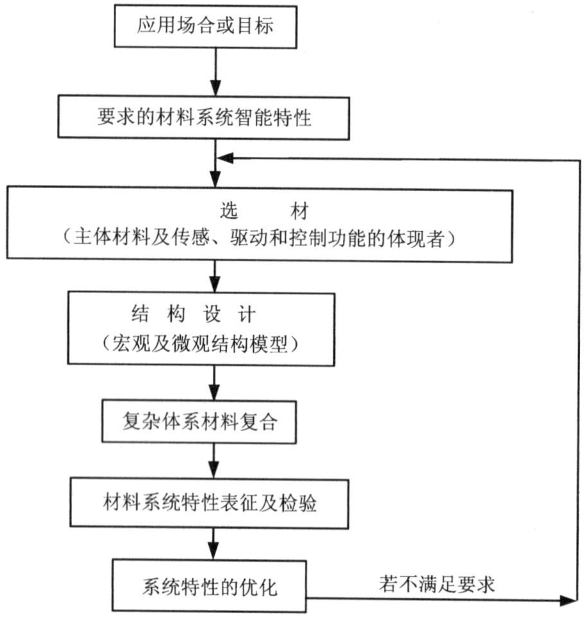

图9－3　智能材料设计及合成路线框图

软件在输入信息时，能依据过去的输入信息产生输出信息。过去输入的信息则能作为内部状态存储于系统内。因此，软件由输入、内部状态、输出三部分组成。

智能材料的发展趋势应是各材料组元间不分界的整体融合(monolithic)型材料，拥有自己的能量储存和转换机制，并借助和吸取人工智能方面的成就，实现具有自学习、自判断和自升级的能力。

在材料的设计与合成上，也分为宏观—介观—微观的层次。从宏观的角度来说，研制具有较高智能的材料尚不现实，只能着眼于具有多功能和低级智能的材料研究。在设计和控制材料的结构层次时，从微米到纳米或原子及分子尺度前必须解决许多关键技术问题。智能材料这一复杂体系的材料复合首先应能仿照生物模型确保在结构层次上将多种功能合成于一体，建立起传感、执行和控制网络复杂的复合效应，然后建立数学或力学模型，再进一步进行优化。这一过程涉及的许多问题都是材料科学研究中的前沿课题。

9.2　形状记忆合金智能材料

9.2.1　形状记忆效应及其机理

形状记忆效应(shape memory effect, SME)是指把具有某种形状的材料从高于某个临界温度的高温快冷，使之形成低温相，在此状态下变形，产生一定的残留应变后重新加热，超过某临界温度时发生逆相变并回复到原来形状的现象。例如，对于一些金属合金，在高温相（奥氏体相）时将其处理成一定形状并急冷下来，在低温相（马氏体相）状态下经塑性变形成另一种形状，然后加热到高温相成为稳定状态的温度时通过马氏体逆相变会恢复到低温塑性变形前的形状。具有形状记忆效应的材料称为形状记忆材料。记忆材料包括形状记忆合金、形状记忆陶瓷和形状记忆高分子材料。

形状记忆效应可分为三种类型：单程形状记忆效应、双程形状记忆效应和全程形状记忆效应。图9－4表示三种不同类型形状记忆效应的对照。所谓单程形状记忆效应是指材料在高温相下制成某种形状，在低温相时将其任意变形，再加热时恢复为高温相形状，而重新冷却时却不能恢复至低温相时的形状。若加热时恢复高温相形状，冷却时恢复低温相形状，即通过温度升降自发可逆地反复恢复高低温相形状的现象称为双程形状记忆效应或可逆形状记忆效应。当加热时恢复高温相形状，冷却时变为形状相同而取向相反的高温相形状的现象称为全程形状记忆效应，这是一种特殊的双程形状记忆效应。

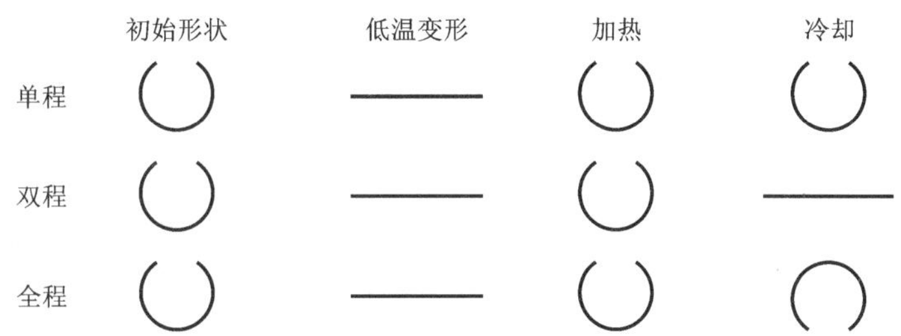

图9－4 三种类型形状记忆效应的示意图

对于形状记忆合金，其形状记忆效应是由于合金中发生了热弹性或应力诱发马氏体相变。形状记忆效应的微观机理可用图9－5说明，图中：a. 将母相（奥氏体）冷却到 M_f（马氏体相变终了温度）点以下进行马氏体相变，形成24种马氏体变体，由于相邻变体可协调地生成，微观上相变应变相互抵消，无宏观变形；b. 马氏体受外力作用时（加载），变体界面移动，相互吞食，形成马氏体单晶，出现宏观变形（ε）；c. 由于变形前后马氏体结构没有发生变化，当去除外应力时（卸载）无形状改变；d. 当加热到高于 A_f（母相转变终了温度）点的温度时，马氏体通过逆转变恢复到母相形状。

现在已发现多种具有形状记忆效应的合金，如：

（1）Ti－Ni，Ti－Nb，Ti－Ni－X（Fe，Cu，Au，Pt，Pd）；

（2）Au－Cd，Au－Cu－Zn；

（3）Cu－Zn，Cu－Zn－Al，Cu－Zn－Sn，Cu－Zn－Ni，Cu－Zn－Si，Cu－Zn－Ga，Cu－Al，Cu－Al－Ni，Cu－Al－Mn，Cu－Al－Si；

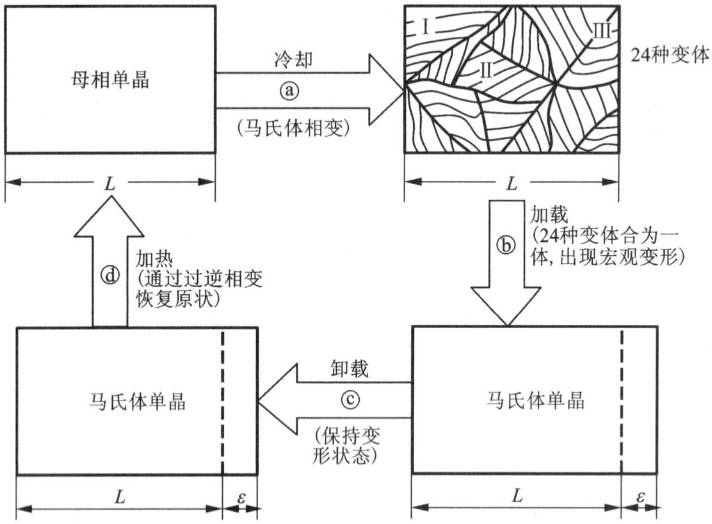

图9－5　形状记忆机制示意图(拉应力状态)

(4)Ag－Cd, Ag－Zn－Cd, Ag－Zn;

(5)Ni－Al, Ni－Al－Co, Ni－Al－Ga, Ni－Al－Ti;

(6)Co, Co－Ni;

(7)Fe－Ni, Fe－Ni－Co－Ti, Fe－Mn, Fe－Mn－C, Fe－Mn－Si, Fe－Mn－Si－Ni(Cr), Fe－Pt 等。

9.2.2　形状记忆合金的智能属性

人们利用材料的形状记忆效应把形状记忆合金丝或颗粒作为复合材料的增强剂，赋予复合材料智能功能。基本思路如图9－6所示(颗粒复合与其类似)，其步骤为：①形状记忆合金处于奥氏体状态，复合于基体中；②复合材料冷却到M_f以下，使形状记忆合金处于马氏体状态；③使复合后材料变形；④当温度升到A_s(奥氏体相变开始温度)以上时，因形状记忆合金收缩受到基体的约束，在复合材料中产生压应力，使得复合材料的拉伸性能提高，从而使内部的损伤裂纹自动闭合。

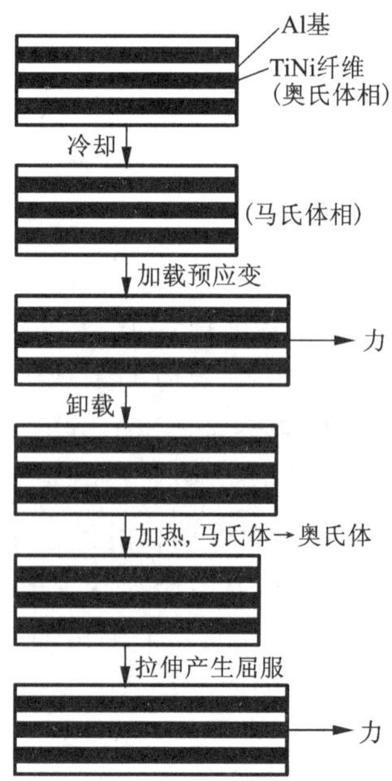

图9－6　形状记忆合金丝/金属基复合材料的设计思想

有研究表明，将 NiTi 合金丝(表面绝缘处理)复合于 ZL—105 铝合金基体后，外加载荷 $\sigma=30$ MPa 时的计算结果如表 9－2 所示。由表可见，NiTi 合金丝使裂纹附近应力和张开位移大为降低，抑制裂纹效果明显。

表 9－2 裂纹状态的计算结果($\sigma=30$ MPa)

计算类型 \ 计算参量	NiTi 合金温度 /K	裂尖附近应力 /MPa	裂纹处的应力 /MPa	裂纹张开位移 $V\times10^{-3}$/mm
无 NiTi 丝	—	105.03	—	3.4367
$\varepsilon=0.025$ 时，利用伪弹性性能	318	49.7	527.53	0.62
$\varepsilon=0.025$ 时，利用形状记忆效应	403	48.14	1057	0.4173
$\varepsilon=0.05$ 时，利用形状记忆效应	403	46.64	1137	0.3961
$\varepsilon=0.07$ 时，利用形状记忆效应	403	47.27	1009	0.4573
NiTi 丝不加热	—	54.335	185.08	0.7557

图 9－7 是把 TiNi 线埋入炭纤维强化环氧树脂中制成的复合材料悬臂梁的示意图。通过对 TiNi 纤维进行直接通电加热，由于 TiNi 逆相变的发生，复合材料的性能也会随之变化。通过对形状记忆合金在马氏体状态进行预变形处理以及控制埋入数量和位置等手段，可以能动地控制复合材料的内部应力、强度、刚性、几何形状以及振动特性等，由此可以设计制造出所需要的智能型复合材料。另外，在基体为高分子聚合物绝缘体的场合，通过测量所埋入的形状记忆合金纤维的电阻变化，可以判断掌握复合材料内部应力、应变以及温度的状况，这样可以用来检测复合材料内部损伤和设计智能型复合材料的自我判断、自我诊断功能。

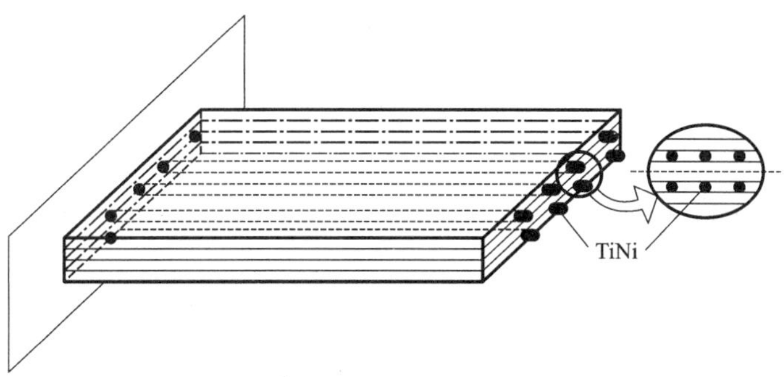

图 9－7 TiNi 纤维强化环氧树脂复合材料悬臂梁的示意图

用 NiTi 记忆合金已成功地制成了人造卫星中的折叠式展开天线，如图 9－8 所示。其工作程序是，将 NiTi 合金丝冷却到马氏体状态，制成半球形天线，将其折成体积很小的球体放入卫星中，送入太空后，太阳能将天线加热到奥氏体状态，并展开成半球形的工作状态。由此可见形状记忆合金是一种能对环境作出自适应反应的智能材料。

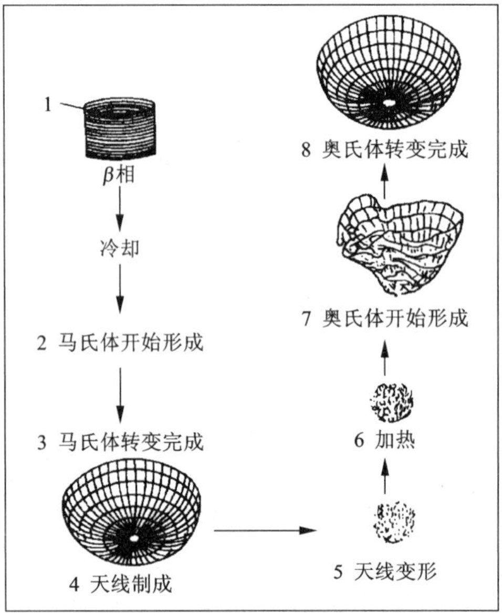

图 9－8　折叠式展开天线示意图

9.3　无机非金属材料的智能化

9.3.1　自适应高温陶瓷材料

氮化硅等高温陶瓷材料是未来高温发动机的候选材料。研究表明，陶瓷材料在高温下的破坏过程是内部组分高温氧化和表面裂纹纵深发展的相互促进过程。如果有一种物质能够在高温下自动“流入”裂纹并蔽屏内部组织和氧气的接触，就能有效阻止陶瓷材料在高温下的破坏过程。研究人员模仿人类掌茧等生物材料表层的环境自适应性，用热压工艺制备了 NbN/Si_3N_4 复合材料，实验表明 NbN/Si_3N_4 复合材料具有较好的高温抗氧化性。高温抗氧化性原理是微量 NbN 添加剂使陶瓷材料表面形成一层致密的氧化物保护层，阻断氧气向内部侵入，而且这些氧化物保护层的化学状态和组织结构能自动调整，与所处环境的温度和氧分压相适应，以达到最佳抗氧化效果(见图9－9)。可望阻止裂纹向材料内部扩展，延长其使用寿命。

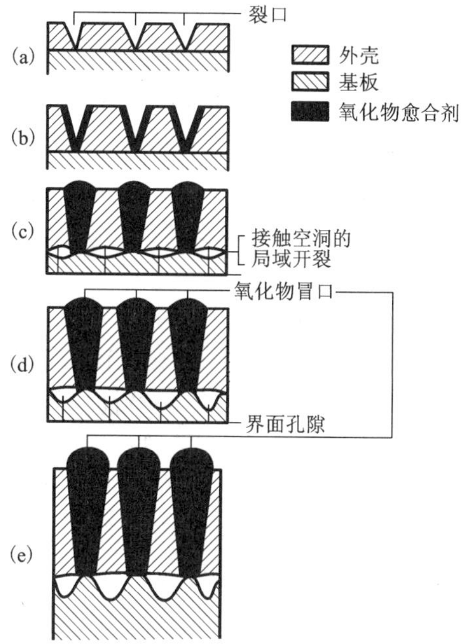

图9－9 具有自适应抗氧化保护功能的陶瓷材料

9.3.2 氮化硅陶瓷内部裂纹的自愈合

在Si_3N_4基体中，加入微波吸收性强的TiC添加剂，制成TiC/Si_3N_4复合材料，并在表面预制裂纹。将该烧结体置于微波炉中，1100 ℃条件下处理20～30 min，发现预制裂纹几乎完全愈合，且材料的强度仍然保持在其原始强度的80%以上。其作用原理是材料内部均匀分散的微波吸收剂迅速升温，促进周围化学扩散和物质软化流动，使内部微细裂纹愈合。这种具有裂纹自愈合功能的陶瓷材料，在微波辐射下可以使损失的强度得以有效恢复，使某些价值昂贵或难以更换的特殊陶瓷部件可望多次长期使用。

9.3.3 氧化锆相变自增韧陶瓷

氧化锆增韧陶瓷(ZTC)是一类很有前途的新型结构陶瓷材料。这类陶瓷中氧化锆有相变特性，可增加材料的断裂韧性和抗弯强度，最可贵的是它能响应外界环境的变化，吸收环境冲击能，防止结构整体被破坏，具有自诊断和自修复的功能。

氧化锆晶体一般有三种晶型：

$$\text{单斜相 } ZrO_2(m) \underset{90℃}{\overset{1150℃}{\rightleftharpoons}} \text{四方相 } ZrO_2(t) \overset{2370℃}{\rightleftharpoons} \text{立方相 } ZrO_2(c)$$

其中$t-ZrO_2$转化为$m-ZrO_2$相变具有马氏体相变的特征，并且相变伴随有3%～5%的体积膨胀。不加稳定剂的ZrO_2陶瓷在烧结温度冷却的过程中，由于发生相变而严重开裂。解决的办法是添加离子半径比Zr小的Ca、Mg、Y等金属的氧化物。

研究表明，当ZrO_2晶粒尺寸比较大而稳定剂含量比较小时，陶瓷中的$t-ZrO_2$晶粒在烧成后冷却至室温的过程中发生相变，相变所伴随的体积膨胀在陶瓷内部产生压应力，并在一些区域形成微裂纹。当主裂纹在这样的材料中扩展时，一方面受到上述压应力的作用，裂纹扩展受到阻碍；同时由于原有微裂纹的延伸使主裂纹受阻改向，也吸收了裂纹扩展的能量，提高了材料的强度和韧性。这就是微裂纹增韧。

当稳定剂含量较多时，材料中的 t - ZrO_2 晶粒在烧成后冷却至室温的过程中仍保持四方相形态，当材料受到外应力的作用时，受应力诱导发生相变，由 t 相转变为 m 相。由于 ZrO_2 晶粒相变吸收能量而阻碍裂纹的继续扩展，从而提高了材料的强度和韧性。相转变发生之处的材料组成一般不均匀，因结晶结构的变化，导热和导电率等性能随之而变，这种变化就是材料受到外应力的信号，从而实现了材料的自诊断。

9.3.4 电致变色玻璃

电致变色是指材料在电场作用下而引起的颜色变化，这种变化是可逆的并且连续可调。利用电致变色材料的这一特性构造的玻璃具有对通过光、热的动态可调性，制成智能窗，用于房屋的自动采光控制，使室内冬暖夏凉，减轻空调负荷，达到节约能源的目的。具有这种特点的玻璃用在汽车上，通过调节透光率保持驾驶室内光强适度，有利于司机安全驾驶。智能窗的结构如图 9 - 10 所示。

图中 GS 表示玻璃基片，TC 为氧化铟锡(ITO)膜制成的透明电极，CE 为离子注入膜，FIC 为快离子导体隔膜，EC 为电致变色膜。

为了减少器件光学性能的影响，应尽量提高 TC 的可见光透光率。两透明电极 TC 之间为三层结构：由离子注入膜(CE)、快离子导体膜(FIC)和电致变色膜(EC)组成。其中 FIC 的功能是加快 EC 与 CE 之间的碱金属离子传输，这里不存在电子导电过程。FIC 在工作频率范围内(0.35 ~ 1.5 μm)，具有高的离子电导率和电子电阻率。TC 的功能是向 EC 提供并接受电子。CE 层在工作频率范围内也呈透明态。

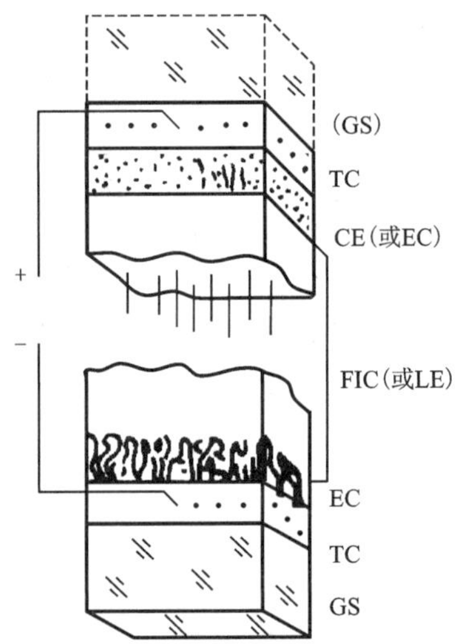

图 9 - 10　电致变色玻璃窗原理

电致变色膜(EC)材料可以是 α - WO_3 或 NiO 薄膜。前者有蓝色变色特性，人的视觉难以适应；后者呈灰色变色特性，应用性能良好。这类膜材可以用物理气相沉积或溶胶 - 凝胶方法制备。氧化镍与氧化钨薄膜的电致变色反应，也是碱金属离子和电子的注入反应，其初始漂白反应为：

$$Ni_{1-x}O(\text{初始态}) + yM^+ + ye^- \longrightarrow M_yNi_{1-x}O(\text{漂白态})$$

式中，M^+ 为 Li^+、Na^+、K^+ 离子。

变色和漂白反应为：

$$M_yNi_{1-x}O(\text{漂白态}) \rightleftharpoons M_{y-2}Ni_{1-x}O(\text{着色态}) + 2M^+ + 2e^-$$

9.4　电(磁)流变液

9.4.1　电流变液

电流变液是粒径为 μm 级的高介电常数，低电导率的电介质颗粒分散于低介电常数的绝缘液体中形成的一种悬浮液。在电场作用下，由于粒子和绝缘液体的介电常数不匹配，粒子便会发生极化，沿电场方向形成粒子链或柱，使流体的黏度显著提高，当外场高于某一值时，甚至发生液态向固态转变。当电场减弱或消失时，它又快速恢复到原始状态，这种在电场作用下，流变性能的迅速可逆变化称为电流变效应。

1. 电流变效应的机理

为了解释电流变现象，已提出的理论有介电极化机理、双电层变形机理、水桥机理、电泳机理等。以介电极化机理为例，该机理将电流变效应归因于分散相微粒相对于分散介质发生极化，极化所产生偶极矩由极化率和外加电场所决定。只有当分散介质与颗粒的介电常数有差异时，在电场作用下，颗粒才能积累电荷，产生偶极矩。而具有偶极矩的颗粒之间必须产生相互作用偶极力。偶极作用力具有各向异性，可分为 3 个方向上的作用力，如图 9－11 所示。当两颗粒中心连线平行于电场方向时，偶极作用力为吸引力。

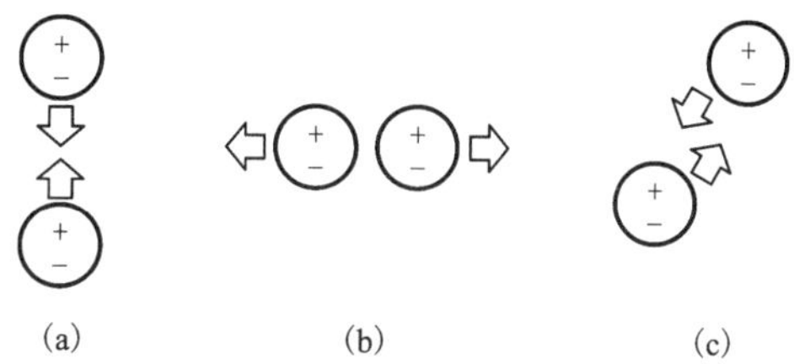

图 9－11　极化颗粒相互作用力示意图

(a)颗粒中心连线平行于电场方向；
(b)颗粒中心连线垂直于电场方向；
(c)颗粒中心连线既不平行也不垂直于电场方向

当两颗粒中心连线垂直于电场方向时，表现为排斥力；当两颗粒中心连线既不平行于又不垂直于电场方向时，颗粒同时受到吸引与排斥力的作用，结果产生使颗粒沿电场方向排列的扭转力。由此可见，极化力最终会使颗粒沿电场方向排列成链状结构，这一链状结构使得体系黏度增大。当施加应力小于流变液抵抗剪切变形的屈服应力时，颗粒链结构发生形变，此形变具有粘弹性；当施加应力大于流变液屈服应力时，颗粒链结构破裂，体系开始流动，如图 9－12 所示。因此，用电流变材料传递剪切力时，其所受应力应小于流变液的屈服应力。为了使电流变材料能传递较大的应力，其本身应具有较大的屈服应力。

2. 电流变液的组成

性能优良的电流变液应该具有以下特点：导电性低、消耗功率小和介电击穿电压高；工作温度范围宽；性能稳定、不沉降；开/关特性好，响应时间快；不通电时，黏度尽可能小。电流变液由分散相、分散介质和添加剂组成。

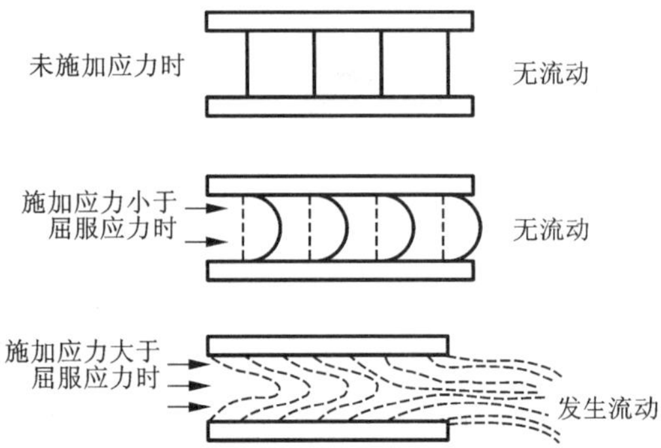

图 9－12　电场作用下电流变液对施加应力的响应示意图

为了得到高性能的电流变液，一般认为，分散相和分散介质的介电常数相差越大越好，分散颗粒的粒径在几微米到几十微米的范围。常用的分散相有活性硅胶，一些氧化物如Al_2O_3、TiO_2、CoO 和 Cr_2O_3也可以使用。

分散介质一般采用具有较大密度、低黏度、低介电常数，高电阻、低导电率和耐高电场击穿强度的绝缘油类。

电流变液中除了分散介质和分散相以外，一些添加剂也是必不可少的。实际上，电流变液性能的提高很大程度上还是在添加剂的使用上，如为了改善沉降稳定性，要加入一些表面活性剂。

3. 应用

由于电流变材料的快速电场响应性，它可用于振动控制、自动控制、扭矩传输、冲击控制等方面。如用作汽车制造业中的传动装置和悬挂装置，如离合器、制动器、发动机悬挂装置等。电流变材料还可用作阻尼装置、防震装置，如车用防震器、精密定位阻尼器等。

9.4.2　磁流变液

磁流变液由磁性颗粒、载液和稳定剂组成，是具有随外加磁场变化而有可控流变特性的非胶体性质的悬浮液体。磁性颗粒一般用球形金属及铁氧体磁性材料(颗粒尺寸范围为 0.01 ~ 10 μm)。作为连续绝缘介质的载液一般用硅油、煤油和合成油，可选择温度稳定性好、非易燃且不会造成污染的载液。稳定剂用来确保颗粒悬浮于液体中，稳定剂具有特殊的分子结构：一端有一个对磁性颗粒界面产生高度亲和力的钉扎功能团；另一端有一个极易分散于载液中的适当长度的弹性基团。

当磁流变液受到一强磁场作用时，就会变成类似“固体”的状态，流动性消失。一旦去掉磁场后，又变成可以流动的液体。该变化的微观机理可描述为：在外加磁场作用下，液体中的颗粒产生偶极矩，通过偶极子之间的相互作用，为了达到能量最小要求而形成长链。外磁场的加大，使这种链状结构进一步发生聚集，形成复杂的团簇结构，这种微观结构上的变化直接导致了液体流变性质的变化。由于磁性颗粒具有一定的固有磁矩，故其流变学性质的变化较电流变液更显著。

一般地说，良好的磁流变液需具备如下性能：

(1)磁流变液具有磁化和退磁效应，它的磁滞回线狭窄，矫顽力较小，而磁导率很大，尤其是磁导率的初始值和最大值必须很大；

(2)具有较大的磁饱和强度，从而使悬浮体内的固体颗粒相互间提供很大能量；

(3)损耗(例如磁滞损耗现象、涡流现象)应该很小；

(4)磁场粒子的分布率始终保持均匀不变；

(5)具有较高的击穿磁场；

(6)具备相当宽的温度范围稳定性。

工程上已设计和制造出多种磁流变液器件，如液压控制伺服阀、阻尼器、振动吸收器和驱动器，离合器、制动器等。

9.5　智能高分子凝胶

9.5.1　概述

20世纪90年代，人们模仿生物组织所具有的传感、处理和执行功能，将功能高分子材料发展成为智能高分子材料，其中研究最多的是高分子凝胶。

所谓高分子凝胶是指由网络结构的高聚物与溶剂组成的体系。这类高分子凝胶，既具有液体般的运动性和流动性，又如固体那样能保持一定形状。单一组分凝胶存在两种不同的相态：溶胀相和存在于液体中的收缩相。如果将凝胶置于溶液中，由于内部与外部溶液中的水或溶胀剂之间存在化学位差异，会导致溶胀剂吸收或排出，使凝胶产生溶胀或退溶胀而变形。凝胶的体积相转变是凝胶的体积随外界环境因子变化产生不连续变化的现象。凝胶相转变可以由溶胀相转为收缩相，也可以由收缩相转为溶胀相。正是由于凝胶与外界的这种作用导致物质、能量和信息的交换，从而使凝胶的形状、大小和性质发生变化。这种响应体现了凝胶的智能性。

9.5.2　智能性凝胶的类型

根据凝胶所受刺激信号的不同，智能性凝胶可分为不同的类型。

1. 温敏性凝胶

温敏性凝胶是能响应温度变化而发生溶胀或收缩的凝胶。温敏性凝胶分为高温收缩和低温收缩型两类。聚异丙基丙烯酰胺(PIPAm)是典型的高温收缩凝胶。低温时，凝胶在水中溶胀，大分子链水合而伸展，当升至一定温度时，凝胶发生急剧的脱水合作用。由于侧链疏水基团的相互吸引，大分子链聚集而收缩。

聚丙烯酸(PAAC)和聚N，N－二甲基丙烯酰胺(PDMAAM)网络互穿形成的聚合物网络水凝胶，在低温时凝胶网络内形成氢键，体积收缩；高温时氢键解离，凝胶溶胀。这种配合物在60 ℃以下水溶液中很稳定，但高于60 ℃时配合物解离，属低温收缩性凝胶。

2. 光敏性凝胶

光敏性凝胶是由于光辐照(光刺激)而发生体积变化的凝胶。紫外光辐照时，凝胶网络中的光敏感基团发生光异构化或光解离，因基团构象和偶极矩变化而使凝胶溶胀。例如，光敏分子(光敏变色分子)三苯基甲烷衍生物经光辐照转变成异构体——解离的三苯基甲烷衍生物。解离的异构体可以因热或光化学作用再回到基态。这种反应称为光异构化反应。

若将光敏分子引入聚合物分子链上，则可通过发色基团改变聚合物的某些性质。以少量的无色三苯基甲烷氢氧化物与丙烯酰胺(或N，N－亚甲基双丙烯酰胺)共聚，可得到光刺激响应聚合物凝胶。

凝胶吸收光子，使热敏大分子网络局部升温。达到体积相转变温度时，凝胶响应光辐照，发生不连续的相转变。例如，可将能吸收光的分子(如叶绿酸)与温度响应性PIPAm以共价键结合形成凝胶。当叶绿酸吸收光时温度上升，诱发PIPAm出现相转变。这类光响应凝胶能反复进行溶胀－收缩，应用于光能转变为机械能的执行元件和流量控制阀等方面。

3. 磁场响应凝胶

包埋有磁性微粒子的高吸水性凝胶称为磁场响应凝胶。国外学者将铁磁性“种子”材料预埋在凝胶中，当凝胶置于磁场时铁磁材料被加热而使凝胶的局部温度上升，导致凝胶膨胀或收缩；去掉磁场，凝胶冷却，恢复至原来大小。他们采用不同的方法包埋铁磁：一种是将微细镍针状结晶置于预先形成的凝胶中；另一种是以聚乙烯醇涂在微米级镍薄片上，与单体溶液混合后再聚合成凝胶。这两种方法可用于植入型药物释放体系，电源和线圈构成的手表大小的装置产生磁场，使凝胶收缩而释放一定剂量的药物。这类方法还能制造人工肌肉型驱动器。

4. 电场响应凝胶

聚电解质凝胶在电场刺激下，凝胶产生溶胀和收缩并将电能转变为机械能。最近美国学者制备出能在100毫秒(ms)内响应电脉冲的凝胶，这一时间相当于人类肌肉得到脑神经的电信号后收缩所需要的时间。他们把交联聚氧化乙烯粒子悬浮在硅油中，并用这类电流变液浸渍聚二甲基硅氧烷弹性体制成凝胶，通过预埋在凝胶中的两个柔性电极施加1 Hz交流电场，试样在小于100 ms的时间内产生变形。上述过程的机理尚不清楚，这种凝胶有望作为人工肌肉的候选材料。

5. pH 值响应凝胶

pH 响应凝胶是体积能随介质 pH 值变化而变化的凝胶。这类凝胶大分子网络中具有离子解离基团，其网络结构和电荷密度随介质 pH 值变化。

利用戊二醛使壳聚糖（CS—NH_2）上的氨基交联，再和聚丙二醇聚醚（PE）形成半互穿聚合物网络。由于网络中氢键的形成和解离，使网络中大分子链间形成配合物或者解离，从而使此凝胶网络的溶胀行为对 pH 变化敏感。在碱性 pH 值下，凝胶溶胀度显著降低，这是由于网络间形成氢键，使大分子链缔合。在酸性 pH 值下，壳聚糖结构单元上的氨基—NH_2质子化，氢键被破坏，导致凝胶溶胀度增大。

6. 化学物质响应凝胶

有些凝胶的溶胀行为，会因特定物质的刺激（如糖类）而发生突变。例如药物释放凝胶体系可依据病灶引起的化学物质（或物理信号）的变化进行自反馈，通过凝胶的溶胀与收缩控制药物释放的通、断。下面以对血糖浓度响应的胰岛素释放体系为例来说明。

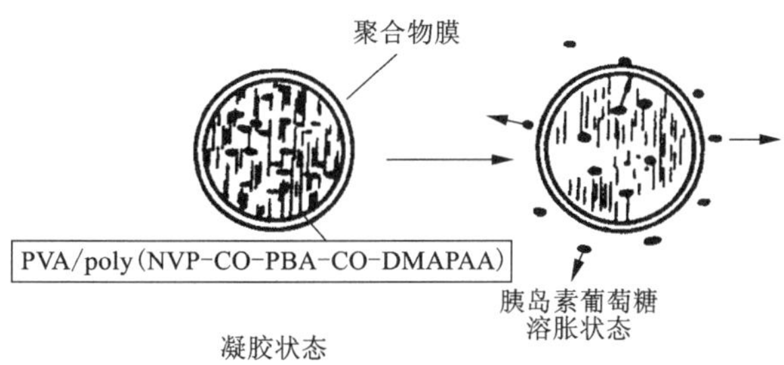

图 9－13　聚合物胰岛素载体释放药物示意图

胰岛素释放体系的响应性是借助于多价羟基与硼酸基的可逆键合。对葡萄糖敏感的传感部分是含苯基硼酸的乙烯基吡咯烷酮共聚物。其中硼酸与聚乙烯醇（PVA）的顺式二醇键合，形成结构紧密的高分子配合物。当葡萄糖分子渗入时，苯基硼酸和 PVA 间的配合物被葡萄糖取代，上述大分子间的键解离，溶胀度增大。也就是说，它能传感葡萄糖浓度信息，从而执行药物释放功能，因此，这种高分子配合物可作为胰岛素的载体负载胰岛素，形成半透膜包覆药物控制释放体系，从而可使糖尿病患者能够自动地维持正常的血糖浓度（见图 9－13）

7. 温度/pH 值响应性凝胶

以上介绍的都是单一信号响应的水凝胶。最近日本学者设计了可同时响应温度和 pH 值变化的水凝胶。将温敏性异丙基丙烯酰胺与 pH 值敏感的丙烯酸形成共聚物，凝胶体积随温度的变化呈显著的非连续性相转变行为，但体积的非连续性随 pH 值的变化而变化。对复合信号响应的凝胶有望用作药物释放载体，因为人患病时，温度发生变化，且药物经口腔、食管和胃肠等身体部位时 pH 值会发生变化，因而温度和 pH 值敏感性水凝胶的设计思路拓宽了水凝胶在药物释放载体中的应用。

9.6 智能隐身材料

9.6.1 隐身技术与隐身材料

现代无线电技术和雷达探测系统的迅猛发展，极大推动了世界各国防御系统的搜索、跟踪、攻击目标的能力，传统的作战武器受到了越来越严重的威胁。隐身技术作为提高武器系统生存、突防、打击能力的有效手段，已经成为集陆、海、空三位一体的现代战争中最重要、有效的突防战术技术，受到世界各国的高度重视。隐身技术是指在一定遥感探测环境中降低目标的可探测性，使其难以被发现的技术。隐身技术的出现促使军事装备向隐身化方向发展，如隐身飞机、隐身导弹、隐身舰艇、隐身军车等武器装备的相继出现，有效地提高了武器装备的生存能力和突防能力，在现代战争中显示出了巨大的威力。武器系统的隐身能力可以通过外形设计和使用隐身材料来实现，外形设计虽然效果较好，但受到许多条件的制约，所以隐身材料的发展和应用成为隐身技术发展的关键因素之一。

虽然隐身材料的研究和应用取得了很大成功，然而传统的隐身材料却存在着重量较重、吸收频带窄、吸收效率不够高等问题，特别是它们的吸收均是被动的，不具备主动功能，而且功能单一。智能材料所具有的感知功能、信息处理功能、自我指令并对信号作出最佳响应的性能，为其实现隐身功能提供了可能性。智能隐身材料能够感应入射的电磁波，然后能作出最佳响应，例如，让材料的吸收峰与该电磁波频段相对应，这种智能隐身材料的吸收效率比起传统的隐身材料大大提高。同时，智能隐身材料的应用也降低了电子系统本身的质量和成本，如智能光纤代替传统的铜线减少至少80%的质量。用智能纤维增强的聚合物作隐身的结构材料，不仅降低了雷达的散射截面，同时把飞机的质量也减轻了50%。

目前，这种新兴的智能材料已在军事和航空航天领域得到了越来越广泛的应用。美国是最早从事这一领域研究的国家。目前，美国奥本大学和空军怀特实验室首先提出了直升机旋翼采用智能隐身材料的设计方案，其隐身能力可提高20倍；西屋公司正在从事飞机智能蒙皮的研究，这种飞机蒙皮具有降低飞机被电子探测的功能。智能隐身材料成为未来隐身材料的重要发展方向。智能隐身材料的主要研究方向为智能隐身蒙皮、可见光及红外智能隐身、智能声隐身和雷达波智能隐身等。

9.6.2 智能隐身蒙皮

西屋公司正在从事智能飞机蒙皮的研究，这种技术用嵌入蒙皮的共形系统来代替天线和黑箱。与常规的飞机雷达天线相比，共形系统的优点是它可以安装在飞机上像翼尖这样通常难以安装的部位，通过定向操作达到隐身的目的。而常规飞机的雷达天线在360°范围内操作，向外发射的电磁信号容易泄漏而被发觉。这种飞机蒙皮具有降低飞机被电子探测的功能。通过将电磁发射元件（如雷达和通讯线路）替换成无源且定向性装置从而提高了飞机的作战隐身性能。宾西法尼亚大学等正在从事智能蒙皮天线技术，这种技术用宽频、多功能的共形天线安装在飞行器的表面以达到隐身目的，这种技术有较宽的吸收频带。

光纤智能隐身是智能隐身的另一重点。美国空军于1985年首先提出了光纤智能蒙皮隐身的概念和计划，目前，美国空军正致力于采用光纤传感器作隐身飞机灵巧蒙皮的研究。在这种光纤灵巧蒙皮内嵌入保型雷达、导航设备、目标搜索和各种传感器元件，使光纤数字电路遍布飞机机翼内。这种战斗机不仅可以隐身，而且灵敏度高、易操纵并可自动校正飞行。

美国空军最近提出将不同导电率的多层薄膜连结在一起，获得在功能上与分层介质吸波涂层类似的蒙皮结构，并将各种机载电子装置、传感器等嵌入蒙皮内以取代传统的雷达天线，从而构成智能蒙皮。

9.6.3 可见光及红外智能隐身

在现代电子对抗日趋激烈的背景下，可见光和红外智能隐身是为应对新探测手段而发展起来的。美国还在研制一种可见光伪装智能材料，是在聚氨酯分子中嵌人高活性的丁二炔链段，在适当的条件下，丁二炔聚合成聚丁二炔，形成具有自由电子的共轭结构，从而改变了整个材料的颜色和光强度。在此基础上，在材料系统中加入传感器和控制器，使用带有SiC光探测器的窄带通滤波器可以识别环境的波长和光强度，再将输出信号经模拟数字转换器传输结微处理器进行识别和数据处理，并发出控制指令以改变材料的颜色和色强度，从而达到隐身的效果。

北京理工大学的张升康等人设计了一种红外智能隐身材料系统，这种系统由红外传感器、电致变温材料和微处理器组成，该系统实现了目标热像随背景自适应变化的功能。这种红外智能隐身材料系统采用双红外传感器分别采集目标和环境的红外辐射特征信号，感知自身和环境的差异；采用微处理器对感知信号进行分析处理；再用电致变温材料作为驱动系统与光学伪装材料相互依着，从而控制伪装材料温度使其与环境温度相适应。红外智能隐身材料系统是信号采集、处理以及驱动系统融为一体，并和伪装材料相结合的材料系统，当环境辐射特性变化时，材料辐射特性也跟着相应变化，使目标混杂于环境中难于分辨，从而实现各种环境下的自适应隐身。

9.6.4 智能吸波隐身

雷达波智能隐身是雷达波隐身发展的一个重要方向。导电玻璃纤维是一种智能纤维，它是在纤维表面镀上镍合金，其上面包敷导电性能良好的金属，在最外层有耐腐蚀性能好的金属材料保护膜。日本将导电玻璃纤维用于隐身材料的研究已经取得成功。研究人员研究出一种高频高效吸波涂料，它具有由电阻抗变换层和低阻抗谐振层组成的两层结构，其中谐振层是由铁氧体、导电短纤维与树脂组成的复合材料。该纤维可吸收1~20GHz的雷达波，吸收带宽达50%，吸收率达20dB以上。

美国研究了一种主动雷达隐身装置，它是在塑料涂层中集成微波探测器、相变换放大器和微波发射器。探测器探测到入射波、反射波和相消电磁波的合成波，然后相变换放大器转换探测器探测到的合成波，再通过发射器发射出去，这样，理论上该武器平台的雷达反射截面近似为零。

9.7 智能材料结构的应用

9.7.1 在机器人中的应用

传统的机器人是机械－电子一体化的典型代表，使用的是常规驱动方法（如马达、液压），结构复杂，体积庞大。形状记忆合金（SMA）开创了材料－电子一体化的机器人，使得机器人结构大大简化。

图9－14为具有相当于肩、肘、臂、腕、指等5个自由度的微型机器人的结构示意图。手指和手腕靠SMA（NiTi合金）线圈的伸缩、肘和肩靠直线状SMA丝的伸缩分别实现开闭和屈伸动作。每个元件由微型计算机控制，通过由脉冲宽度控制的电流调节位置和动作速度。由于SMA丝很细（0.2 mm），因而动作很快。

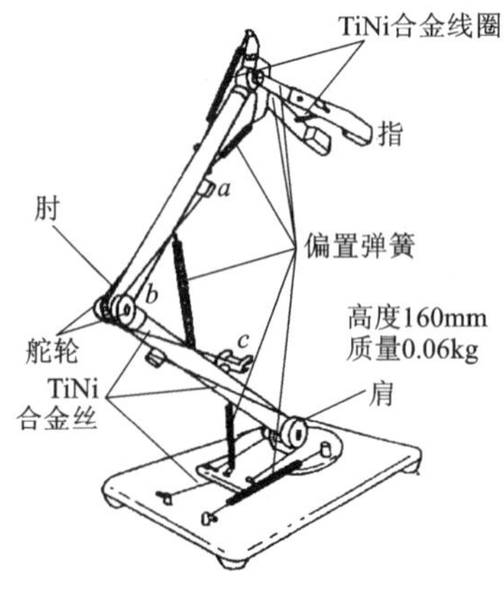

图9－14　靠形状记忆合金动作的微型机器人结构图

形状记忆合金的功能和生物手脚的筋的功能很相似。生物筋是含蛋白质的生物高分子纤维。它靠机械－化学反应来动作，通过体液的pH值进行收缩、膨胀来活动手脚。与此类似，形状记忆合金可以通过热－机械反应作为人工筋应用。日本日立公司用形状记忆合金制作的机械手有12个自由度，动作形如人手，能仿真取出一个鸡蛋。

记忆合金在机器人上的另一应用是行走。它由两根记忆合金丝和相应的偏置弹簧组成，利用记忆合金的伸长与收缩而达到行走的目的。加热时，记忆合金伸长，使前爪向前伸出（后爪不能后退），与此同时，重心移到前爪上；冷却时，记忆合金收缩，将后爪向前移动一步。这种装置像昆虫那样有六条腿，步行中能够四条腿着地，增加了稳定性。将记忆合金的受热和冷却与计算机结合起来，可以精确地控制行走的步幅。

9.7.2　在航空工业中的应用

飞机智能材料与结构研究的两大分支是智能结构和智能表层。智能结构主要包括飞行控制和结构的健康监控，研究内容涉及自适应机翼、主动减振降噪、材料或构件内缺陷损伤的自诊断、材料疲劳寿命的预报等。智能表层主要研究电子战系统和侦察通信系统的智能化方法，涉及隐身与反隐身、干扰与反干扰、阵列天线等项目。

1. 智能表层

随着飞机功能的不断增加，飞机结构材料不仅要承受载荷和维持外形，同时还应具有对环境适应的功能，为此提出了智能表层的研究。智能表层是将结构材料与感知元件和驱动元件、信号处理单元和识别单元融合在飞机表层材料中，使飞机表层具有通信、导航、隐身、电子对抗、火控、飞控等功能，如图 9－15 所示。

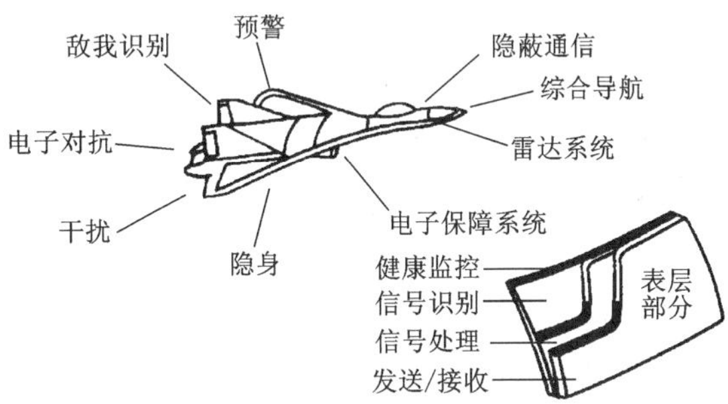

图 9－15　智能表层和它的部分功能

智能表层的主要特点是：①飞机的许多功能部件由分散向集成化发展，使结构质量减轻，表层功能不断增强和扩大；②感知元件和驱动元件、信号处理和识别单元与结构材料融为一体，各系统能够补偿失效和性能衰退的元器件，易于重新组合，可靠性高；③它对未来飞行器结构的安全监测具有重要意义，导致全新结构的健康监控系统的诞生。该系统利用感知元件和驱动元件构成的网络对结构的损伤、疲劳、冲击、缺陷、腐蚀等情况进行在线、动态和连续的监测和控制，以保证飞行器安全高效和维修费用低。

2. 自适应智能结构

自适应智能结构指的是基体材料、传感和驱动材料以及微电子处理控制系统集成或融合在一起的一个整体。这个整体不仅具有承受载荷、传递运动的能力，而且具有检测（应力、应变、损伤、温度、压力等）、动作（改变结构内部应力应变分布、改变结构外形和位置）、改变结构的特性（阻尼、自振频率、光学特性、周围磁场分布）等功能。即结构能够根据不断变化的外界环境和自身状况，在自诊断的基础上自适应地调整，始终处于最佳工作状态。

自适应结构包括强度自适应智能结构和形状自适应智能结构。目前正在研究的典型的形状自适应结构包括自适应机翼和自适应旋翼。

自适应机翼是在翼面中埋入传感元件和驱动元件，利用驱动元件改变机翼翼面下表面的弯度，可以使机翼具有足够的升力，并且不增大阻力；也可以利用驱动元件改变机翼前缘和后缘的角度等，或改变传感元件监测动作的情况程度，以达到自适应气动弹性控制。自适应机翼不采用铰链结构，在飞行中根据飞行状况和结构承受的载荷，依靠机翼自身的扭转、弯曲等变形形式，改变翼型和攻角，从而得到最佳的气动特性。和常规的操纵面相比，自适应机翼在减轻重量、降低临界载荷、改善雷达散射截面以及尽可能增大升阻比等方面都有很大的优势。

美国的 AFTI/F－111 飞机的机翼是采用柔性复合材料表层、数字飞行控制系统和液压系统制造的自适应机翼。这种自适应机翼无铰链、无前后缘缝隙，机翼上表面保持连续和光滑变化，利用机翼内部的液压驱动机构调节前后缘曲度以获得最大的空气动力效率。

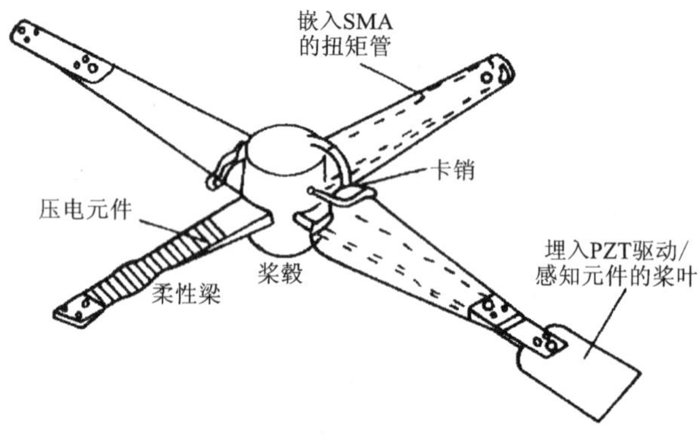

图 9－16　自适应旋翼模型

直升机自适应旋翼是在直升机复合材料桨叶中埋入高性能的感知元件和驱动元件，结合非接触式测控系统，使旋翼系统具有主动控制振动功能。当桨叶发生振动时，用埋入的驱动元件控制旋翼的动态变形，达到抑制结构振动，延长机体结构的疲劳寿命和提高飞行安全性。图 9－16 是一种典型的自适应旋翼模型。

9.7.3　在混凝土中的应用

智能混凝土是在传统混凝土原有组分基础上复合智能型组分，如把传感器、驱动器和微处理器等置于混凝土中，使混凝土成为既能承载又具有自感知和记忆、自适应、自修复等特定功能的多功能材料。

1. 自感应、自诊断智能混凝土

炭纤维是一种高强度、高弹性且导电性能良好的材料。在水泥基材料中掺入适量炭纤维不仅可以显著提高强度和韧性，而且其物理性能，尤其是电学性能也有明显改善，可以作为传感器并以电信号输出的形式反映自身受力状况和内部的损伤程度。将一定形状、尺寸和掺量的短切炭纤维掺入混凝土材料中，可以使材料具有自感知内部应力、应变和损伤程度的功能。

炭纤维混凝土除具有压敏性外，还具有温敏性，即温度变化引起电阻变化和炭纤维混凝土内部的温度差会产生电位差的热电性。炭纤维混凝土的这种温阻现象可以实现对大体积混凝土的温度自监控以及热敏元件和火警报警器等，可望应用于有温控和火灾预警要求的智能混凝土结构中。除了自感应功能外，这种混凝土材料还可应用于对混凝土路面、桥面和机场跑道等结构进行融雪化冰等。在寒冷地区，基于炭纤维混凝土的道路及桥梁路面的自适应融雪和融冰系统的智能混凝土研究已经在欧美等国家展开，并取得了一定的进展。

2. 自调节混凝土

混凝土结构除了正常负荷外，人们还希望它在受台风、地震等自然灾害期间，能够调整承载能力和减缓结构振动。20 世纪 90 年代初，日本建设省研究所曾与美国国家科学基金会合作研制了具有调整建筑结构承载力的自调节混凝土材料。具体做法是在混凝土中埋入形状记忆合金，利用形状记忆合金对温度的敏感性和不同温度下恢复相应形状的功能，在混凝土结构受到异常荷载干扰下，通过记忆合金形状的变化，使混凝土结构内部应力重新分布并产生一定的预应力，从而提高混凝土结构的承载力。另外，在混凝土中复合电流变体，利用电流变体的电－流变效应，在混凝土结构受地震或台风袭击时调整其内部的流变特性，改变结构的自振频率和阻尼特性以达到减震的目的。

日本学者研制的自动调节环境湿度的混凝土材料，自身可完成对室内环境湿度的探测，并根据需求对其进行调控。

3. 自修复混凝土

日本学者将内含黏接剂的空心胶囊掺入混凝土材料中，一旦混凝土材料在外力作用下发生开裂，空心胶囊就会破裂而释放黏结剂，黏结剂流向开裂处，使之重新黏结起来，起到愈伤的效果。美国伊利诺伊斯大学的 Carolyn Dry 根据动物骨骼的结构和形成机理，尝试制备仿生混凝土材料。其基本原理是采用磷酸钙水泥（含有单聚物）为基体材料，其中加入多孔的编织纤维网，在水泥水化和硬化过程中，多孔纤维释放出聚合反应引发剂，与单聚物聚合成高聚物，聚合反应留下的水分参与水泥水化。因此，在纤维网的表面形成大量有机及无机物质，它们互相穿插黏结，最终形成的复合材料是与动物骨骼结构相似的无机有机相结合的复合材料，具有优异的强度及延性等性能。而且在材料使用过程中，如果发生损伤，多孔有机纤维会释放高聚物，愈合损伤。但存在空心纤维或胶囊的制备以及与混凝土材料共同搅拌而不破碎、修复材料的时效和多次愈合的可行性等一系列问题。

9.7.4 在建筑和桥梁中的应用

建筑和桥梁等土木结构在实际使用时，都有较长的使用期，在这期间很可能会受到强风、地震等外在因素的影响，因此为保证这一类结构的安全性，除在设计时加以考虑以外，在使用过程中对其进行主动控制也是一个行之有效的方法。

在房屋建筑中，对于承载很大、又很重要的构件，可以在钢筋混凝土制作时埋入光纤阵列，通过微型计算机及神经网络判断缺陷的位置。由于水泥抗拉伸应力的能力较差，通常将光纤安装在水泥受拉伸处，检测水泥是否出现裂缝。高层建筑的基桩完整性检查是一个大问题，如在基桩中埋入偏振型或分布式光纤传感器，则可以直接判断基桩是否出现破坏的情况。

桥梁是承受动载荷的构件，因此往往要求能够监测它的受载和强度，并且根据监测结果来指导维修，这样可以大大减少定时检测和维修费用。

(1)桥座力的测量：在桥面和桥墩之间有桥座，桥座是由弹性层、加强板组成的堆积体，在其中放置采用微弯技术的多模光纤传感器，一端为发光管，将光耦合进光纤，另一端为光敏管。桥座受载情况发生变化时，微弯器对光纤作用，使光纤输出的光强发生变化，从而光敏管的输出改变，测试光敏管的信号变化则可以了解桥座受载情况。

(2)桥梁的长期监测：1993 年，在加拿大的 Calgary 建造了一座新型的两跨度公路桥，名为 Beddington Trail 桥。在这座桥梁的桥墩部分首次采用了炭纤维复合材料替代混凝土中的钢筋。同时这座桥梁的另一创新之处还在于在桥梁中也布置了光纤布拉格光栅传感器，以监测使用过程中炭纤维复合材料替代钢筋的效果及桥梁内部的应变状态。为了补偿温度的影响，桥梁中还埋入传感器以测量温度。

9.7.5 在振动和噪声控制方面的应用

工程结构的振动和噪声不仅会降低机械系统的性能，而且会危害人类健康。因此，必须对它进行控制。智能材料与结构的出现为人们对工程结构的振动和噪声控制找到了新的思路。在智能材料与结构中，传感元件对结构的振动进行监测，驱动元件在微电子系统的控制下准确地动作，以改变结构的振动状态。这样就出现了具有振动和噪声主动控制功能的智能结构。

主动减振智能结构主要由以下几个部分组成：基体结构材料(如金属、陶瓷以及复合材料等)、传感器(如压电聚合物、压电陶瓷、光纤等)、驱动器(主要有压电陶瓷、形状记忆合金等)和控制系统。原理如图 9－17 所示。传感器的任务是获得与结构振动状态有关的信息(如振动频率、振幅等)，并转换成电信号，传递给控制系统。驱动器是实现控制的最终执行元件，控制系统是主动减振智能结构的核心。

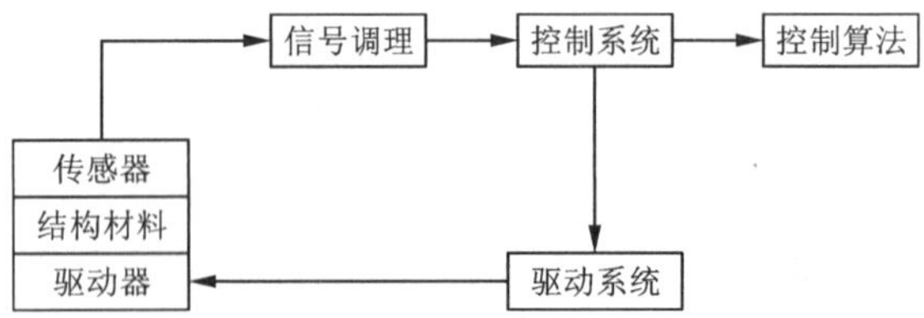

图 9－17　主动减振智能结构原理框图

美国密执安州立大学复合材料与结构中心实验室的 M. V. Gandhi 等人在复合材料

悬臂梁的空腔内注入电流变体，通过外加电场改变电流变体的状态，从而实时控制梁的刚度、阻尼，实现了对结构整体振动的主动控制。

9.7.6 在药物制剂中的应用

这类材料主要有水凝胶类及用于制备温度敏感型脂质体的膜材。

1. 温度敏感水凝胶

目前已报道的温度敏感水凝胶有离子化的丙烯酸衍生物的共聚物，聚(N，N－二乙基丙烯酰胺)和聚(N－异丙基丙烯酰胺)等非离子型水凝胶。以N－异丙基丙烯酰胺(NIPAm)类均聚物和共聚物为例，这种智能材料有较低的临界溶解温度，当温度升高到其最低临界温度以上时会发生从溶胀的软透明状态到消胀的硬不透明状态的变化，其体积变化可达几十倍，并能快速吸收和释放水而体现出开关性能。对PIPAAm进行改造如末端修饰，可赋予该材料不同的智能特性。利用这些材料制成的释药系统其释药只与外界温度有关，而同材料本身结构无关，可用于被动、主动靶向系统，增加由局部温度变化引起的定位释放。

2. 温度敏感型脂质体膜材

目前用于制备该类脂质体的膜材主要是二棕榈酸磷脂(DPPC)和二硬脂酸磷脂(DSPC)。将两者以不同比例混合创制了温度敏感性脂质体，使其由凝胶向液晶转变具有不同的相转变温度，当脂质体达到液晶态相变温度时其磷脂的酰基链紊乱度及活动度增加，膜的流动性增加，此时包封的药物释放速度增加。如使肿瘤或局部感染病灶升温到41～42 ℃，就引起脂质体内容物渗漏，导致脂质体迅速释放内容物。例如3H甲氨蝶呤温度敏感脂质体注入荷Lewis肺癌小鼠的尾静脉后用微波发生器加热肿瘤部位至42 ℃，4h后在循环系统中的放射活性为对照组平均值的4倍。日本有人利用局部升温技术和包封博莱霉素的温度敏感脂质体治疗小鼠AH－66腹水癌的淋巴结转移，取得了明显的抑制肿瘤生长和扩散以及延长小鼠存活时间的效果。

参考文献

[1] 杨大智主编. 智能材料与智能系统. 天津：天津大学出版社，2000
[2] 陶宝祺主编，智能材料结构. 北京：国防工业出版社，1997
[3] 姚康德，成国祥. 智能材料. 北京：化学工业出版社，2002
[4] 姜德生，Richard O. Claus. 智能材料器件结构与应用. 武汉：武汉工业大学出版社，2000
[5] 贡长生，张克立主编. 新型功能材料. 北京：化学工业出版社，2001
[6] 陈光，崔崇主编. 新材料概论. 北京：科学出版社，2003
[7] 谭毅，李敬锋主编. 新材料概论. 北京：冶金工业出版社，2003
[8] 李建保，周益春主编. 新材料科学及其实用技术. 北京：清华大学出版社，2003
[9] 曾光廷主编. 现代新型材料. 北京：中国轻工业出版社，2006

[10] 陶宝祺，熊克. 智能材料结构的定义及应用前景. 中国科学基金，1995：40－46

[11] 肖纪美. 智能材料的来龙去脉. 世界科技研究与发展，1996(3)：120－125

[12] 张金升，龚红宇等. 智能材料应用综述. 山东大学学报(工学版)，2002，32(3)：295－300

[13] 杨大智，魏中国. 智能材料——材料科学发展新趋势. 物理，1997，26(1)：6－11

[14] 姜旭峰，郑发正. 航空智能材料结构及其损伤评价方法研究，航空维修与工程，2003(5)：49－52

[15] 姚康德，许美萱，成国祥. 智能材料、系统和结构，材料导报，1995(1)：1－3

[16] 梁晖，刘国军. 智能材料在混凝土中的应用. 工业建筑，2005，35(增刊)：655－658

[17] 彭慎芳，陶宝祺，王昕. 智能材料结构在民用上应用. 南京航空航天大学学报，1997，29(5)：587－592

[18] 钱元萍，刘华红. 智能材料在现代药剂学中的应用. 河北医学，2003，9(3)：283－285

[19] 余海湖，赵愚，姜德生. 智能材料与结构的研究及应用. 武汉理工大学学报，2001，23(11)：38－41

[20] 高培德. 智能材料和结构. 功能材料与器件学报，2002，8(2)：93－98

[21] 杜彦良，聂景旭. 主动探测裂纹和控制裂纹扩展的智能材料结构. 力学进展，1994，24(4)：499－509

[22] 姚康德，彭涛，高伟. 智能性水凝胶. 高分子通报，1994(2)：103－111

[23] 武秀兰，王芬，任强. 陶瓷智能材料及其应用. 中国陶瓷工业，2004，11(2)：43－46

[24] 姚宗信. 基于智能材料与结构的自适应机翼技术在无人战斗机(UCAV)上的应用前景展望. 飞机设计，2001(4)：19－22

[25] 王岩，冯玉杰，刘延坤，武晓威. 隐身技术与隐身材料研究进展. 化学工程师,2006(9)：43－47

[26] 杨长胜，程海峰，李效东，唐耿平. 智能隐身材料的研究现状. 功能材料，2005,36(5)：643－647

第10章　生物医用材料

10.1　概述

生物医用材料(Biomedical Materials)也称为生物材料(Biomaterials)，是一种能对机体的细胞、组织和器官进行诊断、治疗、替代、修复、诱导再生或增进其功能的特殊的功能材料。它是近年来发展起来的生命科学和材料科学的交叉学科，其研究内容涉及材料医学、生物学、力学、工程学等诸多领域。生物医用材料的功能包括：①替代损害的器官或组织，例如人造心脏瓣膜、人工造骨、假牙、人工血管等；②改善或恢复器官功能的材料，如隐形眼镜、心脏起搏器等；③用于治疗过程，例如介入性治疗血管内支架、用于血液透析的薄膜、药物载体与控释材料等。当前生物材料发展已从20世纪的第一代、第二代生物材料的发展进入具有激发、促进人体组织自身修复和再生作用的第三代生物材料时代。

10.1.1　生物医用材料的发展历程

生物医用材料在20世纪60年代兴起，80年代获得高速发展。其最早的使用可追溯到18世纪末，1886年人类用钢片和镀镍钢治疗骨折。20世纪60～70年代，人们开发了应用临床的第一代生物材料及产品，例如体内固定用骨钉和骨板、人工关节、人工心脏瓣膜、人工血管、人工晶体和人工肾等。自20世纪80年代以来，以医疗、保健及增进生活质量等为目的的生物材料则取得了快速的发展，分别由40余种不同材料制成的植入器械(假体)中，已经有超过50种植入器械被应用于临床。上述生物材料具有一个普遍的共性——生物惰性，即生物材料发展所遵循的原则是尽量将受体对植入器械的异物反应降到最低。这个原则维持了20多年。在此期间，数以千万的患者植入了由惰性材料制成的器械，他们的生活质量也在植入后的5～25年内有了明显的改善。第一代生物材料制备的各种器械至今仍在临床大量使用。

20世纪80年代中期，生物活性玻璃、生物陶瓷、玻璃－陶瓷及其复合物等多种生物活性材料开始应用于整形外科和牙科。20世纪90年代后期，开始研究能在分子水平上刺激细胞产生特殊应答反应的第三代生物材料。这类生物材料将生物活性材料与可降解材料这两个独立的概念结合起来，在可降解材料上进行分子修饰，引起细胞整合素的相互作用，诱导细胞增殖、分化，以及细胞外基质的合成与组装，从而启动机体的再生系统。

10.1.2 生物医用材料的要求

由于生物医用材料应用对象的特殊性，因此要求其应具有良好的生物相容性、化学稳定性、机械力学性能以及加工性能等。生物相容性是描述生物材料与生物体相互作用情况的。良好的食物相容性包括对人体无毒、无刺激、无致畸、致敏、致突变或致癌作用；在体内排斥小，无炎症，无慢性感染，种植体不致引起周围组织产生局部或全身性反应，最好能与骨形成化学结合，具有生物活性；无溶血、凝血反应等。

生物材料，尤其是长期植入型的材料，要求有良好的化学和生物稳定性，要耐体液侵蚀，不产生有害降解产物；尺寸稳定性好，不产生吸水膨润、软化变质，自身不发生变化等。

针对不同的用途，生物材料在使用期内应该有足够的静态强度(如抗弯、抗压、拉伸、剪切强度等)；具有适当的弹性模量和硬度；耐曲挠疲劳，摩擦磨损，有较好的润滑性能等。

此外，还要求生物材料易加工成形，使用操作方便；热稳定性好，高温消毒不变质；表面有良好的空隙度，体液及软硬组织易于长入等。

10.1.3 生物医用材料的研究内容和分类

生物医用材料的研究内容较普通材料要广泛得多，它主要根据近代医学以及材料化学、材料物理学的基本原理和方法来研究，包括：生物体生理环境、组织内容、器官生理功能及其替代方法；具有特种生理功能的生物医学材料的合成、改性、加工成型以及材料的特种生理功能与其结构关系；材料与生物体的细胞、组织、血液、体液、免疫、内分泌等生理系统的相互作用以及养活材料毒副作用的对策；材料灭菌、消毒、医用安全性评价方法与标准以及医用材料与制品生产管理与国家管理法规等。

生物医用材料按来源分类，可分为天然生物材料(如胶原、纤维素、甲壳素等)和合成材料(如聚氨酯、硅橡胶、聚酯等)。按医用材料的化学结构，则可分为医用金属材料(如不锈钢、钛合金等)、生物陶瓷材料(羟基磷灰石、磷酸三钙等)、医用高分子材料(聚乳酸、甲基丙烯酸甲酯等)和生物医学复合材料。

按医用材料在人体中的应用部位进行分类，有硬组织材料、软组织材料、心血管材料、血液代用材料、分离透析材料等。其中硬组织材料主要包括用于骨科、齿科的生物材料，一般具有与替代组织类似的机械性能，同时能够与周围组织结合在一起。软组织材料则往往要求材料具有适当的强度和弹性，不引起严重的组织病变。心血管材料必须与活性组织有良好的相互适应性，不会引起凝血、溶血等生理反应。

此外还可按医用材料的使用要求，将其分为非植入性材料、植入性材料、血液接触性材料、降解和吸收性材料等。

10.1.4 生物医用材料的发展趋势

综合国内外生物材料的研究现状，未来生物材料的研究将集中在以下几方面：

(1)生物材料的功能化。除了设计、制造性能优异的新材料外，通过对传统材料进行表面化学处理(表面接枝大分子或基团)、表面物理改性(等离子体、离子注入或离子束)和生物改性是有效途径。材料表面改性的新方法和新技术是生物材料研究的永久性课题。

(2)复合生物材料仍是开发重点。作为硬组织修复材料的主体，复合生物材料受到广泛重视。它具有强度高、韧性好的特点，目前已广泛应用于临床。通过具有不同性能材料的复合，可以达到“取长补短”的效果，有效解决材料的强度、韧性及生物相容性问题，是生物材料新品种开发的有效手段。提高复合材料界面之间结合程度(相容性)是复合生物材料研究的主要课题。目前研究较多的是：合金、炭纤维/高分子材料、无机材料(生物陶瓷、生物活性玻璃)/高分子材料的复合研究等。

(3)纳米技术和生物材料相结合。纳米技术在上世纪90年代获得了突破性进展，它在生物医学领域的应用研究也不断得到扩展。纳米生物材料以其独特的性能，在药物控释材料及基因治疗载体材料方面展现出引人注目的前景。例如，固体脂质纳米粒、纳米囊(纳米球)和聚合物纳米胶束等是基因治疗的理想载体，具有承载容量大、安全性高等特点。此外，生物医用纳米材料在分析与检测技术、纳米复合医用材料、与生物大分子进行组装、用于输送抗原或疫苗等方面也有良好的应用前景。

(4)利用组织工程技术。组织工程是指应用生命科学与工程的原理和方法，构建一个生物装置，来维护、增进人体细胞和组织的生长，以恢复受损组织或器官的功能。它的主要任务是实现受损组织或器官的修复和再建，延长寿命和提高健康水平。其方法是将特定组织细胞“种植”于一种生物相容性良好、可被人体逐步降解吸收的生物材料(组织工程材料)上，形成细胞-生物材料复合物；生物材料为细胞的增长繁殖提供三维空间和营养代谢环境，随着材料的降解和细胞的繁殖，形成新的具有与自身功能和形态相应的组织或器官；这种具有生命力的活体组织或器官能对病损组织或器官进行结构、形态和功能的重建，并达到永久替代。生物材料在组织工程中占据非常重要的地位，同时组织工程也为生物材料提出问题和指明发展方向。目前组织工程学已经在人工皮肤、人工软骨、人工神经、人工肝等方面取得了一些突破性成果，展现出美好的应用前景。

(5)生物材料的表征和性能评价。生物材料的可靠性和重复使用性至关重要，它们又与其制备工艺密切相关，而起始原料的性质和质量对其可靠性和重复性更起决定作用，因此生物材料的表征和性能评价研究已越来越受到人们的重视。新的评价方法将从以下几个方面展开：生物医用材料对人体免疫系统的影响；生物医用材料对各种细胞因子的影响；生物医用材料对细胞生长、凋亡的影响；降解控释材料对人体代谢过程的影响；药物控释材料、净化功能材料、组织工程材料的生物相容性评价。

(6)利用生物技术，一些活体组织、细胞和诱导组织再生的生长因子被引入了生物医学材料，大大改善了其生物学性能，并可使其具有药物治疗功能，已成为生物医学材料的一个十分重要的发展方向。

10.2 医用金属和合金

金属生物医用材料必须是一类生物惰性材料，除应具有良好的力学性能及相关的物理性质外，还必须具有优良的抗生理腐蚀性和组织相容性。已应用于临床的医用金属材料主要有不锈钢、钴基合金和钛基合金等三大类。它们主要用于骨和牙等硬组织修复和替换，心血管和软组织修复以及人工器官制造中的结构元件。

10.2.1 医用不锈钢

不锈钢按显微组织的特点可分为奥氏体不锈钢、铁素体不锈钢、马氏不锈钢等类型。铁素体和马氏体不锈钢的主要成分是铁(Fe)、铬(Cr)、碳(C)等，其中Cr的含量不少于11%。因为Cr是一种活性元素，能在不锈钢的表面形成具有优异抗腐蚀能力的氧化物保护膜，从而有效保护基体金属，防止其腐蚀。铁素体不锈钢含Cr量从13%～30%，含C量低于0.25%，有时也加入其他合金元素，这种钢抗蚀性较好，但由于含碳量低而不能通过加热处理来提高强度。马氏体不锈钢的含Cr量为12%～15%，含C量在0.15%～1.0%之间，可经热处理以提高其强度和硬度，但易引起晶间腐蚀，抗腐蚀性不如铁素体不锈钢和奥氏体不锈钢。因此铁素体和马氏体不锈钢作为生物医用材料均受到一定限制，主要用于制备医疗器械等。

奥氏体不锈钢是在Fe－Cr系统中再加入8%以上的镍(Ni)制成的，具有高的塑性，易于加工成型制成各种形状，无磁性，韧性好，且随着碳含量的增加，强度大幅度增加。奥氏体不锈钢，特别是316和316L不锈钢的生物相容性和综合力学性能较好，加工工艺简单，成本低廉，是广泛使用的植入材料，在骨科里用来制作各种人工关节和骨折内固定器；在口腔科常用于镶牙、矫正和牙根种植等各种器件的制作。316和316L不锈钢的性能见表10－1。

表10－1 316和316L不锈钢的机械性能

材　料	条　件	拉伸强度/MPa	屈服强度/MPa	延伸率/%
316不锈钢	退火	515	205	40
	冷精轧	620	310	35
	冷加工	860	690	12

续表 10－1

材　料	条　件	拉伸强度/MPa	屈服强度/MPa	延伸率/%
316L 不锈钢	退火	505	195	40
	冷精轧	605	295	35
	冷加工	860	692	12

医用不锈钢的缺点有：在人体生理环境下会出现点蚀、晶间腐蚀、应力腐蚀及腐蚀疲劳，长期植入的稳定性不好；密度和弹性模量与人体硬组织间差距较大，力学相容性差；溶出的镍离子有可能诱发肿瘤的形成；本身为生物惰性，难于与生物体组织形成牢固的结合。基于上述原因，不锈钢作为医用材料的应用比例呈下降趋势。

10.2.2　医用钴合金

钴基合金主要是指以钴(Co)、铬为主，加入少量其他金属元素如钼(Mo)、钨(W)、镍等形成的合金，大致可分为两类：一类是 Co－Cr－Mo 合金，通常用于铸造产品；另一类是 Co－Cr－W－Ni 合金，通常通过锻造精密加工。钴基合金除一般地满足生物体对材料的生物、物理和化学性能要求之外，其主要特点是具有比不锈钢更好的耐腐蚀性、耐磨性和优异的铸造性能。钴基合金的钝化膜更稳定，耐蚀性更好，植入体内不会产生明显的组织反应；此外产品也易于成型加工，以钴基合金制成的髋、肩、肘、膝关节等以及各种接骨板、义齿，在整形外科、齿科获得了广泛应用。

铸造 Co－Cr－Mo 合金最早在口腔科得到应用，20 世纪 30 年代末被用于制作接骨板、骨钉等固定器械，50 年代又被成功制成人工髋关节。到了60 年代，为提高钴基合金的力学性能，人们研制出锻造 Co－Cr－W－Ni 合金和锻造 Co－Cr－Mo 合金，并在临床中得到应用；为了改善钴基合金的疲劳性能，于 70 年代又开发出锻造 Co－Cr－Mo－W－Fe 合金和具有多相组织的 Co－Ni－Cr－Mo 合金。表 10－2 是一些钴基合金的机械性能。

表 10－2　钴基合金的机械性能

	拉伸强度/MPa	屈服强度/MPa	延伸率/%	疲劳强度/MPa
Co－Cr－Mo	655	450	8	310
Co－Cr－W－Ni	860	310	10	
Co－Ni－Cr－Mo	600	276	50	340

Co－Ni－Cr－Mo 合金(MP35N)具有极强的抗蚀性，其冷加工难度较大，特别是在

制造大件植入体如髋关节柄等时，只能采用热锻方法。锻造 Co－Ni－Cr－Mo 合金的耐磨性能与铸造 Co－Cr－Mo 合金相当，并具有较高的抗疲劳强度和抗拉强度，适合于应用在寿命长且不会发生骨折或应力疲劳的地方。

钴基合金的主要问题是溶出的 Co、Ni 等离子会造成皮肤过敏和毒性反应，可能导致组织坏死和植入件松动。铸造钴基合金制造髋关节等承力较大植入件的强度与疲劳性能尚显不足，铸件性能对缺口较敏感。

10.2.3 医用钛合金

钛是一种轻金属，密度约为4.5 g/cm^3，具有两种晶格结构，在 882.5 ℃以下可形成稳定的密排六方晶格结构，用 α－Ti 表示；在 882.5 ℃以上至熔点形成体心立方结构，用 β－Ti 表示。为进一步提高强度，常在纯钛中加入其他金属元素制成钛合金。其中，加入铝、氮、氧、硼等元素后可使钛从 α 相到 β 相的转变温度升高；而铁、钼、镁、铬、锰、钒等可使相变温度降低，稳定 β 相；锡、锆等则对相变温度没有明显的影响。根据钛合金中相的组成，可将其分为 α 型、β 型、$\alpha+\beta$ 型三种。

钛基合金比重轻，生物相容性好，弹性模量接近于天然骨，尤其是钛与氧反应形成致密稳定的氧化膜，能起到很好的钝化作用，因此其耐蚀性优于不锈钢和钴基合金，是较佳的金属生物医学材料（见表 10－3）。

表 10－3　常用的生物医用钛合金材料

纯　钛	$\alpha+\beta$ 型	（近）β 型*
纯钛（ASTM F67－89） 级别:1、2、3、4 纯度下降（加 N、Fe 和 O） 强度增加 延展性下降	Ti－6Al－4V ELI Ti－6Al－4V Ti－6Al－7Nb（S） Ti－5Al－2.5Fe（G） Ti－5Al－3Mo－4Zr（J） Ti－15Sn－4Nb－2Ta－0.2Pd（J） Ti－15Zr－4Nb－2Ta－0.2Pd（J）	Ti－13Nb－13Zr 近 β 型（U） Ti－12Mo－6Zr－2Fe（U） Ti－15Mo（U） Ti－16Nb－10Hf（U） Ti－15Mo－5Zr－3Al（J） Ti－15Mo－3Nb（U） Ti－35.3Nb－5.1Ta－4.6Zr（U） Ti－29Nb－13Ta－4.6Zr（J） Ti－40Ta. Ti－50Ta（U）

最初应用于临床的钛合金主要以纯钛和 Ti－6Al－4V 为代表。纯钛在生理环境中具有良好的抗腐蚀性能，但其强度较低，耐磨损性能较差，限制了它在承载较大部位的应用，目前主要用于口腔修复及承载较小部位的骨替换等方面。相比之下，Ti－6Al－4V 具有较高的强度和较好的加工性能，在 70 年代后期得到广泛应用，如整形外科（各种关

节和固定器械)、口腔与颌面外科(义齿、种植体等)、颅脑外科、心血管系统(心脏瓣膜、起搏器密封盒)等。同时 Ti - 3Al - 2.5V 也在临床上被用作股骨和胫骨替换材料。但这类合金中含有被认为对人体有害的钒(V)元素。研究者指出 V 在骨、肝、肾和脾等器官中聚集所产生的毒性主要与磷酸盐的生化代谢有关，可影响 Na^+、K^+、Ca^{2+} 和 H^+ 的浓度以及 ATP 酶的作用，其毒性甚至超过 Ni 和 Cr。这促使人们开始了无钒钛合金的研制开发。

20 世纪 80 年代中期两种新型 $\alpha+\beta$ 型医用钛合金 Ti - 5Al - 2.5Fe 和 Ti - 6Al - 7Nb 得到了较大发展，尤其是后者，在欧洲、美国和日本都进入了临床应用。该合金用 Nb 来取代有毒的 V 元素，力学性能等也与公认的 Ti - 6Al - 4V 相当。但随后发现这类合金中的 Al 元素对机体亦有危害。Al 元素可以铝盐的形式蓄积在体内导致器官的损伤，还可以引发骨软化、贫血和神经紊乱等症状。另外，这类钛合金的弹性模量高，约为人工骨(28GPa 左右)的 4 ~ 10 倍，当作为种植体植入体内后，往往因与骨之间的弹性模量不匹配，引起植体周围的骨组织吸收，从而导致植体松动或断裂，造成种植失败。

20 世纪 90 年代初期，人们开始采用 Mo、Nb、Ta、Zr 等元素开发无钒无铝的新型 Ti - Mo 系 β 型钛合金，如 Ti - 12Mo - 6Zr - 2Fe、Ti - 13Nb - 13Zr、Ti - 15Mo - 2.8Nb - 0.2Si、Ti - 29Nb - 13Ta、Ti - 29Nb - 13Ta - 4Mo、Ti - 29Nb - 13Ta - 2Sn、Ti - 2Mo - 2Zr - 3Al 等。上述钛合金减少或消除了 V 和 Al 的影响，并采用 Zr、Nb、Ta、Sn 等作为合金元素来改善钛合金的机械强度、耐腐蚀性和生物相容性，弹性模量也有所降低，不过仍为骨弹性模量的 2 ~ 7 倍。此外，动物实验发现 Mo 元素也可产生严重的组织反应。

因此，开发生物相容性更好、弹性模量更低并接近人体骨弹性模量的新型医用钛合金，以适应临床的要求，仍是当前生物医用材料的主要研究内容。总体来看，具有亚稳 β 相和马氏体 $\alpha+\beta$ 相组织的合金可同时具有良好的生物相容性和更低的弹性模量，另外 β 相合金与 α、$\alpha+\beta$ 型合金相比，具有较高的耐磨性，因此是一种较有发展前途的钛合金材料。

10.2.4 其他医用金属材料

贵金属如金、银、铂等具有稳定的物理化学性能、优异的加工性能和良好的生物相容性，质地华美、贵重，是应用历史最悠久的医用金属材料。但由于价格昂贵，纯贵金属通常制成合金作为齿冠、齿桥、齿托、齿环、充填件、种植体等，广泛应用在齿科修复材料中。

金属铌、钽、锆等与钛具有极相似的组织结构和化学性能，在生物医学上也得到一定应用。以钽为例，它具有良好的化学稳定性和抗生理腐蚀性，其氧化物基本上不被吸收和不呈现毒性反应，还可与其他金属结合使用而不破坏其表面的氧化膜，在临床上也表现出良好的生物相容性，被应用于骨修补、骨折固定、脊椎支架、人工关节等方面。

但总体来讲，铌、钽、锆等同样因价格较贵，广泛应用受到限制。

汞合金(汞齐)则是一种重要的牙科材料。汞在常温下为液态，可以和其他金属如银、锡等形成可塑性的合金团块，耐磨性好，强度高，常用作修复龋齿的材料，特别适用于磨牙修补。但汞齐在临床治疗操作时，要注意汞挥发对人体的危害，防止汞中毒。

此外，镍钛记忆合金由于不仅具有生物材料所要求的良好力学性能和生物相容性，而且可以通过特殊的热处理，能在约 37 ℃下通过热弹性马氏体相变恢复到预先设计的形状，因此是矫形外科、管腔状组织器官治疗的理想生物医用材料。目前在齿科矫正丝、齿冠、托环、脊椎、脊椎矫正器械、血栓过滤器、血管扩张支架、栓塞器、止鼾器、前列腺扩展支架、节育环等方面已获得初步应用。目前这类材料存在的问题是性能对成分较敏感，工艺性能差，成本高，溶出的镍离子向组织扩散可能产生毒性，为此正在开发、研制无镍钛基记忆合金。

10.3 生物陶瓷

陶瓷是经高温处理工艺所生成的无机非金属材料，其结构中包含着键结合力很大的离子键和共价键，所以它不仅具有良好的机械强度、硬度，而且在体内难溶解，不易腐蚀变质；热稳定性好，便于加热消毒；耐磨性能好，不易产生疲劳现象，满足种植学的要求。此外，陶瓷成型容易，可以根据使用要求，制成各种形态和尺寸；随着加工装备及技术的进步，现在陶瓷的切削、研磨、抛光等加工工艺已非常成熟。因此生物陶瓷作为生物材料越来越受到重视。

根据生物陶瓷材料与生物体组织的相互作用，可将它们分为三类：生物惰性陶瓷，这种生物陶瓷在生物体内与组织几乎不发生反应，例如氧化铝陶瓷和蓝宝石、碳、氧化锆陶瓷、氮化硅陶瓷等；生物活性陶瓷，在生理环境下与组织界面发生作用，形成化学键结合(骨性结合)，如羟基磷灰石等陶瓷及生物活性玻璃、生物活性微晶玻璃；可被吸收的生物降解陶瓷，这类陶瓷在生物体内可逐渐降解，被骨组织吸收，是一种骨的重建材料，例如磷酸三钙等。此外，最近生物陶瓷复合材料的研究和应用也受到广泛的重视。

10.3.1 生物惰性陶瓷

生物惰性陶瓷材料主要由氧化物陶瓷、非氧化物陶瓷以及陶材组成，氧化物陶瓷主要是铝、镁、钛、锆等的氧化物，而非氧化物陶瓷主要有硼化物、氮化物、碳化物、硅化物等；陶材则主要是由多种氧化物矿物构成的长石、石英、高岭土等原料制成。

1933 年 Rock 首先将 Al_2O_3陶瓷用于临床医学，1963 年 Smith 则将其用于矫形外科。自此以后，Al_2O_3陶瓷用于人造牙根、髋关节、膝关节、髁骨、中耳听骨等，在临床上逐渐推广应用，成为医用生物陶瓷中的一种重要材料。根据国际标准化组织（ISO）制订的标准，只有高纯度（>99.5%）、高密度（>3.90 g/cm^3）、晶粒小而均匀（平均晶粒<7 μm）的氧化铝陶瓷，才能显示出Al_2O_3作为生物陶瓷的优越性，即优良的生物相容性、摩擦系数小、耐磨损、抗疲劳、耐腐蚀等特性。高纯度和高致密度保证了Al_2O_3陶瓷的硬度，因而其耐磨，并且抗腐蚀。如果晶界上有过多的第二相（如MgO等杂质）存在，就会降低生理环境下的抗腐蚀性能和抗疲劳的能力；而作为人工关节，陶瓷的抗疲劳性能显得十分重要。Al_2O_3陶瓷的抗疲劳和机械强度，除与纯度和致密化有关之外，与晶粒大小的关系更为密切。当纯度大于99.7%、平均晶粒小于4 μm时，其抗疲劳和耐腐蚀性更佳。因为陶瓷是沿晶界断裂，晶粒越小，断裂的路程越长，它的机械强度和抗疲劳性能就更好，所以用于承受负载的Al_2O_3陶瓷必须是晶粒小而均匀。晶粒大小还关系到表面粗糙，这会影响到摩擦系数。当表面粗糙度（*Ra*）≤0.02 μm时，其摩擦系数很低，磨损率非常小。用它制成的Al_2O_3髋关节经精心对磨抛光，表面的磨损率比金属-聚乙烯关节低10倍左右，并且避免了金属和聚乙烯产生的磨损颗粒和腐蚀导致的感染，也不会因老化而失败。由于髋关节在生理环境下处于负重状态，因此材料在负重条件下的寿命预测就很重要，成为生物材料性能及临床应用可行性和安全性判断的条件之一。老化和疲劳试验是生物陶瓷人工关节寿命预测的依据，通过这些技术的应用，可以确定具有不同抗弯强度的材料在不同应力环境中的应力限制。高纯高致密Al_2O_3髋关节在12000 N的应力下，寿命预测为30年，这对年轻患者来说具有很重要的价值。

同多晶氧化铝陶瓷相比，单晶氧化铝机械性能更为突出，在临床应用于负重大、耐磨要求高的部位，如高强度的螺钉等，但加工较多晶体困难。此外，多孔Al_2O_3陶瓷可使骨组织长入其孔隙而使植入体固定。多孔Al_2O_3陶瓷的强度随孔隙率的增加而急剧降低，因此只能用于不负重或负重轻的部位。孔隙大小对于骨长入十分重要，孔径为10~40 μm时，只有少量组织长入，而没有骨质长入。当孔径在75~100 μm时，则有连接组织长入。骨质完全长入的孔径为100~200 μm。

10.3.2 生物活性陶瓷

生物活性陶瓷包括羟基磷灰石及各种生物活性玻璃等材料。生物活性陶瓷的突出优点在于随修复时间延长，种植体表面发生动态变化，表面形成与骨组织能够化学键结合的生物性羟基磷灰石。这种在种植体上形成的羟基磷灰石，其化学组成和微观结构上与骨的无机组成相同，在与骨的界面结合中发挥重要作用，在生理环境下与骨组织形成紧密的化学键结合层，这种键结合层能阻止种植体材料被腐蚀，具有极好的抗应力性能，从而增强了材料的耐久力和抗疲劳性能。

10.3.1.1 *羟基磷灰石*

羟基磷灰石的分子式为$Ca_{10}(PO_4)_6(OH)_2$，简称为HAP。其理论密度为3.156 g/cm^3，

折射率为1.64～1.65，莫氏硬度为5，微溶于水，呈弱碱性（pH＝7～9），易溶于酸而难溶于碱。HAP是强离子交换剂，分子中的Ca^{2+}容易被Cd^{2+}、Hg^{2+}等有害金属离子以及Sr^{2+}、Ba^{2+}、Pd^{2+}等重金属离子交换，还可与含有羧基的氨基酸、蛋白质及有机酸等发生交换反应。HAP是人体骨骼和牙齿的重要组成部分，具有优良的生物相容性和化学稳定性，能与骨紧密结合。

理想的羟基磷灰石的Ca∶P值为1.67，但受制备过程影响，其实际组成比较复杂。Ca∶P值发生变化，将直接影响HAP的高温稳定性，从而影响其烧结后的成分和力学性能。研究表明，当Ca∶P＜1.67时，易生成缺钙磷灰石，尤其是Ca∶P＜1.55时高温稳定性较差，极易分解成α－磷酸三钙陶瓷；当Ca∶P＞1.67时，烧结过程中容易分解产生氧化钙，从而影响了烧结试样的致密度，导致材料强度突然降低；而当Ca∶P＝1.67时，强度会达到最大值。

HAP的表面性能取决于其结构，HAP表面主要存在2个吸附位置，当OH^-位于晶体表面时，该位置联结着2个Ca^{2+}。在水溶液中，表面的OH^-至少在某一瞬间空缺，由于2个Ca^{2+}带正电，形成一个吸附位置。同理，当表面的Ca^{2+}在某一瞬间空缺时，表面形成另外一个吸附位置，而该位置带负电荷，能吸附Sr^{2+}等阳离子和蛋白质分子上的ε基团。HAP表面水化层通过氢键与水有较好的相容性，在水中的表面能较低，能长时间保持细小的分散状态。

因为HAP占人体骨组成的70%～97%，所以修复骨组织HAP较金属和聚合物具有更好的效果。人们研究HAP和骨的结合过程，发现HAP植入骨组织后，通过外延生长和骨产生牢固的化学键结合，即骨性结合。HAP抗酸性能差，因此常在其中适当加入F元素，以提高它的抗骨伤能力。HAP在临床上应用相当广泛，可用作牙根植体、中耳植体；脊椎外科、肾病患者腹透时用致密HAP作径皮端子，因HAP能与皮肤之间密封，不易出现感染。不过HAP的强度不高，尤其是抗疲劳性能差，尚不能用于可承受负载的骨修复，这大大地限制了它作为人体种植体的广泛使用。目前的解决方法主要是将羟基磷灰石从致密向多孔发展，作为涂层材料使用及开发HAP复合材料。

多孔HAP中含有适当尺寸并占有一定体积分数的空隙，能为纤维细胞和骨组织向其中生长提供通道和生长空间，并增大组织液与羟基磷灰石接触表面积，加快反应过程。空隙率超过30%后，孔隙之间能相互连通，新生组织可以从人工骨表面长入内部各部分，而且相互连接起来，这样不仅获得良好的界面结合，还由于新生组织的长入，降低了HAP的脆性，提高了抗折强度。此外由于多孔降低了HAP材料的刚性，有利于界面应力的传导，符合界面应力要求，使界面能保持稳定，从而提高种植效应。

人们已发明了一系列制备多孔羟基磷灰石陶瓷的方法，如化学发泡法、添加造孔剂、模板法等，并逐步实现对多孔体孔径的控制，从而可根据不同的植入需求，制备不同孔径的植入体，在满足生物性能前提下，尽可能地提高机械强度，增加比表面积。

10.3.2.2 生物活性玻璃

生物活性玻璃一般为 $CaO-SiO_2-P_2O_5$体系，部分含有 MgO、K_2O、Na_2O、Al_2O_3、B_2O_3、TiO_2等成分，玻璃网络中非桥氧所连接的碱金属和碱土金属离子在水相介质存在时，易溶解释放一价或二价金属离子，使生物玻璃表面具有溶解性，即为玻璃具有生物活性的基本原因。所以非桥氧所占比例越大，玻璃的生物活性越高。其结构特点如下：①基本结构单元磷氧四面体中有 3 个氧原子与相邻四面体共用，另一氧原子以双键与磷原子相连，该不饱和键处于亚稳态，易吸收环境水转化为稳态结构，表面浸润性好。②随着碱金属和碱土金属氧化物含量的增加，玻璃网络结构逐渐由三维变为二维、链状甚至岛状，玻璃的溶解性增强，生物活性也增强。向磷酸盐玻璃中引入 Al^{3+}、B^{3+}、Ga^{3+}等三价元素可打开双键，形成不含非桥氧的连续结构群，使电子层价位平衡、结构稳定，生物活性降低。

常见的生物玻璃和微晶玻璃能与骨组织形成生理结合，这种结合力往往大于生物玻璃或骨组织的内部结合力，测试组织与生物玻璃的结合强度高时，断裂往往发生在骨组织或生物玻璃内部，而不是二者的结合界面上，一些生物玻璃甚至能与软组织结合。生物活性玻璃或微晶玻璃在植入人体后表面溶解，其溶解出的 Si 离子能为羟基碳酸磷灰石形成提供合适的成核位置，而体液中和溶解产生的 Ca、P 离子，则沉积生成富 Ca、P 无定形层并最终转化为能与组织紧密结合的磷灰石层界面，其化学组成和结构均与骨组织中的矿化相接近。生物惰性材料植入体内后，成纤维细胞在其表面增殖，最终形成纤维组织包囊；而生物活性玻璃或微晶玻璃植入体内后，成骨细胞较成纤维细胞更易在 HCA 层表面增殖，从而和新骨直接结合而不会在界面处产生纤维组织包囊。

在临床上，生物玻璃已成功地用作听骨、牙嵴修复、胯骨、脊椎及骨的填充物。生物玻璃在临床修复中具有高的生物活性，既能与硬组织结合，又能和软组织结合；不仅有引导成骨的性能，并能在界面上通过细胞内和细胞外的反应，产生有丝分裂，具有产骨性；而 HAP 在界面上，只在细胞外发生反应，仅为骨的迁移提供了生物相容的界面，即具有引导成骨的性能。

$Na_2O-CaO-SiO_2-P_2O_5$系玻璃　具体组成为(质量分数)：Na_2O 24.5 %，CaO 24.5%，SiO_2 45%，P_2O_5 6%。人们在 20 世纪 70 年代发现此类玻璃能与自然骨形成化学键结合，这是首次发现人造材料能与自然骨形成键结合。从组成来看。这种生物玻璃有以下特点：高钙磷比，SiO_2的摩尔含量少于 60%，Na_2O 和 CaO 含量较高，所以该类生物玻璃接触水相介质如体液时具有相当高的反应活性。将这种玻璃植入骨骼的缺损部位后并不生成软组织膜而直接与生物骨骼形成紧密的化学结合。由于玻璃中含 Na_2O 和 CaO 较高，植入体后 Na^+ 和 Ca^{2+} 迅速溶出，同时体液中 H_3O^+ 进入玻璃表面，形成大量的 Si－OH 基，Si－OH 基与人体液中的 Ca^{2+} 及 HPO^{2-} 结合形成非晶态的磷酸钙，随之又向与骨类似的磷灰石转变。由玻璃溶出的 Na^+ 和 Ca^{2+} 使周围体液中磷灰石成分增加，促进了磷灰石晶核生成。而一旦晶核形成后，由于体液在通常状态下对磷灰石处于过饱和状态，体液中的 Ca^{2+} 与磷酸离子即可生成磷灰石。

$CaO-Al_2O_3-P_2O_5$ 系微孔微晶玻璃　作为骨前驱物的软组织可以进入 15 ~ 100 μm 大小的微孔中，若微孔中含较多的 CaO 和 P_2O_5，则这种软组织易与 CaO 和 P_2O_5 反应形成骨细胞，因此这类生物玻璃非常适合用于不承力的骨修复材料。在制备时原料中加入一定量的 $CaCO_3$，热熔过程中 $CaCO_3$ 分解的 CO_2 气体使玻璃中产生连通的微孔。孔径越小，微孔微晶玻璃强度就越高。

$Na_2O-K_2O-MgO-CaO-SiO_2-P_2O_5$ 系微晶玻璃　这种玻璃既具有 $Na_2O-CaO-SiO_2-P_2O_5$ 系玻璃与骨结合的特点，又可避免较多的 Na^+ 和 Ca^{2+} 长时期溶出后形成强度低的 SiO_2 凝胶层。其代表组成为(质量百分比%)：CaO 20.2，SiO_2 46.2，Na_2O 4.8，K_2O 0.4，MgO 2.9，$Ca(PO_3)_2$ 25.5。组成中 Na_2O 含量低，但经过热处理后玻璃中含较多的磷灰石晶体，这即使玻璃提高了机械强度，又具有生物活性。将其植入动物体后，与骨缺损部位形成牢固的化学结合，可用于不承受或少承受弯曲应力的牙根、颚骨等部位。

$MgO-CaO-SiO_2-P_2O_5$ 系微晶玻璃　该微晶玻璃的代表组成为(质量百分比%)：MgO 4.65，CaO 44.9，SiO_2 34.2，P_2O_5 16.3，CaF_2 0.5。熔成玻璃后将其粉碎，然后成型压制成所需的形状后，在烧结过程中形成氧－氟磷灰石[$Ca_{10}(PO_4)_6(O, F_9)$]以及 β－硅灰石结晶，成为气孔率为 0.7% 的致密微晶玻璃(A－W 微晶玻璃)。将 A－W 微晶玻璃继续升温后，β－硅灰石晶体量增加，而氧－氟磷灰石的一部分与玻璃相反应转变为 β－$3CaO \cdot P_2O_5$ 晶体(A－W－CP 微晶玻璃)。应用试验表明，A－W 微晶玻璃可用于制造人工脊椎骨、肋骨等。

可溶解磷酸盐玻璃　可溶解磷酸盐玻璃基于 $P_2O_5-Na_2O-CaO$ 体系，其网络形成体为[PO_4]，不同于上述以[SiO_4]为网络形成体的玻璃。其溶解度可通过 CaO 和 Na_2O 的相对含量来调节，Na_2O 含量增加则溶解度提高且 pH 升高，其溶解产物沉积生成透钙磷石并最终转化为磷灰石。

10.3.3　可生物降解陶瓷

生物吸收陶瓷是一种暂时性的骨替代材料，植入体内后材料逐渐被吸收，同时新生骨逐渐长入而替代之，这种效应也称之为降解效应。生物降解(可吸收)陶瓷在临床上主要用作治疗脸部和颌部的骨缺损，填补牙周的空洞及与有机或无机物复合制作人造肌腱及复合骨板，还可作为药物的载体。

最早应用的降解材料是石膏。1892 年 Dreesman 第一次用石膏作骨填充材料。石膏的生物相容性较好，但吸收速度太快，通常在新骨未长成就消耗殆尽，造成塌陷，因此在许多情况下是不成功的。目前广泛应用的生物降解陶瓷为 β－三磷酸钙(β－TCP)，从 1920 年开始应用以来发展较快。β－TCP 的化学式为 β－$Ca_3(PO_4)_2$，它是磷酸三钙的一种高温相，钙磷原子比为1.5，属于三方晶系。通常情况下，它在水溶液和体液中的溶解度是羟基磷灰石的10～15倍。β－TCP的降解过程与材料的溶解和生物体内细胞的新陈代谢过程相联系，一般来说取决于以下几方面：①材料的晶界被侵蚀，使其变成粒子被吸收；②材料的天然溶解形成新的表面相；③新陈代谢的因素，如吞噬细胞的作用，导致材料降解。

β－TCP作为一种理想的硬组织替代材料，一旦植入生物体内，要求其降解速度和骨的再生相匹配。因此在制备这类材料时，必须控制材料的纯度、粒度、结晶和细孔尺寸等。β－TCP粉末的制备方法一般有湿法、干法、水热法以及溶胶－凝胶法几种。

与HAP类似，致密型β－TCP生物陶瓷力学性能较好，但不利于材料在体内降解，因而实际应用不多，而多孔的β－TCP陶瓷其巨大的比表面积可以促使材料在体内降解而获得更广泛的应用。这种陶瓷是一种微孔/大孔结构，微孔结构对于材料的生物可吸收性具有重要作用，它有利于组织的渗入，能产生局部酸性环境，促进材料的降解；大孔结构则有利于发挥材料的骨传导性。

10.3.4 生物陶瓷复合材料

复合生物陶瓷是指生物用复相陶瓷的总称。为了提高生物材料的强度和韧性，无机与无机复合，无机与有机复合及金属或有机表面的涂层材料迅速发展，还有金属纤维、ZrO_2、尖晶石等增强生物玻璃或微晶玻璃，聚乙烯或聚砜与HAP或生物玻璃复合，得到力学性能与骨匹配、兼有生物活性的人工骨材料。研究结果表明，复合生物陶瓷材料具有较好的力学性能、化学稳定性和生物相容性，是一种很有应用前景的复合生物陶瓷材料。

现在国外已制备出含有ZrO_2的纳米羟基磷灰石复合材料，其强度和韧性等综合性能可达到甚至超过致密骨骼的相应性能。通过调节ZrO_2与HAP含量，可使该纳米复合人工骨材料具有优良的生物相容性。通过对HAP/ZrO_2复合生物陶瓷材料的生物学反应的研究，发现该材料的相容性符合植入材料的要求。用多孔HAP/ZrO_2复合生物陶瓷材料代替自体骨植入椎骨处，发现12周后复合材料成骨后抗拉强度和自体骨无明显差异，证明用多孔HAP/ZrO_2复合生物陶瓷代替自体骨作为骨的移植材料是可行的。

医用金属/HAP涂层复合材料可将金属合金的良好机械性能和HAP的生物活性结合起来，被认为是最有希望的人造植骨材料之一。该复合材料在金属表面形成一层磷酸钙盐，大大改善了金属材料表面的生物相容性和生物活性，并与周围的骨组织形成良好的骨性结合；而且既保持了基体金属的强度和韧性，又克服了HAP生物陶瓷的脆性，同时还阻止了金属离子向周围组织的释放，在骨、牙等硬组织修复方面有广泛的应用前景。可用于涂覆生物陶瓷的表面涂覆技术主要有放电等离子烧结法、爆炸喷涂法、水热合成法、等离子喷涂法、溶胶－凝胶法、电化学法、仿生合成法等。

用磷酸三钙增强聚乳酸(PLA)，可大幅度提高固定材料的初始强度，从而提高其承载能力，同时显碱性的磷酸三钙还可以中和 PLA 的降解产物，减少非病毒性炎症的出现。而用羟基磷灰石纤维增强 PLA 后弹性模量迅速提高，同时弯曲强度几乎没有降低，当加入 20% ~60% 的 HAP 时，弹性模量高达 5 ~ 10 GPa。此外，相容性脂肪族聚酯酰胺(PEA)是近年来发展起来的一种新型可生物降解高分子材料。它具有无毒、完全生物降解、较好的生物组织相容性等优异性能，在生物医学材料领域内有着极为广阔的应用前景。但其脂肪族聚酯结构决定了它是一种柔性材料，具有较高的弹性和伸长率，而缺乏一定的刚性和模量，限制了它在高刚性、高模量材料领域内的应用。采用 β - TCP 作为刚性粒子与 PEA 共混制备的复合材料则可大幅度提高制品模量，有潜力成为新的骨科材料如人工骨固定装置等。

胶原蛋白是一种适合制造生物材料的具有理想分子的物质，因为胶原是骨的主要成分，I型胶原及基交联纤维结构是骨细胞外基质中最丰富的蛋白。胶原的结构对矿物沉积具有诱导作用，它的表面含有沉积矿物的位点，可有效地引发和控制矿化过程、促进骨形成并诱发到植入物中。HAP 或 β - TCP 与胶原蛋白的复合物是一种新的骨替代物，它的成分具有与天然骨组织更近似的特征，植入体内后有利于营养的输送、细胞的迁移和生长及随后的新骨组织形成。

10.4 医用高分子材料

10.4.1 医用高分子材料的发展和应用

由于人体主要由高分子材料组成，因此医用高分子材料的应用有着久远的历史。早在公元前 3500 年，古埃及人就用棉花纤维、马鬃等缝合伤口；在公元前 2500 年的中国和埃及墓葬中发现有假牙、假鼻、假耳等。1851 年发明天然橡胶硫化方法之后，开始采用硬胶木制作人工牙托和颚骨。进入 20 世纪，高分子科学迅速发展，新的高分子材料不断出现，为医学领域提供了更多的选择余地。1936 年人类发明了有机玻璃，将其用于制作假牙和补牙，并至今仍在使用。1943 年，赛璐珞薄膜开始用于血液渗析，1950 年开始用有机玻璃做人工股骨。20 世纪 50 年代有机硅聚合物用于医学领域，使人工器官的应用范围扩展到了包括器官替代和美容等许多方面。人工尿道(1950 年)、人工血管(1951 年)、人工食道(1951 年)、人工心脏瓣膜(1952 年)、人工心肺(1953 年)、人工关节(1954 年)、人工肝(1958 年)等人工器官，均在 50 年代试用于临床。进入 60 年代以后，人们开始针对医学应用的客观需要来设计合成医用高分子材料，如美国国立心肺研究所开发的血液相容性高分子材料，可用于与血液接触的人工器官(如人工心脏等)的制造。从 70 年代开始，医用高分子材料开始快速发展，到 80 年代在发达国家基本形成了一个崭新的生物材料产业。据统计，目前世界范围内已经应用的医用高分子材料有 90 多个品种，1800 多种制品。

医用高分子材料根据来源、应用目的、组织与材料的相互作用情况等可分为多种类型。按来源来分，可分为天然医用高分子材料（如胶原、纤维素、甲壳素等）和人工合成高分子材料（如聚氨酯、硅橡胶等）。按用途来分，有硬组织相容高分子材料、软组织相容高分子材料、血液相容性高分子材料、高分子药物和药物控制释放高分子材料等。

医用高分子材料的应用范围主要包括四个方面：一是人工器官，包括人工血管、人工皮肤、人工软骨、人工心脏、人造血、人工肾、人工胰脏、人工肝等，以及一些短期治疗器件如导管、缝合线、医用黏合剂、注射器、输液管等；二是药物制剂，尤其是药物控制释放制剂，这部分将在下一节中详细论述；三是诊断检测，如快速响应、高灵敏度、高精确度的监测试剂与工具，包括试剂盒、生物传感器、免疫诊断微球等；四是生物工程领域，如体外组织培养等，包括细胞培养基、细胞融合添加剂、细胞分离、病毒盒细菌的清除等。

常见的医用高分子材料有硅橡胶、聚氨酯、天然乳胶、聚乙烯、聚四氟乙烯、聚对苯二甲酸乙二醇酯、聚甲基丙烯酸甲酯、聚丙烯酰胺、聚乙烯吡咯烷酮、聚乙烯醇、聚羟基乙酸、聚乳酸、聚己内酯、聚酸酐、聚磷腈等。

10.4.2 医用硅橡胶

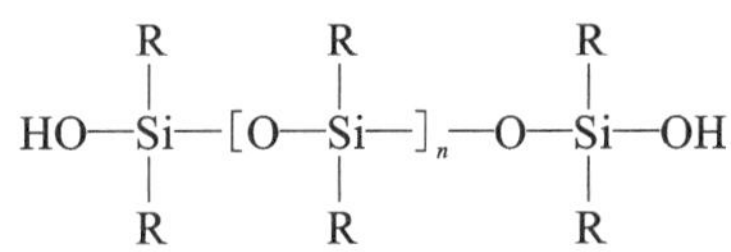

图 10－1 硅橡胶的化学结构

硅橡胶高聚物主要组成是线型聚硅氧烷（见图 10－1），Si—O—Si 键是其构成的主链，并呈螺旋状分布，使硅氧键的极性相互抵消，而侧链一般都是低极性或非极性基团，所以整个大分子极性很低，使硅橡胶表现出疏水性、耐氧化以及抗老化性。同时，主链中 Si—O 键和侧链中的 Si—C 键的极性都近似于离子键，在正常使用温度（250 ℃以下）不发生裂解、氧化等反应，故又具有优异的耐热性，可用作医疗器械、人造脏器和药物缓释体系，并与人体有良好的生物相容性。此外由于硅橡胶分子间作用力较小，使其薄膜比普通橡胶及塑料膜具有更好的透气性，并对不同透气率的气体分子具有很强的选择性，可用于气体交换膜类的医用品和人造器官。

硅橡胶有热硫化型和室温硫化型两种。热硫化型一般是指有机过氧化物（如过氧化苯甲酰）作为硫化剂，并加入其他辅料进行混炼、交联成型、热处理熟化等过程而获得的。高温硫化硅橡胶的机械强度大，可制成人工心脏、血氧透析膜等。室温硫化胶是相对分子质量较低的硅油，在交联剂和催化剂的作用下室温硫化，通常是有机硅聚合物的官能团之间进行交联反应，包括单组分室温胶和多组分室温胶两类。它的最大优点是在常温常压下熟化成型，工艺简单，产品无色透明，高温消毒后不变色、不变形，又具有粘合性，但力学性能较差，可用作医用黏合剂、药物控制释放载体以及整形外科等的填充材料。

硅橡胶在医疗上的应用还有：

(1)作为人造器官　硅橡胶模拟人的器官可长期埋置于人体内作为某个部分不可缺少的元件。长期留置于体内的产品有脑积水引流装置、人工肺、视网膜植入物、喉头、人工手指、手掌关节、人造鼓膜、牙齿印模及托牙组织面软衬垫、人工肌腱、人工心脏瓣膜附件等。

(2)在整容和修复方面的应用　如用于人工颅骨、前额、鼻、下颌、颚、脖颈、外耳等的修复，以及隐形眼镜、人工乳房，或在用尼龙、聚酯纤维等增强后作人造皮肤等。不过近年来发现硅橡胶乳房植入体对人体有不良副作用：一是拉伸强度不够，植入体内经使用一定时间后有破裂和撕裂发生；二是对 X 射线只部分透过，使乳房部位可能存在的肿瘤无法检出。从而贻误治疗。基于此，现已在开发研究聚氨酯/聚碳酸酯共聚物与有机硅聚合物复合材料代替硅橡胶作乳房植入材料。

(3)在医疗器械上的应用　硅橡胶可作为导管短期置入人体的某个部位，作为抢救和治疗各种病例的重要辅助材料和手段，起到补液、抢救、引流注入、防粘连或消泡作用。这类产品有静脉插管、导尿管、动静脉外瘘管、腹膜透析管、接触眼镜、输血管、泄压管、胸腔引流管、胃镜套管、中耳炎通气管、导液管和鼻插管等消化系统和腹外科制品的各种导管等。此外硅橡胶还可用于人工心肺机、膜式人工肺、胎儿吸引器的吸头、医用电极板基质、生物传感器的包装材料等。

(4)在药物缓释体系中的应用　硅橡胶可作为药物缓释体系的载体，如包封药物胶囊、皮下埋置剂、子宫植入剂、阴道环、皮肤吸收型制剂等。作为药物胶囊，硅橡胶可包封的药物包括各种类固醇化合物、前列腺素、抗生素、镇静剂、安眠药、抗癌药、麻醉剂等。

10.4.3　聚氨酯

聚氨酯弹性体（PU)是由软链段和硬链段交替镶嵌组成的、含有许多—NHCOO—基团的极性高聚物，通过选择适当的软、硬链段结构并控制其比例，就可以合成出既具有良好物理机械性能，又具有血液相容性和生物相容性的医用高分子材料。其中，在医疗中使用的聚氨酯弹性体主要是热塑性聚氨酯(TPU)弹性体。TPU 是由长链的低聚二醇(软段)、二异氰酸酯及扩链剂(硬段)所组成的线型嵌段聚合物，聚氨酯分子结构中的软硬段存在着极性的相容性。1958 年聚氨酯首次应用于骨折修复材料，尔后又成功用于血管外科手术缝合用补充涂层。20 世纪 70 年代，开始聚氨酯作为医用材料开始受到重视，到了 80 年代初，用聚氨酯弹性体制作人工心脏移植手术获得成功，使聚氨酯材料在生物医学上的应用得到进一步的发展。

聚氨酯弹性体之所以能广泛应用于生物医学领域，与它所具备的优异性能是分不开的。这些性能包括：①优良的凝血性能；②毒性实验结果符合医用要求；③临床应用中生物相容性好，无致畸变作用，无过敏反应，可解决天然乳胶医用制品固有的“蛋白质过敏”和“致癌物亚硝氨析出”两大难题，从而成为很多天然乳胶医用制品的换代材料；④具有优良的韧性和弹性，加工性能好，加工方式多样，是制作各种医用弹性体制品的首选材料；⑤具有优异的耐磨性、软触感、耐湿性、耐多种化学药品性能；⑥能采用通常的方法灭菌，暴露在 γ 射线下性能不变。

合成医用聚氨酯弹性体的基本化学过程分两步：第一步是异氰酸酯和多元醇反应生成预聚物；第二步是预聚物与扩链剂反应制成弹性体。最常用的有机异氰酸酯为甲苯二异氰酸酯(TDI)和4，4′－二苯基甲烷二异氰酸酯(MDI)，聚合物多元醇通常选用聚丙二醇醚(PPG)和聚四氯呋喃醚(PTMEG)；扩链剂有二胺类和二醇类，在医疗制品中常用的是1，4－丁二醇(BD)。

聚氨酯弹性体在医疗方面有以下应用：

(1)人工心脏辅助装置　用于人工心脏隔膜及包囊的弹性体，要求具有良好的生物和血液相容性，以及优异的机械强度特别是耐曲挠性能。心脏的搏动若按每分钟 70 次计算，则植入人体的心脏每年要耐曲挠 4 千万次；按植入 10 年计算，则需耐 4 亿次曲挠。20 世纪 80 年代初研制成功了聚氨酯弹性囊，经试验其耐曲挠超过 5 亿次，应用于人工心脏获得成功。故世界各国研制人工心脏及其辅助装置的材料，都倾向于使用聚氨酯材料。人工心脏上用的聚氨酯弹性体隔膜材料，为聚醚型热塑性聚氨酯，其组成成分一般是聚四氢呋喃醚二醇(PTMEG)－MDI(或 HDI)－BD 或乙二胺，采用溶液浇注或注射成型。为利用硅橡胶的优异生物相容性，也有采用聚氨酯－硅烷嵌段共聚物。

(2)医用胶管　热塑性聚氨酯弹性体具有优异的机械强度、柔韧性、耐磨性以及生物相容性，可用于各种医用胶管管材，如输液管、导液管、导尿管。采用热塑性聚氨酯弹性体和医用软质聚氯乙烯(PVC)共混树脂则可制成各种医用特殊输液和输血装置，用聚氨酯弹性体制作的双压胶管的内胶层，能防止聚氯乙烯中增塑剂向溶液中迁移。聚氨酯材料还能制造胃镜软管。胃镜软管是光学纤维胃镜的重要配件之一，要求其具有足够的柔软性、弹性、无毒；另外在制作工艺上要求管径均匀无弯曲变形，对管子表面的光洁度也有很高的要求。现在采用热塑性的聚氨酯弹性体，挤出成型制作胃镜软管，工艺简单，加工方便，柔软性和弹性都较好，符合医用要求，国外已普遍采用。

(3)聚氨酯薄膜制品　TPU 能够通过溶液浇注成型或挤塑、吹塑成型制成薄而韧的薄膜。这种薄膜具有较高的强度和弹性，例如美国 JPS 弹性体公司生产的聚氨酯薄膜拉伸强度高达4112～5419 MPa，能伸长 8 倍并回到原来的尺寸而无明显的形变。它们不含增塑剂，能长期在较宽温度范围保持其柔韧性，还具有良好的透气性、耐药品性、耐微生物、耐辐射性能，可用于多种医疗卫生用途，如灼伤覆盖层、伤口包扎材料和取代缝线的外科手术用拉伸薄膜、用于病人退烧的冷敷冰袋、一次性给药软袋、填充液体的义乳、避孕套、医院床垫及床套等。

(4)假肢　采用共聚醚型聚氨酯－脲弹性体或聚醚型聚氨酯制作的假肢与人体组织有很好的相容性。聚酯－MDI 发泡所制得的聚氨酯泡沫弹性体可制作人体假脚。水发泡聚氨酯弹性体可制作假肢护套，其表面模仿人的真正皮肤，很容易洗涤，这种护套有很好的物理和机械性能，特别是在耐磨性能方面超过乳胶护套。此外用聚氨酯材料替代原来包覆 PVC 的乳胶手套材料消除了电动假手的大部分噪音，并能省电。

(5)弹性绷带　常用的石膏绷带质重、强度低、透气性差，而且透 X 射线能力差，固定后也不便检查复位情况。而聚氨酯材料制作的绷带操作简便、使用卫生、固化速度快、质轻层薄、坚而韧，不易使皮肤发炎，是一种较为理想的新型矫形材料。将聚氨酯预聚体与溶剂、适量催化剂配成原液，并涂布于干燥的织物上，即制得聚氨酯绷带。使用时将绷带浸入水中 30s 后取出缠绕在需要固定的部位，由于预聚体与水反应进行扩链和交联固化成型。还有一种制弹性绷带的方法是采用双组分聚氨酯体系及纱布等包裹在骨折部位，在室温下短时间内反应固化成型形成透气的泡沫材料。

(6)医用人造皮　采用弹性较好的聚氨酯软泡沫可制作人造皮。聚氨酯人造皮的优点是透气性好，能促使表皮加速生长，可防止伤口水分和无机盐的流失，以及阻止外界细菌进入，防止感染。

(7)其他应用　聚氨酯弹性材料可制作人造软骨，具有很好的减震性能、优异的生物相容性及弹性和低的摩擦系数，类似于人类的软骨，所以可用来制作肘部和腿部的人工骨或软骨。在人工肾、人工肺、人工肝脏等方面，聚氨酯分离膜已逐渐代替纤维素膜。如采用双组分聚氨酯胶料，采用离心浇注的方法浇注在高分子中空纤维肾的末端周围，形成聚氨酯弹性体密封的肾分离膜，可把血液和渗析物分离开来。聚氨酯弹性体还可用于制造和修补假牙上，这种假牙的生物相容性很好。此外具有良好吸水性及透氧性的透明聚氨酯水凝胶可作为隐形眼镜材料。

10.4.4　天然乳胶

天然乳胶(NRL)是一种天然的高聚物水基型胶体体系，其主要成分为橡胶烃(聚顺式异戊二烯)、水、非胶物质。天然乳胶具有优良的物理性能，如易胶凝，成膜性好，湿凝胶强度高，易于硫化等，而且所得制品弹性大、强度高、蠕变小，因此在医疗卫生领域应用范围极为广泛，尤其是在某些制品上尚无法用其他材料完全替代。含有或由天然胶乳制造的产品有胶乳手套、导尿管、伤口引流管、胃肠导管、避孕套、泌尿收集装置、灌肠器顶、压脉器、输氧袋、通气软管、胶乳管、软管连接部分等。

自上世纪以来，随着人们对预防艾滋病、肝炎等病毒感染的意识不断加强，导致了天然胶乳制品尤其是天然胶乳手套和避孕套需求量的急剧上升。但是，自20世纪80年代以来，有关天然胶乳医疗卫生制品导致人体过敏反应的报道频繁出现，厂家商家赔偿事件时有发生。其主要症状是接触NRL制品后会产生皮肤瘙痒、发炎、起疙瘩和水泡，严重时会引起过敏性休克甚至死亡。

引起过敏症状的主要原因是天然橡胶中所含的蛋白质以及一些加工用助剂。胶乳制品上的粉末虽然本身并不是过敏源，但它却是蛋白质传播的介质，粉尘很容易被吸附在皮肤上或被吸入气管和肺部，从而增加了引起过敏症的几率。降低天然橡胶的过敏反应应从以下几方面入手。首先，降低天然胶乳中蛋白质的含量。研究表明，当天然胶乳制品中残留的可溶性蛋白质质量分数小于110×10^{-6}时，基本上不发生蛋白质过敏。因此，如何降低天然胶乳原材料或天然胶乳制品中可溶性蛋白质的含量，研制高纯度且稳定的低蛋白天然胶乳(LPNRL)成为许多行业人员、生产厂家关注的焦点。例如，可在干燥和硫化前对胶乳进行淋洗，这样可最大限度地洗去可溶性的蛋白质。而美国研究人员利用银菊胶研制出一种低过敏反应的胶乳，其过敏性蛋白质的含量仅为天然胶乳的1/3。其次，对胶乳制品的表面进行氯化处理，或在天然乳胶制品外涂敷一层合成胶乳，避免皮肤与天然乳胶的直接接触，此时应注意所选用的粘接剂也应是合成胶乳粘接剂。第三，避免使用易引起过敏的助剂，比如乙醛、四甲基秋兰姆等稳定剂，秋兰姆、氨基甲酸酯等促进剂。最后，应尽可能采用无粉胶乳加工工艺。

另外，致癌物质亚硝胺的析出也是天然胶乳制品现阶段亟待解决的问题。人们已开发出自由基硫化、辐射硫化以及预硫化技术，以避免使用硫磺和锌盐而导致亚硝胺的析出。与此同时，严格控制天然胶乳的质量，对于确保加工可行性以及使用安全性也是至关重要的。

总之，降低NRL制品中残留的蛋白质含量，将NRL制成无毒安全的“医用级”材料，开发无过敏反应的医疗卫生制品，满足市场需要，已成为胶乳工业发展的重要趋势。

10.4.5　聚乳酸

聚乳酸因具备良好的生物相容性、生物降解性及无毒特性，在医学上可用作医用免拆线的外科手术缝合线、骨修复材料、药物控制释放材料、人工骨、人造皮肤、眼科植入材料等。另外，聚乳酸制成纤维或包装材料用以替代聚苯乙烯、聚氯乙烯、聚丙烯等，可解决塑料的公害问题。

从20世纪90年代开始，国际市场上相继出现多种牌号的聚乳酸树脂，如大日本油墨与化学公司生产的CPLA、三井化学公司生产的LACEA、日本岛津制作所生产的LACTY、Cargill公司生产的ECOPLA、美国Chronopol公司生产的HEPLON等。随着各种聚乳酸产品的问世，其应用也从接骨材料、手术缝合线、眼球填充物、手术纱布、药物缓释载体、人造尿道、人造食管等生物医学领域走向服装纤维、通用高分子材料等领域。

聚乳酸的合成方法有直接缩聚合成和丙交酯开环聚合两种。直接聚合直接以乳酸为原料，是一个典型的缩聚反应，其反应方程式如图 10－2。在反应体系中存在着游离的乳酸、水、聚酯和丙交酯。该反应为平衡反应，时间、温度、压力、催化剂等因素对平衡反应有很大的影响，进而影响到聚合物的相对分子量。

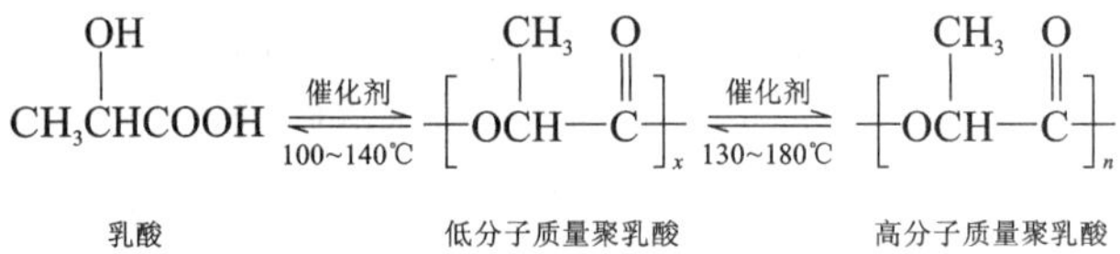

图 10－2　聚乳酸直接聚合法的反应式

丙交酯开环聚合又称间接法，反应原理是：在乳酸脱水缩合后，将得到的低聚物在三氯化锑、三氟化锑、四氯化锡等催化剂作用下，使其裂解为聚乳酸的环状二酯，简称为丙交酯；然后再以丙交酯为单体，加入辛酸亚锡、二氯化锡、四苯基锡、三氯化硼等引发剂使其发生开环聚合反应，从而制得高分子量的产品（反应式见图 10－3）。影响丙交酯开环聚合的主要因素有丙交酯纯度和催化剂。目前丙交酯主要采用重结晶的方法提纯，所用溶剂为乙酸乙酯等。而开环聚合的催化剂（引发剂）则有阴离子型、阳离子型以及配位型等三种。阴离子型聚合引发剂包括醇钠、醇钾、丁基锂等，缩合制备的产物相对分子量高，分布较宽；阳离子型引发剂有三氟甲基磺酸甲酯和三氟甲基磺酸等；配位开环聚合型催化剂有有机铝化合物、锡化合物、稀土化合物等，其中有机铝催化剂研究得最多。

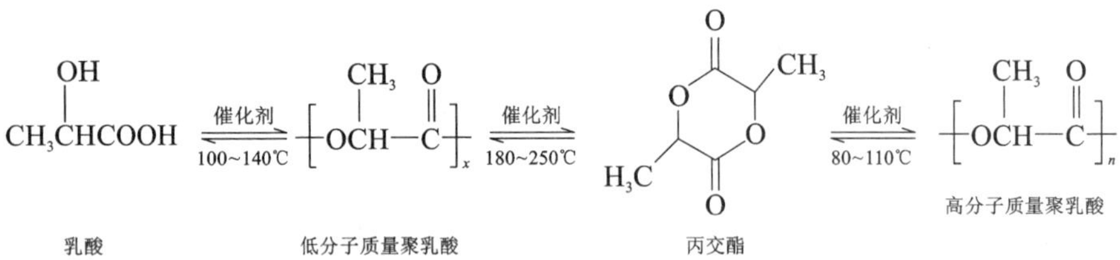

图 10－3　丙交酯开环聚合合成聚乳酸的反应式

10.5　控制释放材料

控制释放是指药物以恒定速度在一定时间内从材料中释放的过程。控制释放可使药物在血液中保持对疾病治疗所需的最低浓度，避免常规给药中药物浓度偏高或偏低现象的发生，解决了药物浓度偏高时药物中毒、偏低时治疗无效的问题。靶向制剂则可将药物直接送到目标部位，满足了患病部位的药量需求，减少了用药量，降低了药物的毒副作用强度。靶向药物的导向机制是利用药物对某些基团的识别能力、药物颗粒大小以及磁性导向的性质，将药物送到靶位（患病部位）的。

10.5.1 控制释放机制及材料

药物在服用后是通过与机体发生相互作用而产生疗效的。要使药物具有疗效，必须使血液中的药物浓度（即血药浓度）达到一定标准———最低有效浓度。低于最低有效浓度就不能产生有效的治疗效果。在大多数情况下，服用的药物只有一部分到达病患部位，大部分随血液分散到身体的其他部位。另一方面，许多药物都有一定的毒副作用，增加药物剂量可能对正常组织和器官产生伤害，严重时甚至会引起新的疾病或后遗症。引起中毒症状的血药浓度称为“中毒极限浓度”。正常的用药剂量应能使血药浓度维持在最低有效浓度与中毒极限浓度之间（参见图10－4）。

传统的药物在服药后的开始阶段，血药浓度会随机体对药物的吸收而慢慢增高，最高时能超过中毒极限浓度；然后随着药剂中药物的释放，药物释放量逐渐减少，血药浓度逐渐下降，降到最低有效浓度之下就失去治疗作用。为了维持体内必需的血药浓度，只能采用一日数次定时服药或注射。即使在用药剂量和用药时间间隔上做了安排，体内的血药浓度仍然处于波动状态。因此需要开发可使血药浓度长期维持不变的药物和仅对病患部位（目标组织）起治疗作用的药物，或仅在需药时才释放出药物的药物释放体系。

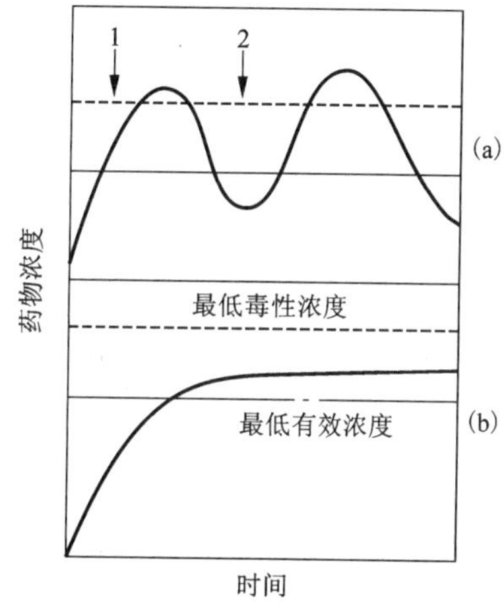

图10－4 常规和控制释放给药方式下药物浓度水平与时间的关系

(a)常规情况；(b)控制释放时

药物控制释放机制可分为以下六种：扩散控制机制；渗透泵控制机制；溶出控制机制；生物粘附控制机制；化学反应控制机制以及膨胀控制机制。理想的药物控释体系能充分发挥药效，保证血药浓度维持恒定，最大限度地减少药物对身体的毒副作用。药物若能准确无误地只作用于需药部位（器官、脏器或细胞等），可使药物高效地在体内富集，提高药物的利用率，并减少用药剂量，降低或防止药物对身体健康器官的损害，减小肝、肾等器官对药物代谢的负担。“一次用药、长期有效”是用药者的愿望，对于癌症、心脏病、高血压的治疗及避孕等需要长期服药者而言，更具重要意义。

目前药物载体材料大多是高分子材料，包括天然高分子材料和合成高分子材料。为满足不同药物控制释放系统的设计要求，高分子载体必须满足以下条件：①聚合物的分子量、玻璃化转变温度、化学性能必须允许特定的药物能适当的扩散和释放；②不应与药物发生化学反应；③本身及其分解产物必须是无毒或与人体有相容性；④透皮治疗装置在储藏或使用期间，聚合物不应降解；⑤应容易加工和制成所需要的产品，在不过分降低其机械性能的前提下，允许加入大量的活性药物；⑥价格低廉，使透皮治疗装置有商业竞争优势。由于聚合物科学的发展，目前已有多种高分子材料能满足条件并应用于药物的控制释放(参见表10－4)，从而使药物的控制释放技术进步很快。

表10－4　透皮控制释放体系中使用的高分子

天　然　高　分　子	合　成　高　分　子
羧甲基纤维素、甲壳素、壳聚糖、明胶、硝基纤维素、阿拉伯胶、乙基纤维素、虫胶、甲基纤维素、琥珀酸明胶、羟丙基纤维素、天然橡胶、蜡－石蜡、玉米朊、阿拉伯半聚乳糖、淀粉	聚乙烯醇、聚乙烯吡咯烷酮、聚乙烯、聚甲基丙烯酸乙酯、聚丙烯、聚蜡酸乙烯酯、聚苯乙烯、聚醚、聚氯乙烯、聚酯、氯化聚乙烯、聚酰胺、聚丙烯酸酯、环氧树脂、聚氨酯、乙烯－醋酸乙烯共聚物，聚丁二烯、聚环氧氯丙烷、聚异戊二烯、聚硅氧烷、聚氯丁二烯、聚丙烯腈、聚异丁烯、硅橡胶、乙丙三元胶、丁苯橡胶

对药物控释材料的研究发现生物降解性高分子药物载体材料具有很重要的应用价值。生物降解性药物载体随着高分子在体内的降解，药物载体的结构逐渐变得疏松，使内含的药物从中溶解、扩散的阻力减小，药物释放速度加快。当药物释放速度的加快正好与含药量减少所引起的释药速度变慢平衡时，就实现了药物的长期恒量释放。此外，用生物降解高分子作为载体的长效药物植入体内，在药物释放完后也不需要手术将其取出，可减少用药者的痛苦和麻烦。因此，生物降解高分子是抗癌药物、青光眼药物、心肌病药物、高血压药物、止痛药物、避孕药物等需要长期输用药物的理想载体。

天然高分子药物载体主要有蛋白质和多糖两大类。这类材料的生物降解主要通过酶的作用来实现，生成的降解产物如氨基酸、糖等化合物均为体内中间代谢产物，很容易通过进一步代谢而被基体吸收利用或排出体外。壳聚糖是最重要的一类天然生物降解高分子，是以甲壳素在碱性介质中水解脱去乙酰基制得的。甲壳素是地球蕴藏量最丰富的天然多糖之一，广泛存在于植物细胞壁和甲壳类动物及昆虫中。据估计每年海洋生物有机体合成的甲壳素数量有几千万吨之多，是最有应用前景的天然生物降解高分子药物载体材料的原料。应用较多的其他天然高分子材料还有明胶、胶朊蛋白、白蛋白等。明胶主要从动物的骨和皮中提取，胶朊蛋白、白蛋白则从血液中分离。

合成生物降解性高分子材料是指在主链中含有易被水解的酯键、醚键、氨酯键、酰氨键等的高分子材料。在合成中特别受到关注的是脂肪族聚酯类高分子材料，例如聚乙交酯(PGA)、聚丙交酯(PLA)、聚ε－己内酯(PCL)和聚β－羟丁酯(PHB)、聚酸酐、聚磷腈等。现在合成生物降解性高分子药物载体材料的工作已经取得了突破性的进展。

聚己内酯(PCL)是由 ε－己内酯开环聚合所得的线性脂肪族聚酯。它是一种半结晶型高分子，在室温下是橡胶态，其热稳定性较好，分解温度比其他聚酯要高得多。PCL 降解后的产物为 CO_2和 H_2O，对人体无毒，具有优良的药物通过性和力学性能，可用作体内植入材料以及药物控释材料，目前已经获得美国 FDA 的批准。

聚酸酐是单体通过酸酐键相连的一类生物可降解高分子聚合物(参见图 10－5)，具有良好生物相容性、表面溶蚀降解特性、降解速度可调及易加工性等优异性能。其合成方法主要有二元酸单体的缩合、聚合，环状酸酐的开环聚合以及光聚合等。聚酸酐主要作为药物控制释放材料应用，由于水分子不渗透，聚酸酐能很好地保护包埋的生物物质不受体内环境因素的影响而破坏，因此非常适合释放不易扩散的大分子生物活性物质，如胰岛素、生长因子等蛋白质物质，以及磷酸碱性酶、β－半乳酸糖苷酶等。

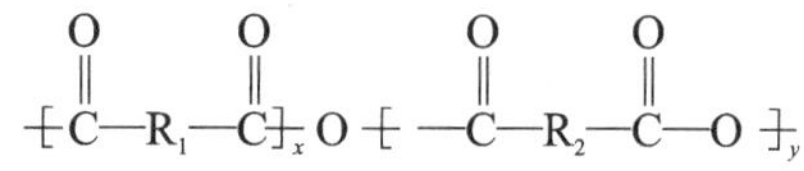

图 10－5　聚酸酐的化学结构式

聚磷腈是一族由交替的氮、磷原子以交替的单键、双键构成无机主链的新型可生物降解聚合物。聚磷腈具有独特的性质和显著的合成多样性，降解产物为磷酸、氨、氨基酸和乙醇等无毒物质。采用氯代膦腈三聚体热开环聚合的方法制备聚二氯膦腈，然后利用醇盐、伯胺、仲胺及有机金属试剂等亲核试剂取代聚二氯膦腈中的氯原子制备各种聚磷腈。通过改变聚磷腈侧链结构和组成，可调节聚磷腈的降解速度，控制药物释放的速度，因此聚磷腈是药物控释领域非常有吸引力的载体材料，被广泛应用于前药、微球制剂和埋植剂等方面。

10.5.2　靶向药物制剂

要使药物具有好的疗效，不仅要控制释药时间、释药量，还要控制药物到达体内病灶的部位，这就需要靶向型药物。靶向型药物是能将药物直接送达需药目标部位的药物，它可使得药物到达需药部位的药量大大增加，从而减少用药量，降低药物的毒副作用。

“靶向”分为主动靶向和被动靶向。主动靶向药物常需对表面进行改性。常用的配体包括抗体、酶、蛋白质 A、植物凝集素和糖。通过改性，可使病患部位容易识别，药物被集中在患病部位。为实现靶向药物的释药功能，对于主动靶向药物制剂，重要的是设计新的生物活性分子，以便有效地选择特定的受体。

被动靶向则是利用药物释放体系本身性能的差异，如利用颗粒大小，表面性能等的差异来影响药物释放体系在体内的运行途径，从而使药剂在病患部位聚集。所以对于被动靶向药物制剂，重要的是利用载体与药物的结合，使药物达到特定的部位。

靶向药物的导向机制主要有三种。

(1)利用有识别能力的基团导向　通过诱导基在水溶性载体高分子链上结合药物分子，或通过诱导分子使载体高分子同药物分子相结合。通常用作诱导分子的有单克隆抗体(或它的一部分)、激素、糖类等，用的药物有毒素(天然毒物的活性部分)和抗癌剂等。

(2)利用药物颗粒的大小导向　由于大小不同的药物(制剂)颗粒具有不同的穿透能力，可以在体内达到不同的部位，因此通过控制药物(制剂)颗粒的大小，同样可以达到药物导向的目的。例如，颗粒直径小于 50×10^{-9} m 的药物，能穿过肝脏内皮，达到肝瘤组织；颗粒直径在 2×10^{-6} m ~ 12×10^{-6} m 的药物，可被毛细血管网摄取后，到达肺和脾。

(3)利用磁性导向　利用药物制剂具有顺磁性，在服药后通过体外的强磁场控制制剂的行径，使药物制剂最终到达且固定在目标部位。最简单的磁性导向药物就是将磁铁粉末包裹到药物制剂中，使药物制剂具有磁性。

靶向给药常见的类型有：①胶体微粒靶向制剂，如脂质体、毫微囊等；②前体药物靶向制剂，如磁性制剂；③含单克隆抗体的药物载体系统。其中，前两类制剂发展较成熟，后一种尚在研究之中。

1. 脂质体

脂质体系指将药物包封于类脂质双分子层形成的薄膜中所制成的超微型球状载体制剂。可分单相脂质体和多相脂质体。单相脂质体又可分为：①单室脂质体。水溶性药物的溶液只被一层类脂质双分子层所包封，脂溶性药物则分散于双分子层中，球径等于或小于 25 μm；②多室脂质体。有多层的类脂质双分子层被含药物(水溶性药物)的水膜隔开，形成不均匀的聚合体，脂溶性药物则分散于多层双分子层中，球径等于或小于 5 μm；③大多孔脂质体。单层状，球径大约为 0.05 ~ 0.20 μm，比单室脂质体可多包蔽约 10 倍的药物。

多相脂质体系指除含单室与多室脂质体以外，还含有增溶胶团、O/W 型乳剂、W/O/W型复合乳剂等，共同混悬于水相的复合脂质体。药物在单相脂质体中包封量有一定的限度，尤其是脂溶性药物的包封量更小，所以呈油珠漂浮于溶液中。因此，须加入非离子表面活性剂，使油珠分散成微细的粒子，部分脂溶性药物被胶团包裹而分散在其烃核中，另一部分被乳化，形成 O/W 型乳剂或 W/O/W 型复合乳剂。用这种多相脂质体作为载体，静脉滴注时比单相脂质体更容易在淋巴、肝、肺、脾等网状内皮系统中聚集，抵达靶部位后释放药物发挥疗效。

脂质体是用类脂质(如卵磷脂、胆固醇)构成的双分子层为膜材的。磷脂类含有一个磷酸基团和一个含氮的碱基(季铵盐)，均为亲水基团，还有两个较长的烃链为亲油基团。胆固醇的亲油性则强于亲水性。用磷脂与胆固醇作脂质体膜材，须先溶于有机溶剂中，然后蒸发除去有机溶剂，在器壁上使成均匀类脂质薄膜，膜中的磷脂分子的亲水基团端呈弯曲的弧形，形如手杖，与胆固醇分子的亲水基团结合，在亲水基团上边的两侧上端各连接一个亲油基团，排列成双分子层。加入磷酸盐缓冲液振荡或搅拌，即可形成单室或多室的脂质体，在不断搅拌中，使水膜中容纳大量的水溶性药物，而脂溶性药物则容纳在双分子层的亲油基部分中。

脂质体能选择性地分布于某些组织和器官，增加药物对淋巴系统的定向性，提高药物在靶部位的治疗浓度。尤其对抗癌药物，能使之选择性地杀伤癌细胞或抑制癌细胞，对正常细胞则无损害或抑制作用。因此，以脂质体为载体的药物新剂型，能提高疗效，减少剂量，降低毒性。

2. 磁性制剂

磁性制剂系指将药物与铁磁性物质共包于或分散于载体中，应用于机体后，利用体外磁场的效应引导药物在体内定向移动和定位聚集的靶向给药制剂。磁性制剂包括磁性微球、磁性微囊、磁性乳剂、磁性片剂、磁性胶囊等，主要作为抗癌药物的载体。磁性制剂的药物随着载体被吸引在靶区周围，而其他部位分布量相应减少，从而降低用药剂量。同时相对地减少了药物对人体正常组织的副作用，特别是肾降低了对肝、脾等器官的损害。铁磁性物质可以阻挡伦琴射线，因此，可运载放射性物质进行局部造影。磁性制剂还可用于阻塞肿瘤血管，使肿瘤坏死。

磁性制剂主要由磁性材料、骨架材料及药物三部分组成。①磁性材料。通常应用的磁性物质有纯铁粉、羰基铁、磁铁矿、铁钴合金等，尤以 Fe_3O_4磁流体居多，其粒度以越小越好，直径应在100 μm下（一般在10～20 μm，注射用在10～20 μm以下），在体外磁场的作用下，不在血管中停留，而在靶区毛细血管中能均匀分布，产生疗效，有一定的生物降解速度和在靶区释药的速度，可以定期排出体外；②骨架材料。应具有一定的通透性，对人体无毒，大部分在人体组织内能被逐渐地溶解或消化，同时把包裹的药物按一定的速度逐渐释放。常用氨基酸聚合物类、聚多糖类等。氨基酸聚合物类有白蛋白、明胶、球蛋白、酶类等，其中以白蛋白最常用。聚多糖类主要有淀粉、葡聚糖、聚甲壳糖、阿拉伯胶等。其他骨架材料有乙基纤维素、聚乙烯醇等；③药物。应有一定的水溶性；不与磁性材料和骨架材料起化学反应。

3. 毫微型胶囊

毫微型胶囊又称毫微型颗粒或毫微粒或毫微药丸。系利用天然高分子物质如明胶、白蛋白及纤维素类等制成的包封药物的微粒。它是一种固态胶体微粒，大小一般在毫微型胶囊的药物夹在或包在大分子物质中，或吸附、连接在大分子物质上。分散在水中呈乳光，形似胶态离子的分子分散体系。其结构类似微型胶囊，但粒径比后者小得多，一般为50～500 nm，大部分为200 nm 。因此，能很快分散于水中成透明的胶体分散体系，适宜配制注射剂，亦可供静脉注射。另外，药物可进入特定的靶器官或靶细胞，易被癌细胞吞噬而增进药物的抗肿瘤等作用，是较理想的药物载体。

毫微型胶囊制备工艺如下：将药物先配成溶液，在凝聚的细微颗粒形成时加入，使吸附于空囊中。常用的材料有明胶、白蛋白、玉米朊、人血清蛋白、牛血清蛋白及乙基能纤维素等。加入吐温20促使毫微型胶促使毫微型胶囊与水接触时加快分散，并对药物有增溶作用。硫酸钠、硫酸铵、低分子醇类等都可用作水溶性高分子物质的沉淀剂。

尽管研究靶向型药物控释体系已有数十年，但至今完全达到理想要求且得到临床应用的药物制剂还不太多，大多数还停留在实验室研究阶段。主要原因是药物载体的材料性能尚不能完全满足要求。也存在剂型设计和制剂制备技术方面的问题。所以还需要以下几个方面的研究：①研究和开发新的高性能药物载体；②加强剂型设计和制备技术的研究；③智能化药物释放体系的研究等。

10.5.3 透皮释药制剂

透皮治疗系统（transdermal therapeutic systems，TTS）或称透皮给药系统（transdermal delivery systems，TDS），是指药物以一定的速率通过皮肤，经毛细血管吸收进入体循环而产生疗效的一类给药系统。与传统的给药方式相比，透皮吸收制剂具有避免肝脏首关效应及肠胃灭活、维持恒定的血药浓度或药理效应、降低药物不良反应、患者可以自主用药等特点，因此透皮给药系统具有良好的应用前景。

透皮给药体系一般通过两种控释机制对机体给药：(1)以控释层控制药物的给药速率；(2)以皮肤控制药物的吸收速率。透皮给药体系一般以药贴的制剂形式出现。药贴有贮存式和基体式两种。贮存式药贴由四层组成，即直接与皮肤接触的粘接剂层、控制药物分子扩散的释药速度控制层、药物贮层和起防水衬垫作用的保护膜，该设计可保证在指定时间内控制释药而不造成药物过饱和。基体式药物释放体系则由三层组成，即粘接剂层、含有药物的高分子基体和防水衬垫保护膜，此种结构使药贴所释放的药物会很快在皮肤达到饱和，然后再依赖皮肤角质层对机体控制释药。当药贴中的药物减少到低于皮肤的饱和极限时，从药贴到皮肤的释放会慢慢减少。

透皮吸收所用药物需要镶嵌在适当的骨架中或储存在储库中，所以寻找合适的聚合物骨架材料使它既能控制药物的释放速率，又可作为胶粘剂使透皮治疗系统粘贴在皮肤上。因此聚合物骨架材料的研究是发展透皮控释给药系统的重要环节。

明胶作为一种天然高分子材料，具有很好的生物相容性，并可采用化学或物理改性的方法来调节它的性能。改性后的明胶可控制药物的释放速率，且具有一定的胶粘性。乙烯－醋酸乙烯酯共聚物（EVA）则是目前透皮控释给药体系中使用最多的高分子材料，它具有生物相容性好，加工成型方便，机械性能好以及理化性质稳定等特点，是经FDA批准可用于人体的高分子材料之一，并且已有数种商品化的以EVA为控释膜的透皮治疗体系。EVA不具有微孔结构，它是通过控制药物在其中的扩散来达到控释效果的，能控制药物接近于零级释放。在聚合物PE结构中引入了醋酸乙烯酯(VA)结构单元后，破坏了原来聚乙烯的有序结构，使结晶能力降低。当VA含量少于50%时，EVA为半结晶性聚合物；而当VA含量大于50%时，结晶度趋于零，成为无定形聚合物。而药物在半结晶性聚合物中的溶解和扩散是在其无定形相中进行的。因此通过改变EVA控释膜的结构，可以控制药物的释放速率。此外，具微孔的聚烯烃如聚乙烯、聚丙烯等也是常用的控释膜。

在许多透皮控释给药体系中，将药物直接分散在粘性聚合物中，聚合物既是黏合剂，同时也是起扩散控制作用的基质。这类高分子主要有聚氨酯、(甲基)丙烯酸酯聚合物、聚乙烯基吡咯烷酮(PVP)－聚乙二醇(PEG)嵌段共聚物、PVP－PEO(聚氧化乙烯)共混物、硅橡胶、硅橡胶与2－羟乙基甲基丙烯酸酯和甲基丙烯酸共聚水凝胶的共混聚合物等。

目前美国的FDA已批准数种透皮制剂，如东莨菪碱、硝酸甘油、可乐定、雌二醇、芬太尼、睾酮透皮贴剂等，而有更多的透皮吸收制剂已研制成功或商品化。

参考文献

[1] 俞耀庭主编. 生物医用材料. 天津：天津大学出版社，2000

[2] 李世普编著. 生物医用材料导论. 武汉：武汉工业大学出版社，2000

[3] 任杰编著. 可降解与吸收材料. 北京：化学工业出版社，2003

[4] 陈治清主编. 口腔生物材料学. 北京：化学工业出版社，2003

[5] 顾其胜，侯春林，徐政编. 实用生物医用材料. 上海：上海科学技术出版社，2005

[6] 刘汉清，倪健主编. 中药药剂学. 北京：科学出版社，2005

[7] 顾汉卿主编. 生物医学材料学. 天津：天津科技翻译出版公司，1993

[8] 刘益军，王保志. 聚氨酯弹性体在医疗制品上的应用. 化工新型材料，1999，27(9)：7－10

[9] 杨云松，彭红云，章国林，戚国荣，杨士林. 透皮控释给药研究. 高分子通报，2002(1)：49－56

[10] 张承焱. 医用高分子材料的应用研究及发展. 中国医疗器械信息，2005，11(6)：17－22

[11] 于方丽，周永强，张卫珂，马景云. 羟基磷灰石生物材料的研究现状、制备及发展前景. 陶瓷，2006(2)：7－12

[12] 张然，曹献英. 羟基磷灰石生物陶瓷材料的研究概况. 生物骨科材料与临床研究，2005，2(2)：43－47

[13] 石成利，梁忠友. 骨修复用生物玻璃的研究现状及其发展趋势. 陶瓷，2006(5)：8－11

第 11 章　纳米材料

11.1　基本概念

纳米材料研究是目前材料科学研究的一个热点，纳米材料是纳米技术应用的基础，其相应发展起来的纳米技术则被公认为是 21 世纪最具有前途的科研领域。信息、生物技术、能源、环境、先进制造技术和国防的高速发展必然对材料提出新的需求，元件的小型化、智能化、高集成、高密度存储和超快传输等要求所用材料的尺寸越来越小；航空航天、新型军事装备及先进制造技术等对材料性能要求越来越高。纳米材料将是起重要作用的关键材料之一，也是纳米科技中最为活跃、最接近应用的重要组成部分。

由于纳米技术对国家未来经济、社会发展及国防安全具有重要意义，世界各国(地区)纷纷将纳米技术的研发作为 21 世纪技术创新的主要驱动器，相继制定了发展战略和计划，以指导和推进本国纳米科技的发展。目前，世界上已有 50 多个国家制定了国家级的纳米技术计划。一些国家虽然没有专项的纳米技术计划，但其他计划中也往往包含了纳米技术相关的研发。2000 年 1 月，美国前总统克林顿亲自宣布启动美国国家纳米技术计划(NNI)，拿出 5 亿美元专门用于发展纳米技术；日本从 1991 年开始就实施了一项为期 10 年的纳米技术研究开发计划。其他如德国、英国、法国、印度、韩国、中国台湾等都制定了各自的纳米技术研发计划。中国政府在 2001 年 7 月就发布了《国家纳米科技发展纲要》，并先后建立了国家纳米科技指导协调委员会、国家纳米科学中心和纳米技术专门委员会。目前正在制定中的国家中长期科技发展纲要将明确中国纳米科技发展的路线图，确定中国在目前和中长期的研发任务，以便在国家层面上进行指导与协调，集中力量、发挥优势，争取在几个方面取得重要突破。

11.1.1　纳米物质与纳米材料

纳米是一种度量单位，1 纳米(nm)等于 10^{-9} m，即十亿分之一米。1 nm 相当于头发丝直径的十万分之一。目前，国际上将处于 1 ~ 100 nm 尺度范围内的超微颗粒及其致密的聚集体，以及由纳米微晶所构成的材料，统称为纳米材料，包括金属、非金属、有机、无机和生物等多种组成形式。广义地说，所谓纳米材料，是指微观结构至少在一维方向上受纳米尺度 (1 ~ 100 nm)调制的各种固体超细材料，它包括零维的原子团簇(几十个原子的聚集体)和纳米微粒；一维调制的纳米多层膜；二维调制的纳米微粒膜(涂层)及三维调制的纳米块体材料等。

纳米材料大部分都是人工制备的，但在自然界中也广泛存在着天然形成的纳米材料，如蛋白石、陨石碎片、动物的牙齿、海洋沉积物等就都是由纳米微粒构成的。生物体内也存在着纳米大小的颗粒。最近英国科学家发现，蜜蜂的腹部存在着磁性纳米粒子，这种磁性的纳米粒子有类似指南针的功能，蜜蜂利用这种功能来确定其周围环境并存储图像。当蜜蜂采蜜归来时，把原来存储的图像和所见到的图像进行对比，直到两个图像达到一致，由此判断自己的蜂巢。

纳米材料是纳米科技领域富有活力、研究内涵十分丰富的分支。随着粒径减小，比表面大大增加；粒径为 5 nm 时，表面将占 50%；粒径为 2 nm 时，表面的体积百分数增到 80%，庞大的比表面，键态严重失配，使物体的活性大大增强。纳米材料独特的结构特征，为深入研究固体界面结构与性能提供了良好的条件，同时由于纳米材料表现出一系列优异的物理、化学和力学性能，为提高材料的综合性能，发展新一代高性能材料创造了条件。

11.1.2　纳米科技

所谓纳米科学，是指研究纳米尺寸范围在 0.1 ~ 100 nm 之内的物质所具有的物理、化学性质和功能的科学。而纳米科技其实就是一种用单个原子、分子制造物质的科学技术，它以纳米科学为理论基础，进行制造新材料、新器件，研究新工艺的方法。纳米科技大致涉及以下七个分支：纳米材料学、纳米电子学、纳米生物学、纳米物理学、纳米化学、纳米机械学（制造工艺学）、纳米加工及表征。其中每一门类都是相对独立的跨学科的边缘科学，不是某一学科的延伸或某一项工艺的革新，而是许多基础理论、专业工程理论与当代尖端高新技术的结晶，并且主要以物理、化学等的微观研究理论为基础，以现代高精密检测仪器和先进的分析技术为手段，是一个原理深奥、科技顶尖和内容极广的多学科群。

纳米科技所研究的领域是人类过去从未涉及的非宏观、非微观的中间领域，从而开辟了人类认识世界的新层次，也使人们改造自然的能力直接延伸到分子、原子水平，这标志着人类的科学技术进入了一个新时代，即纳米科技时代。

11.1.3　纳米材料研究与发展

人工制备纳米材料的历史至少可以追溯到 1000 年以前。当时，中国人利用燃烧的蜡烛形成的烟雾制成炭黑，作为墨的原料或着色染料，科学家们将其誉为最早的纳米材料。中国古代的铜镜表面防锈层是由 SnO_2 颗粒构成的薄膜，遗憾的是当时人们并不知道这些材料是由肉眼根本无法看到的纳米尺度小颗粒构成。19 世纪末至 20 世纪中叶，随着胶体化学（colloid chemistry）的建立，科学家们开始对 1 ~ 100 nm 的粒子系统进行研究。但限于当时的科学技术水平，化学家们并没有意识到这样一个尺寸范围是人类认识世界的一个崭新层次，而仅仅是从化学角度作为宏观体系的中间环节进行研究。

1940 年 Ardeume 首次采用电子显微镜对金属氧化物的烟状物进行了观察。1945 年，Balk 提出在低压惰性气体中获得金属超微粒子的方法。1962 年，Kubo 及其合作者针对金属超微粒子的研究，提出了著名的 Kubo 理论，也就是超微颗粒的量子限域理论。从而推动了实验物理学家向纳米尺度的微粒进行探索。由此看来，到 20 世纪中叶人们已经开始自觉地把纳米微粒作为研究对象来探索纳米体系的奥秘。1959 年，在美国物理学年会上，著名物理学家、诺贝尔物理奖获得者理查德·费曼(Richard Feyneman)在题为"自底层构造的丰富结构"的著名演讲中预言，如果我们对物体微小规模上的排列加以某种控制的话，我们就能使物体得到大量的异乎寻常的特性，就会看到材料的性能产生丰富的变化。他所说的材料就是现在的纳米材料。他的预言被科学界誉为纳米技术萌芽的标志。

20 世纪 70 年代末到 80 年代初，对一些纳米颗粒的结构、形态和特性进行了比较系统的研究。描述金属颗粒费米面附近电子能级状态的 Kubo 理论日臻完善，在用量子尺寸效应解释超微颗粒的某些特性时获得成功。1990 年 7 月在美国巴尔的摩召开了国际第一届纳米科学技术学术会议，正式把纳米材料科学作为材料科学的一个新的分支公布于世。这标志着纳米材料学作为一个相对比较独立学科的诞生，同时，纳米生物学、纳米电子学和纳米机械学等概念也被正式提出。从此以后，纳米材料引起了世界各国材料界和物理界的极大兴趣和广泛重视。

11.2 纳米结构单元

构成纳米结构块体、薄膜及多层膜的基本单元有下述几种。

11.2.1 原子团簇和纳米微粒

原子团簇是 20 世纪 80 年代出现的一类新的化学物种，通常是指几个至几百个原子的聚集体(粒径小于或等于 1 nm)，如 Fe_n，Cu_nS_m(n 和 m 都是整数)和 C_{60}、C_{70}等碳簇(图 11－1)。原子团簇不同于具有特定大小和形状的分子、以弱的结合力结合的松散分子团簇以及周期性很强的晶体，原子团簇的形状可以是多种多样的，它们尚未形成规整的晶体，除了惰性气体外，它们都是以化学键紧密结合的聚集体。绝大多数原子团簇的结构不清楚，但已知有线装、层状、管状、洋葱状、骨架状、球状等。

原子团簇独特的性质源于其结构上的特点，因其尺寸小，处于表面的原子比例极高，而表面原子的几何构型、自旋状态以及原子间作用力都完全不同于体相内的原子。材料的性质与内部单元的表面性质息息相关。例如仅仅通过调节团簇的大小，物质特性就有极大的不同，10个铁原子的团簇在催化氨合成时要比17个铁原子的团簇效能高出1000倍。伴随着尺寸而来的另一效应是量子效应，原子团簇的研究即证明了许多量子力学的假设和预言，提出了无数更有趣的新问题。例如在由纯金属原子组成的多面体团簇中，只有当原子数是“幻数系列”，即为2、8、20、28、50、82、126…时，结构才是稳定的，甚至在加热到液态时也不会被破坏。同样的“幻数系列”在元素周期律中早已为人所知，但其理论解释至今仍无定论。

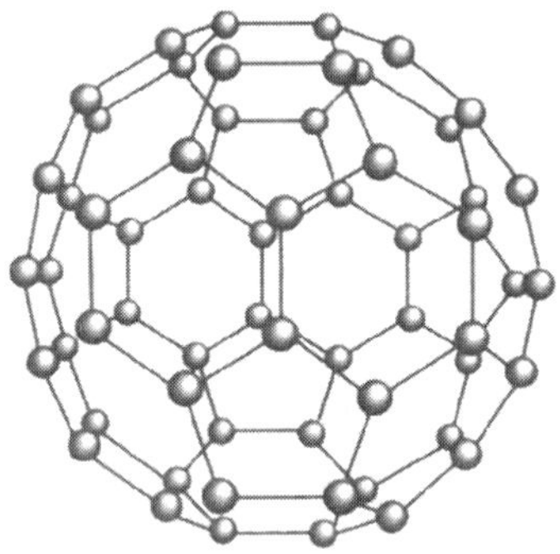

图11－1　C_{60}原子团簇的笼结构示意图

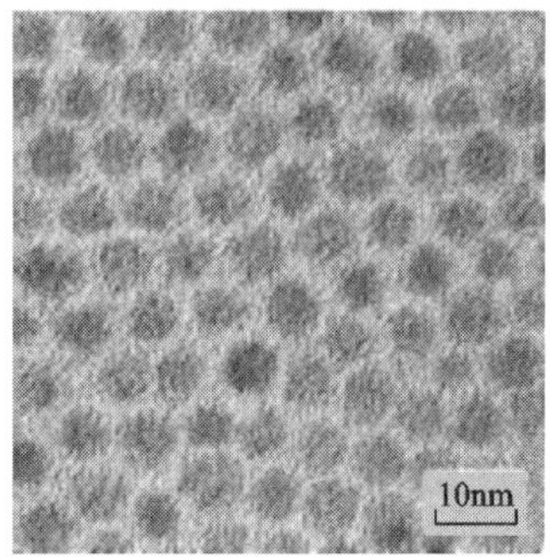

图11－2　PbS纳米微粒的高分辨TEM照片

纳米微粒是指颗粒尺寸处在纳米数量级的超细颗粒，它的尺度大于原子团簇，小于通常的微粉，一般在1～100 nm之间(图11－2)。纳米微粒是肉眼和一般显微镜看不见的微小粒子。所以，日本名古屋大学上田良二教授给纳米微粒下了这样一个定义：用电子显微镜能看到的微粒。纳米微粒本身具有量子效应、表面效应、小尺寸效应及宏观量子隧道效应，因而展现出许多特有的性质。纳米微粒的应用前景，除了光、电、热、磁和催化特性外，就是由纳米颗粒在高真空下原位压制纳米材料，或制作具有各种相关特性的纳米颗粒涂层(紫外反射层、红外吸收层、微波隐身涂层等)，以及其他的纳米功能薄膜等。

11.2.2　一维纳米材料

自从1991年日本NEC公司饭岛(Ijima)等人发现碳纳米管(图11－3)以来，关于一维纳米材料(纳米管、纳米丝、纳米棒和同轴纳米电缆)的制备研究已有大量报道(图11－4)。一维纳米材料在介观领域和纳米器件研制方面有着重要的应用前景，它可用作扫描隧道显微镜(STM)的针尖、纳米器件和超大集成电路中的连线，光导纤维、微电子学方面的微型钻头以及复合材料的增强剂等。

碳纳米管具有独特的电学性质，这是由于电子的量子限域所致，电子只能在单层石墨片中沿纳米管的轴向运动，径向运动受到限制，因此，它们的波矢是沿轴向的；碳纳米管具有与金刚石相同的热导和独特的力学性质。理论计算指出，碳纳米管的抗张强度比钢高 100 倍，由碳纳米管悬臂梁振动测量结果可以估计出它们的杨氏模量高达 1 TPa 左右，单臂纳米碳管可承受热转形变并可弯成小圆环，应力卸除后可完全恢复到原来状态，压力不会导致碳纳米管的断裂。除了碳纳米管外，人们已经合成了其他材料的纳米管，如 WS_2、MoS_2、BN、MCM－41 管中管、$NiCl_2$纳米管以及定向排列的氮化碳纳米管等。

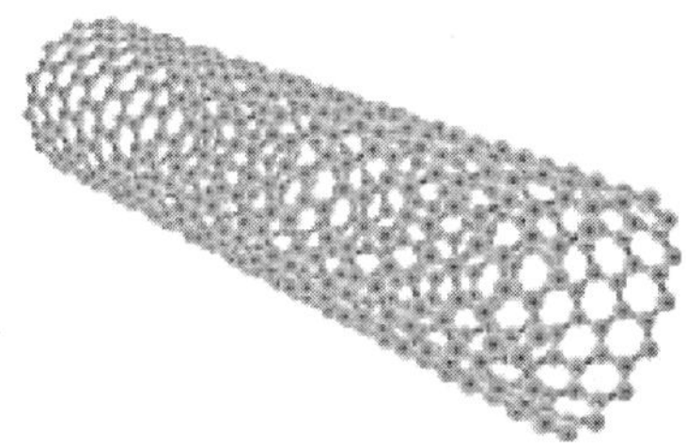

图 11－3　碳纳米管结构示意图

图 11－4　几种常见一维纳米材料的 SEM 照片

(a)金；(b)硫化锌；(c)碳化硅；(d)氧化锌

准一维实心的纳米材料是指在两维方向上为纳米尺度，而长度较上述两维方向的尺度大得多，甚至为宏观量的新型纳米材料。通常纵横比(长度与直径的比率)小的叫纳米棒，纵横比大的称作纳米丝，但是二者之间并没有一个严格统一的界限标准。很多专著中将长度小于 1 μm 的纳米丝称为纳米棒，长度大于 1 μm 的称为纳米丝或线。

同轴纳米电缆是指芯部为半导体或导体的纳米丝，外包覆异质纳米壳体（导体或非导体）的纳米结构，其壳体和芯部是共轴的。由于这类材料具有独特的性能、广阔的应用前景以及在未来纳米结构器件中占有的战略地位，近年来引起了人们极大的兴趣。1997 年法国科学家柯里克斯（Colliex）等在分析电弧放电获得的产物中，首次发现了几何结构类似于同轴电缆的 C－BN－C 管，因其直径为纳米级，故称其为同轴纳米电缆。1998 年，日本 NEC 公司张（Y. Zhang）等用激光烧蚀法合成了直径为几十纳米、长度达 50 微米的同轴纳米电缆。目前有关同轴纳米电缆的研究主要集中在如何制备出纯度高、产量大、直径分布窄的纳米电缆，如何探测单个纳米电缆的物性等方面。

11.2.3　纳米薄膜材料

纳米薄膜是指由尺寸在纳米量级的晶粒（或颗粒）构成的薄膜以及每层厚度在纳米量级的单层或多层膜，有时也称为纳米晶粒薄膜和纳米多层膜，其性能主要依赖于晶粒（颗粒）尺寸、膜的厚度、表面粗糙度及多层膜的结构。根据此定义，已经发现的超晶格薄膜、LB 薄膜、巨磁阻颗粒膜材料等都可以归类为薄膜材料。纳米薄膜与普通薄膜相比，具有许多独特的性能，如由膜厚度或膜中晶粒尺寸大小变化引起的特殊的光学性能，硬度、耐磨性和韧性方面表现出的特殊力学性能以及特殊的电磁学特性、巨磁电阻特性等。

关于纳米薄膜有多种分类方法：按薄膜的用途可分为纳米功能薄膜和纳米结构薄膜。纳米功能薄膜是利用纳米粒子所具有的力、电、光、磁等方面的特性，通过复合制作出同基体功能截然不同的薄膜。纳米结构薄膜则是通过纳米粒子复合，对材料进行改性，以提高材料机械性能为主要目的的薄膜；按构成和致密度，纳米薄膜又可分为颗粒膜与致密膜。颗粒膜是纳米颗粒粘在一起，中间有极为细小的间隙的薄膜。致密膜是指膜层致密但晶粒尺寸为纳米级的连续薄膜；按纳米薄膜的沉积层数，可分为纳米单层薄膜和纳米多层薄膜。其中，纳米多层薄膜包括我们平常所说的“超晶格”薄膜，它一般是由几种材料交替沉积而形成的结构交替变化的薄膜，各层厚度均为 nm 级。组成纳米单层薄膜和纳米多层薄膜的材料可以是金属、半导体、绝缘体、有机高分子，也可以是它们的多种组合；按薄膜的应用性能可分为纳米磁性薄膜、纳米光学薄膜、纳米气敏膜、纳米润滑膜及纳米多孔膜等。

利用纳米薄膜吸收光谱的蓝移与红移特性，人们已制造出了各种各样的紫外吸收薄膜和红外反射薄膜，并在日常生产、生活中取得应用。如在平板玻璃的两面镀制的 TiO_2 纳米薄膜，在紫外线作用下，该薄膜可分解沉积在玻璃上的有机污物，氧化室内有害气体，杀灭空气中的有害细菌和病毒；在眼镜上镀制的 TiO_2 纳米粒子树脂膜或 Fe_2O_3 纳米微粒聚醇酸树脂膜，可吸收阳光辐射中的紫外线，保护人的视力；在灯泡罩内壁涂敷的

纳米 SiO_2和纳米 TiO_2微粒多层干涉膜，灯泡不仅透光率好，而且具有很强的红外线反射能力，可大大节约电能等；经过纳米复合的薄膜具有优异的电磁性能，可对飞行器、重型武器等装备起到隐身作用；纳米氧化钛、氧化铬、氧化铁和氧化锌等具有半导体性质的粒子，加入到树脂中形成涂层，有很好的静电屏蔽性能；纳米结构的 Fe/Cr，Fe/Cu，Co/Cu 等多层膜系统具有巨磁阻效应，可望作为应用于高密度存储系统中的读出磁头、磁敏传感器、磁敏开关等；由于气敏纳米膜吸附了某种气体以后会产生物理参数的变化，因此可用于制作探测气体的传感器。随着纳米薄膜研究工作的发展，更多结构新颖、性能独特的薄膜必将出现，应用范围也将日益广阔。

11.2.4　纳米块体材料

纳米块体材料，又可称为纳米固体材料或纳米结构材料，或简称纳米材料，它是由颗粒或晶粒尺寸为 1 ~ 100 nm 的粒子凝聚而成的三维块体。

纳米晶块体材料具有特殊的结构，而这种结构的特殊性也使得这类材料与传统材料相比具有优异的性能。不仅能作为优良的功能材料，甚至可能成为一些特定用途的结构材料或功能结构双用途材料。例如，已经研制的 FeSiBCuNb 纳米晶软磁合金具有高达 1.25 T 的 B_s 值及高达 10^5的初始磁导率，与 Co 基非晶相当的低铁损值，是迄今为止最优良的软磁材料。又如，大块纳米晶材料的比热大于同类粗晶和非晶材料。如在 150 ~ 300 K 温度范围内，纳米晶 Pd（6 nm，80 % 的理论密度）的比热较粗晶体高 29% ~ 54 %，纳米晶 Cu(8 nm，90% 理论密度)的热膨胀系数比粗 Cu 高 9% ~ 11%。大块纳米晶材料的比表面积大，有可能成为一种新的贮氢材料。有人研究发现，纳米晶 FeTi 贮氢合金的贮氢能力可比粗晶材料显著提高，而且其活化处理程序更简单，因而纳米晶材料有可能成为进一步提高贮氢材料的贮氢效率的一个可行途径。

11.3　纳米材料的结构特征与奇异性能

11.3.1　结构特征

纳米相材料的晶粒结构主要是用透射电子显微镜(TEM)、高分辨电镜(HRTEM)直接观察，无论使用气相沉积法、化学法、力学形变法还是用非晶晶化法制备的纳米材料的晶粒尺寸，都是使用大量透射电子显微镜照片利用统计方法测量的，也可以使用 X 射线衍射方法测定。

纳米微粒一般为球形或类球形。也还具有各种其他形状，这些形状的出现与制备方法密切相关。例如，由气相蒸发法合成的纳米铬微粒，当铬粒子尺寸小于 20 nm 时，为球形，对于尺寸较大的粒子，为正方形或矩形，实际粒子的形态是正方体或立方体，有时它们的边棱会受到不同程度的平截。

由于晶体的各自异性，纳米晶体粒子形态受各晶向的生长速率的竞争结果所控制。如形态受 R 值影响。R 为沿(100)晶向的生长速率与沿(110)晶向生长速率之比，如 $R=0.98$ 时为立方晶体，$R=1.73$ 时纳米晶体粒子形态为八面体。当 $R=0.87$ 时为立方八面体(六个立方和八个三角形组成)。Au、Ag 纳米粒多为去角八面体，当 $0.87<R<1.73$ 时，纳米晶体粒子的形态为去角八面体，而 CoO 和 Pt 纳米粒多为立方或四面体形态。图 11－5 为液相法制得的纳米 TiO_2 的 TEM 照片。形貌为球形，粒径约为 20 nm 左右。

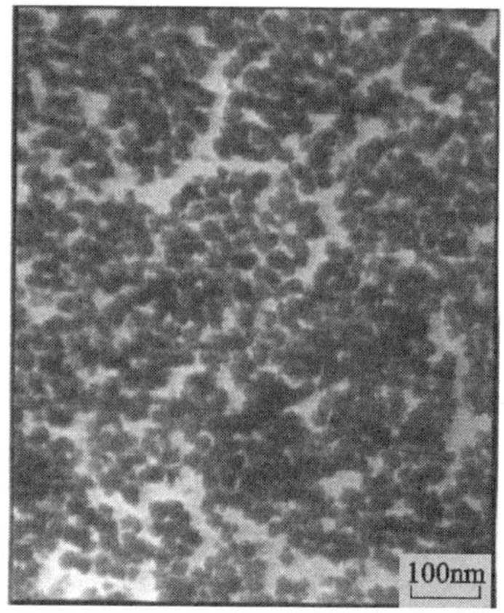

图 11－5　纳米 TiO_2 的 TEM 照片

11.3.2　基本物性

纳米微粒具有大的比表面积，表面原子数、表面能和表面张力随粒径的下降急剧增加，表现出小尺寸效应、表面效应、量子尺寸效应及宏观量子隧道效应等特点，从而导致纳米微粒的热、磁、光、敏感特性和表面稳定性等不同于常规粒子。

11.3.2.1　基本物理效应

1. 小尺寸效应

小尺寸效应系指当纳米粉体的粒径小到与其德布罗意波长或光波波长相当或更小时，纳米颗粒晶体的周期性边界条件被破坏，而导致其宏观物理性质变化的现象。例如，纳米铜粉、纳米金粉和纳米银粉将不再分别呈现其特有的赤铜、金黄和银白色的金属光泽，而统统变为黑色，且颗粒越小，颜色越黑。此外，纳米金属粉末的熔点也会明显降低。例如，块体金(Au)的熔点为 1064 ℃，而 10 nm 的金粉的熔点却为 940 ℃，2 nm 的金粉的熔点则下降为 327 ℃。纳米银(Ag)粉的熔点则会从块体银的 961 ℃降到 100 ℃以下。

2. 表面效应

随着纳米微粉的粒径变小，其比表面积越来越大，位于表面的原子比例也越来越大。由于表面原子近邻配位不全，键态严重失衡，因而纳米微粉具有很高的表面能，很容易与其他原子结合。例如，有些金属的块体在室温下的空气中是不会燃烧的，但其纳米粉体却能在同样温度下的空气中迅速氧化、燃烧起来。同时，纳米微粉表面原子比例的增大也使其表面输运与表面构型产生了变化，从而大大提高了原子的自扩散系数，例如，金属原子在其相应的纳米晶中的自扩散系数 D_0 可提高 $10^{14}\sim10^{20}$ 倍。

3. 量子尺寸效应

当粒子尺寸达到纳米量级时，金属费米能级附近的电子能级由准连续变为分立能级的现象称为量子尺寸效应。例如：纳米粒子所含的电子数的奇偶性不同，低温下的热容、磁化率有极大的差别；纳米粒子的光谱线频移、催化性质也与粒子所含电子数的奇偶性有关。当金属纳米粒子出现能级分裂从而出现量子尺寸效应时，其电阻率会大幅提高。例如金属为导体，但纳米金属微粒在低温由于量子尺寸效应会呈现电绝缘性。

4. 宏观量子隧道效应

微观粒子具有穿透势垒的能力称为隧道效应。一些宏观量，例如微粒的磁化强度、量子相关器件中心的磁通量也具有隧道效应，称为宏观量子隧道效应。宏观量子隧道效应的研究对基础研究及实用都有着重要的意义。它限定了磁带、磁盘进行信息存储的时间极限。宏观量子隧道效应是未来微电子器件的基础，它确定了现存微电子器件进一步微型化的极限。

11.3.2.2 基本物理性质

1. 热学性能

纳米微粒的熔点、开始烧结温度和晶化温度均比常规粉体低得多。由于颗粒小，纳米微粒表面能高、比表面原子数多，这些表面原子近邻配位不全，活性大以及纳米微粒体积远小于大块材料，因此纳米粒子熔化时所增加的内能小得多，这就使得纳米微粒熔点急剧下降。例如，大块铅的熔点为 600 K，而 20 nm 球形铅微粒熔点低于 288 K。又如，常规 Al_2O_3烧结温度在 2073 ~ 2173 K，在一定条件下，纳米的 Al_2O_3可在 1423 K 至 1773 K 烧结，致密化可达到 99.7%。

2. 磁学性能

纳米微粒奇异的磁特性主要表现在它具有超顺磁性或高的矫顽力上。纳米微粒尺寸小到一定临界值时进入超顺磁状态，例如 α－铁、四氧化三铁和 α－三氧化二铁粒径分别为 5 nm、16 nm 和 20 nm 时变成超顺磁体。例如，粒径为 85 nm 的纳米镍微粒，矫顽力很高，表明处于单畴状态；而粒径小于 15 nm 的镍微粒，矫顽力 H_c趋于零，这说明它们进入了超顺磁状态。

当纳米微粒尺寸高于超顺磁临界尺寸处于单畴状态时，通常呈现高的矫顽力 H_c。例如，用惰性气体蒸发冷凝的方法制备的纳米铁微粒，随着颗粒变小矫顽力显著地增加，粒径为 16 nm 的铁微粒，矫顽力在 5.5 K 时达 $1.6\times10^6/4\pi$(A/m)。室温下铁微粒的矫顽力仍保持 $1.0\times10^6/4\pi$(A/m)，而常规的 Fe 块体矫顽力通常低于 $1000/4\pi$(A/m)。

3. 光学性能

纳米粒子的表面效应和量子尺寸效应对纳米微粒的光学特性有很大的影响，甚至使纳米微粒具有同质的大块物体所不具备的新的光学特性。主要表现在以下几个方面。

(1) 宽频带强吸收　大块金属具有不同颜色的光泽，这表明它们对可见光范围各种颜色(波长)的反射和吸收能力不同。当尺寸减小到纳米量级时各种金属纳米微粒几乎都是黑色，它们对可见光的反射率极低，例如，铂纳米粒子的反射率为 1%，金纳米粒子的反射率小于10%。这种对可见光低反射率、强吸收率导致粒子变黑。纳米氮化硅、碳化硅及氧化铝粉对红外有一个宽频带强吸收谱。

(2)蓝移现象　与大块材料相比，纳米微粒的吸收带普遍存在"蓝移"现象。例如，纳米碳化硅颗粒和大块碳化硅固体的红外吸收频率峰值分别是814 cm^{-1}和794 cm^{-1}。纳米碳化硅颗粒的红外吸收频率较大块固体蓝移了20 cm^{-1}。纳米氮化硅颗粒和大块氮化硅固体的峰值红外吸收频率分别是949 cm^{-1}和935 cm^{-1}，纳米氮化硅颗粒的红外吸收频率比大块固体蓝移了14 cm^{-1}。利用这种蓝移现象可以设计波段可控的新型光吸收材料。

(3)发光现象　硅是具有良好半导体特性的材料，是微电子的核心材料之一。可美中不足的是硅材料不是好的发光材料。1990年，日本佳能公司首次在6 nm大小的硅颗粒的试样中在室温下观察到波长为800 nm附近有一强的发光带，随着尺寸减小到4 nm，发光带的短波侧已延伸到可见光范围。类似的现象在许多纳米微粒中均被观察到，这使得纳米微粒的光学性质成为纳米科学研究的热点之一。

4. 电学性能

对同一种纳米材料，当颗粒达到纳米级，其电阻、电阻温度系数都会发生变化。例如，银是优异的良导体，而10～15 nm的银微粒电阻突然升高，已失去了金属的特征，变成了非导体；典型的共价键结构的氮化硅、二氧化硅等，当尺寸达到15～20 nm时电阻却大大下降，用扫描隧道显微镜观察时不需要在其表面镀上导电材料就能观察到其表面的形貌。

5. 力学性能

纳米材料不同于以往粗晶多晶材料，在力学性质方面具有一些新特点。

(1)强度与硬度

经过大量实验验证的多晶材料的屈服应力(或断裂强度)与晶粒尺寸的经验公式，即Hall－Petch关系(以下简称H－P关系)为

$$\sigma_y = \sigma_0 + Kd^{-1/2}$$

式中：σ_y——0.2%屈服应力；

σ_0——移动单个位错所需的克服点阵摩擦的力；

K——常数，且为正值；

d——平均晶粒尺寸。

如果用硬度来表示，则上式可表示为

$$H = H_0 + Kd^{-1/2}$$

对各种粗晶材料而言，随晶粒尺寸的减小，屈服强度(或硬度)都是增加的，它们都与$d^{-1/2}$成线形关系。对多种纳米材料的硬度和晶粒尺寸的关系研究发现，纳米结构材料的$H-P$关系与粗晶材料大相径庭，其中存在正$H-P$关系($K>0$)、反$H-P$关系(K

<0)、正反混合 $H-P$ 关系(非单调性，出现拐点)以及非线性关系。

另外，人们观察到了纳米材料强度较常规材料增强的现象。如粒径为 8 nm 的纳米 Fe 对晶体断裂强度比常规 Fe 高 12 倍；含 1.8% C 的纳米 Fe 的晶体的断裂强度为 600 kg/mm^2，相应的粗晶材料为 50 kg/mm^2。同样的，纳米材料硬度较常规材料也有较大增强。如纳米 Cu(6 nm)及 Pd(5 ~ 10 nm)比粗晶 Cu(50 μm)及 Pd(100 μm)样品的硬度分别增加了 5 倍和 4 倍。

(2)塑性与韧性

纳米固体材料的结构特点使它的塑性、冲击韧性和断裂韧性与常规材料相比有很大的改善。如一般的材料在低温下常常表现为脆性，可是纳米材料在低温下就显示良好的塑性。纳米 TiO_2 在 900 ℃时断裂韧性增加了 50%，并且实现了在熔点以下的塑性形变。纳米结构材料从理论上进行分析应该有比常规材料高的断裂韧性，这是因为纳米结构材料中的界面地各向同性以及在界面附近很难有位错塞积发生，这就大大减少了应力集中，使微裂纹的出现与扩展的概率大大降低。

11.4 纳米材料的制备与合成

纳米材料其实并不神秘和新奇，自然界中广泛存在着天然形成的纳米材料，如蛋白石、陨石碎片、动物的牙齿、海洋沉积物等就都是由纳米微粒构成的。人工制备纳米材料的实践也已有 1000 年的历史，中国古代利用蜡烛燃烧之烟雾制成炭黑作为墨的原料和着色的染料，就是最早的人工纳米材料。另外，中国古代铜镜表面的防锈层经检验也已证实为纳米 SnO_2 颗粒构成的薄膜。然而，人们自觉地将纳米微粒作为研究对象，从而用人工方法有意识地获得纳米粒子则是在 20 世纪 60 年代。人们一般将纳米材料的制备方法划分为物理方法和化学方法两大类。以下主要就纳米材料的物理制备方法进行简单概述。

11.4.1 非晶晶化法

这是目前较为常用的方法(尤其是用于制备薄膜材料与磁性材料)。它是通过非晶态固体的晶化动力学过程使产物晶化为纳米尺寸的晶粒，它通常由非晶态固体的获得和晶化两个过程组成。非晶态固体可通过熔点急冷、高速直流溅射、等离子流雾化、固态反应法技术制备。由于以上方法只能获得非晶粉末、丝及条带等低维材料，因而还需采用热模压实、热挤压或高温高压烧结等方法合成块状样品。晶化通常采用等温退火方法，近年来还发展了分级退火、脉冲退火、激波诱导等方法。目前利用该法已经制备出 Ni、Fe、Co、Pd 基等多种合金系列的纳米晶体，也可制备出金属间化合物和单质半导体纳米晶体，并已发展到实用阶段。此法在纳米软磁材料的制备方法应用最为广泛。中科院金属所卢柯等人于1990年首先提出利用此法制备大块纳米晶合金，即通过热处理工艺使非晶条带、丝或粉晶化成具有一定晶粒尺寸的纳米晶材料。这种方法为直接生产大块纳米晶合金提供了新途径。近年来Fe－Si－B体系的磁性材料多由非晶晶化法制备。掺入其他元素，对控制纳米材料的结构，具有重要影响。研究表明，制备铁基纳米晶合金Fe－Si－B时，加入Cu、Nb、W等元素，可以在不同的热处理温度得到不同的纳米结构。比如450 ℃时晶粒度为2 nm。500～600 ℃时约为10 nm，而当温度高于650 ℃时晶粒度大于60 nm。

该法的特点是成本低，产量大，界面清洁致密，样品中无微空隙，晶粒度变化易控制，并有助于研究纳米晶的形成机理及用来检验经典的形核长大理论在快速凝固下应用的可能性。其局限性在于依赖于非晶态固体的获得，只适用于非晶形成能力较强的合金系。

11.4.2 机械球磨法

自从Shingu等人1988年用这种方法制备出纳米Al－Fe合金以来得到了极大关注。它是一个无外部热能供给的、干的高能球磨过程，是一个由大晶粒变为小晶粒的过程。利用球磨机的转动或振动使硬球（不锈钢球、玛瑙球、硬质合金球等）对原料进行强烈的撞击、研磨和搅拌，控制球磨温度和时间，把金属和合金粉末粉碎为纳米级微粒的方法。原料一般选用微米级的粉体或小尺寸条带碎片。该方法工艺简单、生产效率高，并且能够制备出常规方法难以获得的高熔点金属和合金纳米材料，成本较低，可合成单质金属纳米材料，还可通过颗粒间的固相反应直接合成各种化合物（尤其是高熔点纳米材料）：大多数金属碳化物、金属间化合物、Ⅲ－Ⅴ族半导体、金属－氧化物复合材料、金属－硫化物复合材料、氟化物、氮化物。缺点是过程中易引入杂质、纯度低、粒度分布也不均匀。

11.4.3 快速冷凝法

气体冷凝法早在1963年由上田良二（Ryozi Uyeda）及其合作者研制出，即通过在纯净的惰性气体中的蒸发和冷凝过程获得较干净的纳米微粒。用气体冷凝法可通过调节惰性气体的压力、蒸发物质的分压即蒸发温度或速率，或惰性气体的温度，来控制纳米微粒粒径的大小。实验表明，随蒸发速率的增加（等效于蒸发源温度的升高），粒子变大，或随着原物质蒸气压力的增加，粒子变大。此法的特点是纯度高、结晶组织好、粒度可控，但技术设备要求高。

11.4.4 气－固生长（VS）法

1997年美国哈佛大学Yang等用改进的晶体气－固生长制备了定向排列的MgO纳

米丝。方法如下：用1∶3质量比混合的MgO粉与碳粉作为原料，放入管式炉中部的石墨舟中，在高纯流动Ar气保护下将混合粉末加热到约1200 ℃，则生成的Mg蒸气被流动Ar气传输到远离混合粉末的纳米丝“生长区”，在生长区放置了提供纳米丝生长的MgO衬底材料，该衬底材料预先经过用0.5 mol·L^{-1}的$NiCl_2$溶液1～30 min处理，在其表面上形成了许多纳米尺度的凹坑，再按晶体的气－固生长机制在衬底上垂直于表面生长，形成了直径为7～40 nm、高度达1～3 μm的MgO纳米丝。

还有一种名为气相－液相－固相（Vapor－Liquid－Solid）法的制备方法，原理与上述VS法类似。该方法是Lieber在制备Si和Ge纳米线时首先采用并提出，该方法以液态金属团簇催化剂作为气相反应物的活性点，将所要制备的一维纳米材料的原材料加热形成蒸气，待蒸气扩散到液态金属团簇催化剂表面，在催化剂表面生长形成一维纳米材料，利用该方法制得的Si和Ge纳米线直径为3～6 nm，长度达1 μm。这种制备方法是一维纳米材料最基本的制备方法，具有很强的普遍性。用该方法已制备了单质半导体材料Si、Ge、B，半导体材料GaN、GaAs、GaP、InP、InAs和半导体材料ZnS、ZnSe、CdS、CdSe及氧化物ZnO、MgO、SiO_2等。很显然，这两种方法大多需要较高的反应温度。

11.4.5 冷变形法

这是在非晶晶化法的基础上发展起来的一种方法，在施加外界能量使非晶变形时，由于局部发热而导致结晶转变，从而获得纳米晶体组织。

11.5 纳米材料的应用

由于纳米微粒在磁、光、电、敏感等方面呈现常规材料不具备的特性，科学家预言，纳米材料在21世纪将是“最有前途的材料”，纳米技术甚至会超过计算机和基因学，成为“决定性技术”。纳米材料在磁、热、光、电材料、信息、能源、催化、陶瓷增韧、生物医学等各个技术领域将发挥举足轻重的作用。

11.5.1 纳米相陶瓷增韧

所谓纳米陶瓷，是指陶瓷原料及其显微结构中所体现的晶粒、晶界、气孔和缺陷分布等的尺度，都在纳米级以内。这将使陶瓷的性能得到极大的改善，以至于发生突变而出现的新性能。

纳米粉体对陶瓷材料的影响是多方面的，不仅表现在对陶瓷的增韧补强，还对陶瓷显微结构、组织和性能有着很大的影响，尤其纳米粉体对陶瓷烧结过程有较大的影响。纳米微粒颗粒小，比表面积大并有高的扩散速率，因而用纳米粉体进行烧结，致密化的速度快，还可以降低烧结温度，目前材料科学工作者把发展纳米高效陶瓷作为主要的奋斗目标，在实验室已获得一些成果。从应用的角度发展高性能的纳米陶瓷最重要的是降低纳米粉体的成本，在制备纳米粉体的工艺上除了保证纳米粉体的质量，做到尺寸和分布可控，无团聚，能控制颗粒的形状，还要求生产量大，这将为发展新型纳米陶瓷奠定良好的基础。

日本的新原皓一总结了几种纳米复合陶瓷的力学性能改善如表11－1所列，发现纳米复合技术使陶瓷基体材料的强度和韧性提高2～5倍，工作温度提高25%～33%。在氧化物陶瓷中加入适量的纳米颗粒后，强度和耐高温性能明显提高，如SiC(nm)/MgO纳米复合陶瓷在1400 ℃仍然有600 MPa的强度。

表11－1　纳米复合陶瓷的力学性能改善

纳米复合陶瓷	断裂韧性/($MPa\cdot m^{1/2}$)	断裂强度/MPa	最高工作温度/℃
SiC(nm)/Al_2O_3	3.5～4.8	350～1300	800～1200
Si_3N_4(nm)/Al_2O_3	3.5～4.7	350～850	800～1300
SiC(nm)/MgO	1.2～4.5	340～700	600～1400
SiC(nm)/Si_3N_4	3.5～4.8	850～1550	1200～1500

11.5.2　纳米磁性材料

在新的纳米科技发展进程中，磁性材料无论是在研究领域还是在应用领域都取得了长足的进步。从应用的角度纳米磁性材料大致分为纳米微晶软磁材料、纳米微晶永磁材料、纳米磁记录材料、纳米磁性液体、颗粒膜磁性材料及巨磁电阻材料等。

1. 纳米磁性记录材料

磁性纳米微粒由于尺寸小，具有单磁畴结构、矫顽力很高的特性。用它制作磁记录材料可以提高信噪比，改善图像质量。作为磁性记录单位的磁性微粒的大小必须满足以下要求：微粒的长度应远小于记录波长；微粒的宽度应该远小于记录深度；一个单位的记录体积中，应尽可能有更多的磁性微粒。

目前已经应用纳米磁粉材料研制成了多种多样的磁性材料，磁记录材料就是其中之一。由于它具有记录密度高、稳定可靠、时间基准可变、可记录频率范围、信息写入后马上可读出、价格便宜等特点，是当今的信息技术应用最广的磁性材料之一。但是，随着记录的高密度化、小型化和数字化的发展，对磁粉的要求也越来越高，必须努力把磁粉的矫顽力H_c由原来的24 kA/m提高到120 kA/m，颗粒介质尺寸由微米级降低到100 nm以下，通过磁浆分散技术的改进，减小粒径以提高磁层均匀性。近年来出现的无机磁粉(NP)具有优良的性能，磁粉颗粒为椭圆形状，很可能成为较早实用化的高密度磁记录磁粉材料。以Fe为主的合金磁粉，添加Co、Ni后，H_c为120 kA/m～160 kA/m，剩余

磁感应强度 B_r 为 0.23 ~ 0.30T，经涂布制备的磁带可获得高密度输出。

2. 纳米磁性液体

这是十分典型的纳米颗粒的应用，磁性液体也称磁流体，作为一种重要的磁性纳米复合材料，在很多领域得到广泛的应用。磁性液体最先用于宇航工业，后应用于民用工业。1963 年，美国国家航空与航天局的帕彭首先采用油酸为表面活性剂，把它包敷在超细的 Fe_2O_3 微粒上，并高度弥散于煤油（基液）中，从而形成一种稳定的胶体体系。在磁场作用下，磁性微粒带动着被表面活性剂所包裹着的液体一起流动，因此，好像整个液体具有磁性，于是，取名为磁性液体。生成磁性液体的必要条件是强磁性微粒要足够小，以致可以消弱偶极距之间的静磁作用，能在基液中作无规则运动。例如对铁氧体类型的微粒大致尺寸为 10 nm。对金属微粒，通常大于 6 nm，在这样小的尺寸下，强磁性微粒已丧失了大块材料的铁磁或亚铁磁性能，而呈现没有磁滞现象的超顺磁状态，其磁化曲线是可逆的。为了防止微粒间由于静电和电偶极的相互作用而聚集成团，产生沉淀，每个磁性微粒的表面必须化学吸附一层长链的高分子（称为表面活性剂，高分子的链要足够长），以致颗粒接近时排斥力应大于吸引力。此外链的一端应和磁性微粒产生化学吸附，另一端应和基液亲和，分散于基液中。由于基液不同，可形成不同性能、不同应用领域的磁性液体，如水基、煤油基、硅油基等。美国、日本、英国、俄罗斯等国家均有磁性液体专业工厂生产。

目前磁性液体已开始应用于旋转密封，如磁盘驱动器的防尘密封、高真空旋转密封等，以及扬声器、阻尼器件、磁印刷等。磁流变液还可以用于微型机械装置，利用磁流变液在交变磁场下诱导流动这一现象可制造小型磁流变液泵。此外，在医疗技术方面磁流变液也有一定的应用前景，如手（手腕）功能恢复装置和癌症阻塞疗法等。在密封装置、复合构件、气动执行装置运动控制系统等方面也有着广泛应用。

3. 纳米巨磁电阻材料

磁性金属和合金一般都有磁电阻现象，所谓磁电阻是指一定磁场下电阻改变的现象，人们把这种现象称为磁电阻，所谓巨磁阻，是指在一定的磁场下电阻急剧减小，一般减小的幅度比通常磁性金属与合金材料的磁电阻数值，约高 10 余倍。巨磁电阻效应是近十年来发展的新现象。对于纳米微晶巨磁阻抗材料，产生这种效应的磁场较低，工作温度为室温以上，这就对巨磁阻抗材料的应用十分有利，同时铁基纳米晶成本低，已有人利用纳米材料制成了巨磁阻抗磁传感器，由于具有巨大的磁电阻值和较高的磁场灵敏度，可广泛用于数控机床、汽车测速和非接触开关等领域。例如，用铁基纳米晶巨磁阻抗材料研制的磁敏开关具有灵敏度高、体积小、响应快等优点，可广泛用于自动控制、速度和位置测定、防盗报警系统和汽车导航、点火装置等。

此外，用巨磁电阻材料构成的磁电子学器件如磁开关、自控元件等，在微电子、微机械领域中有很大用武之地。电子元件的微型化和高度集成化要求测量系统也随之微型化，21 世纪超导量子相干器件（SQUIDS）和超微霍尔探测器将成为纳米电子学中主要角色。其中以巨磁电阻效应为基础，设计超微磁场传感器要求能探测 $10^{-6} \sim 10^{-2}$ T 的磁通密度。如此低的磁通密度在过去是没有办法测量的。

4. 纳米微晶软磁材料

非晶/纳米晶软磁材料具有高饱和磁感应强度、高磁导率、低高频损耗等性能特点，是软磁性能最为优越的一类软磁材料。用非晶/纳米晶软磁材料制作的器件具有质量轻、体积小、性能高等优点。在大功率中高频变压器、高频开关电源、电磁兼容器件、高精度电流互感器、巨磁阻抗传感器等中得到了广泛的应用，是软磁材料的又一个发展方向和热点。特别是纳米晶软磁材料，因其综合性能大幅度的提高，为电子装备的小型化、轻量化提供了材料技术的基础。鉴于非晶纳米晶软磁材料的优异特性，可应用于电子仪器设备中的大功率中高频变压器、高频开关电源、电磁兼容器件、高精度电流互感器、高频电流取样器、磁传感器等器件中。

11.5.3 纳米微粒催化剂

纳米材料由于尺寸小，表面原子配位不全等导致活性位置增加，这就使得当它作为催化剂时具有较好的催化性能。光催化技术具有反应条件温和、氧化性强、净化彻底、能源环保等特点，纳米光催化技术是纳米科技与光催化技术相结合的产物。纳米光催化剂具有高度表面效应和体积效应的特点，两者结合赋予光催化技术更强大的光催化氧化能力，在污水处理、空气净化等领域都表现出了相当好的效果。常见的纳米光催化剂有纳米 TiO_2、纳米 ZnO、纳米 ZnS、纳米 CdS 及纳米 PbS 等，其中以纳米 TiO_2 的综合性能最好，应用最为广泛。

1. 在催化氧化还原反应中的应用

以往在有机氧化反应中所采用的氧化剂大多有一定毒性，因此多年来研究者一直在寻求高性能、低成本、低（无）毒、可回收的催化剂。纳米催化剂的出现给有机合成工业带来了前所未有的契机。Wu 等的研究结果表明，对于乙烷催化氧化脱氢反应，纳米 NiO 催化剂较之常规 NiO 可以在较低的反应温度发挥更好的催化作用。

另外，催化加氢反应是石油工业中的原油加氢处理方面的一个必不可少的过程，该过程能够减少柴油和飞行器燃料中的部分芳香族和不饱和碳氢化合物的含量，从而显著提高燃料效率。以硅为基底的纳米 Pt 催化剂对还原 TOF（磷酸三辛酯）33000 和 TOF10000 均表现出超强的催化活性。负载到纳米孔内的双金属纳米颗粒（Ru_6Pd_6、Ru_6Sn、$Ru_{10}Pt_2$、Ru_5Pt、$Ru_{12}Cu_4$、$Ru_{12}Ag_4$，）在许多低温单步加氢反应中均表现出很高的催化活性，对于多烯烃的选择加氢特别有效。

2. 在环境保护领域的应用

纳米光催化剂可将水或空气中的有机污染物完全降解为二氧化碳、水和无机酸，不仅可以解决染料、农药、医药等废水中复杂的、环状分子结构的有毒污染物难以被微生物降解的难题，还克服了絮凝、沉淀法仅能除出去不溶性、胶溶性污染物的局限性及一般化学氧化法的不彻底性，已广泛地应用于废水、废气处理。

纳米 TiO_2 在光催化领域已经显示出广阔的应用前景。TiO_2 作为一种 n 型半导体，能吸收能量高于其禁带宽度的短波（波长小于 400 nm）光辐射，产生电子跃迁，价带的电子跃迁到导带，发生带间跃迁形成电子 – 空穴对（如图 11 – 6 放大的右上部分）。在电子 – 空穴对的移动过程中，主要发生两个过程：一部分电子和空穴在体相内或表面相遇而复合（见图 11 – 6 中的过程 A 和过程 B）；另一部分电子迁移到半导体表面具有很强的还原能力，它可以直接还原有害的金属离子，或与吸附的氧结合氧化已经羟基化的产物，生成具有强氧化性的氢氧自由基（·OH）（见图 11 – 6 中的过程 C）。迁移到半导体表面的空穴具有很强的氧化能力，可以将吸附在 TiO_2 表面的 OH^- 和 H_2O 进行氧化，产生氢氧自由基（·OH）（见图 11 – 6 中的过程 D）。生成的·OH 自由基能氧化大多数的有机污染物及部分无机污染物，能将其最终降解为 CO_2，H_2O 和还原产物等无害物质。

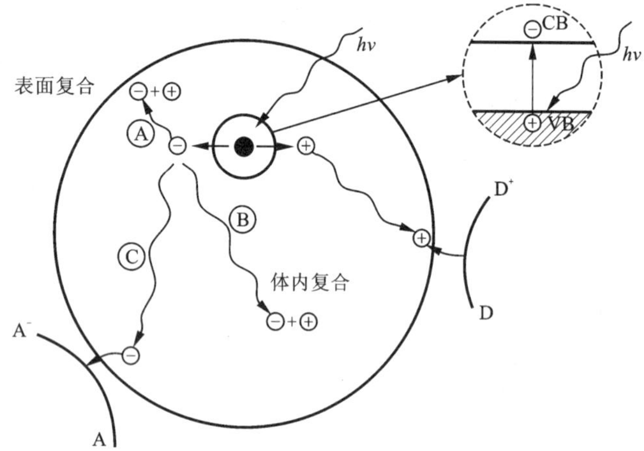

图 11 – 6　光激活的电子和空穴在 TiO_2 颗粒中活动示意图

同时，TiO_2 能利用生成的活性氧杀菌，并且能使细菌死灭后产生的内毒素分解，对大肠菌、耐新青霉素Ⅱ金黄色葡萄球菌（MRSA）、绿脓杆菌等均有良好的抗菌效果，因此，用 TiO_2 做成的抗菌、防霉涂料可广泛用于外墙和浴室 。

但是，由于 TiO_2 仅仅能吸收 5% 紫外区附近的太阳光而限制了它的广泛应用，许多研究试图通过表面改性与掺杂来扩大它的光谱响应范围和提高它的催化活性。孙秀果等人利用 SiO_2 包覆改性纳米 TiO_2，可以有效地提高 TiO_2 的热稳定性和催化活性。

3. 在电池工业中的应用

在燃料电池的开发研究中，催化剂是关键材料之一，要求其必须具有比表面积大、稳定性和活性高、不易中毒等优点。以聚合物电解质燃料电池为例，其发展一直受到一些因素的束缚，如催化剂比表面积较小以及穿过 Nafion 膜的甲醇电催化反应缓慢等。通过增加炭基底上的 Pt 及其合金的比表面积，可以有效地提高催化剂表面的电化学反应速率。Prabhurum 等制备了以 Vulcan XC－72 碳为基底的纳米 Pt 催化剂，可用作燃料电池的催化剂，效果比较理想。纳米 Ag 粉、Ni 粉的轻烧结体也可作为化学电池、燃料电池和光化学电池的电极，可以有效地增大与液相或气体之间的接触面积，提高电池效率，有利于电池小型化。

11.5.4　在生物和医学上的应用

1. 纳米生物医用材料

部分纳米生物材料在医学领域中已经得到成功应用。目前较为成熟的纳米生物材料主要有纳米无机生物材料（磷酸钙骨水泥、羟基磷灰石、生物玻璃等）、纳米有机生物材料（聚乙二醇、聚乳酸等）和纳米金属生物材料（银、氧化铁）。例如，纳米羟基磷灰石（HAP）是一种和人体骨骼及牙齿结构相似的生物活性材料，可与机体组织形成连接且生物反应良好，在整形外科和牙科替代方面有着广泛的应用。HAP 因自身的纳米组织与骨的无机成分相似，外加拥有较大的比表面积，使得造骨细胞易在其表面吸附、增殖和矿化，从而增加了其生物活性。

纳米材料可以通过多种镀膜或表面涂覆手段在基础材料表面形成一层特定的薄膜，使材料具有所需要的特定功能。这方面比较关注的应用包括冠状动脉支架、高档髋关节植入材料、牙种植体等。例如，金属及其合金是一种重要的髋关节植入材料，其力学性能优异，但金属和硬组织在组成和性质上差异很大，材料植入人体后与组织间往往形成纤维组织膜，使金属－骨界面不能稳定结合。因此可在植入体金属表面喷涂生物活性陶瓷涂层，特别是纳米涂层，使新生骨与涂层直接形成化学键结合而达到界面的稳定，并可大幅度提高金属材料的生物相容性和与组织间的结合强度及结合力。

2. 药物和基因输送的纳米载体

药物纳米载体（纳米微粒药物输送）技术以纳米颗粒作为药物输运载体，药物分子包裹在纳米颗粒之中或吸附在其表面，也可在颗粒表面偶联特异性的靶向分子，如特异性配体、单克隆抗体等，通过靶向分子与细胞表面特异性受体结合，在细胞摄取作用下进入细胞内，实现安全有效地靶向性药物治疗。

该技术最具应用前景之一是用作抗肿瘤药物的输送系统。对专利和文献的统计分析，大量的恶性肿瘤诊断和治疗的药物载体是由金属纳米颗粒、无机非金属纳米颗粒、生物降解性的高分子纳米颗粒和生物性颗粒构成。如利用可降解的聚合物纳米颗粒作为药物载体，当载体与药物/基因片段定向进入靶细胞之后，表层的载体被生物降解，芯部的药物释放出来发挥疗效，避免了药物在其他组织中释放。

另外，生物降解型纳米高分子材料也可用于基因输送，纳米颗粒作为基因载体具有一些显著的优点：纳米颗粒能包裹、浓缩、保护核苷酸，使其免遭核酸酶的降解；比表面积大，具有生物亲和性，易于在其表面偶联特异性的靶向分子，实现基因治疗的特异性；

在循环系统中的循环时间明显延长，在一定时间内不像普通颗粒那样迅速的被吞噬细胞清除；让核苷酸缓慢释放，有效地延长作用时间，并维持有效的产物浓度，提高转染效率和转染产物的生物利用度；代谢产物少，副作用轻，免疫排斥反应小等。

3. 纳米机器人

纳米大分子“生物部件”与小分子无机物晶体结构结合，采用纳米电子学控制装配成纳米机器人，将会给人类医学科技带来深刻的革命，使现代许多疑难病症得到解决。这些分子机器人以光感应器作开关，从溶解在血液中的葡萄糖和氧气中获得能量，并按编制好的程序探视体内物体，以医师预先编制的程序进行全身健康检查，疏通脑血管中的血栓，清除心脏动脉脂肪沉积物，吞噬病毒和组织破碎细胞，杀死癌细胞，监视体内的病变等。纳米机器人还可以用来进行人体器官修复工作，如修复损坏的器官组织，做整容手术，进行基因装配工作，从基因中除去有害的DNA或把正常的DNA安装在基因中，使机体恢复正常功能。将由纳米硅晶片制成的存储器(ROM)微型设备植入大脑中，与神经通路相连，可用以治疗帕金森氏症或其他神经性的疾病。

11.5.5 其他方面的应用

1. 纳米隐身材料

当前，世界各国为了适应现代化战争的需要，提高在军事对抗中竞争的实力，将隐身技术作为一个重要的研究对象，其中隐身材料在隐身技术中占有重要的地位。由于纳米微粒尺寸远小于红外及雷达波波长，因此纳米微粒材料对这种波的透过率比常规材料要强得多，这大大减小波的反射率，使得红外探测器和雷达接收到的反射信号变得很微弱，从而达到隐身的作用；另一方面，纳米微粒材料的比表面积比常规粗粉大3~4个数量级，对红外光和电磁波的吸收率也比常规材料大得多，这就使得红外探测器及雷达得到的反射信号强度大大降低，因此很难发现被探测目标，起到了隐身作用。

纳米氧化铝、氧化铁、氧化硅和氧化钛的复合粉体与高分子纤维结合对中红外波段有很强的吸收性能，这种复合体对这个波段的红外探测器有很好的屏蔽作用。纳米磁性材料，特别是类似铁氧体的纳米磁性材料掺入涂料中，既有优良的吸波特性，又有良好的吸收和耗散红外线的性能，加之比重轻，在隐身方面的应用有明显的优越性。另外，这种材料还可以与驾驶舱内信号控制装置相配合，通过开关发出干扰，改变雷达波的反射信号，使波形畸变。或者使波形变化不定，能有效地干扰、迷惑雷达操纵员，达到隐身目的。纳米级的硼化物、碳化物，包括纳米纤维及纳米碳管在隐身材料方面的应用也将大有作为。

2. 纳米技术在农业中的应用

纳米技术在农业上应用十分广泛。纳米材料固化酶用在食品加工、酿造业及沼气发酵，可大大提高生产效率。采用纳米膜技术，可以分离食品中多种营养和功能性物质。

利用纳米加工、粉碎技术粉碎的磷矿石，可以直接用于农作物，能节省大量制造磷肥用的硫酸。动物杂碎骨、珍珠、蚕丝、茶叶等农副产品用纳米加工技术粉碎，可生产食品、化妆品、保健品、硫磺、铜化合物等物质。由一些固体农药直接加工成的纳米农药易进入害虫的呼吸系统、消化系统及表皮内发挥作用。这种农药很适用于绿色和有机食品生产。纳米技术还有可能将纤维素粉碎成单糖——葡萄糖和纤维二糖等，使地球上丰富的有机物成为人、畜可以利用的营养物质和化工原料。利用纳米技术，只要操纵DNA链上少数几种核苷酸甚至改变几个原子的排列，就可以培养出新品种甚至全新的物种。纳米技术也为光合作用、生物固氮、生物制氢等具有重大意义的生物反应人工模拟提供可能。

3．纳米能源材料

随着工业的发展和人类物质生活水平的提高，能源的消耗与日俱增，因此开发高效低污染的新型能源迫在眉睫。

除去太阳能、水能、风能和生物能等再生能源外，氢能以其独有的优势和丰富的资源受到广泛重视。利用氢能碰到的第一个问题就是氢气的存储。近年来科学家发现纳米碳是一种优异的储氢材料。其中纳米碳管、纳米炭纤维等一维纳米碳材料表现出极佳的储氢能力，而且释氢速度快，可在常温下解析。

4．纳米涂料

一般涂料都含有大量的有机物，在长时间的光线（特别是紫外线）照射下，涂料（特别是户外涂料）就会出现失去光泽、变色、粉化、剥落等破坏现象。为克服这类弊病，许多高档次的涂料中都添加了具有抗老化特性的纳米粒子。一些纳米粒子对紫外线具有较强的吸收作用，如纳米 SiO_2、纳米 TiO_2、纳米 Fe_2O_3 及纳米 ZnO 等填充于涂料中，成为优良的抗老化剂，它们可以吸收或散射不同波长的紫外线，明显地提高涂料的耐老化性能。

一般的电器外壳部是由树脂加炭黑的涂料喷涂而形成的一个光滑表面，由于炭黑有导电作用，因而表面的涂层就有静电屏蔽作用。为了改善静电屏蔽涂料的性能，日本松下公司已研制成功具有良好静电屏蔽的纳米涂料，所应用的纳米微粒有 Fe_2O_3，TiO_2，Cr_2O_3，ZnO 等。这些具有半导体特性的纳米氧化物粒子在室温下具有比常规的氧化物高的导电特性，因而能起到静电屏蔽作用，同时氧化物纳米微粒的颜色不同，也克服了炭黑静电屏蔽涂料只有单一颜色的缺陷。化纤衣服和化纤地毯由于静电效应在黑暗中摩擦产生的放电效应很容易被观察到，同时很容易吸引灰尘，给使用者带来很多不便，从安全的角度提高化纤制品的质量最重要的是要解决静电问题，金属纳米微粒为解决这一问题提供了一个新的途径，在化纤制品中加入少量金属纳米微粒，就会使静电效应大大降低。

参考文献

[1] 张立德，牟季美．纳米材料和纳米结构．北京：科学出版社，2001

[2] 施周，张文辉．环境纳米技术．北京：化学工业出版社，2003

[3] 李俊寿．新材料概论．北京：国防工业出版社，2004

[4] 谭毅，李敬峰．新材料概论．北京：冶金工业出版社，2004

[5] 王宏志，高濂，郭景坤．纳米结构材料．硅酸盐通报，1999(1)：31－34

[6] 卢柯．纳米晶体 Cu 的室温超塑延展性．中国科学院院刊，2001(1)：29－31

[7] Dyke S J, Sperncer J r B F, Sain Tr M K, et al. S mart. Mat. & S t ruct. , 1996, 5 (5): 565－575

[8] Marathe S, Gandhi F, Wang K W. In: Regelbrugge M E. Proc. of SPIE (Vol. 3329). Washington: SPIE, 1998: 390－401

[9] Kamat h G M, Wereley N, Jolly M R, In: Regelbrugge M E. Proc. of SPIE (Vol. 3329). Washington: SPIE, 1998: 356－377

[10] 谭美军，陈洪，汤建新．磁性液体的制备及在防伪印刷中的应用．包装工程，2002，23(4)：60－62

[11] 颜冲，于军，王耘波，等．磁电子学的应用进展．功能材料，2001，32(5)：453－458

[12] 白韶红．巨磁阻效应与传感器．传感器世界，2002，5(1)：1－8

[13] Ramirez A P, Subramanian M A. Large Enhancement of Magnetore. sistance in $Tl_2Mn_20_7$: Pyrochlore Versus Perovskite. Science, 1997, 277: 546－549

[14] 吴俊，王龙彪，黄清安．纳米材料的进展．电镀与精饰，1999，21(6)：1－5

[15] 毕耀宗．非晶软磁材料在大功率中高频电源变压器的应用．国际电子变压器，2003(11)：192

[16] 沈伟韧，赵文宽，等．TiO_2光谱化反应及其在废水处理中的应用．化学进展，1998，10(4)：349－361

[17] Wu Y. Chen T. Chinese J Catal, 2003, 24(6): 403

[18] Olgioly D Q, Ma rtinez S J Mol Catal A: Chem, 2003, 197(1－2): 185

[19] Thoma s J M. Johnson B F G. Acc Chem Res, 2003, 36(1): 20

[20] 李新军，李芳柏．中国有色金属学报，2001，11(6)：971

[21] Prabhuram J. Zhao T S J Power Sources, 2004, 34(1): 1

[23] 倪星元等．纳米材料理化特性与应用．北京：化学工业出版社，2006

[24] 张志焜．崔作林．纳米技术与纳米材料．北京：国防工业出版社，2001

[25] 张全芹，张继文编著．纳米技术新进展．北京：国防工业出版社，2005

[26] 曹茂盛等．纳米材料学．哈尔滨：哈尔滨工业大学出版社，2002

[27] 朱屯等．国外纳米材料技术进展与应用．北京：化学工业出版社，2002

[28] 许并社等编著．纳米材料及应用技术．北京：化学工业出版社，2004

[29] 孙秀果，张建民，彭政．包覆沉淀法制备氧化硅改性的纳米二氧化钛及其性质．功能材料，2007，38(11)：1898－1900

第 12 章　生态环境材料

12.1　概述

生态环境材料(ecomaterial)的概念最早是日本科学家和工程师在 1990 年 10 月在关于材料服务于人类生活、行为的未来状况与环境关系的讨论会上提出的。但是到目前为止，关于生态环境材料尚没有一个为广大学者共同接受的定义，在不同国家、不同领域也存在不同的名称。在欧美国家一般称为环境友好材料、环境兼容性材料；中国和日本则称为生态环境材料、绿色材料、生态材料、环境材料、环境相容性材料、环境协调型材料等。1998 年，由国家科技部、国家 863 领域高技术新材料领域专家委员会、国家自然科学基金委员会等单位联合组织在北京召开的中国生态环境材料研究战略研讨会上，专家们建议统一称为“生态环境材料”，并给出了一个基本定义，即：生态环境材料是指同时具有满意的使用性能和优良的环境协调性，或者能够改善和修复环境的材料。所谓“环境协调性”是指资源和能源消耗少、环境污染小和循环再利用率高。

生态环境材料学是一门研究材料的生产与开发和环境之间相互适应和协调的科学。其主要目的是寻找在加工、制造、使用和再生循环过程中具有最低环境负担的人类所需材料，以满足人类生存和发展的需要。其特征在于从环境的角度重新考虑和评价过去的材料科学及其工程学科，并指导未来的材料科学及其工程学科的发展。其核心是在材料的四大基础传统性能基础上，加上材料的环境性能，强调材料与环境的协调性。

12.2　资源、环境与材料

12.2.1　全球资源、环境状况

12.2.1.1　*资源状况*

资源问题是人类社会发展面临的首要问题，在经济技术水平不高，主要以劳动力密集型和资源密集性型为主的国家和地区，对资源的依赖性更为突出。自然资源包括三大类：其一是取之不尽的资源，如空气、风、太阳能等；其二是可再生资源，如生物体、水、土壤等；第三类是非再生资源，如矿物资源、化石燃料等。非再生性资源(煤、石油、天然气及各种矿物资源)是国民经济和社会发展的重要物质基础，地球上的一切经济活动

都是以自然资源为原料和动力开始的。

就非再生矿物资源而言，目前全世界发现的矿产有250多种，据20世纪90年代对154个国家主要矿产资源的调查统计，其静态储量将在50年内枯竭的有锰、铜、铅、锌、锡、汞、钒、金、银、硫、金刚石、石棉、石墨、石膏、重晶石、滑石等16种。如果人类不能继续发现新的矿产资源，到2120年全球经济将受到矿产资源枯竭而产生的严重影响。

地大物博，但人口众多，人均资源量少，这是我国的基本国情。中国地域辽阔，陆地面积达960万km^2，居世界第三位；海洋面积约300万km^2；耕地实际面积20亿亩，居世界第四位；森林面积18.7亿亩，居世界第六位；草地资源约60亿亩，居世界第二位；地表水水资源216万亿m^3，居世界第六位；按45种主要矿产的潜在价值计算，矿产位居世界第三位；石油储量居世界第十位。已发现的矿产有171种，其中有158种已探明了储量，有20多种矿产在世界上具有优势地位。资源种类也比较齐全。

从资源总量来看，中国在世界上无疑属于一个资源大国。资源总量大，种类齐全，数量丰富，不少资源在世界上名列前茅。然而人均拥有的资源量都很少，各单项资源的人均值皆居世界后列。其中各类可再生资源人均值的总排序我国在120位，而不可再生的矿产资源人均值居第80位。从人均值上看我们只是“资源小国”。从可利用矿产储量上看，我国45种主要矿产到2010年时保证程度，只有菱镁矿、钼、稀土、芒硝、钠盐、钍、水泥原料、萤石、钨、锡、锌等21种可以满足发展需求；能基本保证尚需寻找或进口解决部分不足的有铀、铝、铅、磷等7种；不能保证并需长期进口补缺的有石油、天然气、铁、锰、铜等10种；铬、钴、铂、钾盐、金刚石5种矿产严重短缺，主要靠进口解决需求。总之，需求量大的大宗矿产品，我国不仅数量短缺，多数品质不高。

另一方面，我国资源的不合理开发造成浪费资源的现象更为突出：据统计调查，铁、锰等黑色金属矿产平均回采率为65%，国有有色金属矿山采矿回采率只有50 %左右，煤矿回采率只有50 %，如果加上集体、个人矿山只有32 %，比发达国家要低近20个百分点。资源消耗高，我国单位国民生产总值的钢材、铜、铝、铅、锌的消耗分别是世界平均水平的316、317、214、217和212倍。水资源消耗大更为突出。例如制造1 t钢，发达国家只需要280t水，而美国采取再循环水，每吨钢耗水只有14 t，我国一般在400 t左右。另一方面，矿产资源的开发总回收率只有30%～40%，比发达国家平均低20%左右。每万元国民收入的能耗为20.5 t标准煤，为发达国家的10倍。表现出高投入、低效率、高污染的特点。

12.2.1.2　环境状况

环境问题产生的因素是多方面的，其中由人类生产活动引起的环境问题是人类面临的最严重挑战之一，具体表现为：由于不合理的开发和利用资源所引起的环境衰退，资源耗竭，破坏了生态平衡；由于工业的发展，排出的废弃物给环境带来污染。环境问题造成的危害大多是潜在的、积累的、慢慢产生影响，在短期内不容易引起人们的足够重视。而一旦污染形成，要恢复环境则要付出成倍的代价。

近年来，各国政府都对环境和社会问题给予了极大的关注，普遍关心的问题包括降低加工成本，增强竞争力，实行清洁生产，减少废料等。比如铝业，回收循环使用的铝已占世界需求的近三分之一，其中日本、巴西、美国和欧洲分别为 79%、78%、62% 和 41%。在钢铁业，每年回收的废钢铁近 3 亿 t，使铁矿石的开采量每年减少了 4.75 亿 t，回收措施估计可节约相当于 1.6 亿 t 煤的能源。

近年来我国的环境保护取得不断进展，但环境状况不容乐观。如悬浮物和酸雨（二氧化硫）作用导致的大气污染；有机物或重金属污染对河流水体的污染；湖泊水体的富营养化；水土流失；荒漠化等。根据国土资源部 2006 年的统计，全国受污染的耕地有 1.5 亿亩，污水灌溉污染耕地 3250 万亩，固体废弃物堆存占地 200 万亩，三项合计约占全国耕地的十分之一。

12.2.2　材料的生产和使用对资源与环境的影响

材料的生产离不开对矿产资源的开发，矿产开发通常又破坏地形地貌诱发滑坡、泥石流等地质灾害。据统计，全国仅因采矿引发的地面塌陷面积已达 817 万 km^2。全国固体矿产采选产生的各种固体废弃物累计存量已达 30 余亿 t；露天采矿和各种废石尾砂破坏、侵占土地已达 2 万 m^2 左右，并以每年 $200m^2$ 的速度增加；在矿产的洗、选矿过程中有大量废水排出，目前全国各类矿山每年共排放工业废水 30 多亿 t；资源的开采过程也破坏环境景观。

我国是材料生产和消费的大国，但由于我国的资金、技术、管理等原因造成资源的不合理开发和利用，资源利用效率较低。表 12－1 是我国几种主要材料单位国民生产总值（GNP）的资源消耗率情况，可以看出，我国在主要原材料的生产过程中的资源消耗远大于世界平均水平。

表 12－1　我国主要金属原材料的单位 GNP 资源消耗率

材料	钢材	铜	铝	铅	锌
单位 GNP 的资源消耗	3.6	3.7	2.4	2.7	2.2
世界平均水平	1	1	1	1	1

不同的材料在生产过程中具有不同的资源利用率，表 12－2 是主要材料单位产量的资源消耗情况。可以看出，从资源效率看，材料的生产和使用对环境的影响是非常大的，常见原料的生产效率都低于 50%，即每生产 1 t 材料，要向环境排放一半以上的废弃物。而生产 1 t 低品位资源如铑，要向环境排放 540000 t 废弃物，给环境带来难以承

受的负担。

主要原材料工业的能耗占当年工业能耗的39.6%。其中黑色金属冶炼工业的能耗接近整个工业能耗的1/5，其次是非金属矿物制造业如水泥、玻璃、陶瓷占整个工业能耗的1/8。材料产业的确是我国能源消耗、资源消耗的大户，提高材料产业的资源和能源效率会对我国国民经济的可持续发展产生重大影响。在材料的运输、储藏、包装、管理、流通、人工、环境迁移等环节也将造成资源的消耗，如运输工具、储藏占地、包装材料消耗等。

表12-2　几种材料单位产量的资源消耗

类　别	煤	铁	钢	铝	水泥	铑	防水材料	磷化膜
资源消耗量/$(t \cdot t^{-1})$	1.9	7.9	12.1	15.5	1.7	540000	1.27	5330
资源效率/%	52.6	12.7	8.3	6.45	58.8	1.85×10^{-6}	78.7	1.88×10^{-4}

在材料的生产和使用过程中不可避免地要向环境排放大量的各种污染物，包括废水、废气、固体废弃物。与材料生产和使用过程相关的其他环境污染还包括：臭氧层破坏、电磁波污染、噪声污染、光污染等。材料产业在为国民经济发展、国防建设和人民生活水平提高做出巨大贡献的同时，又是环境污染的主要责任者。

12.2.3　材料的生态环境协调性设计

12.2.3.1　生态设计的基本概念

生态设计(Eco-design, ED)是指在材料和产品的设计中将保护生态、人类健康和安全的意识有机地融入其中的设计方法。是在产品的生命周期内，着重考虑产品的环境性能，在满足环境目标要求的同时，保证产品应有的功能、质量和使用寿命等。是面向产品的整个生命周期，从根本上防止环境污染、节约资源和能源的一种重要的系统过程。其基本思想是将粗放型生产、消费系统变成集约型生产、消费系统。设计时于产品的孕育阶段就开始自觉地运用生态学原理，使产品生产进行物质合理转换和能源合理流动，使产品生命周期的每个环节结合成有机的整体。

生态设计应使传统材料设计思想有新的转换。传统设计是依据技术、经济性能、市场需求和相应的设计规范，着重追求生产效率、保证质量、自动化等以制造为中心的设计思想，将使用安全、环境影响和废弃后的回收处理留给用户和社会。而生态设计的思想是在设计过程中考虑到材料和产品的整个生命周期对生态环境的副作用，将其控制在最小范围之内或最终消除。要求减少材料对生态环境的影响，同时做到材料设计和结构设计相融合，将局部的设计方法统一为一个有机整体，达到最优化(图12－1)。

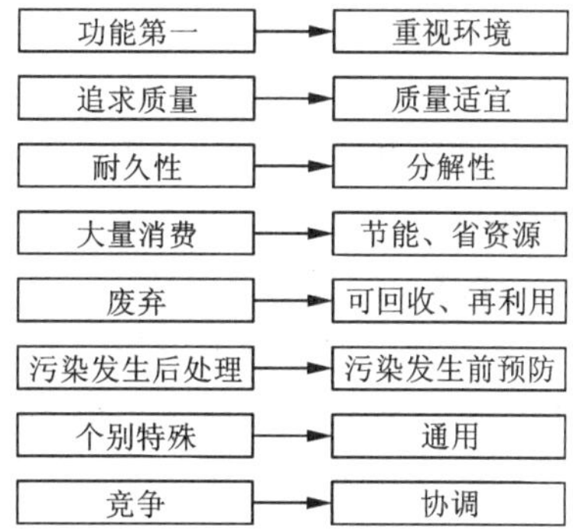

图12－1　传统材料到生态环境材料设计思想的转变

12.2.3.2　材料的生态设计方法

1. 金属材料的生态设计

金属材料由于广泛以合金的形式使用，往往在一种金属材料中存在多种合金元素，这使金属再生循环变得困难。在金属材料的废屑和废料重熔冶炼过程中，要除去合金元素和杂质是困难的。因此，对于金属材料而言，从易于循环再生的角度出发，应尽量做到：减少合金元素而保持高性能；以调整显微组织作为加入合金元素的替代方法来获得所需性能；再生过程中易于分离和无二次污染。

(1)通用合金。是指使用合金元素种类最少，且能满足各种用途要求的标准合金系。这种合金系能满足对材料性能的通用特征，如耐热性、耐腐蚀性、高强度。合金在具体用途中的性能要求则可以通过调整合金成分配比来达到。以往针对不同的用途开发不同的材料，使材料的种类不断增加。而在材料的再生循环过程中种类繁多的材料混杂在一起，使废料的再生循环利用变得非常困难。因此从提高金属材料的再生循环性能出发，金属制品的全部零件由单一合金系来制造最为理想。而且合金的组元越少，合金的再生循环性能越好。常见的通用合金有Fe－Cr－Ni钢、Ti合金、Cr－Mo钢。

(2)简单合金。是指组元组成简单的合金。简单合金在成分设计上有以下特点：合金组元、规格简单，再生循环过程中容易分选；原则上不添加目前尚不能精炼脱除的元素；尽量不使用环境协调性不好的合金元素。简单合金的主要用途是替代大量消费的金属结构材料。

但是，只赋予材料以再生循环性，还不足以生产出支撑现代发达技术的材料，还必须要充分满足高强度、高可靠性、舒适性等方面的要求。要想在同一材料上使难以兼容的性能共存，只有采用“复合化”设计，而传统的复合材料又违背了简单组成和易解体结构的要求。所以，环境材料学提出了“可再生循环复合”的概念，即在简单组元的情况下也可以通过工艺控制来自由地制造合金的组织和结构。

2. 金属材料的再生循环设计

材料可循环再生设计是在设计阶段就充分考虑材料的再生循环性，这比后期处理的难度要小，而且效益高。金属材料可再生循环设计是通过加入最少的元素种类，或通过固溶强化、微细化强化、加工强化、相变组织强化等保障材料性能，使材料可循环再生。

通过控制金属组织复相化平衡材料各种性能的可循环再生复合技术是使金属材料同

时具有加工性、延展性、韧性、高破坏强度和其他物理性能的重要技术。复相组织金属由于不加入妨碍再生元素，所以电炉重熔就可以不用返回到熔矿炉循环再生。例如通过控制压延、热处理和两相析出热处理技术，达到平衡高强度、低屈服强度比两种性能的软质相和硬质相复合组织，成为铁素体相围绕网状马氏体相的复相组织钢，可满足高层建筑耐震设计高张力钢的要求。

3. 合金元素的生态设计

环境协调性金属合金材料的成分设计原则之一是尽量不使用环境协调性不好的合金化元素。其一是地壳中蕴藏量不大的枯竭元素，其二是对生态环境特别是对人体有较大毒害作用的元素如Cr、As、Pb、Ni、Hg等(表12－3)。

表12－3　部分金属元素对人体的毒害作用系数

金　属	毒　害　系　数		
	空气中	水中	土壤中
As	4700	1.4	0.043
Cd	580	2.9	7.0
Cr^{+6}	47000	4100	130
Co	24	2	0.065
Cu	0.24	0.02	0.0052
Pb	160	0.79	0.025
Hg	120	4.7	0.015
Mo	3.3	0.29	0.7
Ni	470	0.057	0.014

4. 无机非金属材料生态设计

由于无机非金属材料后期加工的困难性和废弃物难以为环境所消纳，难以循环再生利用。最有效、最直接的生态环境设计就是长寿命设计。

(1)陶瓷材料的生态设计

传统陶瓷材料韧性差、性脆，在使用过程中易断裂，造成性能的极大浪费，从而造成材料的浪费。陶瓷材料的环境协调性设计包括长寿命设计、功能设计、节能设计。

从根本上讲，陶瓷生态功能的改善要通过材料微观变化来体现。影响陶瓷耐高温性能与陶瓷寿命的主要因素是断裂韧度低，一般是通过控制陶瓷多晶体界面的结合力来提高断裂韧度。

原料的高纯度化是研制先进无机非金属材料的一个重要发展方向。随着纯度的提高，晶界玻璃相和有害杂质减少，材料力学性能、耐高温性能显著提高。但随着原料纯度的提高，需要增加提纯、净化工艺，有时要采用化学合成，导致对资源和能源消耗的增加。显然，高纯度与环境协调性是有矛盾的。

人为添加多种原料，形成具有多种相结构的复合或复相材料，是先进无机非金属材料的又一发展方向。与金属材料不同，多数陶瓷材料的性能对成分的微小变化不敏感。传统陶瓷自身及其原料几乎都是复相物质，成分范围很宽，再加上陶瓷资源丰富，废弃物再生制品多用于建筑领域。因此，复相或复合化对陶瓷材料环境协调性带来的危害，没有金属材料严重。

(2) 建筑材料的生态设计

生态建筑设计与传统建筑设计的区别之一是对材料的选择，即考虑材料的整个生命周期环境负荷最低，而不仅仅是使用阶段。

建筑材料在可循环再生设计方面，主要体现在：减少使用材料，以最少的材料达到对性能和功能的要求；材料再使用要求可拆卸，可重复使用；循环使用可拆卸，可降级使用。

对于大宗建筑材料混凝土，应采取较高强度的长耐久性设计，既可以提高资源效率又可减少排放，并且退役后可以作为再生集料循环利用。如不完全采用现场整体灌注方式，一半利用工厂生产的预制件，只将结合部在现场施工的混合结构形式，解体时就比较容易。从再生循环的观点出发，混合结构形式是今后应开发的建筑技术。高功能性和再生循环性结合的增强材料及其应用。如使用人工轻质骨料的轻质、高强、节能混凝土构件，也是重要的发展方向。

5. 有机聚合物材料的生态设计——以塑料为例

(1) 材料再生循环法

塑料的再生循环是指在塑料功能丧失之前，将废塑料作为原料多次再生循环使用。由于在再生循环过程中，不可避免的有杂质的混入，塑料的某些性能不可避免的将发生退化。经再生循环法制成的再生塑料，存在一个降低使用层次的问题。新原料合成的塑料首先用于制造性能较高的制品，回收塑料作为原料时，用于制造性能要求次之的制品。因此，在材料的最初设计阶段就要考虑到材料的可再生循环性，包括材料的相容性和对材料老化程度的评价问题。

(2) 化学再生循环法

化学再生循环法的基本思路是将回收的废塑料作为资源，以石油或单体形式利用。将回收废塑料通过水解或解聚，分解成原始材料的单体或低聚物，然后重新合成塑料低级产品，或返回到石油状态以便再生利用。例如，经多次再生循环过的塑料，由于功能降低而不能再进行材料再生利用，则适合材料化学循环法处理。

12.3 生态环境材料的评估方法

过去人们在制造材料时，主要追求材料的使用性能，即只将材料向拓展人类的生活领域的特性方向发展，而忽视了材料对环境产生的污染及危害作用，也就是忽视了材料的环境协调性。人类社会目前已发展到了这样的阶段，要求材料在使用性能，而且在材料的制造、使用、废弃及再生的整个寿命周期中，必须具有与生态环境的协调共存性。

评价一种材料是否为生态环境材料，首先必须确定其评价标准。从生态环境材料的定义看，制定评价标准实际上是对环境协调性、积极性、功能性等专业的几个方面指标的定量化。

12.3.1 生态环境材料的判据

12.3.1.2 常见的环境指标及表达方法

(1)能源评价法　单纯用材料生产过程中能源消耗的多少来衡量材料对环境的影响。如生产 1 t 钢、铝、水泥，其能源消耗分别为 31.8、36.7、142.4 百万焦耳。显然，生产水泥对环境的影响比生产钢、铝要大。

(2)环境影响因子评价法　包括资源、能源、污染物、生物影响、区域作用等。是对能源评价方法的一个补充和修正。

(3)环境负荷单位法　是指每生产一个单位的产品时，它的环境影响因子的大小。某些贵金属的生产，其环境负荷单位特别大(表 12－4)。

表 12－4　某些材料的环境负荷单位比较

材料	环境负荷单位	材料	环境负荷单位
Fe	0.38	Sn	4200
Mn	21.0	Co	12300
Cr	22.1	Pt	42000000
V	42	Mo	4200
Pb	363	石油	0.163
Ni	700	煤	0.1

(4)生态指数　对某一过程或产品，根据污染物产生的量及其他环境作用的大小，综合计算出该产品或过程的生态指数，判断其对环境的影响程度。如玻璃的生态指数为 148，而聚乙烯的生态指数为 220，显然后者对环境的影响比前者要大。

(5)环境商值(EQ)　综合考虑废弃物的排放量和废弃物在环境中的毒性行为，用以评价各生产过程对环境的影响。EQ = E × Q，E 为生产 1 kg 产品的同时产生的废弃物量，E = 废弃物量/产品质量，Q 为废弃物的环境毒性。

(6)生态因子法(ECOI)　在综合考虑材料的使用性能和材料生产过程中对环境的影响条件下的评价方法。ECOI = 生产产品时对环境的影响/该产品使用性能的综合含量。

(7)生命周期评价法(LCA)　是目前比较流行的综合性评价方法，下面重点介绍。

12.3.2　生命周期评估方法的基本内容

12.3.2.1　概念

材料的生命周期评价方法(life circle assessment，LCA)的基本思想源于 20 世纪 60 年代化学工程中应用的“物质 - 能量流平衡方法”。其基本理论依据是，利用能量守恒和物质不灭定律，对产品生产和使用过程中的物质或能量的使用和消耗进行计算。20 世纪 80 年代从事环境研究的学者将该方法引入到工业产品整个寿命周期分析中，以考察工艺过程的各个细节，即从原料的提取、制造、运输与分发、使用、循环再利用的各环节进行综合考虑，以考察其总体对环境的影响程度。

关于对 LCA 的定义，以国际标准化组织(ISO)和国际环境毒物学和化学学会(SETAC)的定义最具代表性。

ISO 的定义是：LCA 方法是汇总和评价一个产品(或服务)体系在其整个寿命期间的所有投入及产品对环境造成的和潜在的影响方法。ISO 不仅规范了所有产品和服务的技术标准，随着环境保护的需要，也在尝试对环境问题的分析方法进行标准化。

SETAC 的定义是：生命周期评估法是一个评估产品过程或其活动给环境带来的负担的客观方法。该方法通过识别和量化所用的能量、原材料以及废弃物排放来评价与产品及其行为有关的环境责任，从而得到这些能量和材料应用以及排放物对环境的影响大小，并对改善环境的各种方案做出评估。

12.3.2.2　LCA 的基本框架

1. 目标的确定

是 LCA 的准备阶段，其任务是设定评价的目标和范围并及时修订，是整个评价工作的起点。主要包括：

(1)确定评价的目标，明确进行该项研究的原因以及预定的对象。如产品之间的比较评估；产品改进效果评估；为达到目标值或标准值对现有产品的分析；产品各主要部件协调评估；工业、政府或非政府组织进行决策等。

(2)确定研究的深度，满足应用目标的要求。

(3)确定研究的范围。根据评估目标确定系统边界，包括生命周期物质流的阶段，生命周期中所要处理的对象。

(4)确定调查研究的方法。

(5)确定要调查清单分析项目。

(6)确定数据类型。

(7)确定对数据的质量要求，包括时间范围、地域范围、技术范围等。

2. 清单分析

是实施 LCA 的第二个阶段，即编制一份与研究的产品系统有关的投入产出清单，包括资料收集及运算，以便量化一个产品系统的相关投入与产出，这些投入与产出包括资源的使用及对空气、水体及土壤的污染排放等。清单分析的任务包括：收集产品生命周期各阶段的物料、能源和影响环境的排放物数据，核实数据质量，使数据具有代表性、一致性、完整性、重复性和精确性；数据处理。将不同来源的原始数据处理成 LCA 所需要的形式，以保证整体一致性；通过计算给出产品系统各种输入和输出，编制清单分析表，作为影响评估的依据。

3. 影响评估

采用生命周期清单分析的结果，来评估与这些投入产出相关的潜在环境影响。评估的过程是采用一定的换算模型将清单分析的数据转换成可以比较的环境影响指标，作出进一步分析。影响评估是 LCA 的核心部分。因为环境问题在不断发展，人们对环境的认识也在不断深化，对涉及的所有环境影响作出全面、客观、科学的评估是比较困难的。影响评估分为定性评估和定量评估两类。

(1)定性影响评估方法　该方法主要依靠专家评分，评估结果有一定的随意性和不可比性。美国贝尔实验室评估法为典型的定性评估法，此法将产品生命周期分为 5 个阶段，即原料加工、产品制造、包装运输和销售、使用、再生处理。环境问题归为 5 类，既原材料选择、能源消耗、固体废弃物、废气排放、废液排放。由 5 个生命周期和 5 类环境问题构成 5×5 矩阵，对矩阵中的元素分别打分并求和，最终指标为产品的环境责任率。

(2)定量影响评估法　该方法需要详尽的清单数据基础，而且受人们对环境问题认识的深度和广度的影响，实际操作存在不少困难，但相对严谨，结果具有一定的可比性。荷兰环境科学中心评估法是典型的定量评估法。方法要点是将产品生命周期的消耗和排放产生的“环境效应”和伴随人类活动的各种“环境干预”联系起来，根据两者关系来客观地评估产品的环境性能。

4. 结果讨论

将清单分析及影响评估所发现的与研究目的有关的结果结合在一起，并形成结论与建议。

12.3.3　材料生命周期评估举例

通过实施 ISO14000 国际环境管理标准，LCA 的应用已遍及社会、经济的生产、生活的各个方面。在材料领域，LCA 用于环境影响评价更是日臻完善。在钢铁、玻璃、水泥、塑料、橡胶、铝合金、镁合金等材料方面，在容器、包装、复印机、计算机、汽车、轮船、飞机、洗衣机及其他家用电器等产品方面的环境影响评价应用都有报道。

建筑瓷砖的环境影响评价：我国是世界上最大的建筑材料生产国家，从能源的消耗到环境的危害，建材行业一直是污染较严重的产业。某瓷砖生产线的年产量约 30 万平方米，采用连续性流水线生产。所需原料有钢渣、黏土、硅藻土、石英粉、釉料及其他添加剂，消耗一定的燃料、电力和水，排放出一定的废气、废水、废渣，其生产工艺如图 12－2。

在 LCA 实施过程中，首先是目标定义。对该瓷砖生产过程的环境影响评价的目标定义为只考察其生产过程对环境的影响；范围界定在直接原料消耗和直接废弃物排放，不考虑原料的生产加工过程以及废水、废渣的再处理过程。

对该瓷砖生产过程的环境影响 LCA 评价的编目分析，主要按资源和能源消耗、各种废弃物排放及其引起的直接环境影响进行数据分类、编目。如能耗可分为加热、照明、取暖等过程进行编目；资源消耗则按原料配比进行数据分类；污染排放按废气、废水、废渣等进行编目分析。由于该过程排放的有害废气量很小，主要是二氧化碳，故废气排放可以忽略，而以温室效应指标进行数据编目。另外，该过程中其他环境影响如人体健康、区域毒性、噪声等较小，在编目分析中也忽略不计。在环境影响评价过程中采用了输入输出法模型，其输入和输出参数如图 12－3。

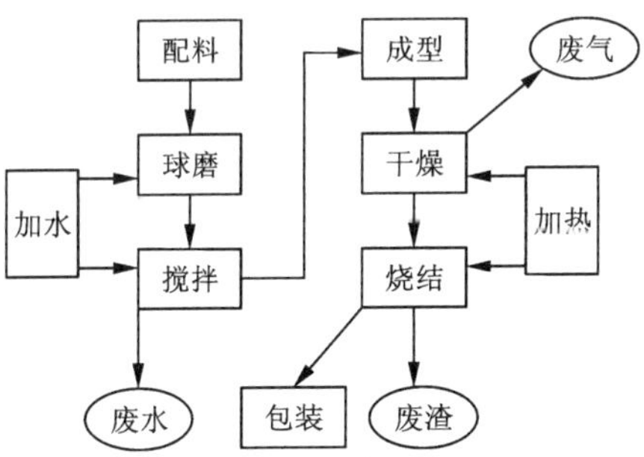

图 12－2　某瓷砖厂生产工艺示意图

图 12－3　输入输出法评价模型

通过输入输出法计算，得到该瓷砖生产过程对环境的影响结果如表 12－5。可以看出，该瓷砖生产过程的能耗和水的消耗较大。由于采用钢渣为主要原料，在资源消耗方面属于再循环利用，这对保护环境是有利的生产工艺。

表 12－5　某瓷砖生产过程的环境影响 LCA 评价

能源和资源消耗量		生产量和排放量	
能耗	18.25 GJ/m^2	瓷砖	28 kg/m^2
钢渣	16.5 kg/m^2	废渣	0.5 kg/m^2
黏土	10.5 kg/m^2	废水	30 kg/m^2
其他	1.5 kg/m^2	温室效应	19.8 kg/m^2
水	1000 kg/m^2		

另外，该工艺过程的废渣排放量较小，仅为 0.5 kg/m^2。废水排放量为 30 kg/m^2，且可循环再利用。相对而言，该工艺过程的温室气体效应较大，生产 1 m^2瓷砖要向大气层排放 19.8 kg 二氧化碳。

对 LCA 评价结果的解释，通过对该瓷砖厂生产过程的 LCA 评价，提出的改进工艺主要有降低能耗、降低废水排放量、减少温室气体效应等。

12.4　生态环境材料的分类

12.4.1　天然材料

12.4.1.1　木材

木材是森林的主要产品，是一种可再生的资源，除了可以做建筑材料、家具、乐器、电杆、桥梁外，还可制成多功能的人造板，用于家庭装修材料等。木材的易胀缩、易腐朽、易蛀蚀、易燃等缺陷，可以通过改性、防腐、防虫、阻燃等处理提高其利用价值。

木材与钢材和水泥相比，具有密度小、导热系数小、吸水率大等特点（表 12－6），作为室内结构和装修材料具有明显的优点。

表 12－6　木材与钢和水泥的部分性能比较

	钢材	水泥	木材
密度/($g \cdot cm^{-3}$)	8	1.8	0.4
纵向拉伸比强度	1		1/4
压缩比强度		1	2.4
导热系数/($W \cdot cm^{-1} \cdot ℃^{-1}$)	0.5	0.003	0.0003
吸水率			25%

（1）再生性

作为环境保护的一个重要内容，废弃物的再生利用是提高资源利用率、减少污染物排放的有效途径。与不可再生的矿产资源相比，木材的可再生性是矿产资源不可比拟的，符合人类社会可持续发展的战略构想。通过人工林的品种、生长方式等定向培育，缩短木材的成熟期，易于工业化利用。木材是一种最标准的环境材料。

（2）固碳作用

大气中二氧化碳浓度的增加将导致温室效应，引起全球气候的逐渐变暖。木材中碳的含量占50%，它主要来源于大气中的二氧化碳。通过光合作用，每生长1 t木材可吸收1.7 t二氧化碳，产生1.07 t氧气，将碳固定在树木中形成纤维材料。这种固碳作用和造氧功能是其他材料所不能比拟的。

（3）调湿作用

木材能依靠自身的吸湿和解湿作用，直接缓和环境的湿度变化，使环境湿度稳定在一定范围内。调湿性是木材的独特性能之一，也是其广泛用于室内装饰材料和家具材料的优点所在，对人体健康和物品保存提供了一种环境调节的作用。

（4）木材的视觉特性

木材颜色给人以温暖厚重、沉静、素雅的感觉；木材表面纤维切断后表现出的细胞凹槽，反射的光泽有着丝绸表面的视觉效果；木材纹理和节疤是天然形成的图案，给人以流畅、井然、轻松、自如的感觉。

（5）木材的触觉特性

木材的冷暖感、软硬感、促滑感等触觉特性远优于金属、玻璃、陶瓷、混凝土和石膏材料。

（6）木材加工的环境特性

与钢材、铝合金、混凝土及纸材相比，在木材的加工过程中，特别是自然干燥木材的矿物燃料消耗和二氧化碳排放量都是最小的（表12－7）。随着对木材加工程度的增加（如三合板、硬质纤维板等），其能耗和二氧化碳排放量相应增加，但也远低于钢材和铝合金加工过程的环境影响。木材具有生物降解性，经加工使用后，其废弃物可通过自然生物过程进行降解，对环境无不良影响。另外，废旧木材还可以作为二次资源，进行再循环利用。

表 12－7　木材及其他材料的环境特性

材　　料	矿物燃料消耗		CO_2 排放量	
	$MJ \cdot kg^{-1}$	$MJ \cdot m^{-3}$	$kg \cdot t^{-1}$	$kg \cdot m^{-3}$
自然干燥木材	1.5	750	30	15
人工干燥木材	2.8	1390	56	28
三合板	12	6000	218	120
硬质纤维板	20	10000	308	200
纸	26	18000	—	360
钢材	35	266000	700	5320
铝	435	1100000	8700	22000
钢筋混凝土	2	4800	50	120

12.4.1.2　*石材*

从材料的环境性能考虑，石材由于其纯天然成分、资源丰富、对人体及生物体无毒无害(除部分石材品种具有低放射性外)，而且来源方便、成本低廉，是一种环境性能优异的材料。石材主要用作建筑材料和装饰材料及一些化工行业的耐酸材料(图 12－8)。石材主要经过加工成块材、板材和石制品而获得利用。块材主要用于砌筑大型建筑的基础、堤坝、桥墩，铺筑路面、桥面或作路边石。板材和石制品主要作为装饰材料，用于外墙、柱面、地面、台阶板、楼梯板、踢脚板、窗台板、门楣、建筑雕花等。

表 12－8　常见石材的种类及用途

类　别	成　因	性　能　与　用　途
花岗岩	岩浆岩	建材、装饰、耐酸工程，使用期 100～1000 年
石灰岩	沉积岩	不耐酸，装饰、建材、混凝土骨料
大理岩	变质岩	不耐 SO_2，室内装饰、建材
玄武岩	喷出岩	脆性大，基础建材
辉绿岩	岩浆岩	装饰、基础建材
砂岩	沉积岩	基础建材、混凝土骨料
片麻岩	变质岩	基础建材、混凝土骨料
石英岩	变质岩	装饰，使用期超过 1000 年

12.4.1.3　竹材

竹为多年生木本，具有致密性好、材质柔韧、结构不均匀、价格低廉等特点。其化学成分与木材相比，含有更多的纤维素、半纤维素、淀粉、糖类及蛋白质等有机物，故比木材更易产生虫蛀、霉变、腐朽等损坏。

天然竹材是典型的长纤维复合材料和功能梯度复合材料。其增强体分布不均匀，外层致密，体内逐渐变疏。竹纤维中包含多层厚薄相间的层，每层中的纤维丝以不同的升角分布，相临层间升角渐变，避免了几何物理方面的突变。

竹材主要用于造浆造纸、各种竹质人造板、竹编制品等(表12－9)。竹材结构致密、质感爽滑、纹理清晰，是很好的装饰材料。但其最大的缺点是在20～30 ℃温度范围内，30%湿度条件下易发生霉变，导致强度降低。常用的处理方法是在10%石灰水中浸泡、高温炭化处理等。

表12－9　常用竹材的加工工艺及用途

加工工艺	产　品	主　要　用　途
展平法	不等宽竹片	竹材胶合板、车厢底板、高强覆膜竹胶合模板
刨削法	等宽等厚竹片	竹地板、其他竹贴面装饰板
碎料法	竹刨花	竹材刨花板
旋片法	竹旋片	竹旋片贴面板
复合法	竹木复合	竹片复合集装箱板、竹片复合地板
	不同竹复合	竹片碎料复合板
	单竹复合	竹席、竹帘胶合模板
	包装板	竹编胶合板

12.4.1.4　其他天然资源的综合利用

从成分上分析，每年地球上由生物循环过程生产的原料数量远远大于由人工生产的原料。大自然中每年产量最大的3类原料是纤维素、甲壳素和蛋白质，数量都在100亿吨以上。利用这些天然原料，为人类生产制造所需要的产品，是环境材料学提倡的一个大方向。

(1)纤维素　天然纤维素是一类典型的环境协调性材料，在合成纤维技术发达的今天，天然棉纤维仍占纤维总产量的一半，各种动物纤维也占了相当大的比例。在天然纤维素的综合利用方面，将纤维素进行酸解、酶催化降解、氧化－还原、酯化、醚化等反应，可以制造各种纤维素衍生物及产品。如纤维素黄原酸酯是生产黏胶人造丝及玻璃纸的原料；醋酸纤维素主要用作过滤嘴香烟的纤维束和装饰硬纸板、抗燃性电影胶片清漆、塑料等；消化纤维是制造烈性炸药、清漆的原料。

(2)甲壳素　甲壳素是地球上第二大生物再生资源，产量仅次于天然纤维素。甲壳素广泛存在于无脊椎动物的外壳、昆虫的内外角质层及真菌的细胞中。目前，甲壳素被广泛用于制造生物医用材料，如外科手术缝合线、人工透析膜、止血剂、药物释放剂、隐形眼镜等。甲壳素经脱乙酰化处理的产物——壳聚糖，在医学、药物剂学、化工、食品、化妆品、印染、造纸、包装、农业、环保等方面都具有广泛的用途。

(3)蛋白质　淀粉是自然界中蛋白质最主要的存在形式，淀粉及其衍生物的综合利用一直是天然材料深加工利用的研究热点。已形成工业生产的淀粉衍生物有磷酸淀粉、醋酸淀粉、醚化淀粉、氧化淀粉羧甲基淀粉、阳离子淀粉等，主要用于制造高性能黏合剂和生物降解膜。

12.4.2　循环再生材料

12.4.2.1　与金属材料工业相关的循环再生材料

1. 废钢铁

(1)概述

在金属材料中，钢铁占90%以上。在钢铁的生产、加工、设备使用过程中的更新报废等过程中都会产生废钢铁。废钢铁来源较多，品种繁杂，利用价值和利用途径也各不相同。截止到2004年，全世界废钢铁的产量已超过7亿吨，其中55%已被有效回收。废钢铁包括废铁和废钢两大类。

1)废铁　废铁按化学成分可分为废旧生铁和废旧纯铁。废旧生铁的碳含量一般为2.5%～5.0%，是废铁的主体，一般的废铁都是指废旧生铁，包括废旧灰口铁、废旧白口铁、废旧球墨铸铁、废旧可锻铸铁、土铁、火烧铁、再生铁等。

2)废钢　废钢是指碳含量为0.0218%～2.11%的铁碳合金废旧件，按其形成的工艺过程分为压力加工和铸造两种状态。按化学成分分为碳素废钢、合金结构废钢、轴承及弹簧废钢、合金工具废钢、高速工具废钢、不锈钢和耐热废钢等。

(2)废钢铁的预处理

1)预处理过程　主要包括分选、切割、打包、压块、破碎、粉磨、磁选、干燥、除油等工序。

2)预处理设备　处理废旧钢铁使用的工艺设备有打包机、剪切机、破碎设备、清洗干燥设备、压实设备等。

2. 废有色金属

(1)概述

废有色金属是指在特定条件下，由于多种原因失去了原有的使用价值的有色金属材料及其制品。废有色金属已成为有色金属生产的主要资源之一。由于废有色金属来源不一，外观状况差异很大，且原料的混杂程度很大，除混有黑色金属外，还残留一些非金